全国电力高职高专“十二五”系

电力技术类（动力工程）专业系列教材

中国电力教育协会审定

热工自动装置检修

全国电力职业教育教材编审委员会　组　编

谢碧蓉　刘　斌　主　编

成福群　熊志军　白春林　张　鹏　副主编

程蔚萍　主　审

中国电力出版社
CHINA ELECTRIC POWER PRESS

内 容 提 要

本书从实用角度出发，对在火电厂广泛使用的热工自动装置进行了全面系统的阐述，在内容的编排上考虑了热工自动装置的发展现状和使用情况，兼顾传统仪表和新型仪表的衔接。

本书设置了八个项目，包括热工自动装置认识、变送器检修、智能控制器检修、执行机构检修、控制机构检修、变频器检修、基地式仪表检修、AMS智能设备管理系统使用等内容，每个项目的实施均由多个适于教学的任务来完成。

本书可作为高职高专学校热工自动装置检修专业的教材，也可作为高等院校应用本科、成人教育、函授相应专业的教材，还可供有关专业技术人员和技术管理人员参考。

图书在版编目（CIP）数据

热工自动装置检修/谢碧蓉，刘斌主编；全国电力职业教育教材编审委员会组编. —北京：中国电力出版社，2013.4（2022.2重印）

全国电力高职高专“十二五”规划教材．电力技术类（动力工程）专业系列教材

ISBN 978-7-5123-4197-5

Ⅰ.①热… Ⅱ.①谢…②刘…③全… Ⅲ.①火电厂—热力工程—自动控制装置—检修—高等职业教育—教材 Ⅳ.①TM621.4

中国版本图书馆CIP数据核字（2013）第055261号

中国电力出版社出版、发行

（北京市东城区北京站西街19号 100005 http://www.cepp.sgcc.com.cn）

北京天宇星印刷厂印刷

各地新华书店经售

*

2013年6月第一版 2022年2月北京第二次印刷

787毫米×1092毫米 16开本 21印张 507千字 1插页

定价 **58.00** 元

参 与 院 校

山东电力高等专科学校	西安电力高等专科学校
山西电力职业技术学院	保定电力职业技术学院
四川电力职业技术学院	哈尔滨电力职业技术学院
三峡电力职业学院	安徽电气工程职业技术学院
武汉电力职业技术学院	福建电力职业技术学院
江西电力职业技术学院	郑州电力高等专科学校
重庆电力高等专科学校	长沙电力职业技术学院

动力工程专家组

组　长　李勤道　何新洲

副组长　杨建华　董传敏　朱　飙　杜中庆

成　员　（按姓名笔划顺序）

丁　力　阮予明　齐　强　屈卫东　武　群　饶金华

盛国林　黄定明　黄蔚雯　龚在礼　曾旭华　佟　鹏

潘汪杰　操高城

本 书 编 写 组

组　长　谢碧蓉　刘　斌

副组长　成福群　熊志军　白春林　张　鹏

组　员　刘建国　肖　寒　唐　振　申建军

序

为深入贯彻《国家中长期教育改革和发展规划纲要》（2010—2020）精神，落实鼓励企业参与职业教育的要求，总结、推广电力类高职高专院校人才培养模式的创新成果，进一步深化“工学结合”的专业建设，推进“行动导向”教学模式改革，不断提高人才培养质量，满足电力发展对高素质技能型人才的需求，促进电力发展方式的转变，在中国电力企业联合会和国家电网公司的倡导下，由中国电力教育协会和中国电力出版社组织全国14所电力高职高专院校，通过统筹规划、分类指导、专题研讨、合作开发的方式，经过两年时间的艰苦工作，编写完成本套系列教材。

全国电力高职高专“十二五”规划教材分为电力工程、动力工程、实习实训、公共基础课、工科基础课、学生素质教育六大系列。其中，动力工程专业系列汇集了电力行业高等职业院校专家的力量进行编写，各分册主编为该课程的教学带头人，有丰富的教学经验。教材以行动导向形式编写而成，既体现了高等职业教育的教学规律，又融入电力行业特色，适合高职高专动力工程专业的教学，是难得的行动导向式精品教材。

本套教材的设计思路及特点主要体现在以下几方面。

（1）按照“项目导向、任务驱动、理实一体、突出特色”的原则，以岗位分析为基础，以课程标准为依据，充分体现高等职业教育教学规律，在内容设计上突出能力培养为核心的教学理念，引入国家标准、行业标准和职业规范，科学合理设计任务或项目。

（2）在内容编排上充分考虑学生认知规律，充分体现“理实一体”的特征，有利于调动学生学习积极性。是实现“教、学、做”一体化教学的适应性教材。

（3）在编写方式上主要采用任务驱动、项目导向等方式，包括学习情境描述、教学目标、学习任务描述、任务准备、相关知识等环节，目标任务明确，有利于提高学生学习的专业针对性和实用性。

（4）在编写人员组成上，融合了各电力高职高专院校骨干教师和企业技术人员，充分体现院校合作优势互补，校企合作共同育人的特征，为打造中国电力职业教育精品教材奠定了基础。

本套教材的出版是贯彻落实国家人才队伍建设总体战略，实现高端技能型人才培养的重要举措，是加快高职高专教育教学改革、全面提高高等职业教育教学质量的具体实践，必将对课程教学模式的改革与创新起到积极的推动作用。

本套教材的编写是一项创新性的、探索性的工作，由于编者的时间和经验有限，书中难免有疏漏和不当之处，恳切希望专家、学者和广大读者不吝赐教。

全国电力职业教育教材编审委员会

前　言

近年来，在借鉴德国学习领域课程开发模式的基础上，国家教育部要求各学校对专业核心课程进行基于工作过程导向的重新开发，由此迫切需要开发符合高职改革发展需要、适于采用基于工作过程导向教学的特色教材。本教材立足于高职教学要求，体现高职教学特征，以项目为导向、任务驱动，突出应用性、针对性、实践性和开放性，强化实践能力培养。

一、指导思想

以高端技能型人才的职业能力和素质的培养为课程目标；课程内容与职业岗位标准相对接，以设备结构为基础，以工作原理和过程为核心，以设备特性的测试调整为重点，以新设备、新技术为拓展，以培养学生能使用、维护、检修热工自动装置为教学目标。

二、教材特点

本教材具有如下特点：

1. 构建以能力为本位，项目引领、任务驱动、工作过程为导向的课程体系。教学思想上，突破重知识轻实践的倾向，明确职业岗位能力的目标；教学体系上，突破学科体系的束缚，遵循技能发展体系的需要；教学过程中，突破单纯的认知学习，加强能力目标下的知识应用；教学评价上，突破重文化试卷的考试，重点检验学生能做、会做什么事情。

2. 由学校老师与企业专家、技术人员共同编写，突出职业性、实践性和开放性。

3. 教材内容突出应用性。介绍自动装置构成原理和组态方法，着眼于自动装置调试和运行维护能力的培养和提高。

4. 采用“四化一体”课程模式：能力化、职场化、实践化和职业化。学习情境以教学项目形式展现出来，培养学生在复杂工作情境中进行判断并解决问题的能力。

5. 本教材改变按学科体系的编排形式，用教学化的工作任务作为教学内容；在内容组织上，以符合教学要求的工作过程为基础；尽可能做到理论和实践一体化，力求将教、学、做、考融为一体。

6. 在教学过程中，以“学习目标→任务描述→知识导航→任务准备→任务实施→任务验收→知识拓展”为序，对学习过程进行引领和指导，坚持“以学习者为中心”的教学理念，培养学生在学习过程中的主动性和积极性，加强工程应用实践能力的培养。

7. 本书所选任务精选于企业的真实工作任务，所选项目具有代表性和典型性，其教学内容融入了职业技能鉴定考核标准。

本书由重庆电力高等专科学校谢碧蓉、武汉电力职业技术学院刘斌主编。谢碧蓉负责编写学习目标、项目八，项目一、四、七的知识导航部分，项目一、七的知识拓展部分；刘斌负责编写任务描述、项目三，项目六的知识导航和知识拓展部分；刘建国负责编写项目一的任务准备、任务实施、任务验收部分；成福群负责编写项目二的知识导航和知识拓展部分；

张鹏负责编写项目二的任务准备、任务实施、任务验收部分；熊志军负责编写仪表选型，项目五的知识导航和知识拓展部分；白春林负责编写项目四的任务准备、任务实施、任务验收部分；肖寒负责编写项目五、七的任务准备、任务实施、任务验收部分；唐振负责编写项目六的任务准备、任务实施、任务验收部分；申建军负责编写项目四的知识拓展部分。全书由谢碧蓉统稿。

安徽电气工程职业技术学院程蔚萍教授仔细审阅了全稿，并提出许多宝贵意见，编者在此表示深切的谢意。本书在编写过程中得到国电重庆恒泰发电有限公司检修部罗毅主任及其他热工检修人员、艾默生过程控制有限公司技术人员的大力支持，在此一并表示感谢。

由于编者水平有限，加之编写时间仓促，书中难免有不妥之处，敬请广大读者批评指正。

编　者
2013 年 1 月

目　录

项目一

热工自动装置认识

热工自动装置又称为热工自动控制设备、热工控制仪表，是实现热工过程自动化的重要技术工具，是保证单元机组安全经济运行不可缺少的设备。随着机组容量的增大和科技水平的提高，热工自动装置在整个火电厂具有的中枢神经作用越来越明显。

一个热工自动控制系统的控制品质，除取决于控制系统的设计是否合理外，还取决于对控制对象特性的熟悉及自动装置性能的掌握。因此，作为热工自动化工作人员，不但要熟悉控制对象的特性，还要掌握各种热工自动装置的工作原理、工作特性和使用方法，才能正确选择和使用各种自动装置。

【学习目标】

(1) 了解控制系统的工艺流程、系统构成及监控画面。
(2) 熟悉热工自动装置在自动控制系统中的位置及作用。
(3) 熟悉热工自动装置间信号的连接方式。
(4) 能正确分析热工自动装置在自动控制系统中的作用。
(5) 能调用监控画面。
(6) 能对控制系统进行 A/M 切换操作。
(7) 能根据实际需要对控制系统相关参数进行调整。

【任务描述】

认识控制系统的工艺流程即控制对象；认知对象中工艺参数的检测设备和控制机构、执行机构；熟悉控制系统的基本组成及监控画面的操作；熟知仪表信号制，能按现场信号传输方式正确集成单回路液位（温度、压力、流量等）控制系统，并对系统输入、输出信号进行在线测试。

【知识导航】

热工自动装置的作用

火电厂热工控制系统由控制对象和热工自动装置组成，如图 1-1 所示。热工自动装置是指从被控参数到控制机构输出之间的全套自动化装置的总称。在火电厂生产过程中，热工自动装置的任务是：当生产过程受到内、外干扰，机组运行参数偏离给定值时，热工自动装

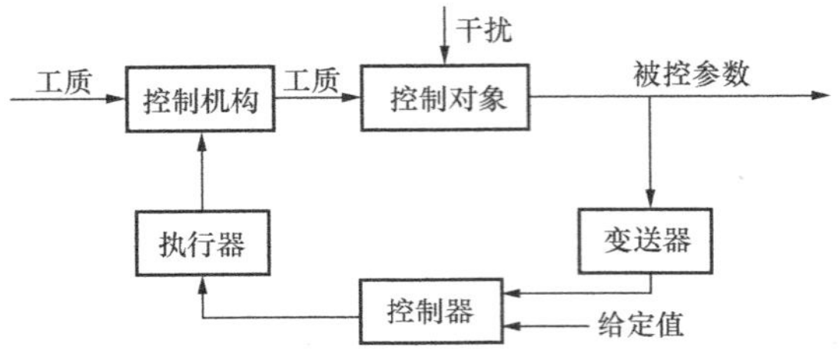

图 1-1 热工控制系统组成方框图

置自动进行操作，消除干扰的影响，使机组自动恢复到正常运行状态或按预定的规律运行。

因此，热工自动装置包括在自动控制系统中广泛使用的变送器、控制器、执行器等，以及新型控制设备及装置。其中，变送器对被控参数进行测量和信号转换；控制器将被控参数与给定值进行比较、运算，发出控制指令给执行器；执行器则操作、执行控制器来的控制指令，最终使生产过程自动地按照预定的规律进行。

热工自动装置的分类

热工自动装置可按能源形式、结构形式、输出信号类型和布置的位置等分类。

1. 按能源形式分类

热工自动装置按使用的能源形式可分为气动、电动、液动、混合式等。

(1) 气动自动装置。气动自动装置以压缩空气为能源，具有结构简单，动作可靠、平稳，输出推力大，维修方便，防火，防爆且价格低廉等优点。目前，成套使用气动自动装置的火电厂很少，但气动基地式自动装置和气动执行器仍被广泛采用。

(2) 电动自动装置。电动自动装置以电能为能源，具有信息传送速度快、动作迅速、便于远距离信息传输和控制的优点。但其结构及工作原理复杂，技术难度高。由于其传输、放大、变换处理较容易，又便于实现远距离监视和操作，且易于与计算机等现代化技术工具联用，组成不同管理层次和控制水平的综合自动化系统，因而这类仪表的应用广泛。

(3) 液动自动装置。液动自动装置是以高压液体为能源，具有结构简单、工作可靠的特点，多用于功率较大的场合。目前火电厂汽轮机数字电液控制系统（DEH）采用液动执行机构。液动自动装置的缺点是动作缓慢、体积大、笨重，不适于快速控制、远距离控制和集中控制。

(4) 混合式自动装置。混合式自动装置同时使用两种或两种以上的能源进行工作，既具有电动自动装置快速和远传等特点，又具有气动或液动自动装置的特点。

2. 按结构形式分类

热工自动装置按结构形式可分为基地式自动装置、单元组合式自动装置、组件组装式综合自动装置、可编程调节器和可编程控制器、分散控制系统及现场总线控制系统。

(1) 基地式自动装置。基地式自动装置以指示、记录仪表为主体，附加控制机构而组成，即将测量、显示、控制和执行等部件组合成一个整体，安装在一个表壳里。它不仅能对某变量进行指示和记录，还具有控制功能。一台基地式自动装置能完成一个简单控制系统的测量、指示、记录、控制和执行等全部任务，具有结构简单、使用方便、可靠和经济等优点。基地式控制仪表在地理位置上分散于生产现场，自成体系，是一种实现自治式的彻底分散控制。其优点是危险分散，一台仪表故障只影响一个控制点；其缺点是只能实现简单的控制，不便于集中操作管理。基地式控制仪表多适用于单参数、单回路的简单控制系统。目前，在火电厂中，仍使用 KF 气动基地式仪表控制高、低压加热器水位等热工参数。

(2) 单元组合式自动装置。在自动控制系统中，根据单元组合式控制仪表所担负的功能分解成不同的单元，每一单元均为一种仪表，不同单元之间的连接采用统一的传输信号。将这些单元进行不同的组合，可构成多种多样、复杂程度各异的自动检测和控制系统。因此在自动控制系统中，每一单元仪表损坏时，只需更换被损坏单元，其他单元照常使用。这种控制仪表又称为积木式仪表，具有组成与改组系统方便、灵活和通用等特点，适合大、中规模生产过程自动化的要求。但是，由单元组合式控制仪表形成的系统控制策略采用硬接线，更改十分不方便。另外，控制单元的I/O点有限，很难实现给水全程和单元机组协调等复杂控制。单元组合式控制仪表主要有QDZ、DDZ-Ⅰ（电子管）、DDZ-Ⅱ（晶体管）、DDZ-Ⅲ（集成运算放大器）、DDZ-S（微机芯片）型。

(3) 组件组装式自动装置。组件组装式控制仪表的特点是，将整套仪表的控制和运算功能与显示操作功能分开。组件组装式控制仪表在结构上分为控制柜和操作台两大部分。控制柜中以插接方式密集安装了多块具有独立功能的组件，这是组件组装式控制仪表的显著特征。显示操作台是人机联系部分，集中安装了与监视、操作有关的台装仪表。运行人员利用屏幕显示、操作装置实现对生产过程的集中显示和操作。在我国，组件组装式控制仪表系列主要有自行研制的TF-900型和MZ-Ⅲ型，及引进生产的SPEC-200型。这类仪表在20世纪80年代的200MW和300MW机组中有所应用，但由于分散控制系统（DCS）的出现，这类控制仪表已经被淘汰。

(4) 可编程调节器和可编程控制器。可编程调节器也称单回路控制器，如KMM、VI87可编程调节器，在20世纪80年代的200MW机组和老电厂热工控制系统的更新改造中得到一定范围的使用。可编程调节器的外形结构、面板布置保留了模拟式仪表的一些特征，但其运算、控制功能更为丰富，通过组态可完成各种运算处理和复杂控制。可编程控制器（简称PLC）以开关量控制为主，也可实现对模拟量的控制，并具备反馈控制功能和数据处理能力。它具有多种功能模块，配接方便。可编程调节器和可编程控制器均有通信接口，可与计算机配合使用，以构成不同规模的分级控制系统。显然，这类控制器用于生产过程，使危险更加分散。

(5) 分散控制系统。分散控制系统（distributed control system，DCS）是一种以微处理器和微型计算机为核心，在控制技术（control）、计算机技术（computer）、通信技术（communication）、屏幕显示技术（CRT）等四“C”技术迅速发展的基础上研制成的一种计算机自动装置。它的设计思想是分散控制、集中管理，也称为集散（型）控制系统或分布式控制系统。采用分散控制系统的单元机组，以CRT和键盘为监视、控制中心，仅配以少量的必要仪表和自动装置以及报警光字牌作后备监控，实现炉、机、电统一的单元集中控制，大大缩小了盘面尺寸。

(6) 现场总线控制系统。现场总线控制系统（fieldbus control system，FCS）是20世纪90年代发展起来的新一代工业控制系统，是计算机网络技术、通信技术、控制技术和现代仪器仪表技术的最新发展成果，是将诸多现场仪表通过现场总线互连及与控制室人机界面组成系统，一个全分散、全数字、全开放和可互操作的新一代生产过程控制系统。因为FCS将控制功能重新送回现场，所以每台现场仪表都是一台基地式控制仪表，并且通过现场总线与其他现场仪表和控制室人机界面进行双向数字通信。现场总线控制系统的出现，宣告了新一代控制系统体系结构的诞生。它的广泛应用大幅度地降低了控制系统的投资，显著地提高了控制质量，极大地丰富了信息系统的内容，明显地改善了系统的集成性、开放性、分散性和互操作性。因此，现场总线控制系统已经成为当今世界范围内自动控制技术的热点，被誉为跨世纪的自动控制系统。

3. 按输出信号类型分类

按输出信号是否随时间连续变化，可分为模拟式和数字式两大类。

(1) 模拟式控制仪表。模拟式控制仪表的输出信号通常为随时间连续变化的模拟量。这类设备线路较简单，操作方便，价格较低，广泛应用于各工业部门。气动仪表、电动单元组合仪表、组装仪表都属于模拟式控制仪表。

(2) 数字式控制仪表。随着微电子技术、计算机技术和网络通信技术的迅速发展，数字式控制仪表和新型计算机自动装置越来越多地应用于生产过程自动化中，这些仪表和装置以微型计算机为核心，功能完善、性能优越，能解决模拟式仪表难以解决的问题，满足现代化生产过程中的控制要求。

4. 按布置的位置分类

从火电厂布置的角度来看，热工自动装置可分为人机接口设备、自动装置、中间设备及现场设备四大类。

(1) 人机接口设备包括显示仪表、操作器、记录仪、带有 CRT 的操作员站、各种打印机及热工信号装置等。

(2) 自动装置包括可编程控制器、数字调节器、分散控制系统各控制单元、通信网络及具有一定功能的自动装置。

(3) 中间设备包括中间控制箱、中间继电器、中间转换器及电动机控制中心 (MCC) 等。

(4) 现场设备包括一次元件（热电偶、热电阻、各种断路器等）、变送器（温度、压力、流量、位置、振动、转速变送器等）、就地显示仪表、基地式仪表、执行器及各种电动（气动）装置。

以上几类热工自动装置在控制系统中的关系，如图 1-2 所示。

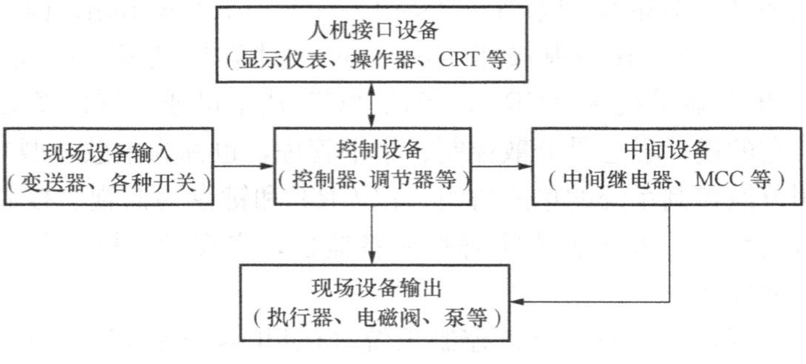

图 1-2 各种热工自动装置之间的关系

热工自动装置的发展

1. 自动装置的发展

热工自动装置的发展方向大致可用图 1-3 表示出来。

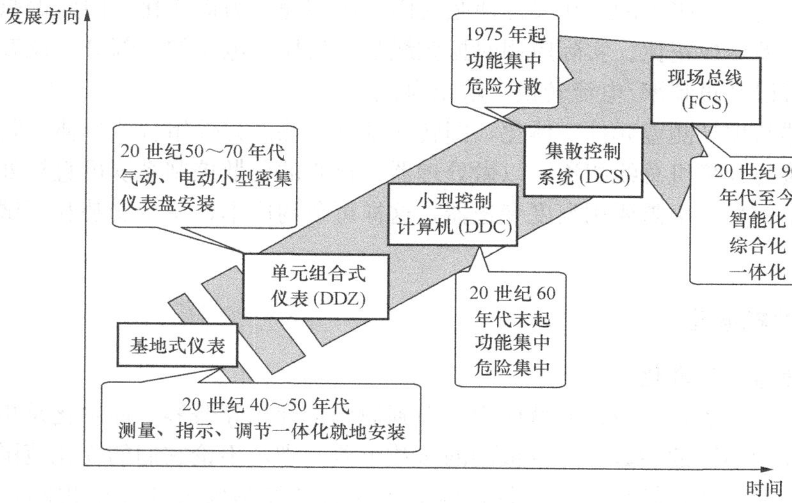

图 1-3 热工自动装置的发展

2. 人机接口设备的发展

人机接口设备经历了以下四个发展阶段：

(1) 以就地安装和连接为典型标志的第一阶段。20 世纪 20～30 年代，操作人员采用一些机械调节器进行手工操作。他们把调节器用缆绳或链条栓上，进行远距离操作，还有一些就地连接的仪表，用来测量如温度、压力、风量及容器内的物位等。记录仪表也采用直接连接的方式。

(2) 以就地仪表盘为典型标志的第二阶段。20 世纪 40～50 年代，人们尽力设法把分散在各地区的仪表集中起来，并把它们安装到每一个控制对象前面，如把温度、压力、风量等的指示器和流量的记录器连接在一起，并设计成就地仪表盘的形式。

(3) 以中央控制室为典型标志的第三阶段。20 世纪 60 年代，工业技术发展日益复杂，各种就地安装的仪表盘被集中到一个房间中，成为中央控制室。

(4) 以中央控制综合控制台为典型标志的第四阶段。目前，控制室的主要装置是以 CRT 为基础的操作人员控制台。20 世纪 70 年代初期，发电厂控制室开始应用 CRT，显示整个生产过程的总貌，显示与操作人员有关的控制信息，显示过程画面、报警等。

3. 现场设备的发展

现场设备主要有测量压力、差压、流量、液位等的压力（差压）变送器和测量温度的变送器两大类。目前，压力（差压）变送器向高集成化、高准确度方向发展，促使一些物理量的传感器与检测转换一体化，测量准确度一般均在 0.25 级以上。

电容式检测仪表由检测和转换两部分构成。检测部分为一差动电容器，把压力、差压等被测参数转换成为差动电容的变化。转换部分将检测部分的差动电容转换成为标准信号 (4～20mA DC) 输出。

电阻式（应变式、压敏式）检测仪表在单晶硅片上采用集成电路工艺，把检测元件（电阻）扩散成惠斯通电桥形式，在外加力的作用下，桥臂电阻受压，引起电阻的变化，破坏了电桥平衡。

振弦线式检测仪表中处于磁场中张紧的振弦线，当受到外力（压力或差压）影响时，引起振弦线张力的变化，张力的变化又促使弦线固有频率随外力而变化，因此振弦线固有频率的变化与压力、差压成正比。实际应用时振弦线是仪表振荡电路的一部分，仪表能直接送出频率信号，还可以经过频率/电流转换，输出电流信号。

温度变送器与现场测温元件一体化，即转换部分与测温元件组合成一体安装在现场，同时数字输出直接与计算机总线相连。以微处理器为核心的分散控制系统可直接处理来自热电偶和热电阻的小信号，不需要用温度变送器，这样可节约成本，减少安装和调试的麻烦，受到用户的欢迎。

热工信号的标准化

一、模拟信号的标准化

对于热工控制仪表，在设计时就应力求做到通用化和相互兼容。通用化是指同一台仪表可用来显示或控制不同的参数，尽管被测的参数千差万别，不论它们的变化范围如何，虽然所用的传感器、变送器、转换器不一样，但显示仪表及控制仪表却完全相同，这叫做通用化。相互兼容（也称可互操作）是指不同系列或不同厂家生产的仪表能够共同使用在同一检测控制系统中，彼此配合，共同实现系统的功能。如能做到通用化和相互兼容，就能改善控制仪表及其部件的互换性，减少备品备件，在生产工艺流程改变时，原有仪表中的大多数都能物尽其用，节省改建的投资。

以前广泛使用的电动或气动单元组合仪表具有很好的通用性，不仅其显示单元和控制单元是通用的，甚至像差压变送器这样的变送单元也可以用于压力、流量、液位、密度和力等多种信号的测量。某些温度变送器设计成既可以配热电偶，也可以配热电阻，既可以测一个点的温度，也可以测两个点的温度或温差，其测量范围和零点都能自由调整。通用化不但使仪表制造厂减少了品种规格，还给用户带来灵活方便、一物多用的好处。

在火电厂中，安装在控制室的DCS要与安装在生产现场的变送器、执行器进行信号连接，要做到通用性和相互兼容，必须统一仪表间的信号制式，无论模拟信号还是数字信号，都应该标准化。

信号制是指在成套系列仪表中，各个仪表的输入、输出信号采用何种统一的联络信号问题。只有采用统一信号，才能使各个仪表间的任意连接成为可能。

1. 模拟气动信号标准

GB/T 777—2008《工业自动化仪表用模拟气动信号》中规定：模拟气动信号下限值为20kPa，上限值为100kPa。

2. 模拟直流电流信号标准

GB/T 3369.1—2008《过程控制系统用模拟信号 第1部分：直流电流信号》中对模拟直流电流信号的规定见表1-1（负载电阻为0～300Ω）。

表1-1 模拟直流电流信号

下限（mA）	上限（mA）
4	20*
0	10**

* 首选值。

** 非首选值，今后将会被取消

3. 电模拟信号

电模拟信号有直流电流、直流电压、交流电流和交流电压四种。从信号范围看，下限可以从零开始，也可以不从零开始（即有一个活零点），上限也可高可低。如何确定统一信号的种类和范围，对整套仪表的技术性和经济性有着直接的影响。下面对直流电流、直流电压进行分析比较。

（1）直流电流信号。直流电流信号具有以下优点：

1）直流比交流干扰少。交流容易产生交变电磁场的干扰，对附近仪表和电路有影响，外界交流干扰信号混入后与有用信号形式相同，难以滤波；直流信号就没有这个缺点。在信号传输线中，直流不受交流感应影响，易于解决仪表的抗干扰问题。

2）直流信号对负载的要求简单。交流有频率和相位问题，对负载的感抗或容抗敏感，使得影响增多，计算复杂；直流电路只需考虑电阻。直流不受传输线路的电感、电容及负荷性质的影响，不存在相位移问题，使接线简化。

3）采用直流信号便于进行模数转换和统一信号，便于现场仪表与数字控制仪表配用。

4）直流信号容易获得基准电压。因此，世界各国都以直流电流和直流电压作为统一信号。

（2）直流电压信号。应用电压信号作为联络信号时，如一个发送仪表的输出电压要同时输送给几个接收仪表，则几台接收仪表应并联连接，如图1-4所示。

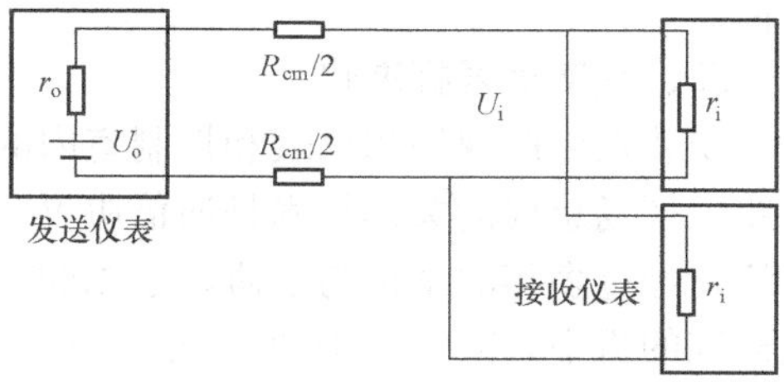

图1-4　采用电压信号时仪表之间的连接

采用直流电压信号需注意两点：

1）为减小传输误差，要求发送仪表内阻 r_0 及导线电阻 R_{cm} 足够小。若远距离传输电压信号，则增大了的 R_{cm} 势必对接收仪表电阻 r_i 提出过高的要求，而输入阻抗高将易于引入干扰，因此电压信号不适于作远距离传输的信号。

2）接收仪表输入阻抗越高，误差越小。当并接的仪表较多时，相当于总的输入阻抗减小，误差增大，因此并接的仪表越多，要求每个仪表的输入阻抗就越大。

用电压作为联络信号时，由于仪表是并联连接，其主要优点是：在设计安装上比较简单；增加或取消某个仪表不会影响其他仪表工作；对仪表输出级的耐压要求可以降低，从而提高了仪表的可靠性。

由以上分析可见，电流信号传输与电压信号传输各有特点，电流信号适于远距离传输，电压信号使仪表可采用并联制连接。因此，在国外的电动仪表系统以及我国的DDZ-Ⅲ型仪表中，进出控制室的传输信号采用电流信号，控制室内部各仪表之间联络信号采用电压信线，即连线的特点是电流传输、并联接收电压信号的方式。

4. 信号上下限大小的比较

表1-1中，传输信号的下限值（零点）电流不一样，分别为4mA和0mA。前者称为活零信号，后者称为真零信号。

真零信号下限值从零开始，便于进行模拟量的加、减、乘、除、开方等数学运算，处理起来十分方便，但是它难以区别正常情况下的下限值和电路故障（如断线），容易引起误解或误操作；活零信号在正常的下限值时是4mA，一旦出现0mA，肯定是发生了断线、短路或是停电，能及时发现故障，对生产安全极为有利。

采用活零信号不但为两线制变送器创造了工作条件，而且还能避开晶体管特性曲线的起始非线性，这也是4～20mA信号比0～10mA信号优越之处。

在运算处理活零信号之前，要先把对应于零点的信号值减掉，运算完的结果还要把零点信号加上去。这固然不甚方便，但在广泛应用运算放大器和微处理机的仪表里，减或加某个常数（相当于电压1V）是非常容易的，所以采用活零信号也就不成问题了。

信号电流范围的上限值受到电路功率的限制，不宜过大，以免输出电路的设计和器件选择不便。况且信号电流过大还容易使导线和元器件发热，不利于安全防爆。国外的电动仪表，一般信号的上限值都不超过50mA。从减小直流电流信号在传输线中的功率损失和减小仪表体积，以及提高仪表的防爆性能等方面看，电流信号的上限值小些好。但是，信号上限值选得过小也不好，因为微弱信号易受干扰，而且要求接收的仪表有较高的灵敏度，这就给仪表的输入和放大电路带来了设计上的困难。

当确定采用活零信号后，上限值与下限值之比最好是5：1，以便与气动模拟信号的上下限有同样的比值，这样，电流信号和气压信号就有一一对应的关系，容易相互换算。所以，我国规定的4～20mA及其辅助联络信号1～5V和20～100kPa具有同样的上下限比值。

二、数字信号标准化

安装在生产现场的仪表和控制室内的仪表或装置之间的数字式串行通信链路，称为现场总线。现场总线的关键技术是通信协议，国际IEC/TC65标准化组织为了统一现场总线通信协议，经过多年的争论与妥协，于1999年12月底，由各委员国家投票表决，通过了八种总线标准的折中方案，并于2000年1月4日，由IEC中央办公室公布了投票结果。这八种总线标准的类型是FF-H1（现场总线基金会）、CONTROLNET（美国ROCKWELL公司）、PROFIBUS（德国西门子公司）、P-NET（丹麦PROCES-DATA公司）、FF-HSE（美国FISHER-ROSEMOUNT公司）、SWIFTNET（美国波音公司）、WORLDFIP（法国ALSTOM公司）、INTERBUS（德国PHOENIX CONTACT公司）。后来又补充了ISA SP50和PROFINET两个类型。

这些现场总线类型中适合过程自动化的有FF、PROFIBUS和WORLDFIP三种。因各种现场总线标准互不兼容，很难实现互操作。因此在4～20mA向现场总线过渡时期，还需要采用HART协议，HART也称为准现场总线协议。

（一）HART协议

可寻址远程传感器高速通道（highway addressable remote transducer，HART）。HART协议智能仪表在不干扰4～20mA模拟信号的同时允许双向数字通信，过程变量和操作变量信息在同一线对、同一时刻通过HART协议传送。在一条电缆上可以同时传递数字信号和模拟信号（4～20mA）。

1. HART协议的工作原理

HART协议使用Bell202频移键控（FSK）技术，在4～20mA基础上对数字信息进行编码，如图1-5和图1-6所示。逻辑1由1200Hz频率代表，逻辑0由2200Hz代表。

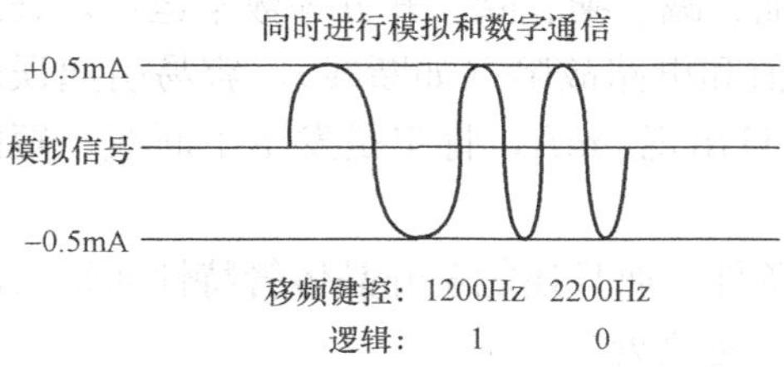

图1-5　HART编码

在4～20mA上叠加幅度为±0.5mA的正弦波，因此模拟和数字信号可同时传递；由于数字FSK信号相位连续，且叠加的正弦信号平均值为0，不会影响4～20mA模拟信号。

移频键控（frequency shift keying，FSK），

也称为两态调频。它的基本原理是把数字信号 1 和 0 调制成不同频率（易于鉴别）的模拟信号。

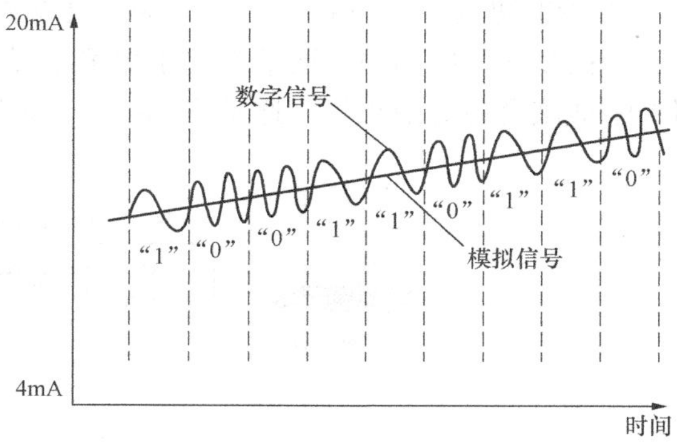

图 1-6　HART 信号叠加在 4～20mA 基础上

FSK 调制法原理图如图 1-7 所示，图中，两个不同频率的模拟信号，分别由电子开关控制，在运算放大器的输入端相加，而电子开关由要传输的数字信号（即数据 DATA）控制。当信号为“0”时，控制电子开关 1 导通，送出一串频率较低（1200Hz）的模拟信号；当信号为“1”时，控制电子开关 2 导通，送出一串频率较高（2200Hz）的模拟信号，于是在运算放大器的输出端，就得到了调制后的信号。

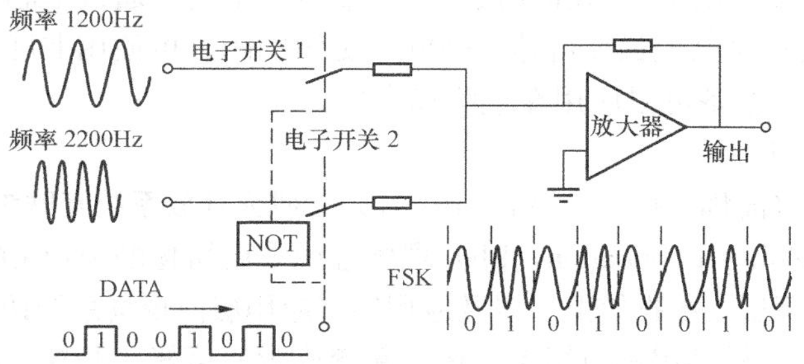

图 1-7　FSK 调制法原理图

2. HART 协议的应用

HART 基于主/从协议原理，这意味着只有在主站呼叫时，现场设备（从站）才传送信息。在一个 HART 网络中，两个主站（主和副）可以与一个从设备通信。副主站（如手持终端）几乎可以连接在网络任何地方，在不影响主站通信的情况下与任何一个现场设备通信。典型的主站可以是 DCS、PLC、基于计算机的控制或监测系统。典型的两个主站的安装如图 1-8 所示。HART 协议可以使用不同的模式进行智能现场设备与中央控制或监测设备的信息往返通信。最常用的模式是在传送 4～20mA 模拟信号的同时进行主/从方式数字通信。

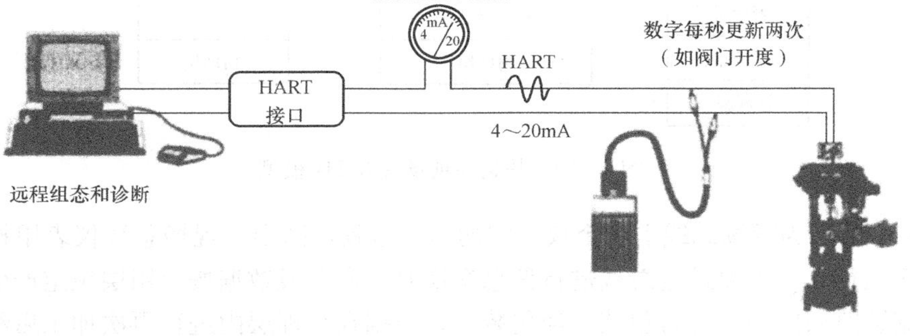

图 1-8　HART 协议允许两个主设备同时访问现场从设备

HART协议也支持在一个配置为多挂接网络中的一条线对上连接多个设备，如图1-9所示。在多挂接应用中，通信限定于数字主/从方式。流经每一个从设备的电流固定为一个用于驱动该设备的最小值（通常为4mA），而与过程毫无关系。

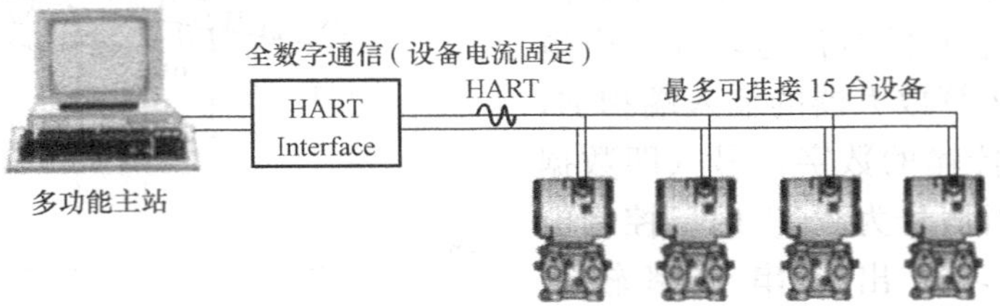

图1-9 HART设备在一些应用中可实现多挂接

通过观察安装可知，与连接传统4～20mA模拟仪表一样的电缆，用来传送HART通信信号所允许的电缆长度依电缆类型和连接的设备数目而不同。通常单芯屏蔽双绞电缆长度可达3000m，多芯屏蔽双绞电缆长度可达1500m，更短的距离可使用非屏蔽电缆。通过本质安全栅/隔离器，HART设备可以应用在危险场合。

（二）FF通信标准

国际标准化组织（简称ISO）于1978年2月开始研究开放系统互联参考模型（简称OSI）。现场总线基金会（Fieldbus Foundation，FF）现场总线采用简化的ISO/OSI参考模型，具有典型的三层结构，即物理层、数据链路层以及应用层（应用层由现场总线访问和现场总线报文规范两个子层组成），数据链路层和应用层合在一起统称为通信栈。此外，与ISO/OSI参考模型不同的是，FF不仅指定了通信标准，而且还对使用总线通信的用户应用进行规范，形成独有的用户应用（层），简称用户层。图1-10所示为基金会现场总线H1模型。

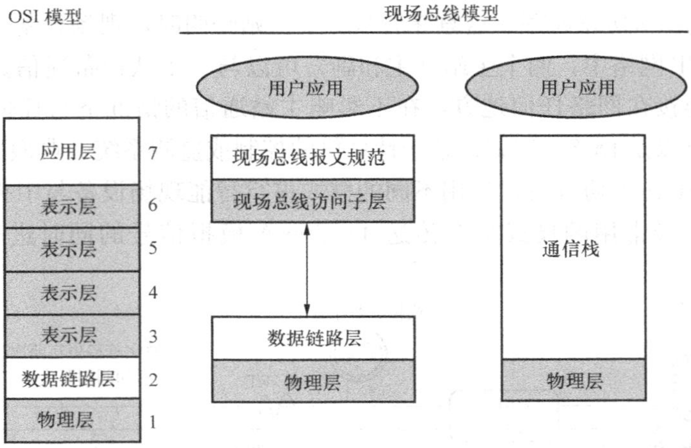

图1-10 基金会现场总线H1模型

图1-11所示为现场总线上两个仪表间的通信过程，图中，现场总线仪表甲按照组态时设定的程序运行，当需要通过总线进行信息交换时，命令或数据按应用层规定产生，该信息又按照数据链路层的规定进行包装，经包装后，数据在物理层内进行再次加工后经物理层转换成为符合标准的电信号，该信号在传输介质（总线）上为另一现场总线仪表乙接收，接收

仪表对信息进行相反的开包，直至得到命令或数据。信息在不同层之间的处理称为服务，而对信息的处理方法是按照事先规定的协议进行的，所以互相可以理解。

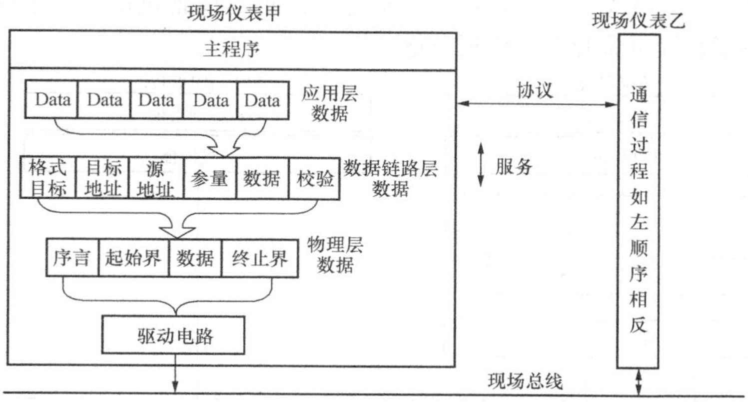

图 1-11 现场总线上两个仪表间的通信过程

图 1-12 所示为现场总线控制系统原理框图，图中，被控变量由变送器（仪表 1）的传感器测出，经用户层、通信栈和物理层送到现场总线（物理传输媒体），变送器输出的现场总线信号经现场总线传送到执行器（仪表 2）。在执行器中，经物理层、通信栈到用户层，由用户层输出的信号称为操纵变量，它控制着控制机构（调节阀）的开度。从图 1-12 中可以看到，功能模块装在用户层。

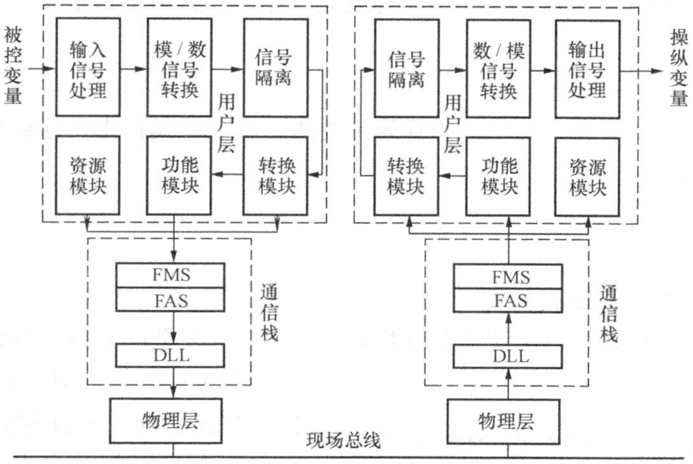

图 1-12 现场总线控制系统原理框图

（三）PROFIBUS PA 通信标准

PROFIBUS PA 是 PROFIBUS 应用于过程控制的方案。PROFIBUS PA 用于过程控制系统与现场仪表（设备）的连接，可以用来取代模拟的 4～20mA DC 信号。现场仪表指的就是压力、温度、流量、液位变送器和执行器。

PROFIBUS PA 可以使用简单的一对电缆进行测量、控制和调节，并可以向现场仪表供电。图 1-13 所示为传统的 4～20mA 系统和 PROFIBUS PA 系统在连线方面的不同。从现场设备到现场多路开关基本一致。然而，如果测量点分布很广，PROFIBUS PA 所需电缆就会明显减少。使用传统布线方法，每一个信号都需要独立引线接至过程控制系统的 I/O 模板，每个设备都需单独电源（甚至需要在有爆炸危险区域使用的电源）。相反，使用 PROFIBUS PA 只需用一对电缆就可以传输所有信息并向现场设备供电。这不仅节省了电缆费用，同时也减少了系统所需的 I/O 模板数量。

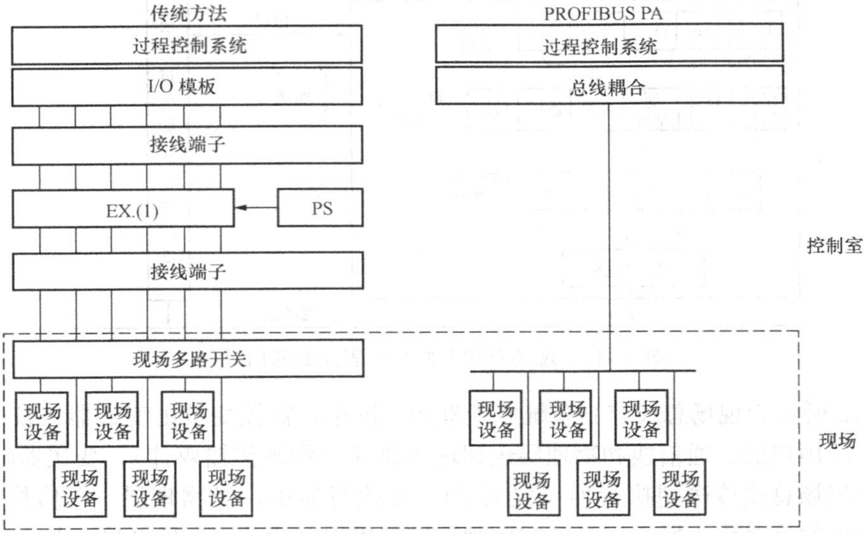

图 1 - 13　传统的 4～20mA 系统和 PROFIBUS PA 系统在连线方面的不同

PROFIBUS PA 的物理层与 FFH1 物理层完全相同，这里不再重述。

【任务准备】

准备好具有温度、压力、流量、物位等主要热工参数的模拟生产过程控制对象及计算机控制系统（如 DCS 系统）。

【任务实施】

一、认识控制对象及自动装置

在实际工厂生产过程中，生产工艺流程系统是庞大而复杂的系统，各种检测控制设备众多。为了让学生能对生产工艺流程的参数检测与控制有一个直观的认识和实际操作对象，实验室配置多台具有温度、压力、流量、物位等主要热工参数的模拟生产过程控制对象及计算机控制系统（DCS）。如图 1 - 14 所示，实验室过程对象系统由实验对象和实验台构成。其中实验对象由上下水槽、水箱、非线性水槽、纯滞后管路、电动水泵和管路手动阀等有机地构成一套闭式的水循环系统；在实验控制桌上装有控制水泵的 2 台变频器、显示自动检测参

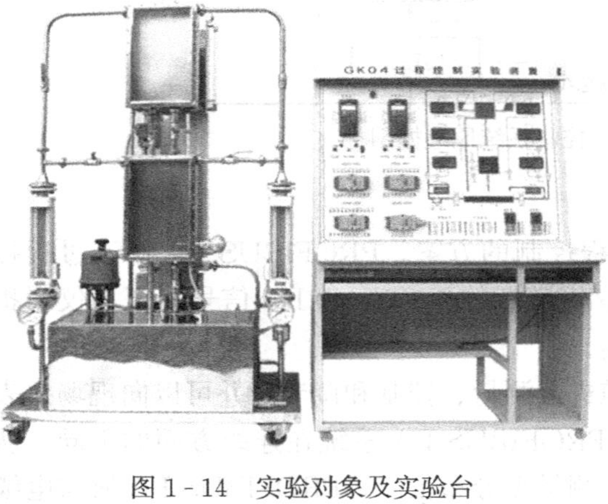

图 1 - 14　实验对象及实验台

数的 6 块数字显示仪表，它们用于计算机控制系统的智能接口模块。模块输入信号接口及 DCS 控制系统的信号接线端子区通过接线构成 DCS 控制系统或计算机监控组态控制系统。

对象系统的工艺流程如图 1-15 所示，图中的阀 1～10 全是手动阀门。对象的工作过程是：水泵 1 可以从水箱中抽水，经过电动调节阀、流量计 1、阀 1 和阀 5 分别给水槽 1 和水槽 2 供水；水泵 2 也可从水箱中抽水，通过流量计 2、阀 4 和阀 6 分别给水槽 1 和水槽 2 供水。水槽 1 中的水可以通过阀 3 流回水箱，水槽 2 中的水可通过阀 7 流回水箱，水槽 1 和水槽 2 通过阀 2 连接，当打开阀 2 时，可以使水槽 1 中的水流动到水槽 2 中，从而改变水槽 2 的液位。

水槽 1 后面通过两个手调阀门各连接了一个非线性部件，其中左侧为下细上粗的梯形水箱，右侧为下粗上细的梯形水箱，通过调节阀的开度，可实现液位的非线性控制。实际制作时，将这两部分非线性合并在了一起做成一个水槽，其大小形状和水槽 1 一样，只是在里面加了一个倾斜的挡板。水槽 2 的后面安装了纯滞后装置（串联在流量计 1 的下面），当手调阀 8 关闭时，水泵 1 的出水经过纯滞后装置和流量计 1 给水槽供水。

变送器安装如下：水槽 1 的下方装有一台液位变送器（编号 LT01），水槽 2 右侧装有一个温度变送器（编号 TT01）和一台液位变送器（编号 LT02），在水泵 2 的出水口处装有一台压力变送器（编号 PT01）和一台转子流量计兼流量变送器（编号 FT02），在水泵 1 出水口处经过电动调节阀后装有一个转子流量计兼流量变送器（编号 FT01）。这些信号通过屏蔽电缆被送到实验桌数字显示仪表和面板的插线接口区，通过手动连接短接线进入 DCS 或计算机控制系统中进行运算处理及控制。主要检测控制仪表位置如图 1-16 所示。

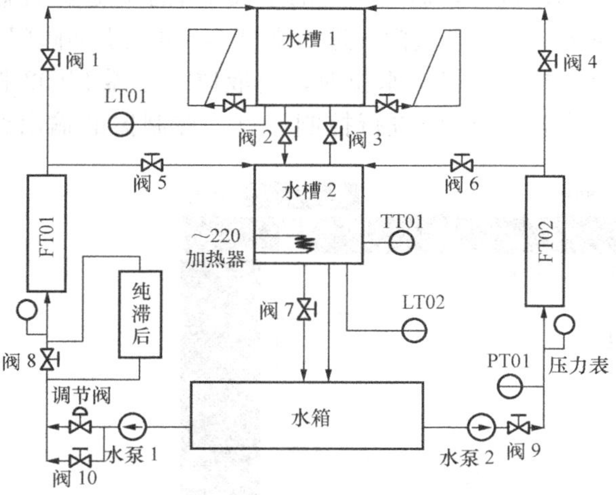

图 1-15　对象工艺流程

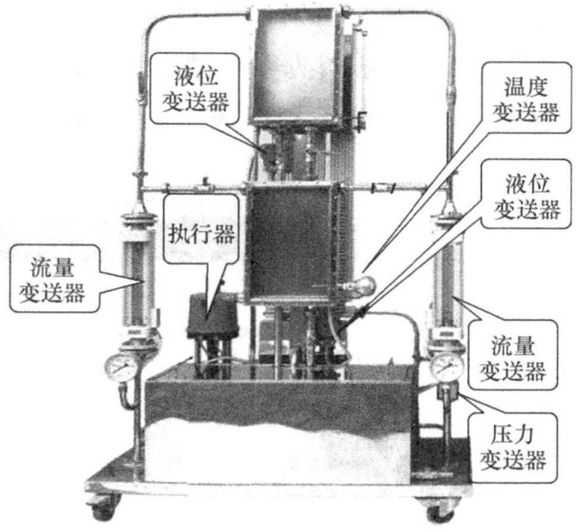

图 1-16　主要检测控制仪表位置

控制器处理后的信号分四路送到实验桌的插线接口区，其中一路送到对象上的调节阀控制其开度；两路分别送到实验桌的两台变频器上改变其输出频率，再经电缆送到对象的两台水泵电动机上控制抽水；一路送到隔离开关控制其输出到加热元件的功率，从而控制对象的温度。

综上所述，整个控制系统的工作原理图如图 1-17 所示。控制器可以根据需要选择智能模块计算机控制或 DCS 控制，因为变送器的信号为电流信号，故通过串联方式可将信号同

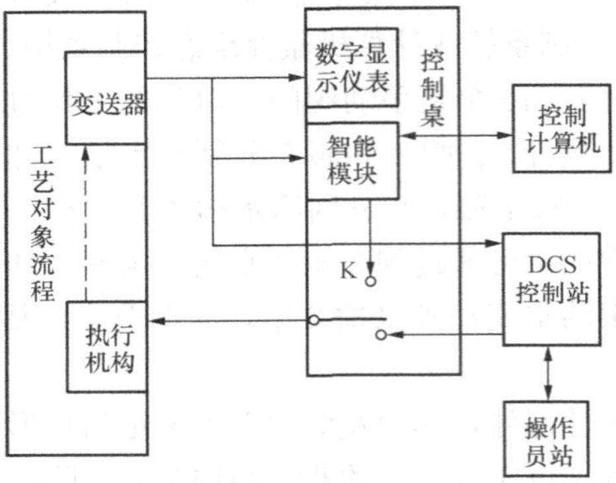

图 1-17　控制系统工作原理示意图

时送往显示仪表、智能模块和 DCS 中；执行机构只能受控于一个信号，故通过在实验桌接线实现图 1-17 中的切换开关 K 的功能，实现不同控制系统的选择。

二、系统控制功能操作演示

实验室 DCS 控制系统采用 MACSV 系统，该系统主要由服务器、操作员站和现场控制站以及通信网络系统组成。启动系统时，先开启控制站再开启服务器（一般由教师完成），最后启动操作员站。启动操作员站操作方法：计算机启动正常后，点击“开始”菜单，选择“操作员站在线”命令，启动操作员站，然后点击屏幕上方菜单的第四个按钮“”，选择下方的“主页”即进入控制系统，点击画面下方的实验按钮进入监控画面。但此时只有监视功能，不能进行操作控制；如要操作，则要点击上方菜单中的第五个按钮“”选择“登录”，在弹出的对话框中输入操作员名和口令，登录后才具有操作权限。

（一）水槽水位单回路控制

1. 系统工艺流程

进入系统监控画面后，点击“单回路 1”按钮，进入水位单回路控制系统，系统的构成如图 1-18 所示。对象中的手动阀门开度处于固定位置，通过左边的水泵 1 抽水，通过控制电动调节阀的开度改变水的流量，在经过流量计 1、手动阀门 1 进入水槽 1，再经手动阀门 2 进入水槽 2，从而改变水槽 2 的液位。当要自动控制水槽 2 水位时，由液位变送器 LT02 将液位转换成电流信号，送入控制系统中的控制器 LC02 中进行控制运算，控制器的输出经

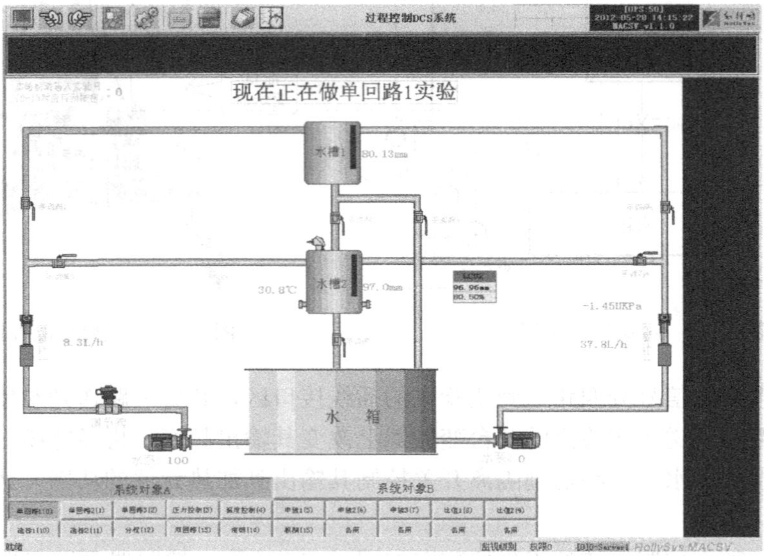

图 1-18　单回路控制系统构成的监控画面

DCS控制系统转换为电流信号输出，送入到执行器中，改变调节阀的开度，影响管中的水流量，从而最终改变水槽2的水位。

2. 控制系统的操作方法

按图1-18中有虚线的管路打开各手动阀门，即打开手动阀门1、2、7，关闭手动阀门3、5。在操作员站监控画面上，移动鼠标到画面中水泵1处的数字上（这时鼠标由箭头变成手，下同），单击左键，在弹出的对话框中输入变频器开度值100；然后在画面上控制器LC02处单击，打开控制器操作面板，如图1-19所示，点击"手动"按钮切换到手动，在输出值（OUT）处输入一个新的阀门开度值（如20%，参考），观察控制阀的动作，等水位2进入相对稳定后，在控制器面板上切换到自动，改变控制器给定值（SP），控制器将自动控制阀门开度，从而改变给水流量。观察水位和阀门的变化，理解各设备的功能和作用。

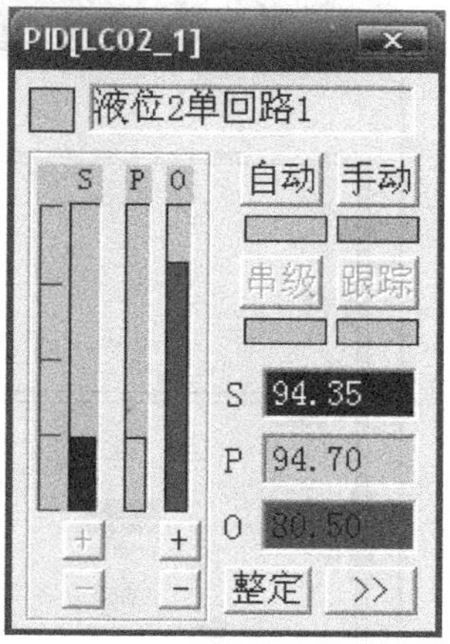

图1-19 单回路控制器操作面板

（二）水槽水位串级控制

1. 系统工艺流程

进入系统监控画面后，点击"串级2"按钮，进入水位串级控制系统，系统的构成如图1-20所示。此时对象中的电动调节阀处于全开状态，水泵1在变频器的控制下运行抽水，经水泵控制的给水，在经过流量计1、手调阀门1进入水槽1，再经手调阀门2进入水槽2，从而控制水槽2的液位。在整个流程中，如流经流量计1稳定，则水槽2的水位也会趋于稳定。因此，水槽2的水位经变送器LT02转换成电流信号，送入控制系统中的主控制器LC02中进行控制运算，其输出再接入副控制器FC01作为给定值，与流量1经变送器FT01转换的信号比较并计算输出，送入变频器中，改变水泵的转速，影响管中的水流量，从而使水槽2的水位发生变化。

2. 控制系统的操作方法

在图1-20画面上点击"串级2"按钮打开串级监控画面，按图中沿有虚线的管路打开各个手调阀门，即打开手调阀门1、2、7，关闭手调阀门3、5。

（1）在画面上移动鼠标到电动调节阀的数字处，单击左键，输入调节阀开度值100%。

（2）在画面上控制器LC02处单击，打开主控制器操作面板，如图1-21所示，点"手动"按钮切换到手动。

（3）在画面上控制器FC01处单击，打开副控制器操作面板，如图1-21所示，点"手动"按钮切换到手动。

（4）设定好控制器的参数。在副控制器FC01的输出值（OUT）处输入新输出值（如40%，参考），观察变频器的动作和流量、水位的变化等情况；在主控制器LC02的输出值（OUT）处输入新值[如200（mm），参考]，然后观察变频器的动作、流量、水位的变化等情况。等水位2进入相对稳定后，将副控制器FC01切换到串级，主控制器LC02切换到自动，改变主控制器LC02给定值（SP），控制器自动控制变频器，改变流量，影响水位。观察水位、流量和变频器的变化，理解各设备的功能和作用。

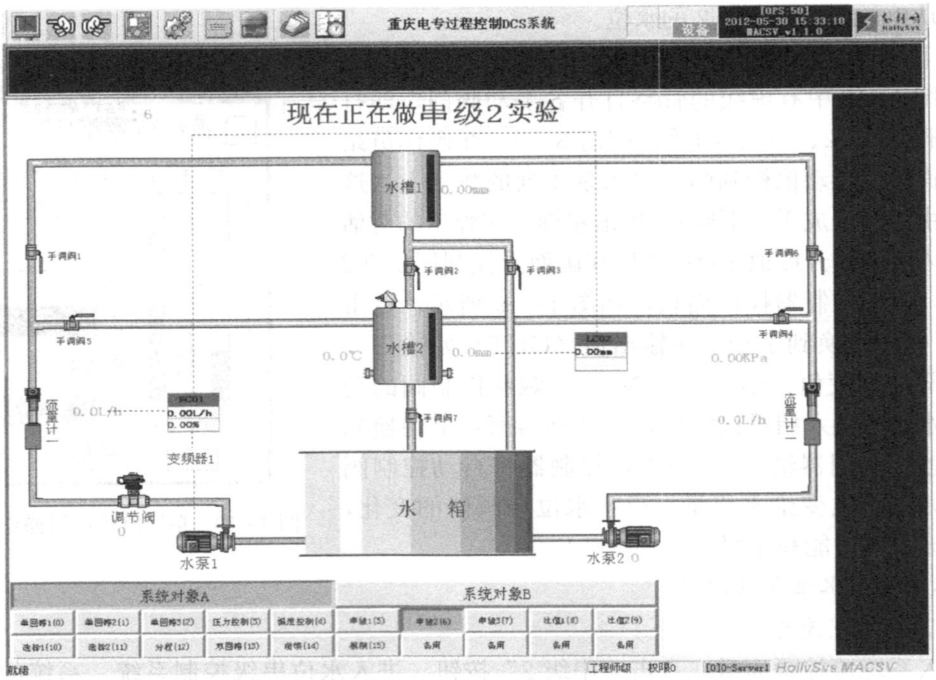

图 1-20　串级控制系统构成的监控画面

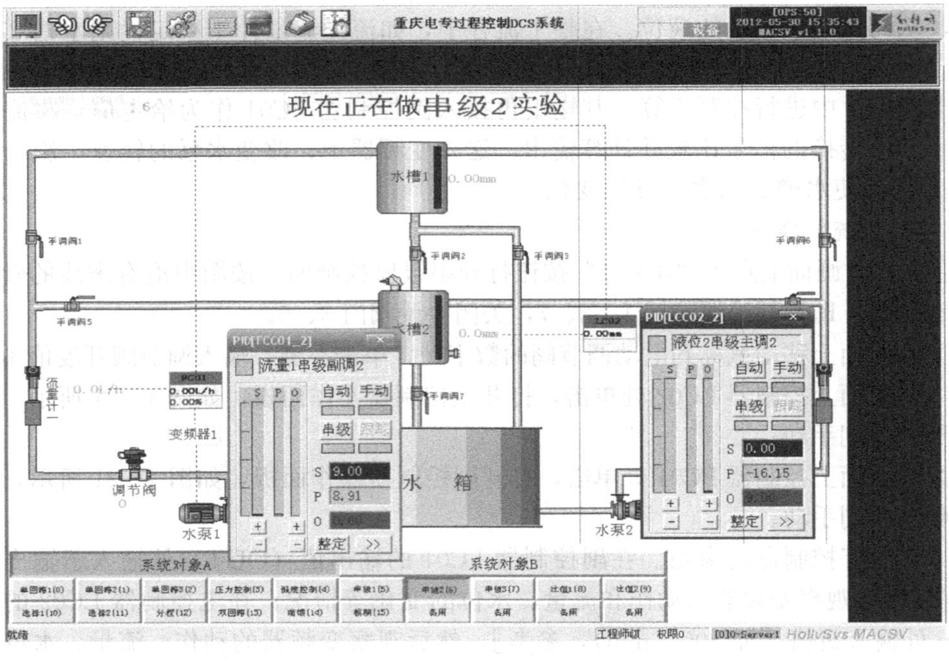

图 1-21　串级控制系统控制器操作面板

【任务验收】

(1) 指认现场热工自动装置，指出系统中自动装置的作用及其参数。

(2) 对照实物说明控制系统的流程。

(3) 能根据控制系统图完成工艺流程对象的切换操作。

(4) 能根据实际需要调用监控画面。

(5) 能对控制系统进行 A/M 切换操作。

【知识拓展】

热工自动装置的抗干扰

由于测量和控制仪表总是和各类产生电磁干扰的设备工作在一起，因此不可避免地受电磁环境的影响。如何使热工控制仪表在规定的电磁环境中正常工作，这就是仪表的抗干扰问题。

干扰是指有用信号以外的噪声或造成恶劣影响的变化部分的总称。产生干扰信号的原因称为干扰源。干扰源、传输途径及干扰对象构成了干扰系统的三个要素。

热工控制仪表在现场使用时，各类干扰会通过不同途径与仪表电路耦合，以致信号发生畸变，造成误差，使得读数不准，甚至面目全非，达到完全不能工作、自动失控和损坏设备的地步。因此，了解干扰来源、耦合方式和研究其消除方法，对热工控制仪表的设计、制造、安装、运行和维护都具有重要意义。

一、系统产生干扰的原因

(一) 地环流干扰

在工业生产过程中实现监视和控制需要用到各种自动化仪表、控制系统，它们之间的信号传输既有微弱到毫伏级、毫安级的小信号；又有几十伏、数千伏、数百安培的大信号；既有低频直流信号，也有高频脉冲信号等。构成系统后往往发现在仪表和设备之间传输相互干扰，造成系统不稳定甚至误操作，出现这种情况除了每个仪器、设备本身的性能原因如抗电磁干扰影响，还有一个十分重要的原因就是各种仪器设备根据要求和目的都需要接地，例如：为了安全，机壳需要接大地；为了使电路正常工作，系统需要有公共参考点；为了抑制干扰加屏蔽罩，屏蔽罩也需要接地，但是由于仪表和设备之间的参考点之间存在电势差（也就是各设备的共地点不同），因而形成接地环路造成信号传输过程中失真。因此，要保证系统稳定和可靠的运行，接地环路问题是在系统信号处理过程中必须解决的问题。

(二) 自然干扰

雷电是一种主要的自然干扰源，雷电干扰的时域波形是叠加在一串随机脉冲背景上的一个大尖峰脉冲；宇宙噪声是电磁辐射产生的，在一天中不断变化；太阳噪声则随着太阳活动情况的剧烈变化。自然界噪声主要会对通信产生干扰，而雷电能量尖峰脉冲可以对很多设备造成损坏，应该加以避免或降低损坏程度，减少损失。

(三) 人为干扰

电磁干扰产生的根本原因是导体中有电压或电流的变化，即较大 dv/dt 或 di/dt。dv/dt

或 di/dt 能够使导体产生电磁波辐射。一方面，人们可以利用这一特点实现特定功能，例如无线通信、雷达或其他功能；另一方面，电子设备在工作时，由于导体中的 dv/dt 或 di/dt 会产生伴随电磁辐射。无论主观上出于什么目的，客观上都对电磁环境造成了污染。还有，工厂企业在生产过程中会经常有一些大型的设备（如电动机、变频器）频繁开关，也会造成一些容性、感性的干扰，影响仪器仪表正常显示或采集。凡是有电压电流突变的场合，肯定会有电磁干扰存在。数字脉冲电路就是一种典型的干扰源，随着电子技术的广泛应用，电磁污染情况会越来越严重。

二、干扰的分类

（一）按干扰来源分类

按干扰的来源，干扰可分为内部干扰和外部干扰。

1. 内部干扰

如果干扰是由于自动装置的内部原因而产生，称为内部干扰。如自动装置内部电磁元件产生电磁场，自动装置中接地点不合理产生级间干扰，布线不合理、虚焊、引线似断非断、元件质量不好、晶体管内部噪声等干扰。

2. 外部干扰

如果干扰来自外部，称为外部干扰。外部干扰常以电磁场的形式出现，在强交流电导线、交流发电机、大功率变压器、电焊机以及连接这些设备的电源线等周围，都有较强的交变电磁场，如果自动装置的输入回路或其引线在其邻近通过，就会产生交变电动势而对自动装置形成干扰。此外，电厂周围大地中存在着一定数值的跨步电压，高电压设备的高压电场，电气设备触点间火花产生的高频电磁波，由于自动装置接地不合理和电气设备绝缘性能不良而形成的地电流和漏电流等，都是外部干扰的多种形式。

（二）按干扰传播途径分类

干扰源经过传播途径作用于系统，其传播途径有静电耦合、磁场耦合、公共阻抗耦合，相应干扰分别为静电干扰、电磁干扰、公共阻抗耦合干扰。

（三）按干扰的作用方式分类

按干扰作用方式的不同，干扰可分为串模干扰、共模干扰和长线传输干扰。

1. 串模干扰

串模干扰是指叠加在被测信号上的干扰噪声，它串联在信号源回路中，与被测信号相加输入系统，如图 1-22 所示。串模干扰与被测信号在回路中处于同样的地位，也称为常态干扰。

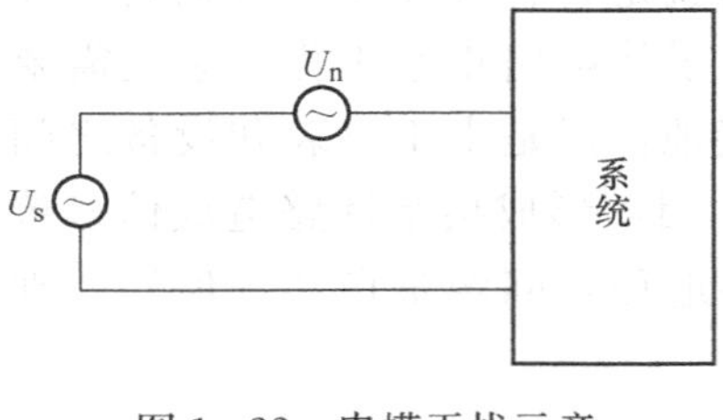

图 1-22 串模干扰示意
U_s—被测信号；U_n—干扰信号

产生串模干扰的原因主要有分布电容的静电耦合、空间的磁场耦合、长线传输的互感、50Hz 工频干扰以及信号回路中元件参数变化等。

2. 共模干扰

共模干扰出现于信号电路和地之间，它对两根信号导线的作用完全相同，自动装置的两个输入端子之间并无干扰信号，但这两个端子和地之间却出现了干扰信号，因此有纵向干扰之称。共模干扰的形成如图 1-23 所示。

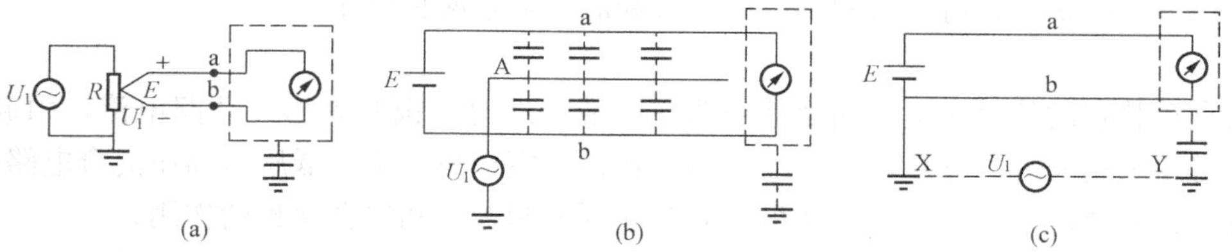

图 1-23 共模干扰的形成

(a) 热电偶测温；(b) 分布电容；(c) 接地点电位差

三、干扰抑制技术

干扰信号之所以能对电子装置产生影响，必须具备三个条件：一是要有干扰源产生干扰信号；二是要有对干扰信号敏感的接收电路；三是要有干扰源接收电路之间的耦合通道。这三个因素缺一就不能形成对电子装置的干扰。在解决干扰问题时，首先要搞清楚干扰源、接收电路的性能以及干扰源与接收电路之间的耦合方式，才能采取相应措施，抑制干扰的影响。

（一）抑制干扰的原则性措施

针对上述分析，抑制干扰的原则性措施是：

（1）消除或抑制干扰源，如电力线与信号线隔离或远离。

（2）破坏干扰途径。对于以“路”的形式侵入的干扰，从自动装置本身采取措施，如采用隔离变压器、光电耦合器等切断某些干扰途径；对于以“场”的形式侵入的干扰，通常采用屏蔽措施。

（3）削弱接受电路（被干扰对象）对干扰的敏感性。如高输入阻抗的电路比低输入阻抗的电路易受干扰，模拟电路比数字电路的抗干扰能力差等。

对安装来说，抑制干扰源对其他回路的干扰是最有效的措施，但有时由于条件限制或费用过高等原因，很难实现。这时，就应对受干扰的弱电信号回路和电子自动装置采取防护措施，以增强其抗干扰能力。

（二）抗干扰方法

1. 屏蔽

屏蔽技术主要是抑制电磁感应对自动装置的干扰。它是利用铜或铝等低阻材料或磁性材料把元件、电路、组合件或传输线等包围起来，以隔离内外电磁的相互干扰。屏蔽包括静电屏蔽、电磁屏蔽、低频磁屏蔽、驱动屏蔽。

（1）静电屏蔽。在静电场作用下，导体内部无电力线，即各点等电位。因此采用导电性能良好的金属作屏蔽盒，并将它接地，使其内部的电力线不外传，同时也不使外部的电力线影响其内部。

静电屏蔽能防止静电场的影响，可以消除或削弱两电路之间由于寄生分布电容耦合而产生的干扰。

（2）电磁屏蔽。电磁屏蔽是采用导电良好的金属材料做成屏蔽层，利用高频干扰电磁场在屏蔽体内产生涡流，再利用涡流消耗高频干扰磁场的能量，从而削弱高频电磁场的影响。

若将电磁屏蔽层接地，同时兼有静电屏蔽的作用。也就是说，用导电良好的金属材料做成的接地电磁屏蔽层，可同时起到电磁屏蔽和静电屏蔽两种作用。

2. 隔离

当自动装置的信号测量电路及信号源在两端接地时，很容易形成环路电流，引起干扰。这时就需要采用隔离的方法，特别当自动装置含有模拟与数字、低压与高压混合电路时，必须对电路各环节进行隔离，这样还可以同时起到抑制漂移和安全保护的作用。

隔离器又名信号隔离器、信号调理器，它将输入单路或双路电流或电压信号，变送输出隔离的单路或双路线性的电流或电压信号，并提高输入、输出、电源之间的电气隔离性能。隔离器是工业控制系统中重要组成部分。

3. 滤波

滤波是抑制串模干扰或抑制由共模干扰转化成的串模交流信号的有效手段。它是根据信号及噪声频率分布范围，将相应频带的滤波器接入信号传输通道中，滤去或尽可能衰减噪声，达到提高信噪比，抑制干扰的目的。在前述各种抗干扰措施下，如果仍有残余交流干扰信号，则可依靠滤波的办法予以消除。

4. 浮空

浮空是抗共模干扰的有效措施。把信号导线和自动装置电路完全用绝缘材料架空起来，不使它们和接地的金属外壳相碰，这就叫浮空。一个完全浮空的电路即使存在共模电压，也无法形成电流。无论两根输入导线对地阻抗是否对称，都不会把共模干扰转化为串模干扰，而纯共模信号是不会妨碍自动装置正常工作的（在一定限度内）。这是从防止转化方面采取的抗干扰措施。

从本质上看，浮空和变压器隔离、光电隔离的出发点是一样的，都是设法切断共模信号的通路。对于无源电路（如与热电偶配合的动圈仪表），只要把测量电路架空起来，不和接地导体接触，就实现了浮空。但是像放大器一样的有源电路就比较麻烦，它必须有电源。电源往往来自电网，电网又是接地的。解决的办法是用变压器隔离，使为放大器供电的副边绕组浮空。

5. 信号导线的抗干扰

热工过程自动装置的电信号都是低电压小电流，从导线电负荷上考虑，并不需要很大的截面积。但因工业控制信号线传送的距离较远、环境恶劣，为使信号线电阻较小，并有足够机械强度，通常都选用截面积不小于 $1mm^2$ 的多股导线。多股导线的好处是柔软易弯曲。根据抗干扰的要求，可以用双绞线、平行线、屏蔽线或同轴电缆。

从减小干扰的角度考虑，最根本的措施是信号线远离动力线。万一它们不可避免地在同一条电缆沟内敷设，要分别沿沟的两侧走线，或分上下两层布置，并在两者之间加接地金属板，以资屏蔽。无屏蔽时，两类导线之间的距离不可小于 15cm，最好相距 60cm 以上。如导线在管中穿过，绝对不允许将信号线和动力线穿在同一管里。

要特别注意，金属管只有接地后才有电场屏蔽作用，只有铁管才能屏蔽磁场干扰。双绞线由于两线形成的线环极小，又正反方向交替，电磁干扰在每一绞合圈内产生的感应电动势因方向不同，可以互相抵消。至于同轴电缆的抗干扰能力，特别是对高频信号的传递，与其他导线相比有明显的优势。

6. 晶闸管干扰的抑制

晶闸管在自动控制中应用日益广泛，然而，它是工业电子器件中很大的干扰源。

晶闸管在触发导通或截止时，引起电压、电流的急剧变化，使供电网络上出现干扰波，该干扰波对自动装置有不利影响。为了防止或减少这种有害影响，需在晶闸管的负载两端并联一个由电阻、电容串接而成的电路。

7. 电接点干扰的抑制

开关和继电器的电接点在断开感性负载时，会由于电流的变化率很大而形成反向瞬时高压，通常在几微秒的时间内此高压达到电源电压的 10～20 倍。它会在电接点上产生火花，不但会烧蚀接点表面，而且形成电磁波干扰，是十分有害的。为此，可设置电接点消弧电路，既保护了接点，延长它的寿命，又抑制了干扰信号。

最常用的消弧电路如图 1－24 所示，RC 串联电路与电接点并接，当电源为直流时，K 断开以后 L 上无电流，电源电压对电容器 C 充电。K 接通的瞬间，电阻 R 使 C 的放电电流不致过大；K 断开的瞬间，感应电压经 R 对 C 充电，致使电流减小较慢，也保护了接点免生电弧。

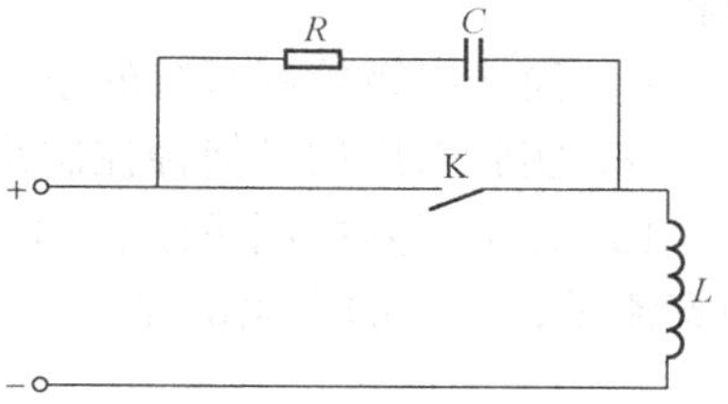

图 1－24　电接点消弧电路

8. 接地

接地也是抗干扰的重要手段，但是错误的接地不仅起不了抗干扰作用，反而会使干扰加强。如图 1－25（a）所示的三个电路，它们各自的地线都接到公共地线上，因公共地线有电阻，在地线电阻 r_1、r_2、r_3 上有不同的地电流，所形成的压降将干扰其他电路，即为公共阻抗提供了干扰途径。

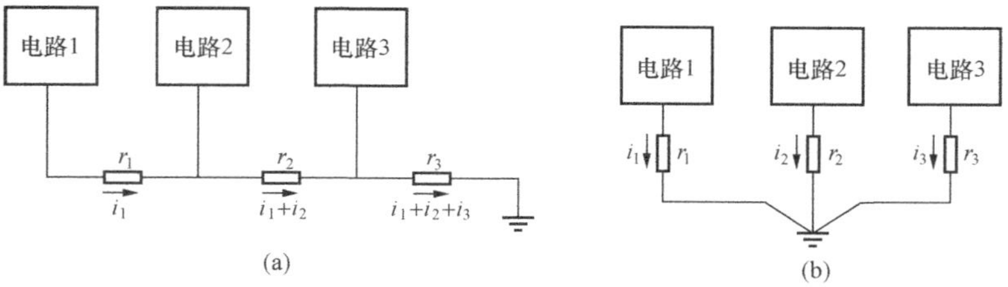

图 1－25　多个电路的接地方式

（a）错误接地；（b）正确接地

接地点改为如图 1－25（b）所示，使三个电路的地线电阻互相独立，则不论各自的地电流如何，对别的电路没有任何影响。可见，接地点可以共用而接地线不能共用，这一原则对互相关联的多个电路尤为重要。设电路 1 的输出信号供给电路 2，电路 2 又将信号送至电路 3，这种情况下就必须把接点合在一处，不能分设在三个不同地点。

【考核自查】

1. 热工自动装置的作用是什么？
2. 热工自动装置采用何种信号进行联络？电压信号传输和电流信号传输各有什么特点？
3. 说明现场控制仪表与控制室控制仪表之间的信号传输及供电方式。0～10mA 的直流电流信号能否用于两线制传输方式？为什么？
4. 什么叫活零点？采用活零点有何意义？

5. 什么叫干扰？干扰的来源有哪些？

6. 形成干扰的三个因素是什么？

7. 什么叫串模干扰？什么叫共模干扰？消除串模干扰和共模干扰的方法有哪些？

8. 一点接地的原则是什么？

9. 在实验系统和流程图中找出变送器并说明其作用。

10. 在实验系统和流程图中找出控制器并说明其作用。

11. 在实验系统和流程图中找出执行器并说明其作用。

12. 简述单回路控制系统的组成，在实验系统和流程图中指出水位单回路控制系统的流程。

13. 简述串级控制系统的组成，在实验系统和流程图中指出水位串级控制系统的流程。

14. 实验采用的是何种控制系统？该系统由哪几部分组成？简述各组成部分的作用。

15. 在单回路控制系统、串级控制系统中分别进行手动/自动切换，修改控制器参数，观察流量、水位的变化情况。

项目二

变送器检修

变送器是火电厂重要的基础自动化仪表。在火电厂自动控制系统中，变送器将传感器感受的生产过程中物理量的变化转换为准确的、标准的模拟或数字信号，并向控制器发送，实现在现场的过程传感器与控制系统的连接。变送器在控制系统金字塔模型中处于最下层，却是十分关键的环节，其测量和转换正确与否将直接影响自动控制系统的控制精度。因此必须要选用合适的变送器，并且按要求安装，正确使用。

变送器的种类很多，按照工作能源可分为气动变送器、液动变送器、电动变送器；按被测参数可分为差压变送器、压力变送器、流量变送器、温度变送器、液位变送器；按通信协议可分为 HART 变送器、DE 变送器、FF 变送器和 PROFIBUS 变送器；按工作原理可分为力平衡式变送器、振弦式变送器、电容式变送器、电感式变送器、压阻式（扩散硅式）变送器、硅谐振式变送器和压电式变送器；按信号类型可分为模拟变送器和数字变送器；按有无微处理器可分为常规变送器和智能变送器。

目前，变送器已经从模拟型、智能型、现场总线型发展到了无线型。

任务一 模拟变送器检修

【学习目标】

（1）明确变送器的作用。
（2）熟悉变送器的基本特性，常用变送器的工作原理、结构组成。
（3）能对变送器进行零点调整、量程调整、零点迁移。
（4）能初步分析并处理变送器的常见故障。
（5）能看懂各类变送器的说明书及使用手册。
（6）能初步进行变送器的选型。
（7）会正确填写变送器检修、调校、维护记录和校验报告。
（8）会正确使用、维护和保养常用校验设备、仪器和工具。

【任务描述】

具备变送器检修风险分析与危害意识；识读变送器铭牌，并根据现场参数测量要求正确设置变送器零点和量程；能按国家标准检验规范在实验室正确进行检定、校验变送器；对变送器进行外观检查，密封性检查，静压误差试验，零位及满量程校准，测量管路检查试验，电缆、接线绝缘检查；能熟练地对变送器进行停运、折装、投运操作。

【知识导航】

变送器的技术特性

随着科学技术的发展，人们对变送器的要求越来越高，对其结构性能也规定得越来越详细。现在生产的智能变送器，各种技术指标多达数10项。但是对用户而言，不可能也没必要在使用现场对变送器的各项技术指标都进行验证，而且有些指标是不会变化的。然而理解和掌握这些性能，对于使用和维护好变送器是有好处的。

一、零点与量程

1. 测量范围、上下限及量程

每个用于测量的变送器都有测量范围，它是该仪表按规定的精度进行测量的被测变量的范围。测量范围的最小值和最大值分别称为测量下限（LRV）和测量上限（URV），简称下限和上限。

变送器的量程可以用来表示其测量范围的大小，是其测量上限值与下限值的代数差，量程有时也叫跨距，即

$$量程 = 测量上限值 - 测量下限值 \tag{2-1}$$

使用下限和上限可以完全表示变送器的测量范围，也可确定其量程。如一个温度变送器的下限值是－20℃，上限值是＋180℃，则其测量范围可表示为－20～＋180℃，量程为200℃。可见，给出变送器的测量范围便可知其上下限及量程；反之，只给出变送器的量程，则无法确定其上下限及测量范围。

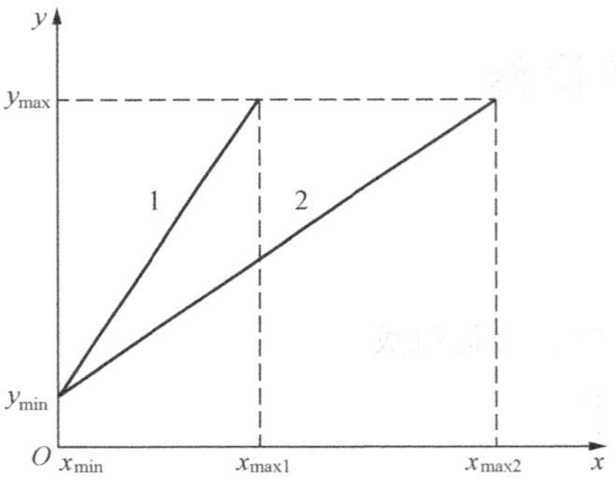

图2-1　变送器量程调整前后的输入—输出特性

变送器测量范围的另一种表示方法是给出变送器的零点（即测量下限值）及量程。由前面的分析可知，只要变送器的零点和量程确定了，其测量范围也就确定了，因而这是一种更为常用的变送器测量范围的表示方式。

2. 零点迁移和量程调整

在实际使用中，由于测量要求或测量条件的变化，需要改变变送器的零点或量程，为此可以对变送器进行零点迁移和量程调整。量程调整的目的是使变送器的输出信号的上限值 y_{max} 与测量范围的上限值 x_{max} 相对应。图2-1所示为变送器量程调整前后的输入—输出特性曲线。

由图2-1可见，量程调整相当于改变变送器输入输出特性曲线的斜率，由特性1到特性2的调整为量程增大调整。反之，由特性2到特性1的调整为量程减小调整。

在实际测量中，为了正确选择变送器的测量范围，提高测量准确度，常常需要将测量起点从零迁移到某一数值（正值或负值），即零点迁移。在未迁移时，测量起始点为零；当测量的起始点由零变为某一正值时，称为正迁移；反之，当测量的起始点由零变为某一负值时，称为负迁移。零点调整和零点迁移的目的都是使变送器输出信号的下限值 y_{min} 与测量范

围的下限值x_{min}相对应。在$x_{min}=0$时，为零点调整；在$x_{min}\neq0$时，为零点迁移。

图2-2所示为变送器零点迁移前后的输入—输出特性曲线，可以看出，零点迁移后变送器的输入—输出特性沿x坐标向右或向左平移了一段距离，其斜率并没有改变，即变送器的量程不变。若采用零点迁移，再辅以量程压缩，则可以提高仪表的测量精确度和灵敏度。

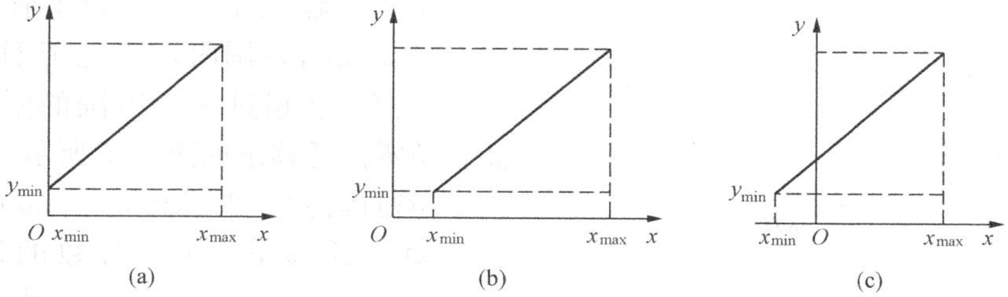

图2-2 变送器零点迁移前后的输入—输出特性曲线

(a) 未迁移；(b) 正迁移；(c) 负迁移

零点正、负迁移是指变送器零点的可调范围，但其和零点调整是不一样的。零点调整是在变送器输入信号为零，输出不为零（下限）时的调整：而零点正、负迁移是在变送器的输入不为零时，输出调至零（下限）的调整。如果差压变送器的低压引入口有输入压力，高压引入口没有，则将输出调至零（下限）时的调整称为负迁移；如果差压变送器的高压引入口有输入压力，低压引入口没有，则把输出调至零（下限）的调整称为正迁移。由于迁移是在变送器有输入时的零点调整，因此迁移量是以能迁移多少输入信号来表示，或是以测量范围的百分之多少来表示。

由于同一台变送器，其使用范围有大有小，因此迁移量也有大有小。如1151变送器量程挡的测量范围为0～31.1kPa至0～186.8kPa，如果以31.1kPa的测量范围作为使用范围，则其最大迁移量为186.8/31.1×100%=600%，这里的186.8kPa为工程单位的迁移量，而600%为百分数的迁移量；如果以186.8kPa的测量范围作为使用范围，则其最大迁移量是186.8/186.8×100%=100%。其实，工程单位的迁移量是一样的，都是186.8kPa，只是与其相比的标准（使用范围）不同，因而有着不同的迁移量。

大多数厂家生产的变送器，迁移量都是量程的百分数来表示。例如有的变送器零点正负迁移为最大量程的100%，这就是说，如果变送器的测量范围为0～31.1kPa至0～186.8kPa，则当变送器高或低压引入口通0～186.8kPa范围内的任意压力时，其零点都可以迁到4mA。不过高压引入口通186.8kPa的压力已经是测量范围上限了，再通就是超压，把零点调成4mA DC不是不可能，但已无任何意义，所以零点迁移量与使用量程之和不能超过测量范围的限值，即

$$\Delta p_z + \Delta p_s \leqslant \Delta p_h \tag{2-2}$$

式中 Δp_z——迁移量；

Δp_s——使用量程；

Δp_h——最大量程。

如果使用量程为186.8kPa，则零点正迁移量为

$$\Delta p_z = \Delta p_h - \Delta p_s = 186.8\text{kPa} - 186.8\text{kPa} = 0\text{kPa}$$

即不能迁移了。

但若使用量程为 62.3kPa，则零点正迁移量为

$$\Delta p_z \leqslant 186.8\text{kPa} - 62.3\text{kPa} = 124.5\text{kPa}$$

对负迁移来说，没有这一限制，因为它是负压引入口输入压力，所以不管通多大压力（0～186.8kPa 范围内），零点迁移量加上使用差压，都不会超过测量范围的限值，变送器正、负零点迁移量如图 2-3 所示。图 2-3（a）的测量范围为 0～250kPa，－1500Pa 为工程单位的负向迁移量，则百分数的迁移量为－1500/250×100%＝－600%；图 2-3（b）的测量范围为 0～250kPa，0Pa 为工程单位的迁移量，则百分数的迁移量为 0/250×100%＝0%；图2-3（c）的测量范围为 0～250kPa，1250Pa 为工程单位的正向迁移量，则百分数的迁移量为 1250/250×100%＝500%。变送器的使用范围为 0～250kPa，图 2-3 中迁移量的百分数都是其与 250kPa 相比较得到的。

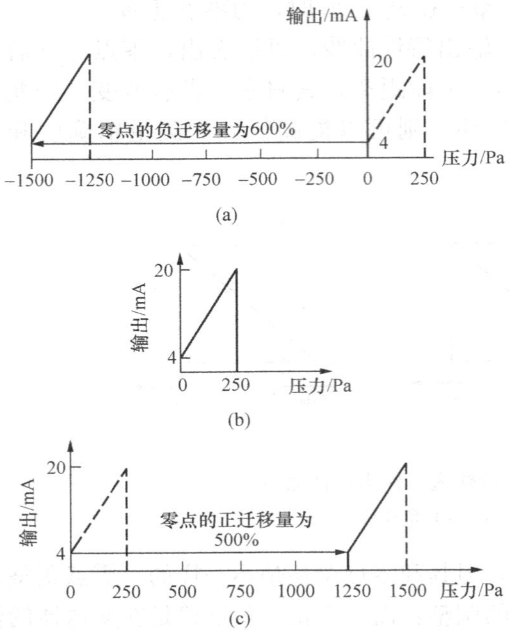

图 2-3 变送器正、负零点迁移量
（a）600%零点负迁移；（b）没有进行零点迁移；（c）500%零点正迁移

变送器可以使用在跨零的量程上，例如－31.1～＋31.1kPa，但它们的绝对值之和（31.1＋31.1＝62.2）不能超过其最大测量范围。

二、量程比

量程比是指变送器的最大测量范围和最小测量范围之比，这也是一个很重要的指标。变送器所使用的测量范围和操作条件是经常变化的，如果变送器的量程比大，则其调节余地就大。可以根据工艺需要，随时更改使用范围，显然会给使用者带来很多方便，无需更换仪表，也无需拆卸和重新安装，只要把量程改变一下即可。对智能仪表来说，只需在手持终端上再设定一下。这样，库里的备品数量可以大为减少，计划、管理等工作也会简单得多。

从最简单的位移式差压计到目前的智能变送器，量程比在不断增加，这说明技术的进步。但要注意的是，当量程比达到一定数值（如 10）以后，其他技术指标如精度、静压、单向性能都会变坏，到了某个值后（如 40），虽然还可使用，但其性能已经很差了。一般情况下，量程比越大，其测量精度越低。

三、四线制与二线制

变送器大都安装在现场，其输出信号送至控制室中，而其供电电源又来自控制室。变送器的信号传送和供电方式通常有以下两种。

1. 四线制

供电电源与输出信号分别用两组导线传输，其接线方式如图 2-4 所示，这样的变送器称为四线制变送器。DDZ-Ⅱ系列仪表的变送器采用这种接线形式。由于电源与信号分别传送，因此对电流信号的零点及元件的功耗没有严格的要求。供电电源可以是交流（220V）电源或直流（24V）电源，输出信号可以是死零点（0～0mA）或活零点（4～20mA）。

2. 二线制

对于二线制变送器，同变送器连接的导线只有两根，这两根导线同时传输供电电源和输出信号，其接线方式如图 2 - 5 所示。由图 2 - 5 可见，电源、变送器和负载电阻是串联的。二线制变送器相当于一个可变电阻，其阻值由被测参数控制。当被测参数改变时，变送器的等效电阻随之变化，因此流过负载的电流也发生变化。

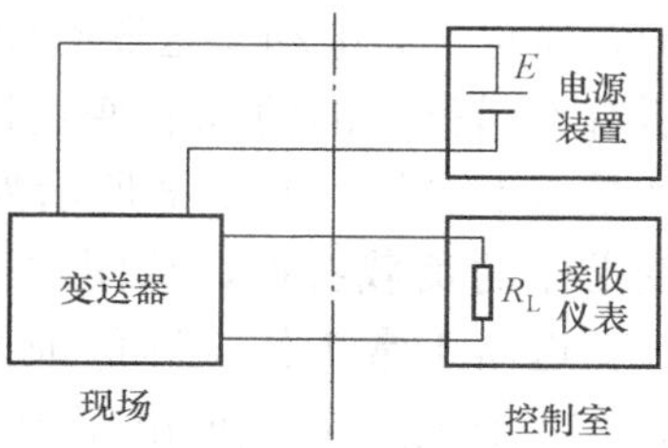

图 2 - 4　四线制传输接线方式

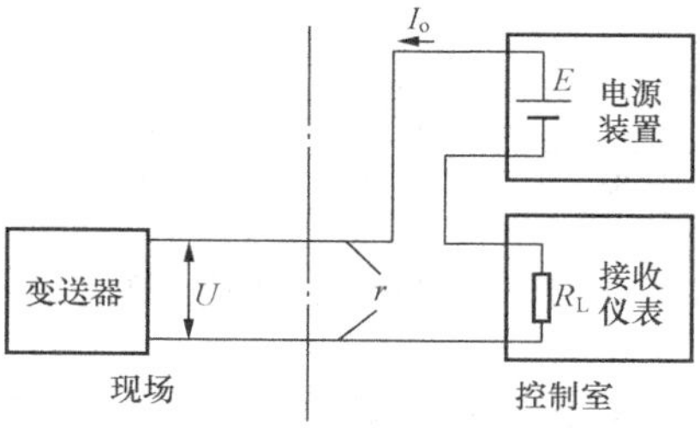

图 2 - 5　二线制传输接线方式

设计一台二线制变送器，必须满足如下条件：

（1）变送器的正常工作电流必须等于或小于信号电流的最小值 I_{min}，即

$$I \leqslant I_{min} \tag{2-3}$$

由于电源线和信号线公用，电源供给变送器的功率是通过信号电流提供的。在变送器输出电流为下限值时，应保证其内部的半导体器件仍能正常工作。因此，信号电流的下限值不能过低。因为在变送器输出电流的下限值时，半导体器件必须有正常的静态工作点，需要由电源供给正常工作的功率，所以信号电流必须有活零点。国际统一电流信号采用 4～20mA DC，为制作二线制变送器创造了条件。

（2）变送器能够正常工作的电压条件是

$$U \leqslant E_{min} - I_{0max}(R_{Lmax} + r) \tag{2-4}$$

式中　U——变送器输出端电压；

E_{min}——电源电压的最小值；

I_{0max}——输出电流的上限值，通常为 20mA；

R_{Lmax}——变送器的最大负载电阻值；

r——连接导线的电阻值。

二线制变送器必须采用直流单电源供电。所谓单电源，是指以零电位为起始点的电源，而不是与零电压对称的正负电源。变送器的输出端电压 U 等于电源电压与输出电流在 R_L 及传输导线电阻 r 上的电压降之差。为保证变送器正常工作，输出端电压值只能在限定的范围内变化。如果负载电阻增加，电源电压就需增大，反之，电源电压可以减小；如果电源电压减小，负载电阻就需减小，反之，负载电阻可以增加。

（3）变送器能够正常工作的最小有效功率为

$$P < I_{0max}(E_{min} - I_{0max}R_{Lmax}) \tag{2-5}$$

由于二线制变送器供电功率很小，同时负载电压随输出电流及负载阻值变化而大幅度变化，导致线路各部分工作电压大幅度变化。因此，制作二线制变送器时，要求采用低功耗集成运算放大器和设置性能良好的稳压、稳流环节。

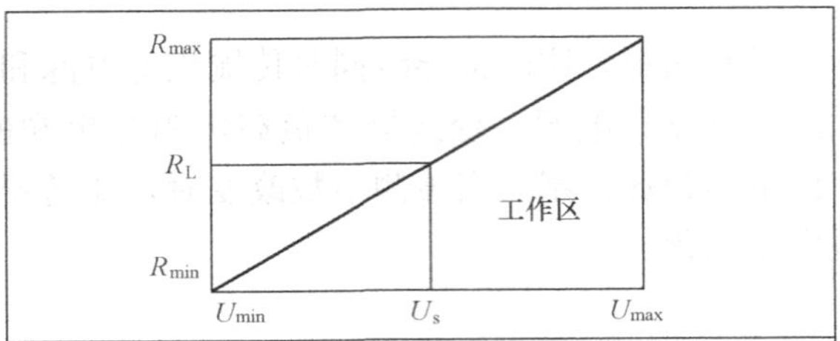

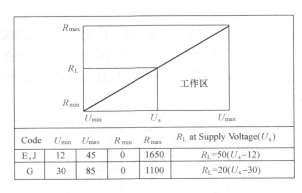

Code	U_{min}	U_{max}	R_{min}	R_{max}	R_L at Supply Voltage(U_s)
E,J	12	45	0	1650	R_L=50(U_s−12)
G	30	85	0	1100	R_L=20(U_s−30)

图 2-6 1151 模拟变送器的负载特性

二线制变送器的优点很多，可大大减少装置的安装费用，有利于安全防爆等。因此，目前世界各国大都采用二线制变送器。

四、负载特性

负载特性是指变送器输出的负载能力，通常只有电动变送器有此技术指标。所有不同类型的两线制变送器的负载特性是差不多的。图 2-6 所示为 1151 模拟变送器的负载特性，从图中可见，为保证变送器正常工作（即保证最大输出电流为 20mA），规定了最低端电压 U_{min}，推荐使用“E，J”情况，其最低电压为 12V，否则便不能正常工作。变送器在工作区内，负载电阻 R_L(Ω) 与电源电压 U_s(V) 的关系为

$$R_L = \frac{U_s - 12}{0.02} = 50(U_s - 12) \quad (2-6)$$

式中 0.02——最大输出电流，A。

由于电动变送器有恒流性能，因此输出短路时，不会损坏仪表。

五、供电方式

电动仪表都需要电源供给能量，供电方式在电动仪表中也是一个重要问题。现在的电动仪表大致有两种供电方式，即交流供电和直流集中供电。

1. 交流供电

在各个仪表中分别引入工频 220V 交流电压，再用变压器降压，然后进行整流、滤波及稳压作为各自的电源，在早期的电动仪表中多采用这种供电方式。缺点是：这种供电方式需要在每块表中附加电源变压器、整流器及稳压器线路，因此增加了仪表的体积和重量；变压器的发热量增加了温升，220V 交流直接引入仪表中，降低了仪表的安全性。

2. 直流集中供电

直流集中供电是各个仪表统一由直流低电压电源箱供电。工频 220V 交流电压在电源箱中进行变压、整流、滤波以及稳压后供给各仪表电源。集中供电的好处很多：①每块表省去了电源变压器、整流稳压部分，从而缩小了仪表的体积，减轻了仪表的质量，并减少了发热元部件，使仪表温升降低；②由于采用直流低电压集中供电，可以采取防停电措施，因此当工业用 220V 交流电断电时，能直接投入直流低电压（如 24V）备用电源，从而构成无停电装置；③没有工业用 220V 交流电进入仪表，为仪表的防爆提供了有利条件。

六、阻尼特性

差压变送器常用来与节流装置配合测量流体，也可以根据静压测量原理测量容器内的介质液位，流量、液位这两种物理参数又很容易波动，致使记录曲线很粗、很大，看不清楚，为此变送器内一般都有阻尼（滤波）装置。

阻尼特性以变送器传送时间常数来表示，传送时间常数是指输出由 0 升到最大值的 63.2%时的时间常数。阻尼越大，时间常数越大。

变送器的传送时间分为两部分：一部分是组成仪表的各环节的时间常数，这一部分是不

可调的，电动变送器大概为零点几秒；另一部分是阻尼电路的时间常数，这部分是可以调的，从几秒到十几秒。

七、接液温度和环境温度

接液温度是指变送器检测部件接触被测介质的温度，环境温度是指变送器的放大器、电路板能承受的温度，两者是不一样的。前者的范围大，后者范围小。如罗斯蒙特3051变送器的接液温度为－45～＋120℃，环境温度为－40～＋80℃。所以在使用时要注意，不要把变送器所处的环境温度误认为是接液温度。

温度影响是指变送器的输出随环境温度的变化而变化，仪表是以温度每变化10、28℃或55℃的输出变化来表征的。变送器的温度影响和仪表的使用范围有关，仪表的量程越大，则受环境温度变化的影响越小。

八、静压特性和单向过压特性

1. 静压特性

静压是指差压变送器的工作压力，通常比差压输入信号大得多。理论上，差压变送器的输出只和输入差压有关，和变送器的工作压力是没有关系的，但由于设计、加工、装配等诸多因素，变送器的零点和量程是随着静压的变化而变化的。变送器的静压指标就是指这种变化的允许范围。这里有以下两点需要说明：

（1）不同使用范围的变送器，其输出受静压的影响是不一样的，量程范围大，受静压变化影响小；反之，则影响大。制造厂为了使生产的仪表有较高的技术指标，所以不管用户使用多大的测量范围，静压指标总是根据在最大量程下，零点和量程的变化多少来定的。

（2）变送器的静压可以是正压，也可以是负压。正压有一个限值，如最大为16MPa或40MPa；负压也有一个限值，如－0.1MPa，但不能绝对真空。对于变送器的静压，通常指的是其上限压力，下限压力似乎认为没有规定，其实这是不对的。变送器在绝对真空下，膜盒内的硅油会汽化，会损坏仪表，所以对下限压力也有规定。

2. 单向过压特性

单向过压即是单向超载，它是指差压变送器的一侧受压，另一侧不受压。在变送器与节流装置配套使用过程中，由于操作不慎，有时会发生一侧导压管阀门开着，而另一侧关着的情况，因此变送器静压是多少压力，单向过压就是多少压力。

对于一般仪表，信号压力只能比额定压力稍大一点，如大30%或50%。但对差压变送器而言，单向超载的压力不是比信号压力稍大一点，而是大几倍、几十倍甚至上百倍。在这种情况下，变送器应不受影响，其零点漂移也必须在允许范围内，这就是差压变送器独特的单向特性。

最早的差压计是不耐单向过压的，但是现在的变送器单向过压指标定得很高，单向过压对仪表的各种性能基本上没有什么影响。例如，日本横河公司的EJA系列差压变送器使用时可以不装平衡阀，单向过压时间也不作规定，但从使用角度来看，不装平衡阀是不方便的。

九、稳定性

稳定性是变送器的又一项重要技术指标，从某种意义上讲，它比变送器的精度还要重要。稳定性误差是指在规定工作条件下，输入保持恒定时，输出在规定时间内保持不变的能力。稳定性±1%URV/6个月表示在6个月内，仪表的零点变化不超过测量范围上限的

±1%。注意：这里说的是测量范围上限，不是使用范围。例如某变送器的测量范围为0～2kPa至0～100kPa，如果使用在0～10kPa，那么其稳定性就不是±0.1%，而是±1%，所以在看仪表的误差时，一定要看是对哪个范围而言的。

变送器的结构及原理

一、1151电容式变送器

1151电容式变送器是美国罗斯蒙特（Rosemount）公司研制的产品。1151电容式变送器外形如图2-7所示。

1151电容式变送器主要由测量部分和转换电路两大部分组成，其组成原理如图2-8所示。图中，Δp、p为差压、压力；ΔC为差动电容；E为电源；I_0为电流；R_L为负载电阻。

图2-7　1151电容式变送器外形

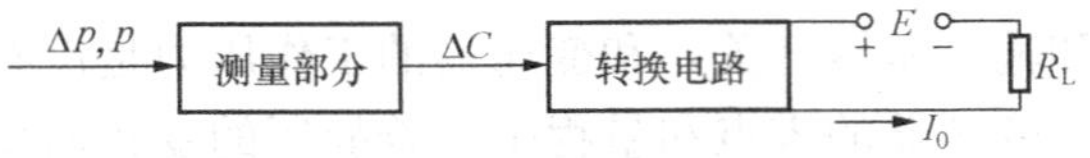

图2-8　1151电容式变送器的组成原理

1. 测量部分

测量部分的作用是将被测参数（如差压、压力、液位、流量等）转换成相应的差动电容值的变化。图2-9所示为测量部分的结构示意。隔离膜片与被测介质接触，膜片1、3之间为一室，膜片2、3之间为另一室，两室各自封闭，内充硅油（或氟油），组成两室结构的单元。测量膜片是一片弹性系数温度稳定性好的平板金属膜片，作为差动可变电容的活动极板。在测量膜片两侧，有两个在玻璃凹形球面（球缺面）上用真空蒸发有金属层的固定极板。

被测压力p_L和p_H分别作用于低、高压侧的隔离膜片1、2上，灌充液将压力传送到测量膜片3上。当两侧压力不相等时，测量膜片向一侧位移，如图2-9中的虚线所示。此时，测量膜片3与两侧固定极板间的距离一侧减小，另一侧增大，因此两个固定极板与活动极板之间的电容量一个增大，另一个减小。引出电极7将这两个电容的变化信号输出至转换电路。这样，测量部分就把被测参数（压力、差压、液位等）的变化转换成差动电容量的变化。

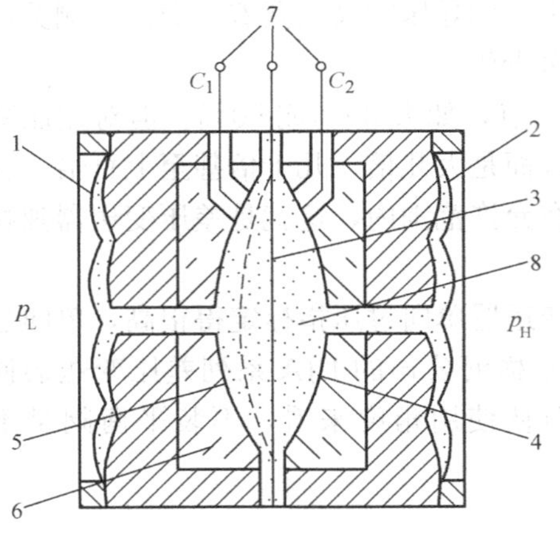

图2-9　测量部分的结构示意

1、2—隔离膜片；3—测量膜片；4、5—电容固定极板；6—刚性绝缘体；7—引出电极；8—灌充液

这种结构对测量膜片具有较好的过载保护能力。当被测差压过大时，测量膜片贴紧一侧的凹形球面上，不会因产生过大位移而损坏膜片。过载消除后，测量膜片恢复到正常位置，灌充液（硅油或氟油）除用作传递压力外，其黏度特性对冲击力具有一定缓冲作用（阻尼作用），可消

除被测介质的高频脉动压差对变送器输出准确度的影响。

2. 位移—电容转换特性

为分析简便，利用等效原理，将图 2-9 所示的差动球面—平面型（固定极板为球面，活动极板为平面）电容简化成图 2-10 所示的差动平板型电容。活动极板移动的方向和距离受被测差压的方向和大小控制。当被测差压变化使活动极板产生位移时，活动极板与两固定极板之间的电容量即发生变化。若活动极板移动 Δd_0 距离，则其与固定极板之间的距离一侧变为 $d_0-\Delta d_0$，而另一侧变为$d_0+\Delta d_0$，如图 2-10 所示。

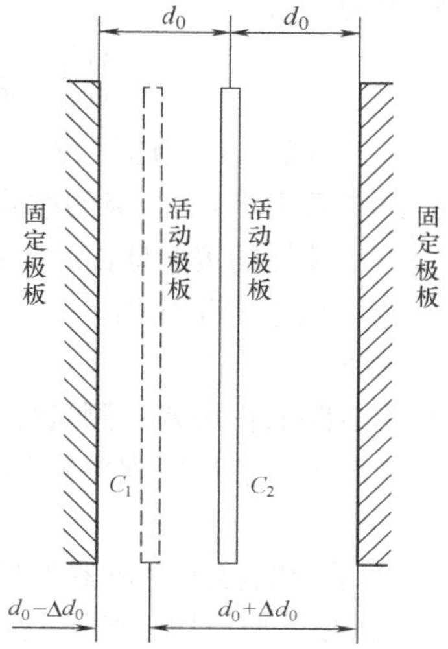

图 2-10 差动平行板型电容结构示意

由图 2-10 可得差动平行板电容器的电容量计算式为

$$C_1 = K\frac{\varepsilon A}{d_0-\Delta d_0} \tag{2-7}$$

$$C_2 = K\frac{\varepsilon A}{d_0+\Delta d_0} \tag{2-8}$$

式中 C_1——活动极板与左固定极板间的电容量；

C_2——活动极板与右固定极板间的电容量；

K——量纲系数；

A——电容极板的有效面积；

ε——极板间介质的介电常数；

d_0——被测差压为零时，活动极板（测量膜片）与两固定极板之间的初始距离；

Δd_0——活动极板在被测压差作用下所产生的位移。

如果采用差动平行板电容器的差动电容值 $\Delta C=C_1-C_2$ 作为输出量，则

$$\Delta C = C_1 - C_2 = K\frac{\varepsilon A}{d_0-\Delta d_0} - K\frac{\varepsilon A}{d_0+\Delta d_0}$$
$$= K\varepsilon A\frac{2\Delta d_0}{d_0^2-\Delta d_0^2} = K'\frac{2\Delta d_0}{d_0^2-\Delta d_0^2} \tag{2-9}$$

由式（2-9）可以看出，差动电容 ΔC 与活动极板的位移 Δd_0 之间呈非线性关系。为了得到线性转换关系，可取两电容之差与两电容之和的比值作为输出量，即

$$\frac{C_1-C_2}{C_1+C_2} = \frac{K\dfrac{\varepsilon A}{d_0-\Delta d_0} - K\dfrac{\varepsilon A}{d_0+\Delta d_0}}{K\dfrac{\varepsilon A}{d_0-\Delta d_0} + K\dfrac{\varepsilon A}{d_0+\Delta d_0}} = \frac{\Delta d_0}{d_0} = K_2\Delta d_0 \tag{2-10}$$

其中，$K_2=1/d_0$，位移 Δd_0 与差压 ΔP 之间的关系为 $\Delta d_0=K_1\Delta p$，则

$$\frac{C_1-C_2}{C_1+C_2} = K_1 K_2\Delta p \tag{2-11}$$

式（2-11）即为电容式变送器测量部分的输出量与输入量之间的线性特性表达式。由该式可得出如下结论：

（1）当 K_1、K_2 为常数时，$(C_1-C_2)/(C_1+C_2)$ 的值与被测差压成线性关系。

（2）$(C_1-C_2)/(C_1+C_2)$ 的值与介电常数 ε 无关，即从设计原理上消除了介电常数随温度变化给测量带来的误差。

(3) 若设计一种转换电路，使其输出电流 $I_0=K_3(C_1-C_2)/(C_1+C_2)$，$I_0$ 就与被测差压成正比关系。

(4) 如果电容极板的结构完全对称，则可以得到良好的稳定性。

(5) 在上述分析中，没有考虑分布电容的影响。若考虑分布电容的存在，则测量部分的电容比值为

$$\frac{(C_1+C_S)-(C_2+C_S)}{(C_1+C_S)+(C_2+C_S)}=\frac{C_1-C_2}{C_1+C_2+2C_S} \tag{2-12}$$

比较式（2-11）和式（2-12）后可知，分布电容的影响将造成非线性误差，为了使变送器最终获得高于0.25级的准确度级，需在转换电路中设置线性调整环节。

实测和计算均表明球面—平面型电容器有类似或接近平行板电容器的特性，测量部分大约有150pF的电容量输出。

3. 转换电路

转换电路的作用是将测量部分的线性化输出信号转换成4～20mA DC统一信号，并送至负载。此外，它还实现整机的零点调整、量程调整、正负迁移、线性调整及阻尼调整等功能。

1151系列电容式变送器的转换电路共有三种类型，即E型（普通型）、J型（用于流量）、F型或G型（用于微压差测量）。

二、扩散硅压力变送器

单晶硅是接受压力的理想材料，它具有很多优良的机械、物理性能。其材质纯、功耗小、滞后和蠕变极小、机械稳定性好。另外，单晶硅传感器的制造工艺与硅集成电路工艺有很好的兼容性，扩散硅压阻式压力传感器就是其中的一种。扩散硅压力变送器主要由压阻式（也叫扩散硅式或固体器件式）压力传感器和转换电路两部分组成。

1. 压阻式压力传感器

当压力作用到半导体材料上时，除会产生变形外，材料的电阻率也会随之改变。这种由于压力作用而使材料电阻率改变的现象称为压阻效应。

能产生明显的压阻效应的半导体材料很多，其中半导体单晶硅的性能最为优良。通过扩散杂质使其形成4个P型电阻，并组成电桥。当膜片受力后，由于半导体的压阻效应，电阻阻值发生变化，使电桥有相应的输出。

压阻式压力传感器由外壳、硅杯和引线组成，如图2-11所示。

压阻式压力传感器核心部分是一块方形的硅膜片，如图2-11（b）所示。在硅膜片上，利用集成电路工艺制作了4个阻值相等的电阻。图2-11（b）中虚线圆内是承受压力区域，靠近虚线圆心的两个电阻受拉应力，其阻值随应力增大而增大；靠近虚线圆边缘的两个电阻受压应力，其阻值随应力增大而减小。即 R_2、R_4 所感受的是正应变（拉应变），R_1、R_3 所感受的是负应变（压应变）。应力是材料抵抗破坏的能力，应变是材料抵抗变形的能力，两者是有区别的。4个电阻之间用面积较大、阻值较小的扩散电阻引线连接，构成一个电桥。硅片的表面用 SiO_2 薄膜加以保护，并用铝质导线做电桥的引线。因为硅膜片底部被加工成中间薄（用于产生应变）、周边厚（起支撑作用），所以又称为硅杯，如图2-11（c）所示。将硅杯和玻璃基板在高温下用玻璃黏结剂黏贴在一起，并紧密地安装在壳体中，这样就制成了压阻式压力传感器。

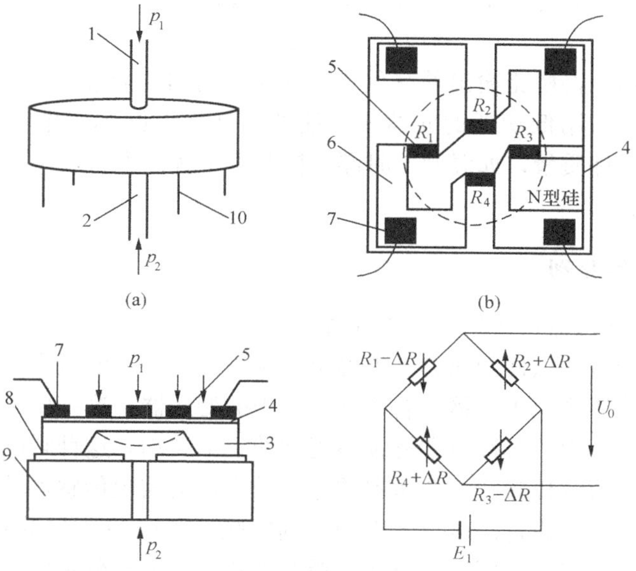

图 2-11 压阻式压力传感器

(a) 外形图；(b) 硅杯俯视图；(c) 硅杯侧视图；(d) 等效电路图

1—高压引压口 p_1；2—低压引压口 p_2；3—硅杯；4—单晶硅膜片；

5—扩散型应变片（电阻）；6—扩散电阻引线；7—电极及引线；

8—玻璃黏结剂；9—玻璃基板；10—端子

当硅杯两侧存在压力差时（$p_1 \neq p_2$），硅膜片产生变形，四个应变电阻在应力作用下，阻值发生变化，电桥失去平衡。按照不平衡电桥的工作方式，输出的电压 U_0 与膜片两侧的压差 Δp 成正比，即

$$U_0 = K(p_1 - p_2) = K\Delta p \tag{2-13}$$

当 p_2 引压口向大气敞开时，输出电压对应于表压，即

$$U_0 = K(p_1 - p_2) = K(p_1 - p_0) = Kp_g \tag{2-14}$$

当 p_2 引压口处于绝对真空时，输出电压对应于绝对压力，即

$$U_0 = K(p_1 - p_2) = K(p_1 - 0) = Kp_a \tag{2-15}$$

压阻式压力传感器与其他形式的压力传感器相比有许多突出的优点，由于 4 个应变电阻是直接制作在同一硅片上，因此工艺一致性好，温度引起的电阻值漂移能互相抵消。由于半导体压阻系数很高，因此构成的压力传感器灵敏度高、输出信号大。又由于硅膜片本身就是很好的弹性元件，而 4 个扩散型应变电阻又直接制作在硅片上，因此迟滞、蠕变都非常小，动态响应快。扩散硅的制造容易受到各种因素的影响，它对温度和静压的变化非常敏感，并且是非线性的关系，从而造成传感器的特性有大的离散性，同一批号中的各个传感器特性也会出现较大差异。但随着计算机的发展，仪表内的微处理机可以对扩散硅传感器的离散性和非线性进行很好的补偿，从而使扩散硅传感器在 HART 仪表和现场总线仪表的应用开始增多。

目前厂商提供的压阻式传感器的种类很多，外壳材料有尼龙、陶瓷、不锈钢等；封装结

构有双列直插、表面安装等；压力接口有导管及螺纹连接。

2. 转换电路

转换电路的作用是将桥路输出的毫伏信号转换成标准电流信号。对于二线制 4～20mA 电流型变送器，要求采用低功耗的元器件，使整个转换电路起始电流的消耗不超过 4mA。另外，转换电路的器件质量，如温漂、时漂、抗共模干扰能力、噪声指标等均会直接影响到变送器的测量精度。

模拟变送器选型原则

模拟压力/差压变送器可依据以下原则选型。

(1) 变送器要测量什么样的压力。先确定系统中测量压力的最大值，一般而言，需要选择一个具有比最大值还要大 1.5 倍左右的压力量程的变送器。这主要是在许多系统中，尤其是水压测量和加工处理中，有峰值和持续不规则的上下波动，这种瞬间的峰值能破坏压力传感器，持续的高压力值或稍微超出变送器的标定最大值会缩短传感器的寿命，从而容易造成变送器精度下降。为了克服过高压力带来的不利影响，可以用一个缓冲器来降低压力毛刺，但这样会降低传感器的响应速度。所以在选择变送器时，要充分考虑压力范围、精度与其稳定性。

(2) 什么样的压力介质。变送器选型要考虑压力变送器所测量的介质，黏性液体、泥浆容易堵塞压力接口，溶剂或有腐蚀性的物质会破坏变送器中与这些介质直接接触的材料。以上这些因素将决定是否选择直接的隔离膜及直接与介质接触的材料，一般的压力变送器的接触介质部分的材质采用的是 316 不锈钢。如果被测量的介质对 316 不锈钢没有腐蚀性，那么基本上所有的压力变送器都适合于该介质压力的测量；如果被测量的介质对 316 不锈钢有腐蚀性，那么选择的变送器就要采用化学密封，这样不但可以测量介质的压力，也可以有效阻止介质与压力变送器的接液部分的接触，从而起到保护压力变送器的作用，可延长压力变送器的寿命。

(3) 变送器需要多大的精度。精度越高，价格也就越高。每一种电子式的测量计都会有精度误差，但是各个国家所标的精度等级是不一样的。比如，中国和美国等国家标的精度是传感器在线性度最好的部分，也就是通常所说的测量范围的 10%～90%之间的精度；而欧洲标的精度则是线性度最不好的部分，也就是通常所说的测量范围的 0%～10%以及 90%～100%之间的精度。如欧洲标的精度为 1%，则在中国标的精度就为 0.5%。

(4) 变送器的温度范围。通常一个变送器会标定两个温度范围，即正常操作的温度范围和温度可补偿的范围。正常操作温度范围是指变送器在工作状态下不被破坏的温度范围，在超出正常温度范围时，可能会达不到其应用的性能指标。温度补偿范围是一个比操作温度范围小的典型范围。在这个范围内工作，变送器肯定会达到其应有的性能指标。

(5) 需要得到怎样的输出信号。选择怎样的输出（mV、V、mA 及频率数字输出）取决于多种因素，包括变送器与系统控制器或显示器间的距离，是否存在噪声或其他电子干扰信号、是否需要放大器、放大器的位置等。对于许多变送器和控制器间距离较短的 OEM 设备，采用 mA 输出的变送器是最为经济而有效的解决方法，如果需要将输出信号放大，最好采用具有内置放大器的变送器。对于远距离传输或存在较强的电子干扰信号，最好采用 mA 级输出或频率输出。如果在 RFI 或 EMI 指标很高的环境中，除了要注意选择 mA 或频率输出外，还要考虑到特殊的保护或过滤器（目前由于各种采集的需要，现在市场上压力变送器的输出信号有很多种，主要有4～20mA、0～20mA、0～10V、1～5V等，但是比较常用的是4～20mA和1～5V两种，在上面列举的这些输出信号中，只有4～20mA为两线制，其他的均为四线制）。

（6）选择怎样的励磁电压。输出信号的类型决定选择怎样的励磁电压。许多放大变送器有内置的电压调节装置，因此其电源电压范围较大。有些变送器是定量配置，需要一个稳定的工作电压。因此，工作电压决定是否采用带有电压调节装置的传感器，选择变送器时要综合考虑工作电压与系统造价。

（7）是否需要具备互换性的变送器。确定所需的变送器是否能够适应多个使用系统。一般来讲，这一点很重要，尤其是对于OEM产品。一旦将产品送到客户手中，那么客户用来校准的花销是相当大的。如果产品具有良好的互换性，那么即使是改变所用的变送器，也不会影响整个系统的效果。

（8）变送器超时工作后需要保持稳定度。大部分变送器在经过超时工作后会产生漂移，因此很有必要在购买前了解变送器的稳定度，这种预先的工作能减少将来使用中会出现的种种麻烦。

（9）变送器的封装。变送器的封装，往往容易忽略它的机架，然而这一点在以后使用中会逐渐暴露出其缺点。在选购变送器时一定要考虑到将来变送器的工作环境、湿度，怎样安装变送器，会不会有强烈的撞击或振动等。

（10）在变送器与其他电子设备间采用怎样的连接。包括是否需要采用短距离连接，若是采用长距离连接，是否需要采用一个连接器。

（11）其他。确定上面的一些参数之后还要确认压力变送器的过程连接接口以及压力变送器的供电电压；如果在特殊的场合下使用还要考虑防爆以及防护等级。

【任务准备】

变送器检修所需工具及常用消耗品见表2-1。准备好所需检修工具及常用消耗品，与相关部门做好沟通、开具工作票。

工作票内容及填写说明见附录A、热控工作票（票样）见附录B。

表2-1　变送器检修所需工具及常用消耗品

一、材料类			
1	白布		若干
2	棉纱		0.2kg
3	绝缘黏胶带		1盘
4	短接线		若干
5	无水酒精		1瓶
6	1号毛刷		2把
7	紫铜垫	ϕ20	若干
8	红钢纸垫	ϕ20	若干
9	生胶带		1个

续表

二、工具类			
1	万用表	FLUKE	1个
2	带漏电保护电源盘		1个
3	高精度信号发生器	FLUKE744	1台
4	吸尘器		1台
5	电吹风	防静电	1台
6	电笔		1支
7	螺钉旋具	十字、一字	各1个
8	尖嘴钳		1把
9	斜口钳		1把
10	扳手	20mm、30mm	各1把
11	绝缘电阻表	500V	1个
12	对讲机		1副
13	记号笔		1支
14	塑料桶	25L	1个
15	气源管	ϕ8、ϕ12（带转接头）	各8m
16	HART®手操器		1台
三、备件类			
1	三阀组		2块
2	变送器		一台
3	变送器电源模块		2块

【任务实施】

变送器的检修可分为定期检修与消缺型检修。定期检修是一种以时间为基础的预防性检修，根据设备磨损和老化的统计规律，事先确定检修等级、检修间隔、检修项目、需用备件及材料等的检修方式。消缺型检修则是在设备运行过程中，集控CRT变送器偏差大报警、系统判断测点品质坏或者是测点参数波动太大，呈现阶跃反应时，均可反映出测点存在缺陷。为消除此缺陷的检修称为消缺型检修。

一、变送器检修风险分析与危害意识

工作过程中易发生变送器与系统隔绝不彻底而影响设备检修或系统运行。检修时应办理工作票，根据变送器在热力系统中位置、在逻辑中的作用及检修时热力系统的运行状况，保证在变送器检修过程中与热力系统的可靠隔绝，防止出现人身伤害和设备、系统故障。工作过程中也易发生测量设备隔绝不严，带压力作业。工作前首先对测量系统进行缓慢泄压，注意站立在泄压点的侧面。

1. 检修阶段的风险分析

（1）任何检修工作必须有工作票。

(2) 应让运行人员及热工人员确认变送器是否可以退出运行，防止检修工作影响热力系统的运行。

(3) 应让运行人员确认热力系统的运行状况，防止热力系统的运行影响变送器的检修。

(4) 高空作业易发生高空坠落和落物伤人事故，高空作业时作业人员应严格遵守《电业安全生产规程》要求，系好安全带，一律使用工具袋，防止高空坠物、高空坠落，作好安全防护工作。

(5) 检修时所有工作人员要认真负责，杜绝带情绪和酒后作业。尽量避免交叉作业，必须交叉作业时做好可靠的防护措施。

(6) 作业时易发生强电串入信号线路、烧毁DCS板件造成设备重大损坏事故。应将需要解开的DI、DO、AI、AO信号线包扎可靠并做好标记以便回装；将电缆头绑扎在可靠的部位，避免与强电电缆交叉；禁止线头裸露部分接地，以免电焊时的强电流串入信号线。

(7) 易遗留杂物堵塞表管、元件管座、开关或变送器。拆下设备后，分别将设备和表管(元件管座) 的端口密封严密，尤其对于向上的表管更要封闭牢固。设备投入之前应进行充分排污。

2. 解体、回装阶段的风险分析

(1) 解体、回装设备时防止损害设备本身及周围相关物体。

(2) 解体、回装设备时应保证有足够的检修场地及照明，防止设备解体过程中丢失零部件。

(3) 设备回装之前应检查管路内遗留物。

(4) 工作结束应做到工完、料尽、场地清，变送器本体和检修零部件整洁干净。

二、外观检查及校前准备

(1) 进行仪表的清扫和常规检修，检修后仪表应符合下列要求：

1) 变送器外壳、外露部件（端钮、面板、开关等）表面应光洁完好，铭牌标志应清楚。

2) 各部件应清洁无尘、完整无损，不得有锈蚀、变形。

3) 接线端子板的接线标志应清晰；引线孔、旋盖的密封应良好。

4) 修前阀门、接头、表管没有明显渗漏痕迹。

5) 输入电压24V稳定无跳变。

(2) 为消除高程差影响，应记录变送器取压口的几何中心与测点取压口的几何中心的高程差。

(3) 用标签纸将变送器做好标记并注明该变送器的高程差。

三、拆卸变送器

(1) 确认运行人员已经关闭被测介质一次阀门。

(2) 打开平衡阀，关闭变送器二次门，解开变送器信号线，用绝缘胶带将线头包扎牢固，电缆绑扎在可靠部位。

(3) 打开排污门泄压，解开变送器表管锁母，分别用塑料黏胶带封闭表管和变送器接头。

四、实验室检定校验

(一) 调校前准备

校准低量程变送器时，应注意消除液柱差影响；若有水柱修正，校准时应加上水柱的修正值；当传压介质为液体时，应保持变送器取压口的几何中心与活塞式压力计的活塞下端面（或标准器取压口的几何中心）在同一水平面上。

1. 调校前校验

（1）按仪表制造厂规定的时间进行预热；制造厂未作规定时，可预热15min（具有参考端温度自动补偿的仪表预热30min）后，进行仪表的调校前校验。

（2）校验在主刻度线或整数点上进行；其校验点数除有特殊规定外，应包括下限、上限和常用点在内不少于5点。

（3）校验从下限值开始，逐渐增加输入信号，使指针或显示数字依次缓慢地停在各被检表主刻度值上（避免产生任何过冲和回程现象），直至量程上限值，然后再逐渐减小输入信号进行下行程的检定，直至量程下限值。过程中分别读取并记录标准器示值（压力表校验除外）。其中上限值只检上行程，下限值只检下行程；并做好记录。

（4）非故障被检仪表，在调校前校验未完成前，不得进行任何形式的调整。

（5）调校前校验结果，其示值基本误差小于或等于示值允许误差的仪表，可不再进行零位和满量程调整。

2. 变送器密封性检查

（1）变送器与压力校验器紧密连接后，平衡地升压（或疏空），使变送器测量室压力至测量上限值（或当地大气压力90%的疏空度）后，关闭隔离阀，密封15min，在最后5min内，其压力值下降（或上升）不得超过测量上限的2%。

（2）差压变送器进行密封性试验时，其高、低压力容室连通，同时加入额定工作压力进行观察。

3. 差压变送器静压误差试验（该项是否进行视变送器而定）

（1）差压变送器在更换弹性元件、重新组装机械部件及改变测量范围以后，均应进行静压误差试验。

（2）用活塞式压力计作压力源时，接变送器前应加接油水隔离装置。

（3）将差压变送器高、低压力容室连通后通大气，测量输出下限值。引入静压力，从大气压力缓慢改变至额定工作压力，稳定3min后，测量输出下限值，并计算其与大气压力时输出下限值的差值，即为静压影响，其值应不大于制造厂的规定。

（4）若变送器的实际工作静压力小于其额定静压力时，静压误差可按实际工作静压力试验求得。

（5）若静压误差超过规定值，应在泄压后将零点迁回，重新进行静压误差调整。

（二）调校项目与技术标准

1. 零位及满量程校准

（1）输入下限压力信号时，调整变送器输出电流为物理零位；加压至上限压力信号值时，调整输出电流为满量程，反复调整直至二者都达到要求。

（2）根据运行要求进行零点的正迁移或负迁移。

（3）智能变送器初次校准时，应施加被测物理量进行校准，以后校准可以通过手操器进行。当仲裁检定时，原则上要求加压校准。

（4）反复零点和满程调整直到满足精度要求，变送器的基本误差值、回程误差值及输出断路量程的变化应满足表2-2的要求。

（5）流量变送器当差压信号在9%以下时，不计基本误差值及回程误差值。

表2-2 **变送器的允许误差值表**

准确度等级	0.25	0.5	1.0	1.5	2.5
基本误差（%）	±0.25	±0.5	±1.0	±1.5	±2.5
回程误差（%）	0.2	0.4	0.8	1.2	2.0
输出断路量程变化（%）	0.1	0.25	0.4	0.6	1.0

2. 校后检测

校后检测的步骤与调校前校验的步骤（1）～步骤（3）相同。

3. 出具校验报告

根据实验室校验结果出具正式校验报告，该报告必须由校验人员亲自手写签名。

（三）校准后工作

（1）切断被校仪表和校准仪器电源（无电源仪表无此项要求）。

（2）安装于现场的仪表，其外露的零位、量程和报警值调整机构宜漆封，并贴上有效的计量标签。

（3）调校前校验和调校后校准记录整理。

（4）仪表装回原位，恢复接线。

（四）实例——1151模拟变送器的校验调整

1. 主要性能

1151系列共有各种测量范围的差压、压力、绝压、流量、远传差压、远传压力等10个品种的仪表。变送器的基本精度为±0.25%～±0.35%；测量范围为最小差压0～1.3kPa，最大差压0～6.89MPa；最小压力0～1.3kPa，最大压力0～41.37MPa；量程比为6。

2. 接线

1151变送器为二线制仪表，电源、信号合用两根导线，电源、信号端子位于电气壳体内的接线侧。接线时，将标有“接线侧”那边的盖子拧开，上部标有SIGNAL（信号）的两个端子接电源，下部标有TEST（测试）的两个端子接内阻小于10Ω的电流表，也可不接。不要将电源接到测试端子，否则会烧坏二极管。为了防止二极管烧坏，使变送器继续工作，可以将两个测试端子短接，但电源极性不能再接反。图2-12所示为仪表校验时的接线图。电源一般为24V，但可以在12～45V范围内调整。如果是12V供电，则不能带负载，否则变送器就不能正常工作；如果45V供电，则可以带1650Ω的负载。电源电压不能超过45V，超过了就会损坏电路。当供电24V、负载为600Ω时，此时读数灵敏度最高。

输出信号的测量可以用电流表，也可以用数字电压表。一般用电压表，因为如果用电流表，万一接线错误容易把电流表烧坏。用电压表时，要在回路内串接一个250Ω的标准电阻R，然后再把电压表接在电阻两端，测出电压后再算出电流值。

3. 校验调整

按图2-12所示的校验线路图接好线，变送器的校验方法与一般仪表的校验方法一样，从引压口通入信号压力，读出仪表示值，计算出仪表的基本误差与变差，并确定合格与否。

当信号压力为测量范围下限时，输出为4mA，不对时，调节零点螺钉；当信号压力为测量范围上限时，输出为20mA，否则调节量程螺钉。

零点和量程需要反复调整，直到合格为止。零点、量程调好以后，再将量程压力分为4挡或5挡，读出相应的仪表示值。由于1151变送器是位移平衡仪表，因此不能只校正0%、50%、100%三点。若线性不合格，则还要调节线性调整器。

(1) 零点和量程调整。仪表的零点和量程调整螺钉位于电气壳体的铭牌后面，零点螺钉在上面，标有字母Z；量程螺钉在下方，标有字母R，移开铭牌即可进行调校，如图2-13所示。调零点时，量程不受影响，但调整量程会影响零点，影响零点的量为量程调整量的1/5。为了补偿这个影响，最简单的方法是超调25%。例如要求某变送器的使用范围为0～15.2kPa，现在的情况是：0输入时，输出4mA；15.2kPa输入时，输出19.8mA。那么，此时可以调量程，使输出为19.8+(20.0－19.8)×1.25＝20.05(mA)，即比实际量程多调了0.05mA，它正好为量程增加量20.05－19.8＝0.25（mA）的1/5，这样再把零点调至4mA，量程也就正确了。零点和量程调整中有机械间隙，改变调整方向时会出现死区。对于机械间隙，最简单的办法是在反向调整之前有意超调。

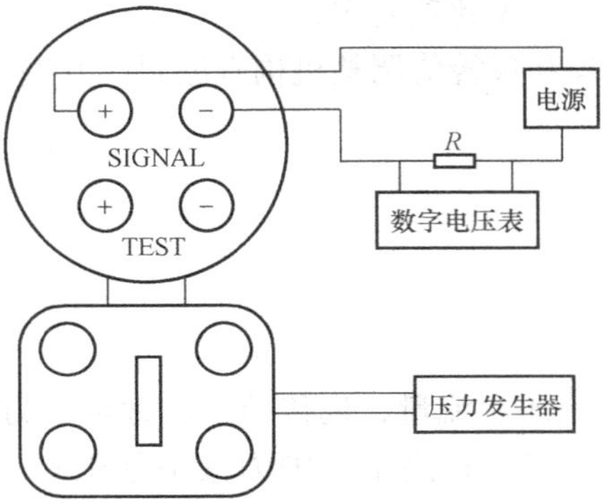

图2-12 仪表校验时的接线图

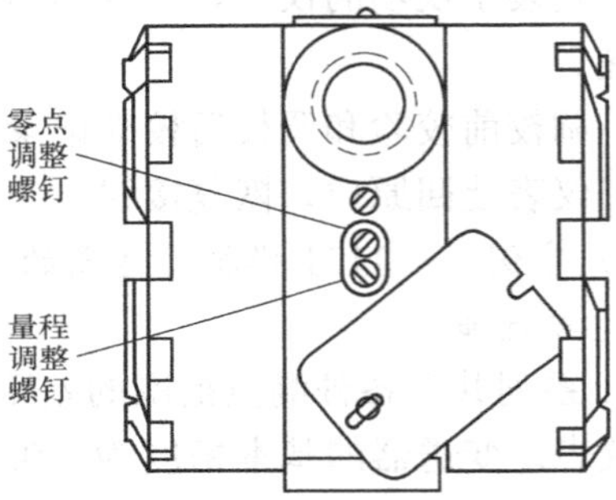

图2-13 零点和量程调整螺钉

(2) 正、负零点迁移。变送器的正、负零点迁移，实际上也是调零点，只是调整的范围很宽。零点正、负迁移的调整方法是改变接插件位置，它在放大板元件一面。正、负迁移接插件如图2-14所示。迁移时先把仪表的电源停掉，把板拔下来，然后再改变接插件的位置。变送器迁移插座共有三个位置，中间位置为无迁移，插在字母E处为负迁移，插在字母S处为正迁移。

(3) 线性、阻尼调整。仪表出厂以前，制造厂已把线性调整在最佳位置，所以用户不要轻易去调它。但万一线性超差太大，则需要调整，其方法如下：

1) 输入所测量程的中间值压力，记下输出信号的理论值和实际值之间的偏差。

2) 用6乘量程下降系数，再乘记下的偏差，量程下降系数＝最大量程/调校量程。

例如，变送器的最大测量范围为186.8kPa时，现在实际使用范围为40kPa，即量程下降系数＝186.8/40＝4.67。当输入压力为20kPa时，如果输出为11.95mA，则比12mA理论值少了0.05mA。所以在调线性电位器时，应使满量程时输出增加0.05×6×4.67＝1.4(mA)。如果中间输出不是11.95mA，而是12.05mA，即多了0.05mA。则在调线性电位器时，应使满量程时输出减少1.4mA，然后再调零点和量程，直到符合要求为止。

线性调整电位器在放大器板的焊接面，卸开电路板侧的盖，即可进行调整，如图2-15所示。

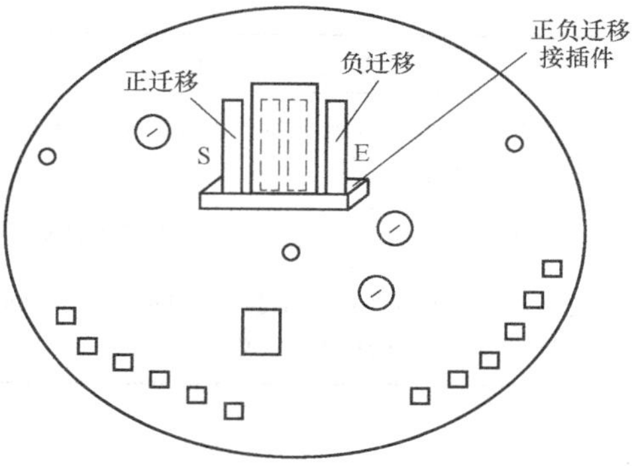

图 2-14 正、负迁移接插件

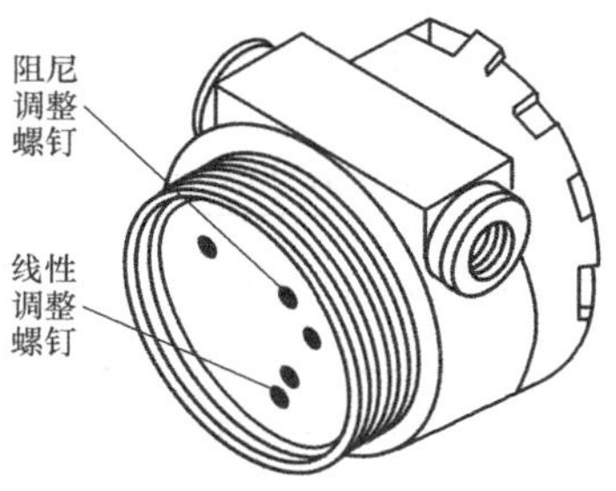

图 2-15 阻尼和线性调整

阻尼时间调整在线性调整电位器旁边，逆时针方向转动，阻尼时间减小；顺时针方向转动，阻尼时间增加。膜盒充硅油的变送器时间常数为 0.4～1.67s，充氟油的变送器时间常数为 1.1～2.7s。

五、测量管路检查试验

1. 基本检修项目与质量要求

（1）检查更换有裂纹、伤痕、重皮、腐烂和损伤的导压管，更换穿越楼板、平台等处已损坏的保护管。

（2）检修后，测量管路应满足以下要求：

1）保持一定坡度，无倒坡现象。

2）排列应整齐、牢固、无抖动，无任何重物压迫或悬挂其上。

3）承受压力温度的测量管路与电缆距离应大于 150mm。

4）水位、流量等差压测量管路的正负压导压管应尽量靠近敷设。

5）保温时各测量管路间应分隔，以免排污时造成影响。

6）排污阀门下的排水槽应引至地沟。

7）各阀门手轮及管路标志，应齐全无缺。

8）管路油漆应完好，颜色应符合要求。

2. 烟、风、粉系统测量管路密封性试验

测量管路检修完毕并确保畅通无阻后，拧下取样点侧接头，用堵头堵死接头；拆下仪表侧接头，用三通连接接头、压力表和针型阀，针型阀后连接气源或气压泵；打开阀门，调节压力至表 2-3 所示的试验标准压力时，关闭阀门，进行严密性试验；在规定时间内，若压降不满足表 2-3 中规定，应查明原因并消除泄漏点后重新进行严密性试验，直至压降满足规定。

表 2-3　　测量管路系统严密性试验标准

序号	试验项目	试验标准
1	风、烟、制粉系统压力管路的严密性试验	用表压为 0.1～0.15MPa 的压缩空气试压，无渗漏后，降压至 6kPa 压力进行严密性试验，5min 内压力降低应不大于 50Pa
2	气动信号管路严密性试验	用 1.5 倍工作压力进行试验，5min 内压力降低值应不大于试验压力的 0.5%

续表

序号	试 验 项 目	试 验 标 准
3	油管路及真空管路严密性试验	用表压为0.1～0.15MPa的压缩空气进行试验，15min内压力降低值应不大于试验压力的3%
4	汽、水管路的严密性试验	用1.25倍工作压力进行水压试验，5min内无泄漏现象
5	氢管路严密性试验	随同发电机氢系统进行严密性试验，按DL 5011—1992《电力建设施工及验收技术规范汽轮机组篇》要求进行

3. 汽、水、油系统测量管路耐压性试验

汽、水、油系统的热工二次阀前测量管路，应在主设备进行耐压试验前完成检修工作，并随同主设备一起进行耐压试验，直至测量管路无渗漏。

六、电缆、接线绝缘检查

(1) 变送器的电缆应走电缆槽架内；从槽架上分出的电缆应走暗线管，管内径应不小于电缆外径的1.5倍，管壁不小于2mm；进入变送器柜或端子箱时应有金属软管及专用的软管接头，金属软管长度不应超过100mm，且连接牢靠。

(2) 变送器柜或端子盒内接线端子应紧固、整齐，号头清晰，电缆芯线的弯曲半径不应小于电缆芯线直径的10倍，芯线各弯曲部分应均匀受力。

(3) 对变送器绝缘检查应符合表2-4的要求。

表2-4　　绝缘电阻表

被测对象	环境温度（℃）	相对湿度	被测仪表电源电压（V）	绝缘电阻表输出直流电压（V）	绝缘电阻表读数前稳定时间（s）	绝缘电阻（MΩ）			
						信号-信号	信号-接地	电源-接地	电源-信号
变送器	15～35	45～75		500	10	20	20	50	50

七、变送器回装

(1) 实验室正式校验报告提交给班组工程师或班长，合格的变送器可以回装。

(2) 对应变送器标签，确认无误后安装变送器，更换密封垫后将接头锁母拧紧，分别接上变送器正负极信号线。

八、变送器的投运

(1) 检查设备铭牌，编号、标志应清楚齐全，变送器送电。打开变送器排污门排污（风烟系统变送器用压缩空气吹扫），排污门见清水后关闭。压力变送器打开变送器二次门；差压变送器先打开变送器平衡门，再打开变送器低压侧二次门，随后关闭变送器平衡门，最后打开变送器高压侧二次门。

(2) 检查变送器无漏点，就地显示数据正常，CRT画面显示数据正常。

【任务验收】

(1) 外观检查。仪表应符合下列要求：

1) 变送器外壳、外露部件（端钮、面板、开关等）表面应光洁完好，铭牌标志应清楚。

2）各部件应清洁无尘、完整无损，不得有锈蚀、变形。

3）接线端子板的接线标志应清晰；接线牢固，引线孔、旋盖的密封应良好。

4）阀门、接头、表管没有明显渗漏痕迹。

（2）检查变送器校验报告，准确度等级达到 0.5 级，信号线对地间绝缘大于或等于 20MΩ。

（3）安装检查。变送器投运后，二次门、排污门及管道接头无泄漏。

（4）变送器投运后，排污门、取样管路达到规定工况时，进行点动式排污，管道无堵塞。

（5）动态验收。变送器输出曲线平滑，连续无跳变，能正常反映工况。

【知识拓展】

一体化温度变送器

一体化温度变送器是电子技术与集成电路技术的产物，是温度传感元件与变送器电路在空间紧密连接的产品。由于变送器模块体积小，可直接安装在常规热电偶或热电阻的接线盒中。目前市场上该产品种类较多，输出有非线性和线性两种，输出信号为 4～20mA 或 0～10mA，供电电压为 24V DC。

变送器模块一般以专用集成芯片为主，外加少量器件，由于一体化的结构，变送器模块往往置于较高的环境温度下，因而一体化温度变送器电路对环境温度要求较高，工业标准为－40～＋85℃，有些产品上限环境温度可扩展到＋110℃。

1. 一体化热电偶温度变送器

一体化热电偶温度变送器主要由热电偶和热电偶温度变送器模块组成，可用以对各种液体、气体、固体的温度进行检测，应用于温度的自动检测、控制的各个领域，也适用于各种仪器以及计算机系统的配套使用。

一体化热电偶温度变送器的变送模块，对热电偶输出的热电势经滤波、运算放大、非线性校正，V/I 转换等电路处理后，变换成与温度呈线性关系的 4～20mA 标准电流信号输出。一体化热电偶温度变送器工作原理框图如图 2-16 所示。

一体化热电偶温度变送器的变送单元置于热电偶的接线盒里，取代接线座。安装后的一体化热电偶温度变送器的外形结构如图 2-17 所示。

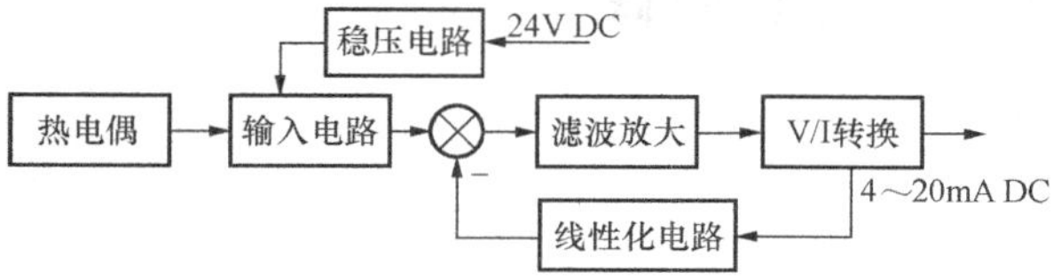

图 2-16　一体化热电偶温度变送器工作原理框图

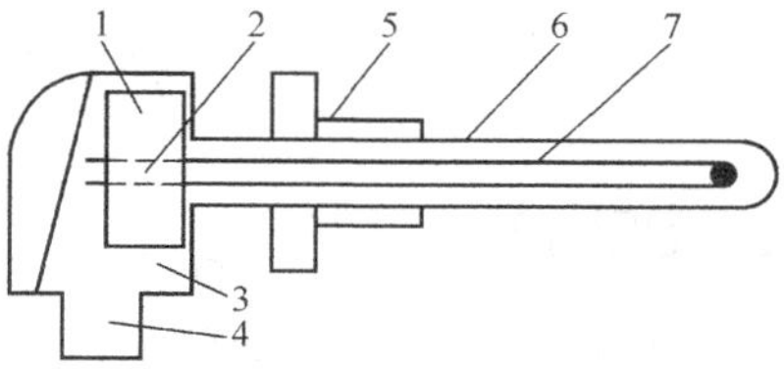

图 2-17　安装后的一体化热电偶温度变送器的外形结构

1—变送器模块；2—穿线孔；3—接线盒；4—进线孔；5—固定装置；6—保护套管；7—热电极

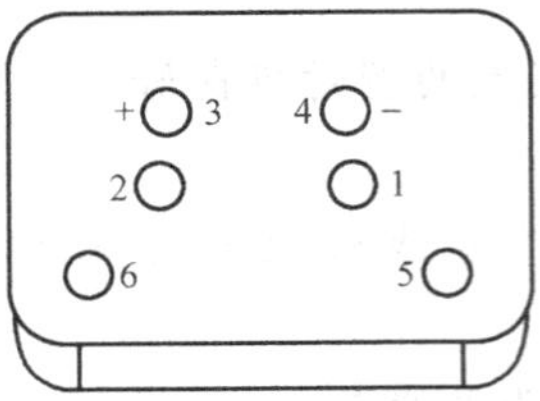

图 2-18 一体化热电偶温度变送器模块外形
1、2—热电偶正、负极连接端子；3、4—电源和信号线的正、负极接线端子；5—零点调整；6—量程调整

变送器模块采用全密封结构，用环氧树脂绕注，具有抗振动、防腐蚀、防潮湿、耐温性能好等特点，可以用于恶劣的环境。

变送器模块外形如图 2-18 所示，一体化热电偶温度变送器采用二线制，在提供 24V DC 电源的同时，输出 4～20mA DC 电流信号。

两根热电极从变送器底下的两个穿线孔中进入，在变送器上面露一点再弯下，对应插入接线柱 1、2，拧紧螺栓。将变送器模块固定在接线盒内，接好信号线，封接线盒盖后，则一体化温度变送器组装完毕。

变送器在出厂前已经调校好，使用时一般不必再做调整。当使用中产生误差时，可以用 5、6 两个电位器进行微调。若单独调校变送器，则必须用精密电源提供毫伏 DC 信号，多次重复调整零点和量程即可达到要求。

一体化热电偶温度变送器直接从现场输出 4～20mA 电流信号，大大提高了长距离传送过程中的抗干扰能力，又免去了很长的热电偶补偿导线。一体化热电偶温度变送器的安装与其他热电偶安装要求基本相同，但要特别注意感温元件与大地间应保持良好的绝缘，否则将直接影响检测结果的准确性，严重时甚至会影响仪表的正常运行。

2. 一体化热电阻温度变送器

一体化热电阻温度变送器与一体化热电偶温度变送器一样，将热电阻与变送器融为一体，经过热电阻检测温度后，转换成 4～20mA DC 的标准信号输出。变送器原理框图与图 2-16相类似，仅需将热电偶改为热电阻，同样经过转换、滤波、运算放大、非线性校正、V/I 转换等电路处理输出。

一体化热电阻温度变送器的变送模块与一体化热电偶温度变送器一样，也置于接线盒中，其外形如图 2-19 所示。热电阻与变送器融为一体组装，消除了常规测温方式中连接导线所产生的误差，提高了抗干扰能力，也避免了三线或四线接法，节省了变送器的安装成本。图 2-19 中，1、2 为热电阻引线接线端子，7 为热电阻三线制输入的引线补偿端接线柱。若采用二线制输入，则 7 与 2 必须短接。

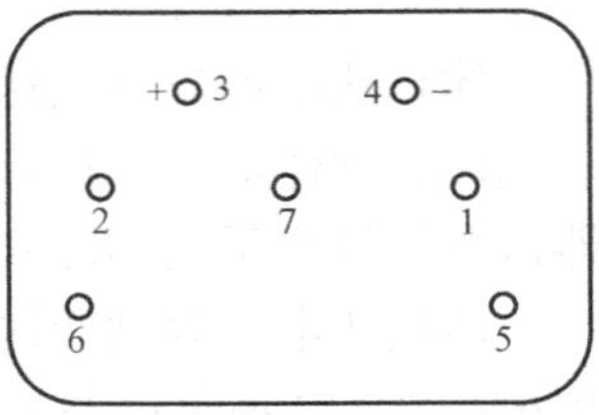

图 2-19 一体化热电阻变送器模块外形

任务二 智能变送器检修

【学习目标】

(1) 明确智能变送器的特点。

(2) 熟悉常用智能变送器的工作原理、结构组成。

(3) 能利用手操/DCS（上位机）对智能变送器进行零点调整、量程调整、零点迁移。

(4) 能初步分析并处理智能变送器的常见故障。

(5) 能看懂各类变送器的说明书及使用手册。

（6）能初步进行变送器的选型。

（7）会正确填写变送器检修、调校、维护记录和校验报告。

（8）会正确使用、维护和保养常用校验设备、仪器和工具。

【任务描述】

熟练使用智能变送器各种终端设备；本机调整变送器零点、量程、线性、阻尼；根据现场要求对变送器进行零点迁移；会检查智能变送器与手持终端、DCS之间的通信功能；能使用手持终端对变送器组态，并进行维护。

【知识导航】

智能变送器概述

1. 智能变送器的特点

智能变送器与模拟变送器相比，具有下述明显特点：

（1）具有双向通信能力。数字通信使变送器可以输出更多的信息，做更多的事情。手持终端（或称通信器、组态器、手操器、智能终端）的使用，使仪表的校验和调整发生飞跃，实现了调整遥控化、零点和量程调整独立化、仪表标签内置化和仪表信息数字化。而且由于手持终端作为调整及校验仪表的专用工具，可以确保无关人员无法用其他方式乱调仪表，大大提高了仪表的安全性。智能变送器可以在手持终端或计算机控制系统（DCS）上实现远方设定或修改仪表工程单位，校对、调整仪表零点和测量范围。

（2）具有自诊断能力。当变送器有故障时，可以正确、清晰地在手持终端或DCS屏幕上显示故障信息，为维修人员迅速地排除故障提供了方便，同时提高了系统的可靠性和可用性。

（3）模拟信号与数字信号同时传送。遵循HART协议的智能变送器，在通信期间，能同时输出模拟和数字信号。在通信期间，不会出现模拟信号中断，以致给控制器的过程变量造成一个突发的干扰。

（4）测量准确度高。与传统的变送器相比，智能变送器的性能上了一个很大的台阶。由于采用了微处理器，仪表输入、输出的非线性补偿和温度静压特性的补偿不再单靠硬件来实现，而且还靠软件来补偿，因而仪表的精度很高。

（5）测量范围宽。智能变送器最大量程比可达400∶1，这样可以减少变送器的规格品种。

（6）输出可设定为恒流信号源。这一特点不仅可作为系统正确性检查的二次调校手段，而且还可以进行控制系统的动态模拟，检查控制系统的动作过程，为自动控制系统的调试带来方便。

（7）具有变送器正、反作用。设置智能变送器负迁移测液位时，无需将正、负压力导管与变送器正负引压入口之间进行反接，这样便统一了差压变送器的安装规范，即使是反接了，也无需更改负压力导管，只需用手持终端设定合适的正、反作用便可纠正过来。

（8）具有PID控制功能。PID功能纯属软件功能，在产品硬件上没有任何额外的开销。

（9）体积小、质量轻。在硬件上，智能变送器与模拟变送器有很大不同，它采用电子技术加工生产。在检测部件中，除了传感元件外，一般还装有补偿用的测温元件。产品采用了超大规模集成电路，微处理器、存储器、通信电路、D/A 数模转换器等都集成在一块专用的集成电路板上（通常称为 ASIC），因此仪表的结构紧凑，可靠性有所提高，体积却做得很小。

2. 智能变送器和手持终端之间的通信

在智能变送器的通信中，主设备是指手持通信器、DCS、PC 等，在 HART 协议中，DCS、PC 称为一级设备，手持通信器即手持终端称为二级设备。智能变送器和手持终端两者之间的通信必须要有相同的通信协议，不同通信协议之间是不能通信的。HART 通信协议中的手持终端和变送器通信时，可以是一台手持终端同时监控并联的多台变送器。如图2-20所示，手持终端可以并接在两根信号线的任何位置，包括并接在负载电阻的两端（如图 2-20 中虚线所示），但不能直接接在电源两端。在电源和手持终端之间需有一个 $R \geqslant 250\Omega$ 的电阻，其作用是防止低阻抗的电源对通信信号的分流，但 R 的阻值也不能太大。要保证变送器的最低工作电压大于或等于 12V DC，这样手持通信器才可以从变送器中读取信息，并将设定值送到变送器的内存中去。

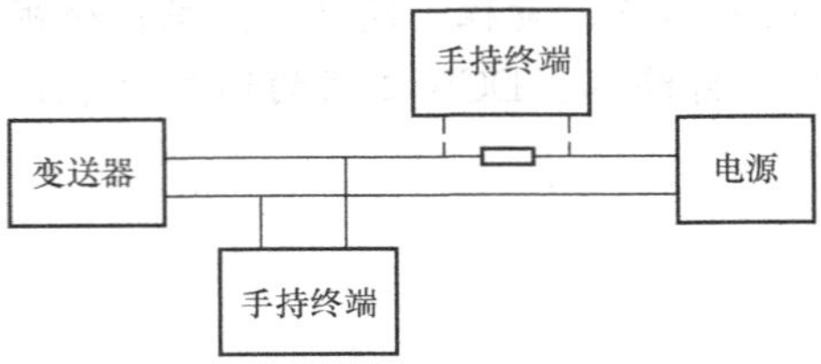

图 2-20 变送器和手持终端的直接连接

有的大型企业使用的变送器型号很多，需要多个手持终端，运行维护很不方便，现在许多变送器都遵循 HART 协议，操作人员在维护时只带一个 HART 手持终端即可，这样可以减少手持终端的购置费用。

3. 智能变送器和 DCS 的通信

智能变送器和 DCS 之间的通信与智能变送器和手持终端的通信一样，只能是在同一通信协议之间进行，DCS 要内装遵循同一协议通信模（卡）件（智能模件）。如果没有通信卡，而装的是 4～20mA 的模拟模件（高电平输入模件），则不能进行数字通信，只能进行模拟传送。

智能变送器和 DCS 通信后，可以在 DCS 的 CRT 上调看所有变送器的参数和进行设定与修改，仪表工不必到现场去进行操作，好处是不言而喻的。但是，若把智能变送器当做模拟变送器使用，这个优势就没有了。

4. 通信和调校

智能变送器的零点和量程可以通过主设备进行修改和设定，这样智能变送器还要不要通入标准信号进行校验呢，严格说来还是要的。因为若不进行通入标准信号压力的设定，则智能变送器是否准确，在手持终端上是不知道的，因而也是无法调整的。一般情况下，如果智能变送器原先是合格的，则经过手持终端改变量程后，仍然是合格的，即使超差，也不会很多。由于智能变送器的精度很高，稍超差一点不会影响使用。但若智能变送器原先是不合格的，则改变量程后仍然是不合格的，必须通入标准信号压力进行校验，并进行误差调整才行。

智能变送器的结构及原理

一、3051C 智能变送器

（一）构成原理

爱默生—罗斯蒙特公司的 3051C 差压变送器是一种智能型二线制变送仪表，它将输入差压（或压力）信号转换成 4～20mA 的直流电流和数字通信（HART）信号。

3051C 智能变送器是在 1151S 智能变送器的基础上开发出来的，而 1151S 智能变送器是在 1151 模拟变送器的基础上开发出来的。将 1151S 电容式室移到电子罩的颈部后，1151S 就成了 3051C。这样做的目的是使电容室远离过程法兰和被测介质，当被测介质温度发生变化时，电容传热影响减弱，仪表的温度性能和抗干扰性能提高。

1. 传感器组件

3051C 有电容式和压电式传感器两种类型。电容式传感器适用于测量差压和表压，常用于表压、流量和液位测量；压电式传感器适用于测量绝压，常用于真空及液位测量。

（1）电容式传感器。电容式传感器将差压变化转换为电容的变化。其工作原理同 1151 模拟变送器传感器部分。

传感器组件中的电容室采用激光焊封。机械部件和电子组件同外界隔离，既消除了静压的影响，也保证了电子线路的绝缘性能。同时检测温度值，以补偿热效应，提高测量精度。电容式压力传感器具有测量精度高、测量重复性好、动态响应快、对温度静压敏感度小、制造重复性好等突出优点。

（2）压电式传感器。某些电介质，当沿着一定方向对其施加外力而使其变形后，其内部就产生极化现象，同时在其两个表面上产生符号相反的电荷，当外力去掉后，又重新恢复到不带电状态，这种现象称为压电效应。具有压电效应的敏感材料叫压电材料，压电材料上所产生的电荷的大小与外部施加的力成正比。

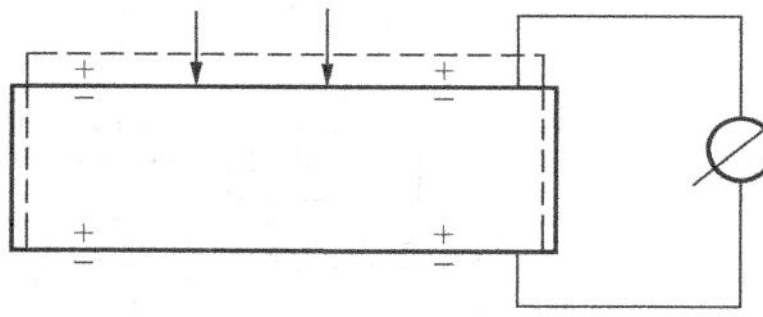

图 2-21 压电式传感器

压电式传感器如图 2-21 所示。当压电片受到力的作用后，压电片发生变形，虚框变为实框，压电片外表面和压电片内表面的电荷极性相反。压电片一侧表面聚集正电荷，另一侧表面聚集负电荷，两个极板上的电荷量相等，但极性相反，由此产生的电势与被测压力成正比。

压电式传感器可以看成是一个电荷发生器。同时，它也是一个电容器，晶体上聚集正负电荷的两表面相当于电容的两个极板，极板间物质等效于一种介质。压电式传感器可以等效为一个与电容相串联的电压源，也可以等效为一个电荷（流）源与一个电容并联，其电容量为

$$C=\frac{\varepsilon A}{d} \tag{2-16}$$

两极板间的电压为

$$U=\frac{q}{C} \tag{2-17}$$

式中 q——极板上聚集的电荷。

因此，压电式传感器可看成电容为 C、电源电压为 U 的串联电路。经压电式传感器转换，差压或压力的变化转换为输出电压的变化。

压电式传感器体积小，结构简单，无需外加电源、灵敏度和响应频率高，适用于压力的测量。

（3）膜盒。3051C 的膜盒部件和传统的膜盒部件不同，体积缩小，质量减少，整机的性

能很大提高，基本精度为±0.075%～±0.1%，量程比为100∶1，其他如静压、温度、单向特性也都上了一个档次。

膜盒在制造过程中，需经温度和压力等特性试验。虽然膜盒是成批生产的，但不同的膜盒特性仍有差异，需要不同的校正系数，在3051C的检测部件中，增加了传感器存储器，它是用来存放传感器的信息和校正系数的。转换时，微处理器可根据这些信息和校正系数，对传感器进行线性修正，这不但提高了仪表精度，而且还增加了零部件之间的互换性。此外，在3051C的检测部件中，还增加了测温传感器，用以修正环境温度变化而引起的热影响。

2. 原理框图

图2-22所示为3051C变送器的原理框图，该变送器选用的是电容传感器。3051C变送器由传感器组件和电子组件两部分组成。3051C变送器的工作原理是：被测差压通过隔离膜片和填充液作用于电容室中心的感压膜片，使之产生微小位移，感压膜片和其两侧电容极板所构成的差动电容值也随之改变。这一差动电容值与被测差压的大小成比例关系。电容传感器输出的信号经信号处理（A/D转换）和微机处理后得到一个与输入差压对应的4～20mA直流电流或数字信号，作为变送器的输出。

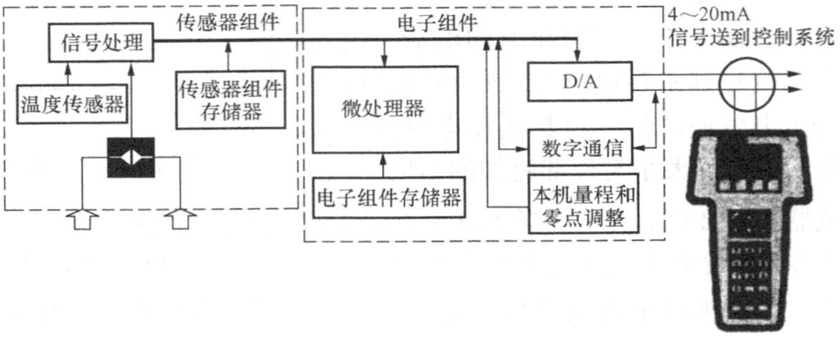

图2-22 3051C变送器原理框图

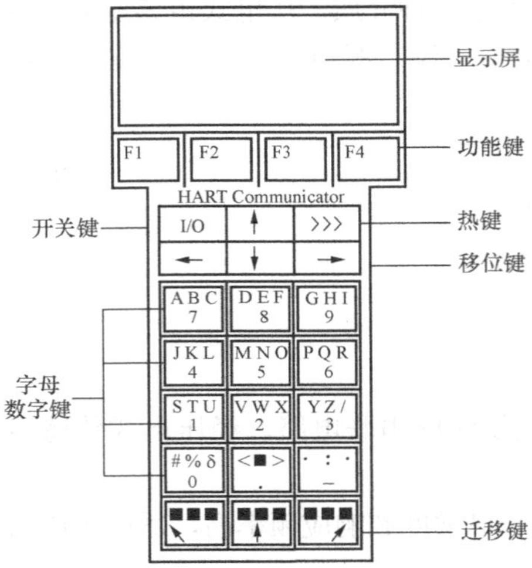

图2-23 HART（375）通信器

（二）HART手持通信器

HART手持通信器的主要用途是对仪表进行组态，用于功能和参数的确定。它的工作原理是利用现场总线的通信能力在生产现场连接仪表，组态构造系统功能。例如HART（375）通信器，该通信器可以与任何HART或FF相容的设备件在4～20mA回路的任何点接入（但在通信器的接入端子和电源之间必须提供最小负载为250Ω的电阻）。

HART（375）通信器如图2-23所示。375通信器键盘有25个键，包括4个功能键、6个动作键、12个字母数字符号键和3个迁移键；HART和现场总线接口为3个4mm的香蕉插孔（HART与FF共用其中一个插孔）。

（1）功能键指的是F1、F2、F3、F4键，它们用于解释显示于屏幕底部的命令。例如在屏幕底部 F3 的位置处出现 EDIT（编辑），当按功能键 F3 时，屏幕上就出现"编辑菜单页"；如在 F2 的位置处显示 DEL，则按功能键 F2 时，就会删除当前字符。

（2）动作键指的是电源开/关键（I/O）、光标移动键（↑↓←→）和热键（>>>），其功能是接通或关闭电源、上下左右移动光标和为用户快速定义选项菜单。

（3）字母数字符号键指的是 26 个英文字母、10 个阿拉伯数字和 12 个符号。

（4）迁移键指的↖↑↗这三个键。当按↖键时，字母/数字键上的左边字母起作用；当按↑键时，字母/数字键上的中间字母起作用；当按↗键时，字母/数字键上的右边字母起作用。

二、ST3000 智能变送器

ST3000 智能变送器是美国霍尼威尔公司研制的产品。它主要由测量头和电子室两大部分组成，其组成原理方框图如图 2-24 所示。

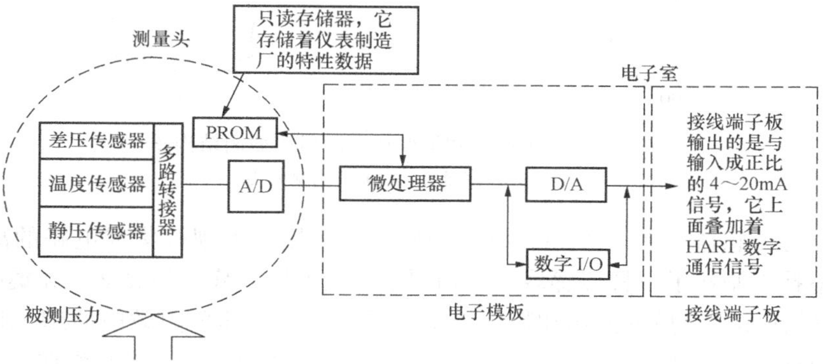

图 2-24 ST3000 智能变送器组成原理方框图

ST3000 变送器的主测参数是差压 Δp，它将差压转换成 4～20mA DC 和数字信号输出，并具有双向通信功能。为了消除被测介质的静压 p 和温度 T 对差压测量的影响，设置了静压传感器和温度传感器。差压传感器、静压传感器和温度传感器将各自被测参数转换成电信号，分别经各自的信号调理电路调理成统一电平的信号，经多路开关切换至 10 位 A/D 转换器转换成数字量，送入微处理器、存储器和输出信号调整单元进行处理，最后转换成 4～20mA DC 和数字信号输出。输出信号与被测差压 Δp 成正比关系。

1. 变送器的敏感元件

ST3000 智能变送器测量头的截面结构如图 2-25 所示，其敏感元件为复合芯片。

敏感元件使用无弹性后效的单晶硅材料，采用硅平面微细加工工艺和离子注入技术，形成压敏电阻。这样复合型的硅压敏电阻芯片为正方形，厚为 0.254mm，边长为 3.43～3.75mm（量程不同，边长也不一样），其结构如图 2-26 所示。压敏电阻放置在圆形膜（硅杯）的边缘。相邻电阻取向不同，因而受压后的阻值变化相反。电阻值的变化由电桥检出，由于硅单晶的许多方向都对压力敏感，因而在不同的静压下相同的差压值不能保证输出相同的信号，为此需对静压进行修正。静压敏感电阻设置在紧靠玻璃支撑管的地方，由于硅片与玻璃的压缩系数不同，静压敏感电阻就可感受到静压信号，信号由电桥检出。温度敏感元件为普通的热敏电阻。

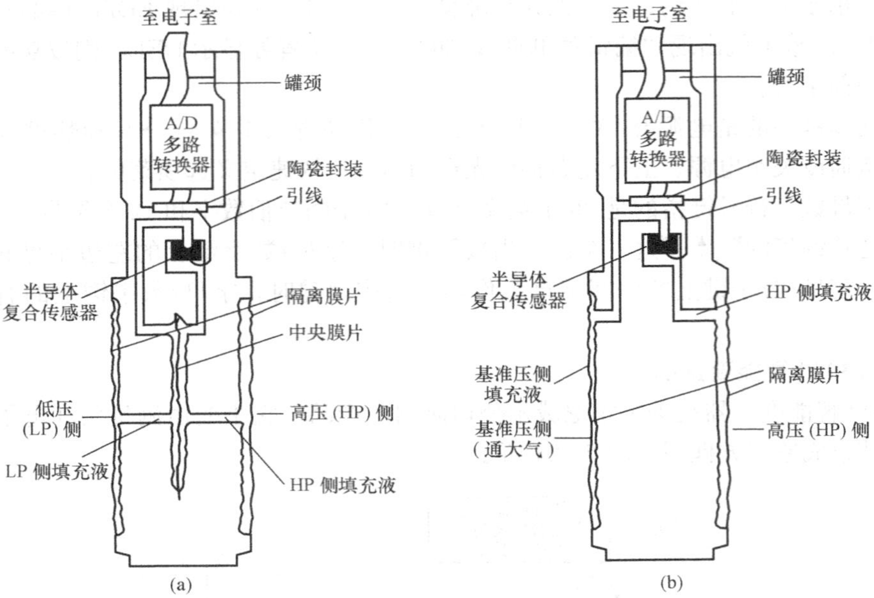

图 2-25 ST3000 智能变送器测量头截面结构图
(a) 差压测量头；(b) 压力测量头

半导体复合传感器是在一片 14.7μm^2 的硅片上运用超大规模集成电路的离子注入技术和激光刀修整技术制作了三种传感器，分别用于检测差压、静压和温度，并集成了电子多路开关和 A/D 转换器。这里的差压和静压传感器是根据半导体压阻效应原理工作的，而温度传感器则是根据其半导体材料的电阻率随温度变化的特性测温的。将制作在半导体复合传感器上的电阻接惠斯登电桥，如图 2-27 所示，图中温度传感器为热敏电阻，三个传感器均由恒流源供电。当 Δp、p 和 T 发生变化时，便转换成电压输出。设 $U_{\Delta p}$、U_p 和 U_T 分别为三个传感器的输出电压，则有

$$U_{\Delta p} = f_1(\Delta p, p, T) \tag{2-18}$$

$$U_p = f_2(\Delta p, p, T) \tag{2-19}$$

$$U_T = f_3(\Delta p, p, T) \tag{2-20}$$

由式（2-18）～式（2-20）可求解出差压 Δp 的表达式，即

$$\Delta p = f(U_{\Delta p}, U_p, U_T) \tag{2-21}$$

式（2-21）表明，欲精确测量被测差压 Δp，必须考虑被测介质的静压 p 和温度 T 变化对其的影响。为此，三个传感器的输出信号经转换开关和 A/D 转换成数字量后，由微处理器按一定运算法则运算便可消除交叉灵敏度的影响。

2. 微处理器

这里的微处理器包含了中央处理单元（CPU）、只读存储器（ROM）、可编程只读存储器（PROM）和电可擦（可）编程只读存储器（EEPROM）。ROM 的作用是存储程序；PROM 用于存储三个传感器的特征参数；EEPROM 是为了保存 RAM 中的数据，是不挥发型（非丢失）后备存储器。当仪表工作时，EEPROM 存储着与 RAM 同样的数据；当仪表断电时，RAM 中存储着的数据丢失，而 EEPROM 中存储着的数据则保存。当仪表恢复供

电时，存储在 EEPROM 中的数据会自动地传送到 RAM 中。由于 EEPROM 是一种电可擦除的或电可写入的 PROM，因此不需要后备电池。

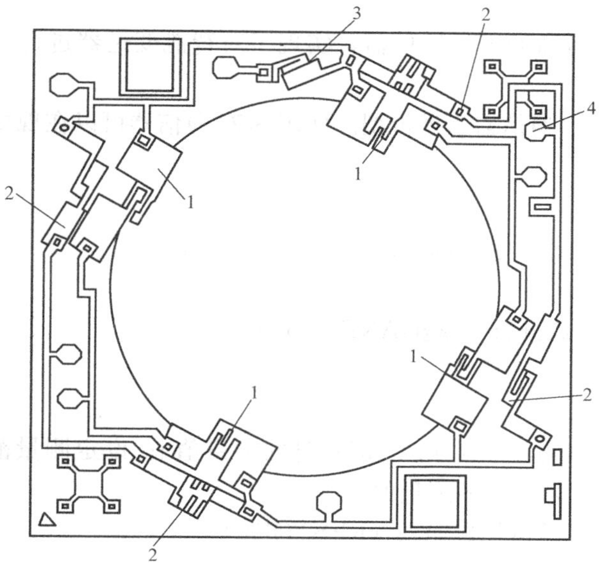

图 2-26 复合传感芯片

1—差压（压力）敏感电阻；2—静压敏感电阻；
3—温度电阻；4—引线

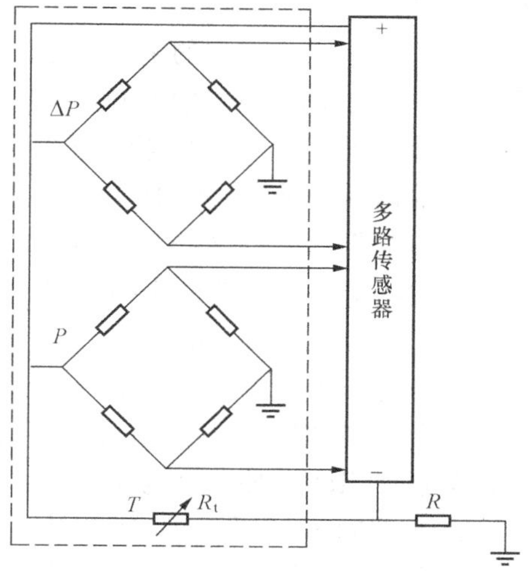

图 2-27 半导体复合传感器原理图

3. 工作原理

当过程压力或差压通过隔离膜片、填充液传到位于测量头内的复合传感器上时，引起复合传感器上电阻值的变化，该阻值的变化由集成于传感器芯片上的惠斯顿电桥检测出来，即获得了压力或差压的测量。与此同时，在传感器芯片上形成的两个辅助传感器，即温度传感器和静压传感器检测出表体温度和过程静压。值得注意的是，这三个过程参量的检测是在同一个中心本体芯片上由集成的不同传感器同时完成的，它们通过多路电子开关切换，分别进行 A/D 转换，然后送到电子室的微处理机进行数字化处理。

电子室实际上是一个微处理机系统，其核心是微处理机，它负责接收测量头送来的过程压力、表体温度和静压等信号，按预定程序或上位计算机（DCS 或手持通信器）的要求进行处理，其结果以数字量或者经 D/A 转换以模拟量形式输出。

ST3000 变送器遵循 HART 协议，其组态可用 HART 手持通信器操作。用户可利用 HART 手持通信器与变送器进行远距离通信，调节变送器的有关参数，例如变送器的标号、量程、输出形式、阻尼时间和单位等。此外，利用 HART 手持通信器还可以进行远距离校验、自检和故障诊断等，给用户带来极大的方便。

4. S-SFC 通信器

与 ST3000 变送器的通信可以通过使用下列的任一界面完成：

1）霍尼韦尔手提智能现场通信器（SFC）。

2）可在不同个人电脑（PC）平台上运行的 Smartline 配置工具包（SCT3000）。SCT3000 Smartline 配置工具包可使用 Windows98 或更高版本软件的 PC 平台上运行。它是一种与微软软件捆绑打造一起的 PC 接口硬件，可对现场仪器进行快速、准确的配置。

3）如果变送器与霍尼韦尔的 TPS 系统进行了数据集成，可使用全球通用工作站（GUS）。

S-SFC 通信器是人与变送器之间进行对话的智能通信器，实现了对智能变送器进行远距离检测和设定的功能。

（1）S-SFC 通信器的主要功能。S-SFC 通信器为携带型。使用 SEC 通信器可以在现场或仪表室中的仪表屏内实现下述功能。

1）组态设定。数据要素如下：

a. 输出信号种类：模拟（Analog）传送或数字（Digtal）传送。

b. 变送器标牌号（Tag · No）的登记。

c. 输出形式：可选择线性（LINEAR）或开方（SQUARE ROOT）。

d. 阻尼常数（Damping）。

e. 测定压力的单位（Unit）。

f. 设定测量范围的始值，LRV [使输出为 0%（4mA DC）时的测量值]；设定测量范围的终值，URV [使输出为 100%（20mA DC）时的测量值]。

g. 数据向 SFC 的保存（SAVE）及向变送器的再输入（RESTORE）。

h. 数字传送时的输出信号模式（Output Signal Mode）。

i. 数字传送（DE）数据形式（Data Format）。

j. 数字传送时的失效安全模式（Fail Safe Mode）。

2）自诊断。ST3000 具有自诊断功能，变送器的通信、回路和动作状态都能用 SFC 通过自诊断功能来检查。诊断内容分如下 4 类：

a. 轻故障（NON-CRITICAL ERRORS，非紧急出错状态）。

b. 重故障（CRITICAL ERRORS，紧急出错状态）。

c. 通信出错。

d. 由操作方法造成的出错。

3）全程校验调整功能。利用 SFC 通信器可对变送器量程进行迁移或在一定程度上调整，并且可对输出信号采用恒流源方式校验，可利用实压对比方式对测量范围进行校验。

4）SFC 通信器可作 4～20mA 的恒流源使用。

5）显示 SFC 内存储器数据和变送器内存储器数据及工作中的瞬时数据。

（2）S-SFC 智能通信器检测方法。S-SFC 智能通信器可根据实际情况，既可与仪表室中的仪表屏端子相连，也可直接在现场相连，然后进行简单的双向通信，其连接方法如图 2-28所示。连接与通信步骤如下：

1）旋下变送器的接线端子盒盖。

2）将 SFC 的导线联到位于 4～20mA DC 信号端子上的小片上（注意不要接错极性）。

3）将 mA 表的导线接到端子板上的“TEST”（测试）端子上（注意不要接错极性）。

4）SFC 通信器发出通信信息。

5）变送器接收信息并从模拟输出状态转换到通信状态。

6）通信器发出指令，变送器接收指令。

7）变送器作出响应回答后，自动恢复到模拟输出状态。

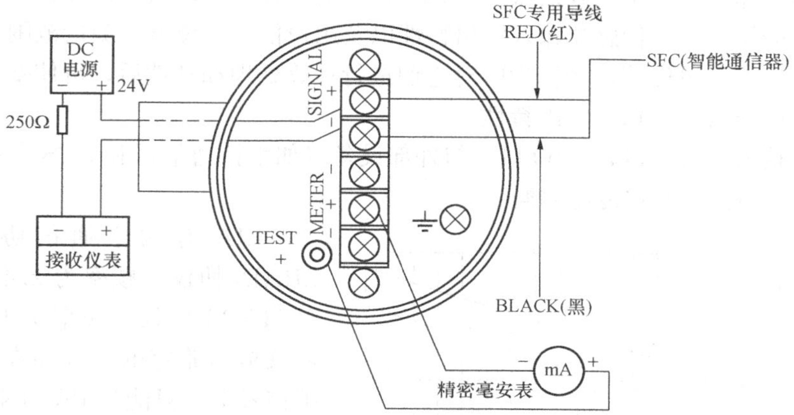

图 2-28 S-SFC 智能通信器连接方法

三、EJA 智能变送器

EJA 智能变送器是日本横河公司推出的产品，它是硅谐振式变送器的典型代表，其外观如图 2-29 所示。

图 2-29 EJA 智能型变送器

1. 构成原理

图 2-30 所示为 EJA 智能变送器工作原理框图，它由单晶硅谐振式传感器和智能电路转换部件两个主要部分组成。变送器的 δ 室敏感元件接受压力信号，通过隔离膜片和灌充液（硅油）传递到位于 δ 室中心测量膜片上的单晶硅片，由单晶硅谐振式传感器上的两个 H 形振动梁分别将差压、压力信号转换为频率信号，并采用频率差分技术，将两频率差的数字信号直接输出到脉冲计数器计数，计数到的两频率差值传递到微处理器（CPU）内进行数据处理。经 D/A 转换为与输入信号相对应的 4～20mA DC 的输出信号，并在模拟信号上叠加一个 BRAIN/HART 数字信号进行通信。特性修正存储器的功能是储存单晶硅谐振式传感器在制造过程中的机械特性和物理特性，通过修正以满足传感器特性要求的一致性。

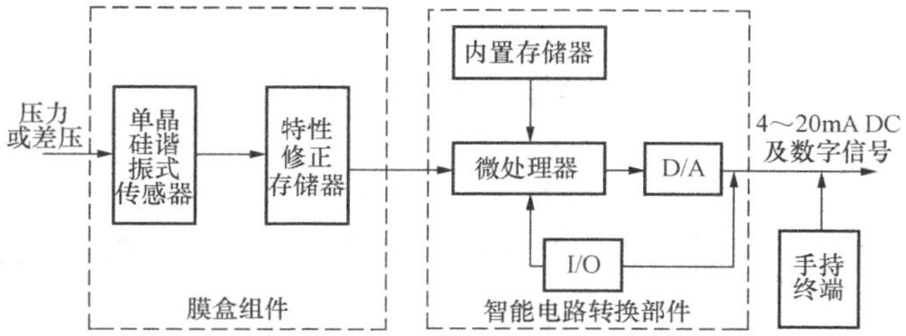

图 2-30 EJA 智能变送器工作原理框图

智能电路转换部件的功能如下：

（1）将传感器传来的信号，经微处理器处理和 D/A 电路转换成一个对应于设定测量范围的 4～20mA DC 模拟信号输出。

(2) 内置存储器存放单晶硅谐振式传感器在制造过程中的机械特性和物理特性，包括环境温度特性、静压特性、传感器输入输出特性以及用户信息（位号、测量范围、阻尼时间常数、输出方式、工程单位等），经 CPU 对它们进行运算处理和补偿后，可使变送器获得优良的温度特性、静压特性及输入输出特性。

(3) 通过输入/输出接口（I/O 口）与外部设备（如手持通信器和 DCS 中带通信功能的 I/O 卡）以数字通信的方式传递数据。

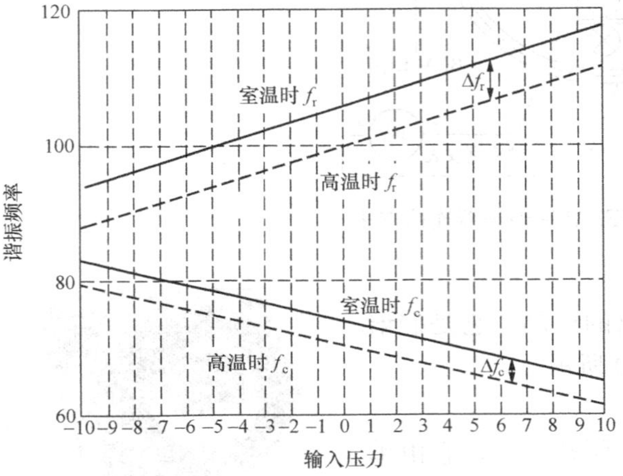

图 2-31 环境温度变化时输入压力与谐振频率的关系

EJA 有两个通信协议，一个是 BRAIN 协议，频率为 2.4kHz；另一个是 HART 协议，频率是 1.2kHz。两个协议是不兼容的，叠加在 4～20mA 模拟信号上，只能是 BRAIN 或 HART 数字信号中的一种。在进行通信时，频率信号对 4～20mA 的信号不产生任何扰动影响。

2. 性能特点

EJA 传感器采用了两个谐振梁的差动结构，因而保证了变送器的优良性能，仪表受环境温度变化的影响和静压变化的影响都十分微小。图 2-31 所示为环境温度变化时输入压力与频率的关系。在正常温度（室温）时，谐振片的频率如图 2-31中实线所示，边侧谐振片的频率 f_r 随着压力的增加而增加，中心谐振片的频率 f_c 随着压力的增加而减少。当温度上升（高温）时，因为两个谐振梁的几何形状和尺寸完全一致，故在相同的温度下，频率的变化量也就完全一致，如图 2-31 中虚线所示。由于传感器输出的是频率之差，因此它们可以相互抵消，于是温度影响也就自动消除。

设仪表常温时的输出电流为 $\Delta I(t_0)$，则有

$$\Delta I(t_0) \propto f_r - f_c \tag{2-22}$$

仪表高温时的输出电流为 $\Delta I(t)$，则有

$$\Delta I(t) \propto (f_r - \Delta f_r) - (f_c - \Delta f_c) = f_r - f_c - (\Delta f_r - \Delta f_c) \tag{2-23}$$

因为 $\Delta f_r = \Delta f_c$，所以

$$\Delta I(t) \propto f_r - f_c \tag{2-24}$$

于是

$$\Delta I(t) = \Delta I(t_0) \tag{2-25}$$

同样，当静压改变时，边缘谐振梁减少的频率等于中心谐振梁减少的频率，而频率差值不变，输出也不会受影响。

至于单向过压影响，由于当压力增大到某一数值时，接液（隔离）膜片与本体完全接触在一起，此时，外部压力不管怎样增大，硅油的压力也不会增加。因此，硅谐振传感器受到一定的压力后，就不会再受到更大的压力，有很好的保护作用。即使受到了一定力的作用，由于单晶硅材料的恢复性能好，也能恢复到无误差状态。

3. BT200 手操器

BT200 智能终端是一种通过 4～20mA DC 信号线与 BRAIN 仪表连接的手持终端。BT200 与 BRAIN 仪表之间的 4～20mA DC 信号线上可叠加通信信号，以实现双向通信，其键面如图 2-32 所示。BT200 具有以下特点：

(1) 对 BRAIN 仪表进行参数设置与改变。

(2) 监控 PV 与 MV 值，以及对 BRAIN 仪表的自诊断信息。

(3) 设定 BRAIN 仪表为恒流输出模式。

(4) 与采用 BRAIN 通信协议的设备一起使用，对其进行设定、更改、显示和打印参数(如工位号、输出模式、范围等)。

(5) 监视 I/O 值和自诊断结果、设定恒定电流的输出以及调零。

当系统启动或维持操作状态时，只需连接设备的 4～20mA DC 信号线或 ESC（信号调节通信卡）的专用接口，即可使用 BT200。

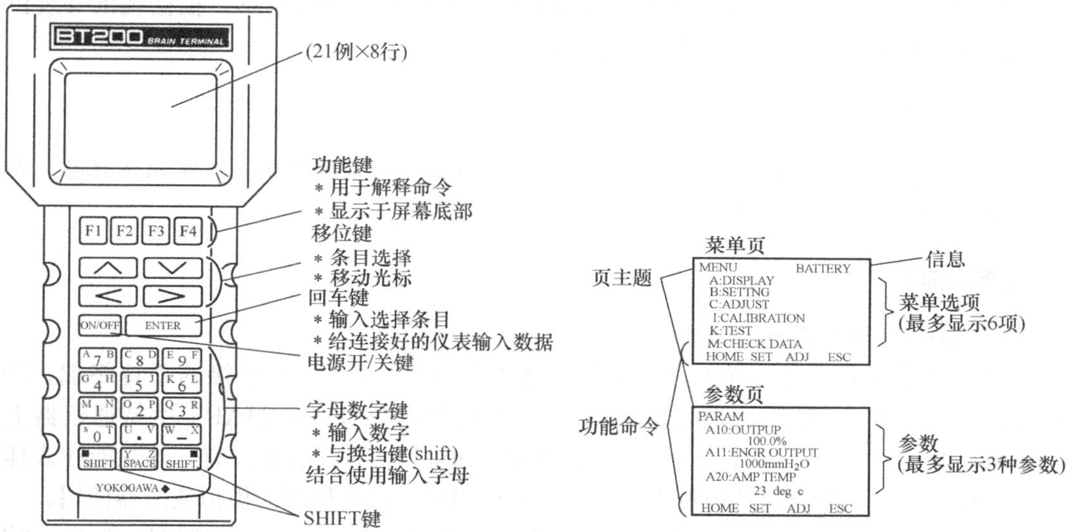

图 2-32 BT200 键面图

智能变送器选型原则

在压力/差压变送器的选用上的主要依据：以被测介质的性质指标为准，以节约资金、便于安装和维护为参考。

(1) 在选型时要考虑测量介质对膜盒金属的腐蚀，一定要选好膜盒材质，否则使用后很短时间就会将外膜片腐蚀坏，法兰也会被腐蚀坏造成设备和人身事故，所以材质选择非常重要。变送器的膜盒材质有普通不锈钢、304 不锈钢、316L 不锈钢、钽膜盒材质等。

(2) 在选型时要考虑被测介质的温度，如果温度介于 200～400℃，要选用高温型，否则硅油会产生汽化膨胀，使测量不准。

(3) 在选型时要考虑设备工作压力等级，变送器的压力等级必须与应用场合相符合。从经济角度上讲，外膜盒及插入部分材质采用普通不锈钢比较合适，但连接法兰可以选用碳钢、镀铬，这样会节约很多资金。

(4) 被测介质为高黏度、易结晶、强腐蚀的场合，必须选用隔离型变送器。隔离型压力变送器最好是选用螺纹连接形式的，这样既节约资金安装又方便。

(5) 对于普通压力和差压变送器选型，也要考虑被测介质的腐蚀性问题，但使用的介质温度可以不考虑，因为普通型变送器是引压到表内，长期工作温度为常温，但普通型使用的维护量要比隔离型大。首先是保温问题，在北方冬季0℃下，导压管会结冰，变送器无法工作甚至损坏，这就需要增加伴热和保温箱等。

(6) 从经济角度上来讲，选用变送器时，只要不是易结晶介质都可以采用普通型变送器，而且对于低压易结晶介质也可以加吹扫介质来间接测量（只要工艺允许用吹扫液或气），应用普通型变送器就是要求维护人员多进行定时检查，包括各种导压管是否泄漏、吹扫介质是否正常、保温是否良好等，只要维护好，大量使用普通型变送器一次性投资会节约很多。

(7) 从选用变送器测量范围上来说，一般变送器都具有一定的量程可调范围，最好将使用的测量范围设在量程的1/4～3/4段，这样精度会有保证（对于微差压变送器来说更是重要）。实践中有些应用场合（液位测量）需要对变送器的测量范围迁移，根据现场安装位置计算出测量范围和迁移量（正迁移或负迁移）。

【任务准备】

变送器检修所需工具及常用消耗品见表2-1。准备好所需检修工具及常用消耗品，与相关部门做好沟通、开具工作票。

【任务实施】

一、3051C智能变送器的组态

HART手持通信器是一个与所有遵循HART协议的变送器相连接的手持终端，3051智能变送器是遵循HART协议的变送器，它的校验和调整可以在HART手持通信器上进行，也可以在装有HART通信卡的DCS上进行。如果这两种设备都没有，那只能在表体上进行。不过这时仪表的智能功能便发挥不了，只能当做一台高精度的模拟变送器使用。

HART通信器组态有两种组态方式，即在线（联机）组态和离线（脱机）组态。前者是在通信器和变送器建立通信连接的状态下进行的组态，组态数据输入到375通信器的工作寄存器中，然后直接传送到连接的变送器上；后者则在通信器和变送器未建立通信连接的状态下，将组态数据存入375通信器的非易失性存储器（EEPROM）中，待连接设备时可以将这些数据传送至变送器。

在组态中将修改参数传送至变送器时，为避免修改参数对控制回路带来影响，通信器会显示提示信息“WARNING—Control loop should be in manual”（警告：控制回路应置于手动状态），该显示信息仅仅是一个提示，不能将控制回路自动切换至手动，必须在控制室进行人工操作。

当HART通信器与HART变送器相连时，在线菜单的顶部显示变送器的名称和标签；在线菜单的底部显示F1～F4软功能键，每一幅屏幕画面都可确定F1～F4键的新用途。当HART通信器通上电后，屏幕显示为主菜单，如图2-33所示，图中，HART Communicator为HART通信器；Off line为离线；On line为在线；Frequency Device为频率设备；Utility为效用。

HART 通信器连接到变送器回路时，变送器电源可以不关，但手持通信器的电源要关掉。如果手持通信器在电源开着的时候连到变送器回路，则有时会打乱变送器的程序，所以手持通信器不能带电连接。图 2-34 所示为在线菜单。Burst 是可选的通信模式，在这种通信模式下，允许单一的从站连续的广播一个标准的 HART 响应信息，这种模式将主站从为得到更新的过程变量信息而不断对从站发送命令请求的重复中解放出来。同样，HART 响应信息（PV 或其他）连续的由从站广播，直到主站指示其他命令。采用 Burst 通信方式，根据选择的命令不同，数据更新为 3～4 次/s。Burst 模式只能使用在单个从设备的网络中。

HART 通信器中设有快键顺序表和菜单树，方便用户组态。

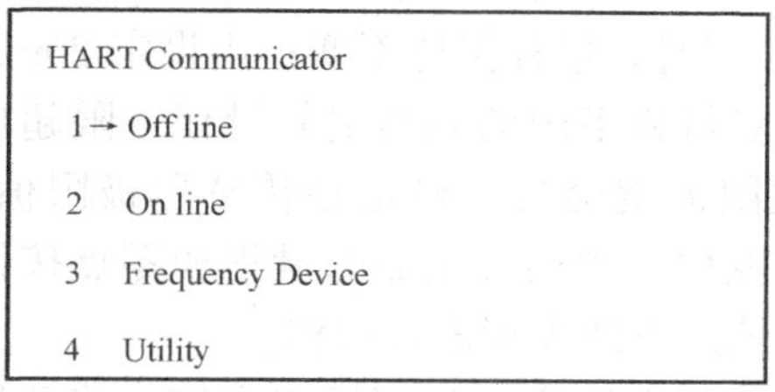

图 2-33　主菜单

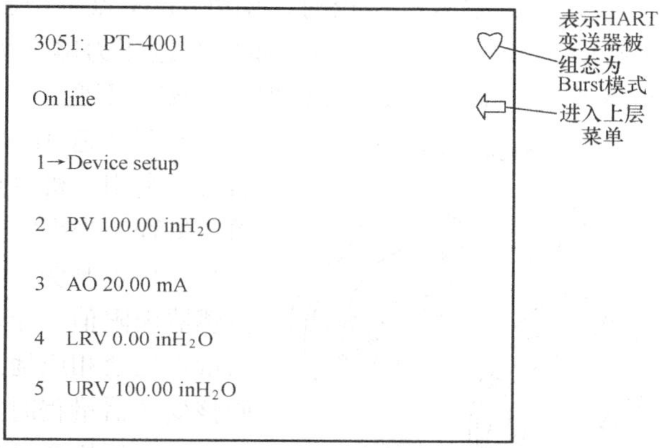

图 2-34　在线菜单

3051C 变送器的配线如图 2-35 所示。HART 的两根通信电线是没有极性的，可以随便连接。在接线端子处，PWR/COMM 为电源或通信端子，表示电源线或数字通信线应接在此处，当然手持通信器也可接在此处；TEST 为测试端子，校验时高精度电流表或电压表（应并联 250Ω 电阻）可接在此处。此线路检测叠加在 4～20mA 信号上的数字信号，并通过回路传送所需信息，完成 DCS 或 HART 手持通信器（也称为数据设定器）与 3051C 智能变送器的双向数字通信。

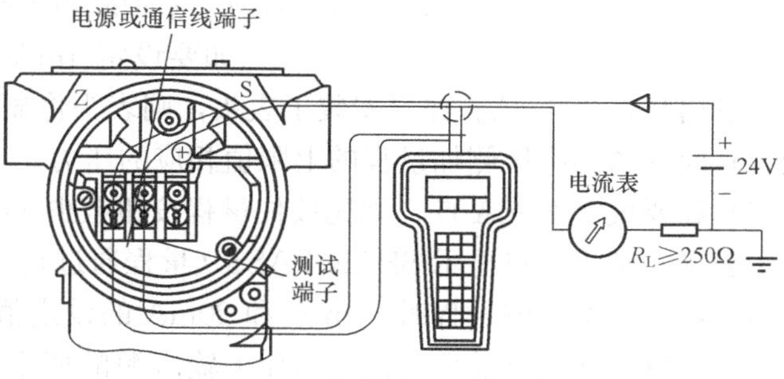

图 2-35　3051C 变送器的配线

1. 设定过程变量单位

3051C 可使用的过程变量单位有 inH_2O、inHg、ftH_2O、mmH_2O、psi、bar、mbar、g/cm^2、kg/cm^2、Pa、kPa、torr 和 atm（大气压）。

2. 设定输出方式

可以将变送器输出设定为线性（Linear）或者平方根（Sq. Root）输出。设定变送器为平方根输出模式，可使模拟输出与流量成正比。

3. 零点和量程调整

最常用的一项组态是调整变送器的零点和量程。对变送器有三种调整方法，即使用通信器直接输入量程的上下限值；使用通信器和压力输入源；使用变送器上的零点和量程按钮与压力输入源。其中，后两种调校的效果一样。

通过通信器键盘输入改变量程时，4mA 点和 20mA 点的设定互不影响，但改变两点的设定值都会引起量程的变化。例如一台变送器原设置为 4mA（0kPa）、20mA（100kPa），如果通过通信器键盘输入新的 4mA（50kPa），此时 20mA 仍保持为 100kPa，则变送器的量程变为 50kPa。

使用压力输入源调校时，调整 4mA 点不会影响表的量程值。例如一台变送器原 4mA（50kPa）、20mA（100kPa），如果通过压力输入源进行调校，将 4mA 设为 0kPa，则此时 20mA 变为 50kPa，表的量程保持 50kPa 不变。

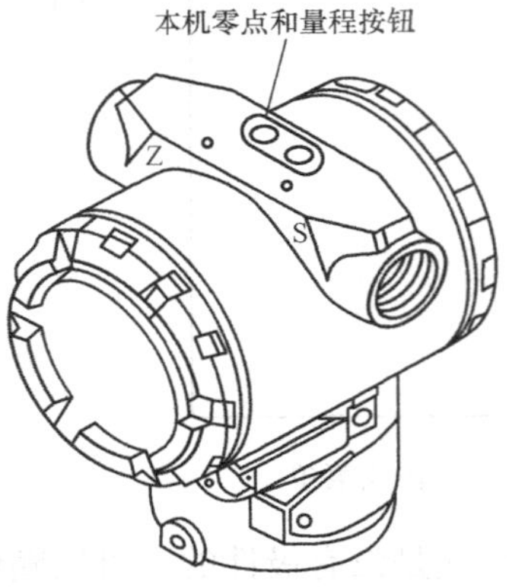

图 2-36　本机零点和量程按钮

当不知道 4mA 和 20mA 点的具体值，并且无手持通信器时，利用本机零点和量程按钮与压力输入源，可以调整变送器量程。当设定 4mA 点时，量程保持不变；当设定 20mA 点时，量程改变。如果对量程下限的调整引起量程上限超出传感器极限值，量程上限值就会自动设定在传感器极限值，而量程也会相应地发生变化。利用变送器的量程和零点按钮调整变送器量程时，应依照下述步骤进行操作。

（1）拧松变送器表盖顶上固定的认证标牌螺钉，旋开标牌，露出零点和量程按钮，如图 2-36 所示。

（2）利用精度为 3～10 倍于所需校验精度的压力源，向变送器高压侧加量程的下限值相应的压力。

（3）如要设定 4mA 点，则先按住零点按钮至少 2s，然后核实输出是否为 4mA。如果安装了表头，则表头将显示 ZERO PASS（零点通过）。

（4）向变送器高压侧加量程的上限值相应的压力。

（5）如要设定 20mA 点，则先按住量程按钮至少 2s，然后核实输出是否为 20mA。如果安装了表头，则表头将显示 SPAN PASS（量程通过）。

当采用压力源调整量程时，4mA 和 20mA 的设定值是根据操作者提供的输入压力值进行转换的，有时通信器的压力读数与压力输入源的值不同。这可能是由以下几个原因造成：①变送器安装位置；②用户的压力标准与工厂（仪表制造厂）标准不同；③由于过压、过热（冷）或长期漂移造成传感器原有特性漂移。这种差别可以通过调节组态中的传感器数字微调项进行消除。

4. 设定阻尼

变送器的电子阻尼特性是使变送器的响应时间对于输入快速变化引起的输出读数呈平滑变化曲线。可根据系统回路动态变化所需要的响应时间、信号稳定性和其他要求决定适当的阻尼设定，默认阻尼时间为 0.4s，阻尼时间的设定范围为 0～25.6s。

5. LCD 表头选项

表头选项指令可根据应用设定表头，设定表头可以显示下述信息：工程单位、量程百分比、用户设定表头标尺、工程单位和百分比之间交替显示、工程单位和用户设定表头标尺之间交替显示。

6. 传感器数字微调

智能变送器与模拟变送器工作的主要不同是智能变送器被特性化了。进行特性化时，将变送器传感器的输出值与输入压力值进行比较，并将比较数据存入变送器的 EEPROM 中。变送器在工作时，利用这些数据，根据输入的压力产生一种标有工程单位的变量输出值。数字微调功能就是让操作人员能够改变其特性曲线。

注意：不应把传感器数字微调与量程调整相混淆。虽然通过量程的调整也可以使某个输入压力值对应于 4mA 或 20mA 点，但这种调整不影响变送器其他各点压力输出值与输入压力的变换关系。对于智能变送器，利用传感器的数字微调功能可以修改变送器的数字读数与输入压力之间的变换关系。

为了变送器更好地工作，可以修改表的特性化，有两种方式，即对变送器重新进行特性化以及进行数字微调。一般变送器在出厂时已经被特性化了，用户只需修改表的特性曲线来适应自己的标准压力信号。

数字微调分两个步骤进行：第一步为传感器微调，调整变送器输出的数字读数与输入压力相一致；第二步为 4～20mA 数字微调，对输出级电子部件进行调整。为取得最佳效果，应在稳定的环境下使用高精密仪器进行调校，避免出现对变送器的超量调整，变送器能接收的微调值不超过原来特性化曲线的 5%。

传感器微调有两种方法，即量程微调和零点微调，两者的复杂程度不一样，使用时取决于现场的应用情况。

(1) 零点微调。采用零点微调功能，用 HART 手持通信器校验传感器时，按下述步骤操作：

1) 使变送器通大气，并且将手持通信器与测量回路相连。

2) 从手持通信器主菜单中选择 1Device Setup→2Diagnostics and Service→3Calibration→3Sensor trim→1Zero trim，准备进行零点微调。

3) 遵循手持通信器提供的指令完成零点微调的调整。

(2) 量程微调。采用量程微调功能，用 HART 手持通信器校验传感器时，按下述步骤操作：

1) 将整个校验系统连接安装通电，校验系统包括变送器、HART 手持通信器、电源、压力输入源和读数装置。

2) 从手操器主菜单中选择 1Device Setup→2Diagnostics and Service→3Calibration→3Sensor trim→2Lower sensor trim，准备进行传感器量程下限微调点的调整。

3) 遵循手持通信器提供的指令，完成对量程下限值的调整。

4) 重复以上步骤调整量程上限值，用 3Upper sensor trim 替代步骤中 2) 的 2Lower sensor trim。

量程微调包括传感器下限微调和传感器上限微调，即需要调整测量范围的两个端点值，使得两点间的各输出值呈线性化。要想得到好的精度，所选的上限和下限值应分别等于或略大于 4mA 和 20mA 点。调整时，需要压力源的精度至少 3 倍于变送器，应用时一定要让压力稳定保持 10s 后才进行调整。

如果没有精密的压力源，则可以采用零点微调。零点微调为一点调整，调整时变送器必须处于未迁移状态，即偏离真正的零压不超过3%。这种方法在消除由于变送器安装位置带来的影响或补偿差压变送器由于静压引起的零点漂移时很有用，但这种调整保持原有的特性化曲线的斜率。

微调可改变变送器特性化曲线，如果传感器微调不当，或者使用不符合精度要求的设备进行微调，则变送器性能可能降低。

微处理器在处理了传感器的信号之后，输出一个数字量，经过数模转换（D/A）线路把该数字量转换为4～20mA的模拟信号送往信号线。变送器在使用一段时间后或进行了特性化后，可能需要对D/A转换线路进行检查和微调。HART通信器提供了两种D/A微调方式：Digital - to - Analog Trim（数/模微调）和Scaled D/A Trim（定标数/模微调）。两者是有区别的，前者是调整变送器的4mA和20mA点的模拟输出电流值，使得这两点的模拟输出等于4.00mA和20.00mA；后者是调整4mA和20mA点与用户可选择的参考标尺相对应，而不是与4mA和20mA对应。例如，通过一个250Ω的负载测量，为1～5V；这时如果通过DCS测量，则为0～100%。

二、ST3000智能变送器的安装与维护

1. ST3000的安装

（1）相关注意事项。

1）变送器安装中磁场的影响。外界磁场会对变送器产生一定影响，所以在安装时应给予注意。

a. 当变送器安装在强磁场中时，磁场有时就如用磁性棒一样会影响变送器，改变零点。

b. 附近的电动机或泵会产生超过10Gs的磁场。在这种场合，应将变送器安装在距电动机或泵至少1～2m的地方，在1～2m外，磁场将跌到2～3Gs。

c. 若对是否存在超过10Gs的磁场有疑问，可用Gs计测量。变送器应安装在低于10Gs的场所。

2）必须使用屏蔽的双绞线（Belden9318）作为信号线和电源线。必须仅在电源接线侧将屏蔽侧接地，并且在变送器侧保持绝缘。

（2）检查系列与型号数据，并建立通信。霍尼韦尔的ST3000智能变送器主要包括100系列、900系列两个系列。每一台变送器都带一个铭牌，上面表明了该变送器的特定型号号码。例如：

基本类型 关键号		仪表本体 表1		法兰组件 表2		选项 表3		工厂标示 表4
STD120	——	E1H	——	0000	——	SB，1C	——	####

查看关键号码的第三位和第四位，确认产品的系列和基本类型。第三位上的字母代表变送器的基本类型，如A代表绝对压力、D代表压差、F代表法兰安装、G代表表压力、R代表远传压力。第四位上的数字则对应变送器所属的系列，即“1”表明该变送器为100系列；而“9”则表明该变送器为900系列。

型号数据正确后，选择合适的方式与ST3000智能变送器建立通信。

（3）安装。利用提供的附件（角形安装支架）根据具体要求（方向、上下位置等）把变送器安装在管道上。对于气体管道来说，应该垂直安装在管道的上方，便于冷凝物可以排出变送器。而且，针对现场的环境要求，做好相应的防冻措施。

由于变送器的量程较小，对于小量程变送器来说，安装的位置至关重要。如果安装位置在垂直方向上旋转 90°，对于绝对压力变送器可以造成最大 2.5mmHg 的零点漂移；对于微差压变送器可以造成最大 1.5inH_2O 的零点漂移。垂直位置上 5°的旋转，一般将对上述两种变送器分别造成 0.12mmHg 或 0.20inH_2O 的零点漂移。所以，为了使安装位置的误差对标定的影响（即零点漂移）减到最小，请在安装时，对型号不同的变送器给予相应的注意。可以使用酒精水准仪对位置进行水平校准，以确保垂直。

在安装过程中需要对变送器进行调零工作，具体过程如下：

1）将变送器安装到支架上，但是不要将固定螺栓完全上紧。

2）在高压力（HP）输入端和低压力（LP）输入端链接一个套管用来防止周围空气的流动对变送器产生影响。

3）给变送器接上 24V 直流电源。然后接上一块数字电压表来读取变送器的输出，如果需要的话，可在 250Ω 电阻的两端接上一块电压表。

4）在电压表上读取数据的同时，调整变送器的位置使读数为零或接近于零，然后完全上紧固定螺栓。

5）调整好后，去掉输入端子之间的套管，关掉电源，取走数字电压表，继续下面的安装。

2. ST3000 的维护

（1）变送器的吹扫与清洗。一旦变送器的压力室中积存沉淀物或异物，就会造成测量误差。为维持变送器的精度，获得满意的性能，必须清扫变送器及配管以保持清洁。清扫变送器应按下述顺序进行：

1）关闭高压侧导管的截止阀及三阀组的高压侧截止阀。

2）确认均压阀关闭。

3）关闭低压侧导管的截止阀及三阀组的低压侧截止阀。

4）慢慢打开排气孔塞，排出压力。

5）打开三阀组的高压侧截止阀及高压侧导管的截止阀。

6）打开均压阀，依靠高压侧排气孔塞吹扫管道。

7）关闭均压阀、三阀组的高压侧截止阀及高压侧导管的截止阀。

8）打开三阀组的低压侧截止阀及低压侧导管的截止阀。

9）打开均压阀，依靠低压侧排气孔塞吹扫管道。

10）关闭所有阀门，然后按正常步骤使仪表投入运行。

（2）仪表内部清洗。如果仪表内部需要清洗，则按下列顺序进行：

1）拆去夹紧仪表体容室盖用的六角螺栓，拆卸仪表体容室盖。

2）用软毛刷及溶剂洗净膜片及容室盖的内部。此时，请小心注意，勿使膜片变形或损伤。

3）重装容室盖时，可根据需要换上容室盖用的新垫片。

4）夹紧容室盖用的螺栓，应按规定的旋紧力矩装配。

三、EJA 智能变送器的零点调整及测量范围设置

1. EJA 的零点调整

（1）利用变送器外调零螺钉调零。利用变送器上的外调零螺钉调零，将输出准确调整至

4mA DC或可用电流表准确读出的输出值。

首先关闭引压阀（总阀），然后松开排气塞。此时开始利用变送器外调零螺钉调零。

1）外调零螺钉允许/禁止调零（J20：EXT ZERO ADJ）。选择变送器能否通过外调零螺钉调零（仪表出厂前已设置为“允许”）。

2）利用变送器的外调零螺钉调零时，使用一字螺钉旋具旋转变送器外壳盒上的调零螺钉，顺时针调节输出增加，逆时针调节输出减少。

注：零点调整时的数值变化大小与一字螺钉旋具的旋转速度有关。因此，精调时应慢，粗调可加快。当零点调校好，至少30s后才能关掉变送器电源。

（2）使用BT200调零。通过BT200上的单键操作调零：

1）选择参数：“J10：ZERO ADJ”；

2）改变显示参数的设置点（0%）到实际测量值（%）；

3）按ENTER两次。

SET J10：ZERO ADJ −0.0%	选择J10参数项 按ENTER键两次
SET J10：ZERO ADJ −0.0%	选择J10时显示
SET J10：ZERO ADJ −0.0%	改变设置为实际测量

例如：在测量罐体液位时，如果实际液位不能变到零来进行调零，可将输出调整到一个与实际液位值相应的参考值，这个实际液位值可通过玻璃柱位读出。

用“J10：ZERO ADJ”，如果当前输出为41.0%，则输入当前实际于45%按“ENTER”两次，输出变为45%。

2. EJA的测量范围设置

测量范围的设置可以使用测量设置钮和BT200的参数设置功能进行测量范围的设置。

（1）使用测量设置钮。使用测量设置钮应当按下列步骤改变上、下限值设定。

例：将测量范围改变成0～3MPa。

1）将变送器及测试仪表连接好，并至少预热5min；

2）按动测量范围设置钮；

3）在高压侧加0MPa压力（大气压）；

4）调节外部调零螺钉（减少或增加输出）；

5）调节外部调零螺钉，直至输出信号为0%（1V DC），下限设置完毕；

6）按动测量设置钮；

7）在高压侧加3MPa压力；

8）调节外调零螺钉（减少或增大输出）；

9）调节外调零螺钉，直至输出信号为100%（5V DC），上限值设置完毕；

10）按动测量范围设置钮；

11）变送器回到正常状态，其测量范围设置为 0～3MPa。

注意：①完成上、下限设置后，不能立即断电。如设置完后 30s 内断电，则设置会回到原设定值。②通过改变下限值可自动设置上限值，即上限值＝原上限值＋（新下限值－原下限值）。③设置测量范围时，如不动测量范围设置钮或外调零螺钉，变送器会自动恢复正常状态。

（2）利用参数设置功能。

1）测量单位设置（C20：PRESS UNIT）。用以下步骤改变单位：例如，将“mmHg”换为“MPa”用“∧”或“∨”键选择出“MPa”，按“ENTER”键两次，确定输入，按“F4”〔OK〕键认可。

2）设置测量范围的上下限值（C21：下限值；C22：上限值）。改变可设定值，测量时的实际量程由上下限值确定，即

量程值＝上限值－下限值

注意：①改变下限值时，上限值也自动随之改变，因此量程不变；改变上限值，下限值不随之改变，因此量程改变。②调校范围的上、下限值在－32000～＋32000 内，多达 5 位数（小数点除外）。

例如，将当前 0～3MPa 的下限值改设为 0.5MPa，输入“0.5”按“ENTER”键两次，确定输入，按“F4”〔OK〕键确认，为使量程恒定上限值将自动改变。

3）实际输入时量程改变的设置（H10：AUTO LRV，H11：AUTO URV）。本功能允许上下限值根据实际输入值而自动设置。

如果上下限值被设定，则 C21：“LOW RANGE”和 C22：“HIGH RANGE”也同时随着改变。

例如，当前测量范围为 0～3MPa，改下限值为 0.5MPa。施加 0.5MPa 的输入压力，并进行如下操作。

按“ENTER”键两次，下限值变为 0.5MPa，按“F4”〔OK〕键认可，上限值自动改变以保证量程不变，C21 和 C22 同时改变。

【任务验收】

（1）外观检查，仪表应符合下列要求：

1）变送器外壳、外露部件（端钮、面板、开关等）表面应光洁完好，铭牌标志应清楚。

2）各部件应清洁无尘、完整无损，不得有锈蚀、变形。

3）接线端子板的接线标志应清晰；接线牢固，引线孔、旋盖的密封应良好。

4）安装检查：变送器投运后，二次门、排污门及管道接头无滴漏。

5）变送器零部件应完好无损，紧固件不得有松动和损伤现象，可动部分应灵活可靠。有显示单元的变送器，数字显示应清晰，不应有缺笔画现象。

（2）变送器投运后，排污门、取样管路达到规定工况时，进行点动式排污，管道无堵塞。

（3）动态验收。变送器输出曲线平滑，连续无跳变，充分对比监测同一工况的其他变送器输出曲线，判断变送器零点迁移、量程、线性、阻尼调整是否合适，是否正常反映工况。

（4）智能变送器与手持终端、智能变送器与DCS之间能及时、准确通信。

（5）手持终端能准确调整变送器零点、量程、线性、阻尼，通过调整阻尼、滤波等参数，能改变输出曲线形状，以满足现场需求。

（6）压力变送器电缆接线整齐、包扎良好，电缆牌准确、清晰，电缆孔洞封堵良好。

（7）接线盒或控制箱、柜外观清洁，无积灰和明显污迹；表面涂镀层光洁、完好，内部清洁，无积灰、积水、积油；接线牢固、整齐、白头清晰，并与设计安装图纸对应。

（8）校验结束后，必须填写校验报告。

（9）检查变送器校验报告，准确度等级达到0.5级，信号线对地间绝缘大于或等于20MΩ。

【知识拓展】

现场总线变送器

随着计算机、通信和微处理机技术的发展，控制系统发生了新的变革，产生了取代传统DCS的现场总线控制系统（简称FCS）。现场总线是一个完整的系统，它能够把控制功能分散到现场设备中，将多个现场设备互联起来，用户可通过功能模块的连接建立符合要求的控制策略。功能块的引入，使用户可以很容易地建立和浏览一个复杂的控制策略。它的另一个优点是提高了灵活性，无需重新接线或改变任何硬件即可完成控制命令。

为了适应现场总线控制系统的要求，现场总线型变送器得到了迅速发展。现场总线型变送器的出现，给仪表和自动化领域带来新的革命性变革。现场总线变送器是指连接在现场总线上的各种变送仪表，包括差压变送器、压力变送器、温度变送器等。

一、概述

1. 特点

现场总线变送器的特点如下：

（1）全数字性。现场总线型变送器的全数字性能使得变送器的结构更加简单，其分辨率、测量速度、稳定性都比较高。

（2）内嵌控制功能。在每台现场总线型变送器中都内嵌有PID控制、逻辑运算、算术运算、累加等模块，用户通过组态软件对这些功能模块进行任意调用，以实现参数的现场控制。由于现场总线变送器就安装在生产设备附近，使信号传输的距离大大缩短，提高了回路的控制质量，降低了回路的不稳定性。

（3）真正的互操作性。互操作性是指来自不同厂家的设备可以互相通信，并且可以具有在多种不同的环境中完成任务的能力。凡是符合现场总线国际通信标准的现场总线设备，不论是哪一个厂家生产的，都可以互相交换信息。这样，用户就不必围绕着某一家仪表公司选择设备，控制系统构成的自由度大大增加，用户能够以最优的性能/价格比构成符合自己要求的控制系统。

（4）多变量测量。多变量测量是指一台变送器可以同时测量多个过程变量。由于每台现场总线型变送器内配有多个感测元件，它就可以同时测量多个过程变量，并通过现场总线传输出去。

（5）高精确度和高抗干扰能力。由于现场总线设备的智能化和数字化，使系统的结构简化，设备与连线减少，现场仪表内部功能加强，因此减少了信号的往返传输，提高了系统的工作可靠性。

（6）高速通信和网络连接。采用双绞线作为串行数据通信总线，把每个测量控制仪表、执行器、PLC 和上级计算机连接成网络系统，构成了全分布式的网络控制系统。按现场总线通信协议，位于工业或工程现场的每个嵌入式传感器、测量仪表、控制设备、专用数据存储设备和远程监控计算机都通过一条现场总线在任意单元之间进行高速数据传输与信息交换。

（7）系统综合成本低。现场总线系统的接线十分简单，一对双纹线或一条电缆上通常可挂接多个仪表。因而电缆、端子、槽盒、桥架的用量大大减少。由于现场总线仪表具有极性自动识别功能，连线设计与接头校对的工作量也大大减少。当需要增加现场总线仪表设备时，无需增设新的电缆，可就近连接在原有的电缆上，既节省了投资，也减少了设计、安装的工作量。

2. 构成

现场总线变送器一般由通信圆卡和仪表卡两部分组成，两部分均包含各自的软硬件。圆卡包括通信控制器、通信栈软件及通信接口，主要提供总线接口、总线通信以及功能块应用的处理能力；仪表卡负责采集现场信号，进行信号处理，将处理完毕的信息传送至圆卡，并提供了必要的人机接口。

（1）通信圆卡结构与功能。圆卡是一种开发现场总线设备所需要的通用产品，使用圆卡可以免除设备开发者开发现场设备时，在考虑满足 FF 物理层标准和一些通用电路上而花费大量的时间和精力，使开发者可以集中精力去设计、开发产品的其他应用特征。圆卡主要完成以下三个任务：

1）接收和发送总线信号，完成总线通信功能。该任务由通信栈完成，通信栈以库形式提供，需在用户开发的最后阶段进行链接。圆卡网络可视，并可实现与总线上其他仪表的连接。

2）功能块调度和处理。在用户应用程序中开发功能块的执行动作，如 AI、PID 功能块被调度执行时的数据处理算法，前者可进行输入信号滤波，后者可进行 PID 等数据处理。

3）通过串行函数实现与仪表卡之间的串行通信。

（2）仪表卡结构与功能。按照现场总线仪表的总体架构，仪表卡的性能如下：

1）根据对差压、压力和温度信号的测量精度要求，选择合适的敏感元件，并设计必要的信号调理电路。同时，还要为敏感元件选择合适的激励源，以实现低功耗和高精度测量。

2）选择合适的模/数转换器件。该器件至少应具有三个输入通道，应能在保证低功耗的前提下实现较高的转换精度。

3）选择合适的仪表卡 CPU，在满足系统要求的前提下实现低功耗的设计。

4）选择低功耗的液晶显示模块和 EEPROM。

5）仪表卡的软件需要实现的功能包括各种器件的初始化、模/数转换、数据处理、液晶显示、响应来自圆卡的串行命令。

仪表卡完成仪表的测量、计算、显示等功能，是仪表的本体部分；通信圆卡为数据传输与控制部分，主要完成现场总线的通信任务以及各种通信算法。由仪表卡对差压 Δp、压力 p、温度 T 进行信号采集，在 CPU 内完成非线性校正、工程量计算等工作后，将数据送到通信圆卡；通信圆卡可根据需要将数据以约定的格式发送出去，也能调用控制功能模块完成一定的控制任务。另外，通信圆卡接收外来信息，如参数设定、报警值设定等。圆卡和仪表卡安装于同一仪表壳体内，两卡之间的信息传输采用串行通信方式。

（3）现场总线通信软件。现场总线仪表的总线协议即通信软件是仪表功能的重要组成部分，一般可以利用现场总线协议组织提供的标准芯片来实现，如采用 HT2012PL 实现 HART 协议、采用 SP3 实现 PROFIBUS 协议、采用 F3050 实现 FF 协议等。为了建立自主产权通信模块，也可以根据标准组织提供的协议文本进行编程实现。

二、LD302 现场总线变送器

LD302 是 SMAR 公司推出的现场总线 302 系列产品的一部分，是一种用于测量差压、绝压、表压、液位和流量的变送器。LD302 的优点：具备多种转换功能；现场与控制室之间接口简单；精度高；稳定性好；大大减少了安装、运行及维护费用。

LD302 现场总线变送器采用与 1151 一样的电容传感器作为差压或压力敏感元件，其工作原理不再重述。

1. 电路构成

LD302 由传感器组件和主电路组件两部分组成，其构成原理方框图如图 2 - 37 所示，下面对图 2 - 37 中每个方块的功能进行说明。

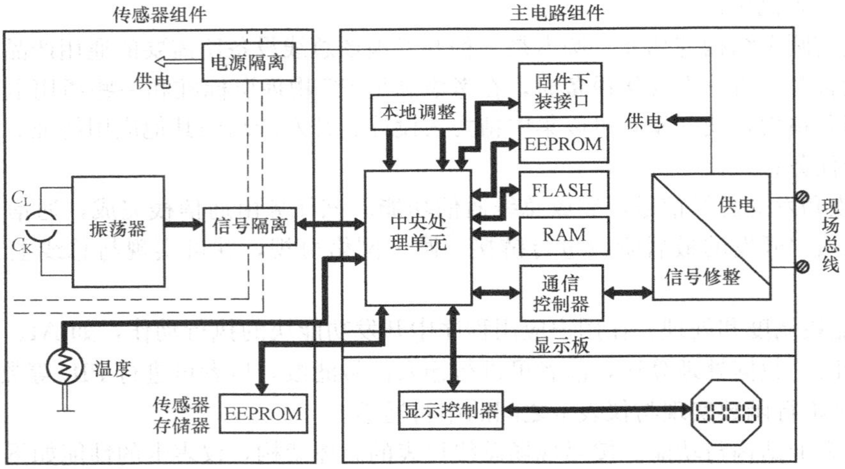

图 2 - 37　LD302 的构成原理

（1）振荡器。此振荡器产生一个频率，该频率是电容传感器的函数。

（2）信号隔离。来自中央处理单元的控制信号通过光电耦合器传输，而来自振荡器的信号通过变压器传输。

（3）中央处理单元（CPU）。CPU 是变送器的智能部件，担负着管理和测量、功能块执行、自诊断以及通信等工作。RAM 为随机存储器，如果电源中断，RAM 中的数据就要丢失。EEPROM 为非易失存储器，保存着必须要保存的数据，例如校验、组态和识别等数据。FLASH 为闪存，兼有 ROM 和 RAM 的性能，又有 ROM、DRAM（随机动态存储器）一样的高密度。

（4）传感器存储器。它装在传感器组件内，用于存放在不同压力和温度下传感器特性的有关数据。出厂前对每个传感器都要进行这一特性的实验和存储器写入过程。主板上的EEPROM用来保存组态参数。

（5）通信控制器。监视链路活动，完成通信信号的编码或解码、插入/删除起始和结束定界符、检查接收的完整性。

（6）电源隔离。与输入部分（传感器组件板）的信号隔离类似，送入输入板的电源也必须隔离。

（7）显示控制器。从CPU接收数据告知液晶显示的哪一段应该变亮。

（8）本地调整。本地调整的两个开关，采用磁性激活，没有机械或电气的接触。

（9）供电/信号修整。从通信线上取电源送给变送器的电路。信号修整电路对发送和接收的信号波形进行滤波和预处理。

2. 接线端子

为了方便，LD302有三个接地端子：一个在端盖的内部，另两个在靠近引线导管处的外部。端盖内有两个端子接电源（即接现场总线），此外，还有通信端子，以便与其他测试仪器连接，如图2-38所示。

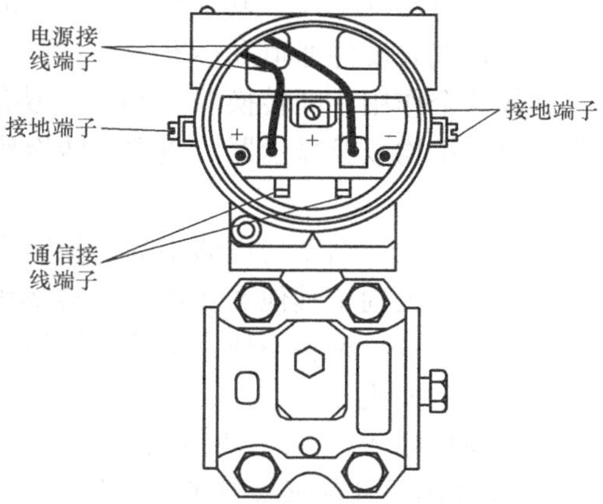

图2-38　LD302接线端子

LD302选择31.25kbit/s电压模式为物理信号，所有的现场设备都必须使用相同的信号，它们都并联在同一线对上，即许多现场总线设备都可以连接在同一现场总线上。LD302由总线供电，对非本质安全要求所挂接的现场设备最多不能超过16台，对本质安全要求所挂接的现场设备由本质安全的规定限制。LD302具有反极性保护，它在±35V DC电压范围之内不会损坏，然而，在这种情形下LD302是不能工作的。

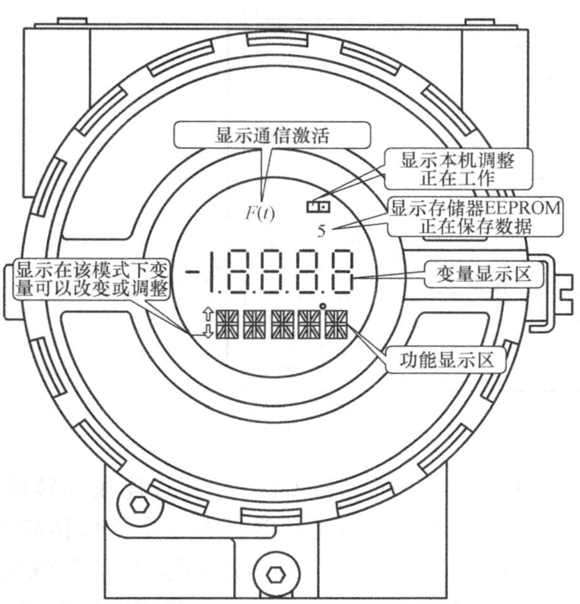

图2-39　LCD显示器

3. 显示器

显示器能显示一个或两个变量，可由用户选定。当选择两个变量时，将以3s时间间隔交替显示。LCD有四位半（因有一数码管不完整，故称为四半位）数字显示区、五位字母数字显示区和信息显示区，如图2-39所示。

4. 功能块

功能块是现场总线仪表的核心技术，也是一种图形化的编程语言。功能块相当于单元仪表，即积木仪表，也可称为软仪表。功能块的引入使得现场总线仪表与传统DCS相比在功能上有了很大的增强，一些过去只能在控制系统中完成的控制及运算功能，现在下放到现场总线仪表中完成，从而使系统的分散度更高、控制品质更好。

LD302内可以装入资源块（RES）、转换器（TRD）、显示转换器（DSP）、组态转换器（DIAG）、模拟输入（AI）、PID控制功能、增强PID功能（EPID）、运算功能块（ARTH）、累积器（INTG）、输入选择器（ISEL）、信号特征描述（CHAR）、警报（AALM）、计时器（TIME）、超前/滞后功能块（LLAG）、输出选择器/动态限位器（OS-DL）、常量（CT）、密度（DENS）等功能块。

（1）转换器（TRD）功能块。FF将输入/输出功能块设计成与硬件无关的标准功能块，因此在各种仪表硬件通道和标准输入/输出功能块之间需要有一个过渡的环节。转换器功能块就是起这个作用，即转换器（TRD）功能块用来将功能块连接到设备的I/O硬件，如传感器、执行机构以及显示器。通常，转换块能完成线性化、温度补偿、硬件控制和数据交换等功能。

注意：压力和温度变送器中的模拟输入块是相同的。转换块包含了用于处理变送器特征的参数，使其区别于其他类变送器。转换块不仅仅处理测量，还用来处理执行和显示。出于这个目的，共有三种转换块，即输入转换块（变送器和分析仪）、输出转换块（最终控制单元）和显示转换块。

（2）模拟输入（AI）功能块。模拟输入（AI）功能块的内部结构图如图2-40所示。AI的主要作用是从转换器功能块中取得模拟过程变量（如压力、温度、流量等），并完成通道配置、仿真、标度、线性化、阻尼、报警等功能，其输出供其他功能块使用。模拟输入功能块经过通道号的选择，从转换器功能块接收输入数据，并使其输出成为对其他功能块可用的数据。

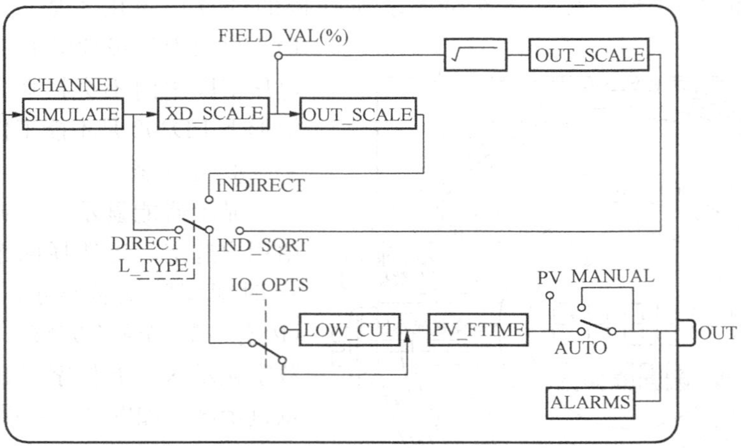

图2-40　模拟输入（AI）功能块的内部结构图

1）CHANNEL（输入通道）。AI功能块通过输入通道参数CHANNEL连接到转换器功能块，这是一个16位无符号整数，属于枚举类参数。很多变送器只有一个集成传感器，这意味着通道参数实际上只有一个选项—1。一个需要使用通道参数的例子是具备多路输入端子的现场仪表，例如两通道（两路温度信号）温度变送器，这时通道参数CHANNEL有两个选项—1和2。

2）SIMULATE（输入仿真）。当输入仿真激活，仿真参数 SIMULATE 将取代来自转换块的信号，主要用于系统调试和故障排查。通过在仿真元素写入数值或状态，可以安全地测试系统对故障和难以进行的或有危险的过程条件的反应。

3）SCALE（标度）。转换器的标度（刻度）参数 XD _ SCALE 将通道信号值可以对应为以百分数表示的数值，该数值显示在现场数值参数 FIELD _ VAL 中。实际测量的工程单位和量程设置在转换器刻度参数 XD _ SCALE 中，而推算（间接）测量的工程单位和量程设置在输出刻度参数 OUT _ SCALE 中。

【例 2-1】 一个 10m 高的水箱（密度为 $1000kg/m^3$），变送器安装在罐下 1m 处，需要将静压读数转换为米，如何以千帕为单位设置 XD _ SCALE?

解 水箱水位在 0m 处对应的静压为

$$p_L = 1 \times 1000 \times 9.8 = 9.8(kPa)$$

水箱水位在 10m 处对应的静压为

$$p_U = 11 \times 1000 \times 9.8 = 107.8(kPa)$$

XD _ SCALE 将设置为 9.8～107.8kPa，OUT _ SCALE 将设置为 0～10。

4）L _ TYPE（线性化）。对多数测量而言，来自转换块的数值被直接使用，但在推算（间接）测量时，需要应用线性化。所需的线性化类型在线性化类型参数 L _ TYPE 中设置。线性化有 DIRECT（直接）、INDIRECT（非直接线性）、IND _ SQRT（非直接开平方）三种类型选项。直接意味着数值直接传递到 PV，因此 OUT _ SCALE 参数无效；非直接是指 PV 值是经过 OUT _ SCALE 转换过来的 FIELD _ VAL 值；非直接开平方意味着 FIELD _ VAL 值是经开方由 OUT _ SCALE 转换过来的值。

当一个压力变送器用来根据静压原理测量液位时，使用 L _ TYPE 参数，选项选 2（非直接）。用压力变送器测量液位的示意如图 2-41 所示。XD _ SCALE 将设置为 1.49～5.89kPa（容器中介质密度为 $800kg/m^3$），OUT _ SCALE 设置为 0～0.56m。对液位应用，操作员往往更愿意读取百分比读数，而不是工程单位。出于这个目的，将 OUT _ SCALE 组态为 0～100%。当差压变送器用来测量流量时，选项选 3（非直接开平方），开平方是对 FIEID _ VAL（现场数值）进行的。

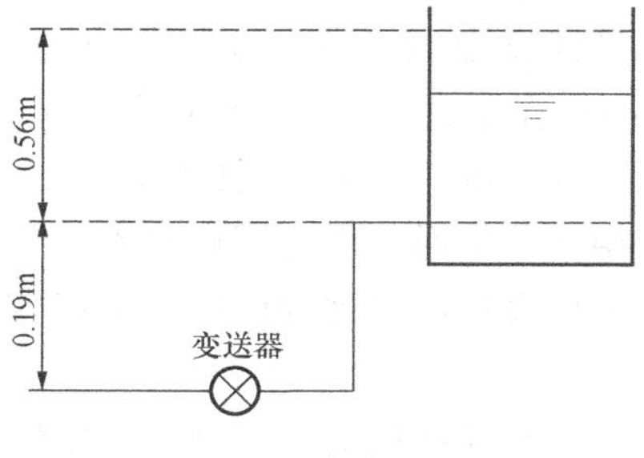

图 2-41 用压力变送器测量液位的示意

出于安全的原因，在线组态时，刻度参数只能在手动或 OOS（中止服务）模式下进行修改。离线组态时没有此限制。

5）LOW _ CUT（小信号切除）。输入输出选项参数 IO _ OPTS 中的位 10 用来设置小信号切除功能，它通常与开平方配合使用。小信号切除的目的是避免低流量导致的高回路增益。低流量时切除信息可以使读数更稳定，过程更好控制，还可避免流量累加时的错误计数。小流量切除点在小（低）流量切除参数 LOW _ OUT 中设置，它与输出刻度采用同样的工程单位，可以对其进行调整以满足应用。

【例 2-2】 用差压变送器测量流量，如果流量在 $0～1970m^3/h$ 变化，通过孔板产生的差压变化为 0～10kPa，若 XD _ SCALE 设置为 0～10kPa，OUT _ SCALE 设置为 0～

1970m³/h，LOW _ OUT 设为 20%，则流量低于何值时输出为 0m³/h，对应的差压是多少？

解 小流量切除值为

$$20\% \times 1970 = 394(m^3/h)$$

根据 $\frac{\Delta p}{\Delta p_{max}} = \left(\frac{q}{q_{max}}\right)^2 = (20\%)^2 = 0.04$，则小流量切除值对应的差压为

$$\Delta p = 0.04 \times \Delta p_{max} = 0.04 \times 10 = 0.4(kPa)$$

6）PV _ FTIME（滤波）。在某些应用中，阻尼被用来过滤掉测量信号中的噪声，以获得过程变量 PV 和输出 OUT。过程变量的阻尼时间参数 PV _ TIME 用来设置以秒为单位的一阶滞后时间常数，即数值达到稳定状态值的 63%所需的时间，其阶跃响应曲线如同惯性环节的阶跃响应曲线。如果阻尼时间常数设置成零，阻尼被禁止，则测量将直接通过，如同经过比例环节，没有惯性滞后。

7）ALARMS（报警）。AI 功能块中的过程变量报警是作用在输出 OUT 参数上，而不是作用在过程变量 PV 参数上的。因此，保持 AI 功能块处于自动模式是重要的，这也意味着报警限值必须设置在输出刻度参数 OUT _ SCALE 指定的范围内。因此，为报警起见，输出刻度参数必须设置，即使它没有用于刻度转换。如果 AI 功能块是控制回路的一部分，则最好在 PID 功能块中监测报警，以便减少所要观察的模块数量。

5. 组态

（1）校验和量程设定。现场总线的优点之一是设备组态不再依靠手持组态器。LD302 可以由第三方终端或控制台（操作站）组态。

现场总线技术并没有改变校验的概念，不能混淆校验和量程设定，它们是两个不同的概念。对模拟变送器而言，因为校验和量程设定是用同一组电位器来进行的，所以，已经把校验和量程设定混合在一起了。为了区分这两种功能，在 HART 中纯粹的校验叫做整定（trim）；在基金会总线 FF 和 PROFIBUS PA 中，纯粹的校验还叫做校验，而把量程设定叫做标度（scale）。例如，转换块的校验并不是用来消除液位或流量测量中湿管（wet leg）的，相反，是通过设定模拟输入功能块中的转换器刻度参数完成的，即由量程下限设定完成的。量程设定可以远程操作，但校验是不可能远程实施的，因为它要求设备与外部标准信号相连。

当主要参数值的读数（工程单位）与所加的输入不一致时，就要进行校验，因为主要参数的读数将被转换为百分比读数（以及 HART 变送器的 4～20mA 输出），所以对传感器的校验也会间接影响百分比读数。当进行输入校验时，必须施加已知的外部标准输入信号；当进行输出校验时，必须测量输出信号。

传感器校验的一个特殊情况是零点校正，这在某些测量中会经常碰到。零输入是可以通过仿真来达到的，不需要连接任何标准设备。针对不同的测量情况，简单的方法有释放压力、切断流量或放空储罐等，不需要键入任何校验点值就可以进行校验。

对 HART 变送器而言，量程设定主要就是告诉变送器在哪个测量值上输出应该是 4mA 和 20mA；对基金会总线 FF 和 PROFIBUS PA 的变送器，量程设定仅仅在需要对测量值进行运算的情况下才进行（如利用差压变送器测量流量、液位）。量程是可以远程设定的，既不需要加任何输入信号，又不需要测量输出。当百分比读数不正确时，才做量程设定。量程设定不影响原始测量值的读数。

校验是一个设备功能，因此对FF设备而言，校验是对相应的转换块进行的；而量程设定是控制策略功能，因此，量程设定是对相应的功能块进行的。

(2) 组态。

1) Transducer（转换块）。每次在SYSCON上选定现场设备时，转换块就会自动地出现在屏幕上，如图2-42所示。

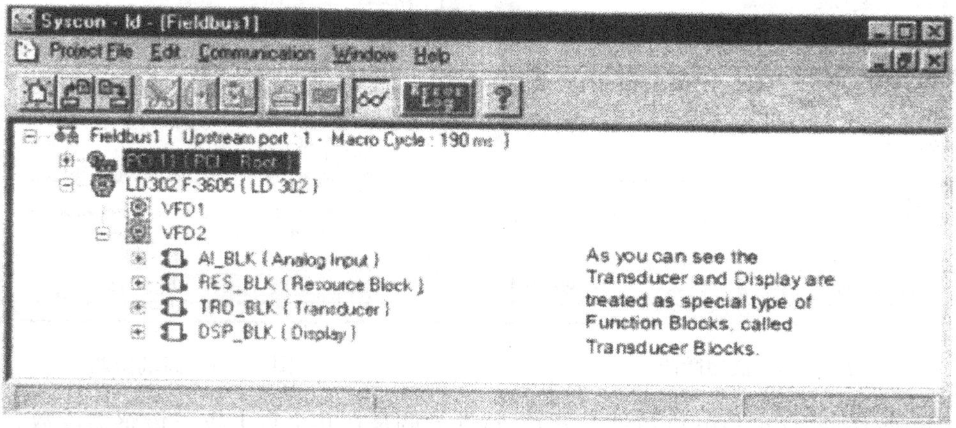

图2-42 转换块

图标指示转换块已被创立，在转换块的图标上双击即可进入转换块。转换块中所有参数都是内含的，因而不能进行链接。输入、输出转换块，分别与输入、输出类功能块相关联。转换块通过I/O硬件通道与功能块接口，这有别于功能块链接。通过输入、输出类功能块I/O硬件通道参数（CHANNEL），这些功能块被安排与相应的转换块对应。功能块只能对应于同一设备中的转换块，SYSCON组态软件能组态输入转换块的许多参数。

2) TRIM（微调）。微调在现场总线仪表中就是校验。每个传感器都有一个传感器输出信号与所施加压力的特征曲线，它存储在传感器的存储器中。当传感器被连接到变送器电路时，传感器存储器上的内容就会被微处理器使用。

有时因长时期的漂移，变送器显示的值或转换块的读数值与所施加的压力不对应，TRIM（微调）就是用来使读数与压力相匹配的。

可以用CAL_POINT_LO和CAL_POINT_HI校验变送器。在开始校验前应该选定工程单位，这个工程单位用CAL_UNIT参数组态。

a. 低端微调。它用来微调低端读数，操作人员只需将所施加压力的正确读数告知变送器，即可把正确读数写入变送器的非易失存储器。具体操作如下：给变送器施加0输入值或低端压力值，待主参数PRIMARY_VALUE稳定后读出CAL_POINT_LO参数的值，如果与所施加的压力不符，则应该将0或所施加的压力值写入CAL_POINT_LO参数中，SYSCON上的画面如图2-43所示。SENSOR_RANGE参数定义了传感器测量范围的最大值、最小值、工程单位和小数点右面的位数。

b. 高端微调。它用来微调高端读数，操作人员只需将所施加压力的准确读数告知变送器，即可把正确读数写入变送器的非易失存储器。具体操作如下：给变送器施加5000mmH_2O上限压力值，等主参数PRIMARY_VALUE稳定后读出CAL_POINT_HI

参数的值。SYSCON 上的画面如图 2-44 所示。CAL _ POINT _ HI 参数中的 5080 与所施加的压力不符，应将所施加的压力 5000 写入 CAL _ POINT _ HI 参数中。

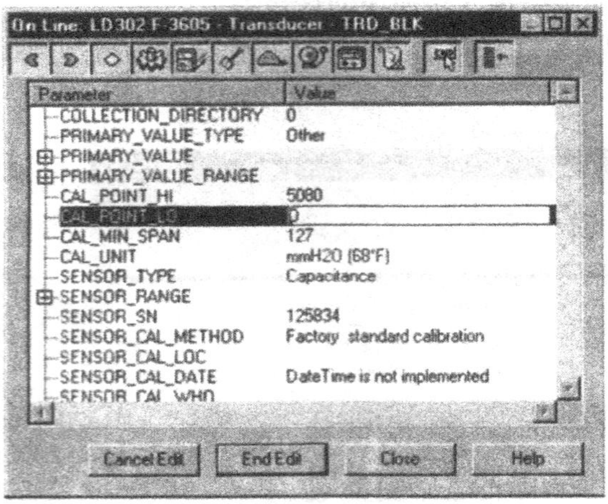

图 2-43 低端微调

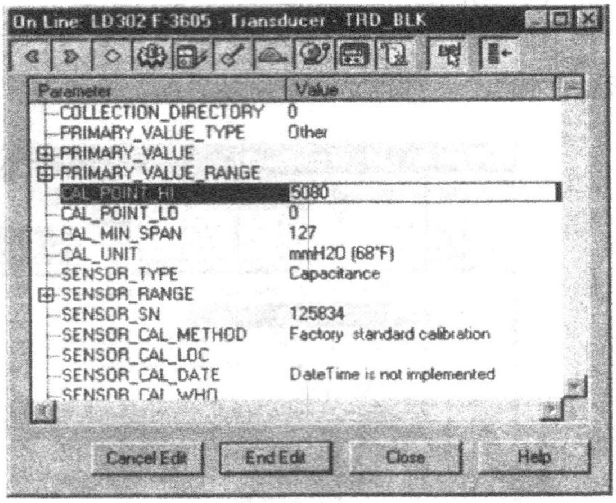

图 2-44 高端微调

c. Characterization Trim（特性微调）。特性微调是在几个点上校正传感器读数。为保证精度，需用一个准确且稳定的压力源，最好是重锤式压力计，一定要等压力稳定后才能进行微调。在某一温度下，传感器特性曲线在某一区域可能存在非线性，这一非线性可以由特性微调加以校正。特性微调的校正点最小为 2 点，最大为 5 点，这些点定义了特性曲线。为满足精度要求，推荐采用在整个量程或部分量程内等距的点作为校正点。施加该点的压力，并把施加该点的压力告知变送器。图 2-45 所示为 SYSCON 上的特性微调窗口，图中 CURVE _ X 为标准压力源施加的压力、CURVE _ Y 为 LD302 指示的测量压力值。校正点数在 CURVE _ LENGTH 参数设置，最大为 5 点。在 CURVE _ X 键入输入点，在 CURVE _ Y 键入输出点，即可完成特性微调。

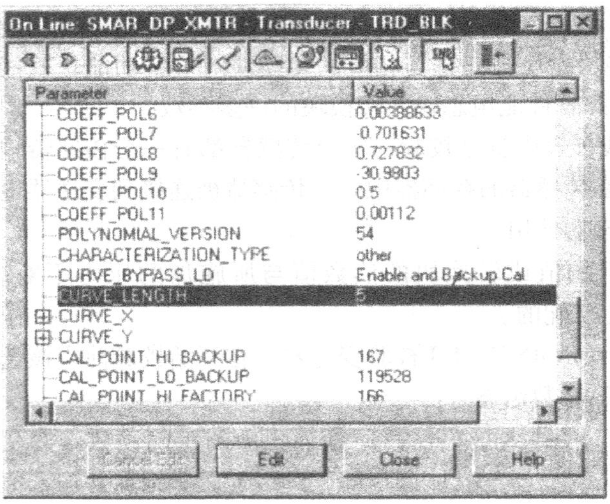

图 2-45 SYSCON 上的特性微调窗口

CURVE _ BYPASS _ LD 参数控制着特性线的使用或禁止：Disable—禁止特性线；Enable and Backup Cal—使能并备份特性线；Disable and Restore Cal—禁止并恢复特性线；Disable or Allows to enter the points—禁止或允许校正点的键入，如图 2-46 所示。为了组态特性曲线的校正点，必须选择 Allows to enter the points 选项。在某些情况下，不能定义（组态）特性线，应选择 Disable and Restore Cal 选项。如果使能并保存特性线，则应选择 Enable and Backup

Cal 选项。

d. Sensor Information（传感器信息）。变送器的主要信息可通过选择转换块图标得到，如图 2-47 所示。

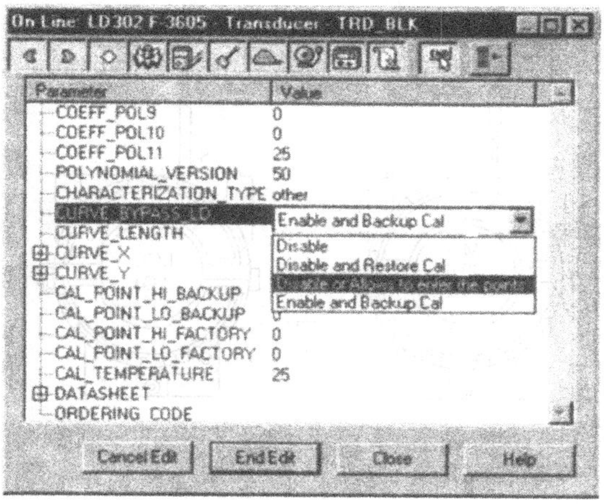

图 2-46 特性微调使能或禁止

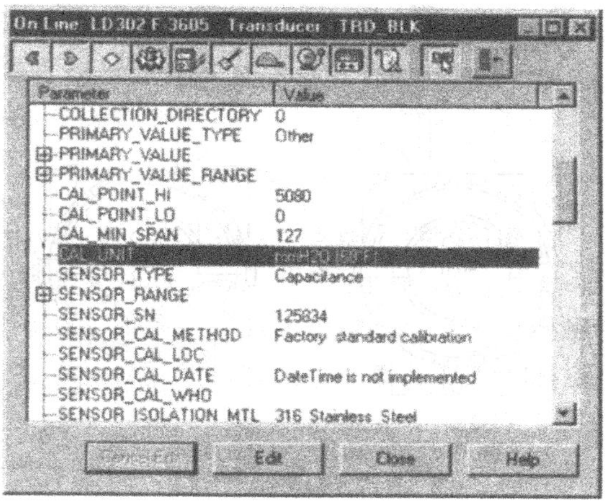

图 2-47 传感器信息

只有应用依赖于组合框（带下三角按钮的方框）定义的信息选项可以改变（例如法兰类型、O 形圈材料等），其他的信息取决于仪表制造厂组态，用户不能改变。

e. Temperature Trim（温度微调）。现场总线仪表具有测量多变量（第二、三、四变量）的特点。对于压力（差压）变送器第二、三变量分别是工作压力（静压）、变送器本体温度；对于温度变送器，第二、三变量是另一通道的被测温度、冷端温度；对于流量变送器（仪表），第二、三、四变量分别是介质温度、介质压力、流量累计值。在 TEMPERATURE _ TRIM 参数中写入−40～＋85℃范围内的任意值，然后在 SECONDARY _ VALUE 参数中检查校准性能。

f. Local Adjustment（本机调整）。对于工厂，主要完成低端和高端的微调、转换块输出监视和检查标签。通常，最好用 SYSCON 组态变送器，但由于本机调整不依赖通信和网络连接，且 LCD 本机功能组态某些参数时既容易又快捷，使本机调整成为现场总线仪表的组态方式之一。

要进行本机调整时，先将磁棒（磁性螺钉旋具）放入 Z 孔直至字母 MD 出现，如图 2-48（a）所示。将磁棒放入 S 孔中等 5s，如图 2-48（b）所示。

从 S 孔中移出磁棒，如图 2-49（a）所示。在 S 孔中将磁棒往复插入直至 LOC ADJ 标志出现，如图 2-49（b）所示。

例如，校验下限值（LOWER）为 0.00。磁棒一旦插入 S 孔，LOWER 就显示在屏幕上，↑表示增加；↓表示减少。此时屏幕显示为−1.00，如图 2-50（a）所示。需增加数值才能到下限值 0.00，保持磁棒在 S 孔直到数值增加到下限值 0 为止。如果想减少数值，则应将磁棒放入 Z 孔直至↓出现，然后将磁棒放入 S 孔直到数值减少到下限值 0.00 为止，如图 2-50（b）所示。

又如，校验上限值（UPPER）为 100.0。磁棒一旦插入 S 孔，UPPER 就显示在屏幕上，↑表示增加；↓表示减少。此时屏幕显示为 95.0. 需增加数值才能到上限做 100.0，保持磁棒在S孔直到数值增加到上限值100.0为止，如图2-51（a）所示。如果想减少数值，刚应将磁棒放入Z孔直至↓出现，然后将磁棒放入S孔直到数值减少到上限值100.0为止，如图2-51（b）所示。

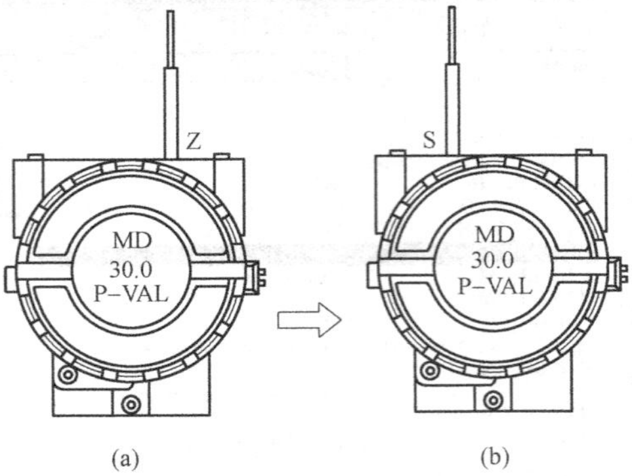

图2-48 本机调整步骤一

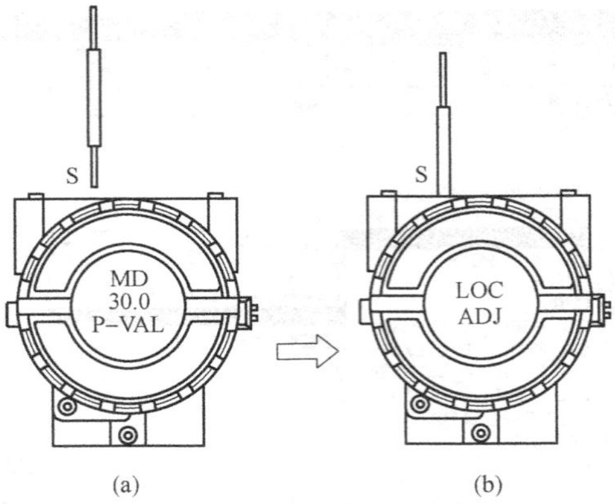

图2-49 本机调整步骤二

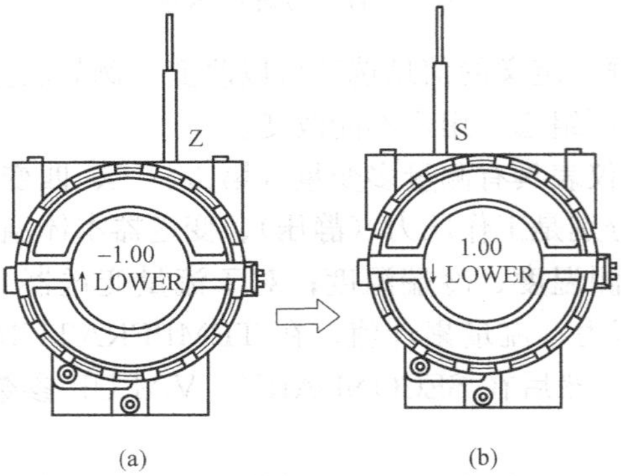

图2-50 本机调整步骤三

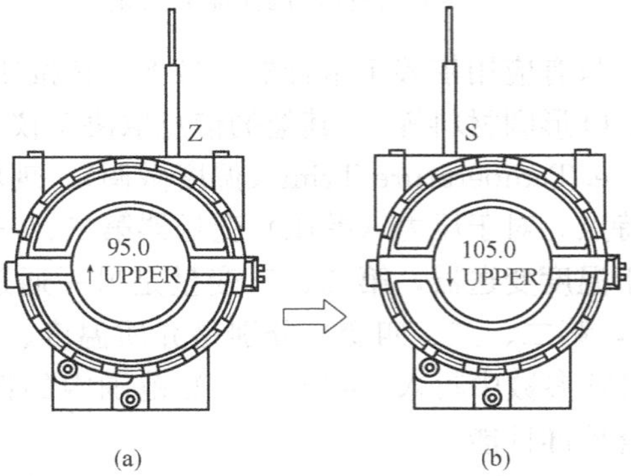

图2-51 本机调整步骤四

三、TT302现场总线温度变送器

TT302温度变送器是一种符合FF通信协议的现场总线仪表，它可以与各种热电阻（Cu10、Ni120、Pt50、Pt100、Pt500）或热电偶（B、E、J、K、N、R、S、T、L、U）配合使用测量温度，也可以使用其他具有电阻或毫伏（mV）输出的传感器，如高温计、负荷（称重）传感器、电阻位置指示器、氧化锆氧量传感器等。

TT302量程范围，对于毫伏，为－50～500mV；对于电阻，为0～2000Ω。

TT302内装入的功能模块主要有RES（资源块）、TRD（转换块）、DSP（显示转换块）、DIAG（组态转换）、AI（模拟输入块）、PID（PID控制块）、EPID（增强PID）、ISEL（输入选择块）、ARTH（计算块）、CHAR（折线块）、SPLT（分程块）、AALM（模拟报警块）、SPG（设定值程序发生块）、TIME（定时与逻辑块）、LLAG（超前/滞后块）、CT（常数块）、OSDL（输出选择/动态限幅块）。

1. 温度传感器

TT302可以与各种类型的传感器配合使用，并为使用热电偶（TC）或热电阻（RTD）

测量温度进行了特殊的设计。

(1) 热电偶。热电偶的英文缩写为 TC，其工作原理是塞贝克效应。TT302 温度变送器与热电偶连接时，可以自动地进行温度补偿。但是如果热电偶与变送器端子之间的导线没有采用补偿导线（例如，由热电偶传感器或接线盒到变送器端子之间采用铜线），那么，热电偶的冷端就不在变送器的输入端子处，而是在接线盒处。由于冷端温度如果不与变送器端子处温度相同，就会对温度测量产生影响，因此，由热电偶传感器的冷端到变送器的输入端子之间的接线，要采用补偿导线。存储在 TT302 存储器中的热电偶分度表有美国国家标准 NBS（B、E、J、K、N、R、S、T）和德国工业标准 DIN（L、U）。

(2) 热电阻。热电阻的英文缩写为 RTD，其工作原理是金属的电阻随着温度的升高而增加。存储在 TT302 中的热电阻分度表有日本工业标准 JIS［1604—81］（Pt50&Pt100），国际电工委员会 IEC、DIN、JIS［1604—89］（Pt50、Pt100&Pt500）标准，通用电气公司 GE（Cu10）标准，德国工业标准 DIN（Ni120）标准。要使热电阻能够正确地测量温度，必须消除传感器到测量电路之间的线路电阻所造成的影响。在某些情况下，导线可能有几百米长，特别是在环境温度变化剧烈的场所，消除线路电阻的影响是非常重要的。

TT302 允许两线制、三线制、四线制连接或双通道（差分）连接方式，但两线制连接、双通道连接方式存在导线电阻的影响，会造成测量误差（误差的大小主要取决于连接线的长度以及导线经过处的温度），采用三线制或四线制连接则能避免导线电阻的影响。

2. 电路硬件构成

TT302 的硬件构成方框图如图 2-52 所示。在结构上，硬件电路由输入电路板、主电路板和显示板组成。

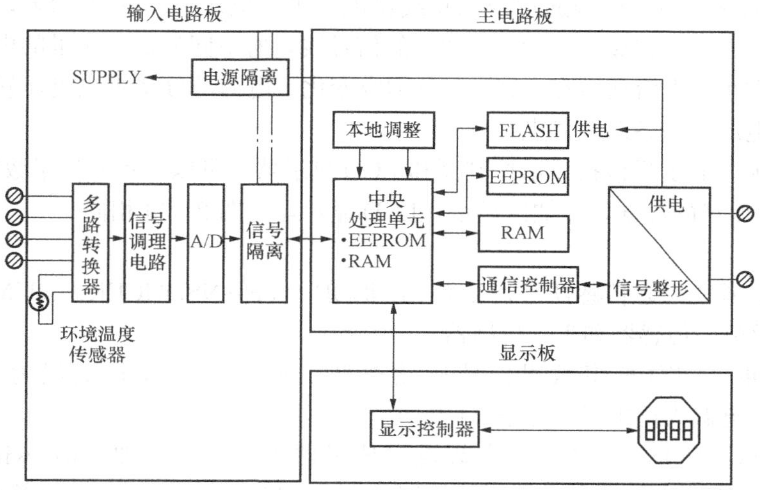

图 2-52　TT302 的硬件构成方框图

(1) 输入板。输入板包括多路转换器、信号调理电路、A/D 转换器、信号隔离和电源隔离，其作用是将输入信号转换为二进制的数字信号，传送给 CPU，并实现输入板与主电路板的隔离。

由于 TT302 可以接收多种输入信号，各种信号将与不同的端子连接，因此，由多路转换器根据输入信号的类型，将相应端子连接到信号调理电路，由信号调理电路进行放大，再由 A/D 转换器将其转换为相应的数字量。

隔离部分包括信号隔离和电源隔离。信号隔离采用光电隔离，用于 A/D 转换器与 CPU 之间的控制信号和数字信号的隔离；电源隔离采用高频变压器隔离，供电直流电源先调制为高频交流，通过高频变压器后整流滤波转换成直流电压，再给输入板上各电路供电。隔离的目的是为了避免控制系统可能多点接地形成地环电流而引入的干扰影响整个系统的正常工作。输入板上的环境温度传感器用于热电偶的冷端温度补偿。

（2）主电路板。主电路板是变送器的核心部件。主要包括中央处理单元、随机存储器、闪存和非易失存储器、通信控制器、信号整形电路、本机调整和电源。

微处理器系统由 CPU、RAM 和 EEPROM 组成。CPU 控制整个仪表各组成部分的协调工作，完成数据传递、运算、处理、通信等功能。存储器有 FLASH、RAM 和 EEPROM。FLASH 用于存放系统程序（其中包括 FF 的链路层、应用层和用户层协议）；RAM 用于暂时存放运算数据；CPU 芯片外的 EEPROM 用于存放组态参数，即功能模块的参数。在 CPU 内部还有一个 EEPROM，作为 RAM 备份使用，保存标定、组态和标识等重要数据，以保证变送器停电后来电能继续按原来设定状态进行工作。

通信控制器和信号整形电路与 CPU 共同完成数据的通信。FF 的物理层功能是在通信控制器的硬件电路中实现的，完成信号帧的编码和解码、帧校验、数据的发送与接收。信号整形电路对发送和接收的信号波形进行滤波和预处理等。

本机调整部分由两个磁性开关即干簧管组成，用于进行变送器就地组态和调整。不必打开仪表的端盖，只需在仪表的外面利用磁棒的接近或离开以触发磁性开关动作，即可进行变送器的组态和调校。

TT302 是由现场总线电源通过现场总线供电，供电电压为 9～32V DC，因此，现场总线电缆既是 TT302 的电源线，也是 TT302 的信号线，所不同的是，这里的电流大小并不代表数字信号的大小，电流通常在±10mA 范围内变化。电源部分将供电电压转换为变送器内部各芯片所需电压，为各芯片供电。

（3）显示板。显示板包括显示控制器和 LCD 显示器，可以显示四位半数字和五位字母。用于接收 CPU 传来的数据，并加以显示，LCD 显示器与图 2-39 相同。

3. 组态

传感器组态首先组态传感器号，参数 SENSOR _ TRANSDUCER _ NUMBER 设置为 1 或 2，分别表示第一传感器和第二传感器。

用 SENSOR _ TYPE 参数设定传感器类型，如 J、K、N 热电偶为美国国家标准（NBS），L 型热电偶为德国工业标准（DIN）。

用 SENSOR _ CONNECTION 参数设定传感器连接类型，即 Two wires（二线制）、Three wires（三线制）、Four wires（四线制）和 Double two wires（双通道）。

TT302 的电子部分很稳定，制造厂校验后不需要用户进一步的校验。然而，如果用户要使用自己的标准校验 TT302，则可以用 CAL _ POINT _ LO 和 CAL _ POINT _ HI 两参数设置。

（1）低端微调。首先将温度传感器放入已知温度的地方，如果参数 PRIMARY _ VALUE（主要参数）显示的值与希望的有差别，就应进行低端微调，所要做的工作就是将希望的温度写入 CAL _ POINT _ LO 参数内。微调的结果可以在 PRIMARY _ VALUE 参数中看到。

（2）高端微调。首先将温度传感器放入比低端校验点温度高的地方，如果参数 PRIMARY _ VALUE 显示的值与希望的有差别，就应进行高端微调，所要做的工作就是将希望的温度写入 CAL _ POINT _ HI 参数内。微调的结果可以在 PRIMARY _ VALUE 参数中看到。

单位是在 AI 功能块的 XD _ SC - ALE 参数中设置的，则 Celsius 为摄氏（组态值为 1001）；Rankine 为兰氏（组态值为 1003）；Kelvin 为开氏（组态值为 1000）；Fahrenheit 为华氏（组态值为 1002）。

4. 安装接线

TT302 有两种安装方式：①与传感器分开，变送器被安装在可以选择的支架（或托架）上，支架安装在管道上或平台上，还可安装在墙上或盘上；②变送器直接安装在传感器（热电偶或热电阻）上。

移去电气端盖即可看到接线端子，电缆可以通过两个电气连接的导线管连接孔之一连接到接线端子上。导线管连接孔螺纹应该以符合标准的密封方法进行密封，没有用到的导线管连接孔，应该塞住。接线端子有螺钉，叉或环型的端子可以在此固定，见图 2 - 53。为方便起见，与 LD302 相同，TT302 也有三个接地端子，一个在盖子里，两个在外边（靠近导线管入口处）。除现场两个总线信号端子外，TT302 还有四个输入端子，用于与热电偶、热电阻、输入毫伏电压和输入电阻相连。

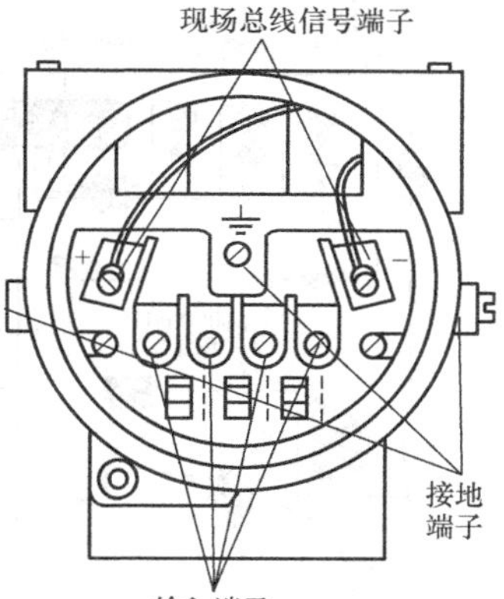

图 2 - 53　接线端子

推荐使用双绞线对电缆（16AWG）。不要将电源连接到传感器接线端（端子 1、2、3 和 4），应避免信号线的走线靠近供电电缆或开关设备。

TT302 使用 31.25kbit/s 电压模式为物理信号，所有挂在同一现场总线的设备必须使用相同的信号，所有设备都以并联的方式连接在同一双绞线上。

TT302 由总线供电，对非本质安全设备最多可挂 16 台；对危险区域本质安全设备最多可挂 6 台；推荐使用双绞线，也推荐使用屏蔽电缆，但只能一端接地，另一端小心地隔离。

艾默生智能无线技术

近年来，随着科学技术的高速发展，无线技术也得到了长足的发展，过程控制领域出现了许多无线设备，如无线温度变送器、无线压力变送器、无线振动变送器等。艾默生智能无线技术就是其中的一个代表。与有线技术相比，无线方案的安装成本可以节省 90%以上，它可以不用布线、桥架、接线端子等。无线技术能解决很多工厂中的测控“盲点”难题。距离偏远、物理障碍、高昂的工程费用和复杂的技术集成等问题，不再是工厂获得信息的绊脚石。

一、智能无线技术的优势

1. 拓展 PlantWeb（工厂管控网）优势

采用智能无线方案，PlantWeb 的智能预测功能扩展到实际条件或经济等原因无法到达的领域。无线技术以全新视角拓展对工厂各个方面的监测，进一步加强 PlantWeb 的优势。

2. 延长设备寿命

设备故障和相关的维护工作既费时又费钱，同时也影响工厂的产量和效率。小问题如果未能及时发现，就会演变成大问题，最后导致严重的故障，本来只需简单维护却变成了大修，故障不及时排除还将缩短设备的使用寿命。无线技术可以有效监测这些设备，省去繁琐的布线工作，有效延长设备寿命。

3. 优化工艺装置的效率

很多工艺设备现在都缺乏有效的监测，它们处在带故障运行中，会降低生产效率。智能无线方案以非常经济的方式提供额外的测量数据，对这些设备进行有效地在线监测，以提高生产效率。这些测量数据包括来自于以前无法到达的测量点，例如在移动或旋转设备上的测量点，或是在危险场合的测量点。

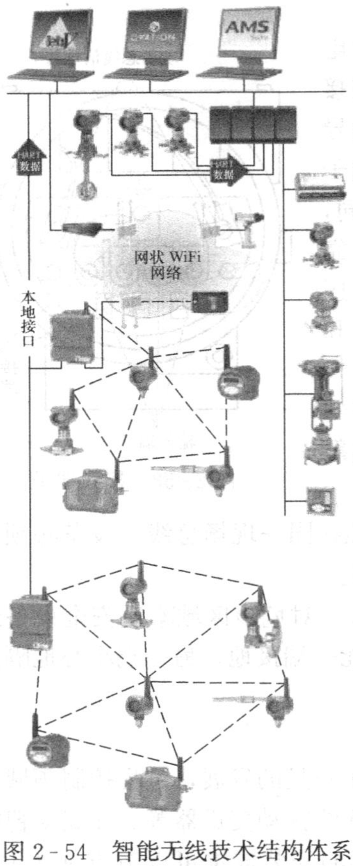

图 2-54 智能无线技术结构体系

4. 减少维护工作量

工厂设备的维护十分昂贵，大多数工厂仍然依赖被动式的维护方式，即不管设备有没有问题都进行频繁的巡检，当设备真正有问题的时候却不能预先发现，只有等到设备故障恶化并影响到生产时才采取措施。智能无线方案可以对设备进行在线监测，用户只需对有故障预警的设备进行及时维护，真正实现预测性和前瞻性维护。

5. 满足安全和环保要求

智能无线方案以无线的方式监测安全设备，比如安全喷淋装置等。当问题发生时可以及时采取措施，还可以对危险场所进行无线监测，以减少安全隐患。此外，无线技术还可通过精确记录环境的变化，并迅速发出报警，最大限度地减少污染排放产生的危险、清理工作和罚款。

二、智能无线技术结构体系

艾默生智能无线技术结构体系如图 2-54 所示。

1. 智能无线现场网络与 DeltaV 和 Ovation 控制系统的集成

艾默生公司的 DeltaV 和 Ovation 控制系统有无线方案的支持能力。DeltaV 版本 10.3 以后可以将无线网关直接挂在控制网络上，就好像控制器节点一样。DeltaV 和 Ovation 都提供标准的接口和网关集成，组态工具也完全支持网关和仪表的组态、设备监视等功能。用户不需要具备专门的无线或通信方面的知识。系统还可以自动识别智能无线网关和无线设备，以实现方便快捷地安装和调试。

2. AMS 智能设备管理软件的使用

AMS 设备管理软件是在线使用的预测维护软件，它可以用来灵活地设计可靠、安全的无线网络，根据最佳工程时间建立无线网络，并投入运行。详细内容见项目八。

3. 无线网络的规划

无线网络有现场网络和工厂网络两个层面。现场网络包括测量仪表和控制设备；工厂网络则包括移动终端、人员设备跟踪设备、移动通信工具、视频监控等。

在无线工厂网络中，用户可以通过无线移动终端来访问控制和设备管理信息，安保摄像头也可以用无线的方式接入。使用跟踪设备还可以对工作人员和设备进行无线定位，工作安全性得以提高，物流管理可以实现自动化。在无线工厂网络中，一般使用的是工业 WiFi 技术；在无线现场网络中，一般使用经过 IEC 62591 认证的 *Wireless* HART 技术。现场的无线设备（如仪表和阀门）组成一个自组织网络，设备之间的通信可以自由选择路径，设备的数量可以任意扩展。

用户可以根据实际需求，分别组建工厂网络和现场网络。无论是先搭建无线现场网络，实现对现场设备和过程信息的监视；还是先搭建工厂网络，以改善效率和设备管理，智能无线方案均可以分步实施，网络的扩展是容易、快捷的。

4. 无线网络和现有控制系统的集成

无论工厂中现在使用的是何种 DCS 或 PLC，智能无线网络都可以和它们实现无缝集成。智能无线网关具有标准的 Modbus Serial、Modbus TCP 或 OPC 接口，任选其中一种接口都可以直接接入用户现有的控制系统中，无需事先工程设计、现场调研或专门调试。对于操作和维修人员而言，每一台智能无线设备的安装、调试和使用方法与有线设备完全相同。

5. 旧自动化系统的升级和智能信息的集成

大部分旧控制系统都无法直接集成 HART 设备的智能信息，不能将智能信息加以应用以提高工厂的效率，造成用户投资的浪费。艾默生的智能无线适配器（THUM）可以将现有的有线 HART 设备升级至无线设备，以无线的方式获取以前所不能获取的设备诊断信息和过程数据。

三、智能无线设备

艾默生智能无线设备包括智能无线网关 1420、智能无线适配器 THUM775、无线温度变送器、无线压力/差压变送器、无线振动变送器、无线 pH 值变送器、无线位置变送器等。

1. 智能无线网关 1420

智能无线网关 1420 是现场无线网络和主机控制系统的接口，如图 2-55 所示。它的接口协议灵活，控制系统通过网关也可以对现场的无线设备进行方便快捷的组态。

图 2-55　智能无线网关 1420

（1）和 DeltaV 或 Ovation 集成。和 DeltaV 或 Ovation 的集成可以选择 Modbus 或 OPC 的方式。如果 DeltaV 是 10.3 以后的版本，智能无线网关可以像控制器一样直接挂在 DeltaV 的控制网络上。在 DeltaV 和 Ovation 的画面上可以用清晰直观的操作员界面获得无线设备的过程和设备诊断信息。

（2）与旧控制系统的集成。一般旧控制系统都有 Modbus 或 OPC 接口，智能无线网关可以和这些旧系统用标准的 Modbus 或 OPC 进行连接。

（3）用 AMS 设备管理软件实现全面设备管理。智能无线网关设有 Modbus 和以太网接口，AMS 设备管理系统可以直接接到智能无线网关上，实现对工厂内所有有线和无线现场设备的诊断信息，可以在仪表故障影响扩大之前，及时找到故障原因，并排除这些故障；

AMS设备管理系统通过智能无线网关还可以直接对现场的无线设备进行在线组态。

（4）其他接口。每个智能无线网关都配置有标准的Web Interface和AMS无线组态软件，用于无线网络的初步设置和设备的初始组态；网关上还有连续历史数据记录，可供查询和合规审查。

在小型网络中，智能无线网关应位于网络中心，它与主控制系统的连接有多种协议可供选择，包括以太网、Modbus和OPC。一些大型网络可能要求将智能无线网关安装在控制室或机架室内，天线则安装在室外。这种远程安装天线的方法可以逐步把自组织网络搭建起来，然后再将网络扩展至过程单元的稍远区域，实现网络的稳定、可靠。

2. 智能无线适配器THUM775

智能无线适配器THUM775如图2-56所示，是专门为已经在现场安装使用的有线HART设备开发的适配器，它将有线HART设备升级为无线设备。智能无线适配器利用现有有线仪表的供电工作，无需电池，不破坏现有有线设备的性能，同时可以将有线设备的测量值、诊断信息通过无线方式发送出去。

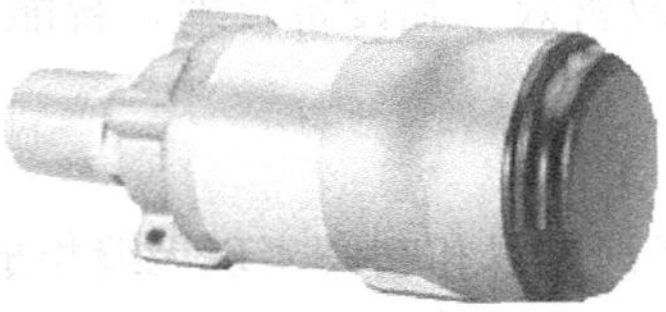

图2-56 智能无线适配器

（1）提高阀门工作性能。

1）对在线的有线HART阀门进行动态性能测试。

2）在行程偏差以及气动/电动阀门的供气压力、供电情况和电子部件异常时，发出设备异常报警。

3）记录分析阀门实际位置曲线。

（2）访问有线HART设备的高级仪表诊断信息。

1）Rosemount3051S（带引压管堵塞诊断功能）。

2）Micro Motion科里奥利流量计（带仪表校验功能）。

3）Rosemount雷达液位计（带回声曲线功能）。

4）Rosemount电磁流量计（带仪表校验功能）。

（3）使有线HART设备具有无线功能。压力、流量、温度、阀门、液位，及液体和气体分析等各种有线设备都可以使用适配器升级为无线设备。

（4）对远程设备进行管理和性能监视。

1）减少故障诊断和排除时间。

2）不丢失数据。

3）对远程设备进行校验。

3. 智能无线变送器

（1）Rosemount 648无线温度变送器。Rosemount 648无线温度变送器是由变送器、传感器和热电偶套管组成的完整测温设备，如图2-57所示。接收热电偶（TC）、热电阻（RTD）、mV、Ω和4～20mA输入；支持多种协议；具有多种结构形式的热电偶套管可供选择，安装简便。

应用如下：

1）提供预见性信息，减少设备故障，如轴承温度（电动机、压缩机、泵和风机）、锅炉管道、蒸汽疏水阀。

2）提高产品质量和产量，如储罐、旋转干燥炉、蒸馏塔、成本储存、热交换器效率。

(2) Rosemount 848T 多通道无线温度变送器。Rosemount 848T 多通道无线温度变送器如图 2-58 所示。有 4 个独立可组态输入通道，支持热电偶（TC）、热电阻（RTD）、mV、Ω 和 4～20mA 输入；有效访问更多温度测量数据，适用于温度测量点比较密集的应用场合。

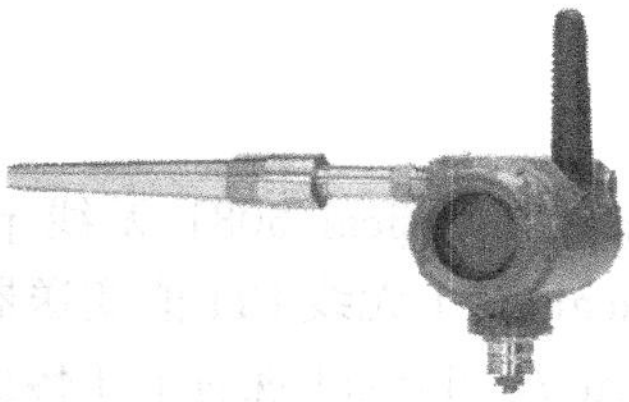

图 2-57 Rosemount 648 无线温度变送器

图 2-58 Rosemount 848T 多通道无线温度变送器

1）用于设备管理，如电动机、风机、泵和压缩机等设备的轴承，润滑油，热交换器，汽水分离器，锅炉和工业窑炉套管。

2）用于过程监视，如储罐、回转石灰窑、成品储存、反应器、蒸馏塔、汽轮机。

3）环境保护，如压缩机、电动机和汽轮机等设备排放的废气、污水温度。

(3) Rosemount 3051S 无线压力变送器。Rosemount 3051S 无线压力变送器如图 2-59 所示，可用于测量压差/表压/绝压。

应用如下：

1）监测过滤器压差，维护工作量极小。

2）监测输入/输出泵压力，延长设备寿命。

3）管线流量监视、泵效率测量，提高效率。

4）冗余液位测量、安全阀门排放跟踪，确保安全和环保。

(4) CSI 9420 无线振动变送器。CSI 9420 无线振动变送器如图 2-60 所示，能持续监测关键机械的旋转工作性能。它能用于任何设备，尤其适用于安装在电动机风扇、泵、发电机、压缩机和冷却塔领域的应用。设备的振动信息被传输至控制系统或 AMS 设备管理系统，为维护人员提供早期的设备运行状况信息，是设备安全管理的重要工具。

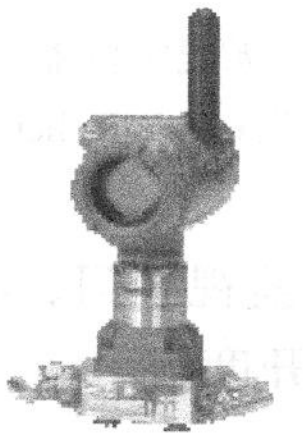

图 2-59 Rosemount 3051S 无线压力变送器

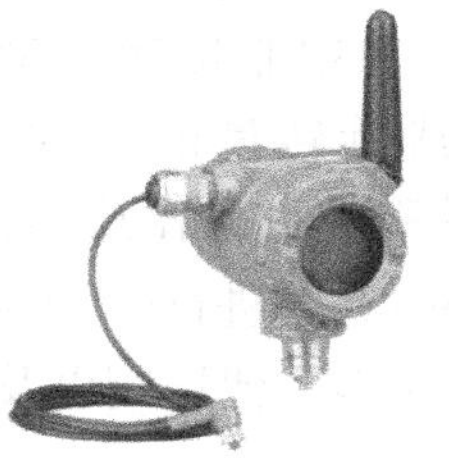

图 2-60 CSI 9420 无线振动变送器

应用如下：

1）机械设备的振动监测，如电动机、风机、泵、冷却塔风机、压缩机、齿轮箱。

2）检测一般机械问题，如不平衡、不对中或连接松动等，轴承缺陷，齿轮缺陷，泵气穴现象。

3）监视作用。

a）直观显示发现的问题。

b）使操作人员远离危险场所。

c）保护操作人员的健康和安全，保护环境。

d）监视难以接近的设备。

e）作为便携式监视方式的补充。

图 2-61　Rosemount Analytical 6081 无线 pH 值变送器

（5）Rosemount Analytical 6081 无线 pH 值变送器。Rosemount Analytical 6081 无线 PH 值变送器如图 2-61 所示。它与 Rosemount Analytical 现有 pH 传感器配合使用，应用范围极广。

1）应用范围，包括原水测量、原水分析、危险区域监视、污水/废水监视、环境监视。

2）特点：

a）各种型号规格任选，适用于多种安装选项；工作性能好，使用寿命长；耐腐蚀，抵御环境影响；具有丰富的智能诊断信息。

b）可提供高精确度和高可靠性的监测；通过智能诊断，连续监视传感器工作性能；无需将电缆连接至变送器。

（6）无线定位器（阀位反馈变送器）。艾默生智能无线定位器提供限位开关和 0～100% 位置指示，开关量气动输出。

图 2-62（a）所示为 TopWorx 4310 无线定位器。通过带限位开关反馈的非接触测量技术，可监测直线型或旋转型运动。它可用于监测阀门、滑动阀杆调压器、浮桶和浮子液位传感器、泄压阀以及许多其他类型设备的开关状态。

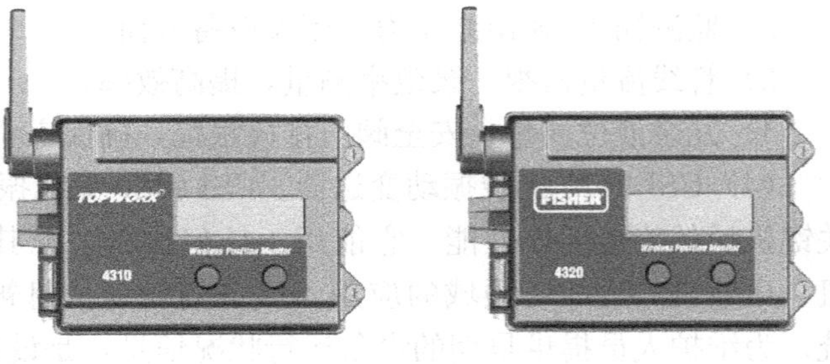

(a)　(b)

图 2-62　无线定位器

（a）TopWorx 4310 定位器；（b）Fisher 4320 定位器

图 2-62（b）所示为 Fisher 4320 无线定位器，利用非接触测量技术监测直线型或旋转型的运动。它不但可以提供量程的百分比反馈；还可以采用 2 个限位开关进行开/关或开/闭合的反馈。可用于监视阀门、滑动阀杆调压器、浮球和浮子液位传感器、泄压阀以及许多其他类型设备的阀门开度指示。

应用如下：

1）控制阀应用。

a）控制阀只有 I/P 转换器。

b）控制阀采用就地气动控制器进行控制。

c）提供额外的位置反馈信号，或者行程的百分比反馈信号。

2）与手动阀配合使用。

a）实现自动位置反馈。

b）增加阀门状态信息。

3）角阀应用。

a）角阀门只安装电磁阀。

b）提供独立的 ON/OFF 反馈信号或开环/闭环反馈状态。

4）与调压器配合使用，即提供行程限制检测。

5）应用于压力、液位和流量测量。

a）过滤器差压。

b）泵系统保护。

c）液压系统压力。

d）上/下限报警。

e）储罐溢出检测。

6）应用于物料输送系统。

a）检测输送带是否断裂。

b）快速响应和人工监视。

7）安全和环保应用。

a）监测安全喷淋系统的状态。

b）检测急救站供水系统运行状态。

c）防止危险性散溢。

d）满足新的环保要求。

福禄克过程校准仪

福禄克过程校准器和信号源检测工具，为工作在过程行业的技术工程师、自动化系统维护和仪表工程师、质量控制工程师及计量人员提供全面的信号源工业校准测试和维护诊断工具，包括智能认证过程校验仪、多功能信号校准器（信号源）、压力校准器、温度校准器、环路信号校准器以及其他过程信号故障诊断和检测工具；广泛应用于工业计量与校准，温度、压力仪表的维护和检修，自动化维护和检修，工程建设调试，控制系统信号源检测和诊断，现场仪修间配置，电力行业热工实验室成套，DCS/PLC I/O 通道测试等。

Fluke 754 HART 文档化全功能过程校准器（热工信号校验仪，简称 Fluke 754）属多功能信号校准器中的一款，可以输出、模拟和测量压力、温度和电信号，具有测量、输出或同时输出/测量三种工作模式，技术人员利用 Fluke 754 即可排障、校准或维护测量仪器。集成 HART 通信能力可编程和控制 HART 测量仪表。

与前期产品相比，提高了精确度，增强了可靠性，且更便于在黑暗环境中读取数据。

一、功能

表 2-5 中简要显示了产品所提供的功能，更多功能如下：

（1）模拟显示，便于在输入不稳定时读取测量值。

（2）六种语言显示信息（本地化显示），包括英语、欧洲法语、意大利语、德语、西班牙语、中文。

(3) 热电偶（TC）输入/输出插口和带有自动参考连接温度补偿功能的内部等温块，或手动记录外部温度参考。

(4) 测试结果存储。

(5) 数据记录。自动记录最多 8000 个数据点。

(6) USB 计算机接口，可上传或下载任务、列表和结果。

(7) 使用分屏式“测量/输出”模式时，用于变送器和限位开关的自动校准程序。

(8) 在变送器模式下，可对产品进行配置以模拟过程仪器的功能。

(9) 带有平方根函数的计算器功能，以及包含测量值和输出值的可访问寄存器。

(10) 阻尼功能（平滑最近的几个读数），带有显示阻尼状态的指示符。

(11) 以工程单位、量程百分比、平方律输入或自定义单位显示测量值。

表 2-5　　输出和测量功能概要

功　能	测　量	输　出
VDC 直流电压	0～±300V	0～±15V（最大 10mA）
VAC Hz 交流电压	0.27～300V rms，40～500Hz	不输出
VAC Hz 频率	1Hz～50kHz	0.1V～30V_{p-p}正弦波，或 15V 峰值方波，0.1Hz～50kHz 正弦波，0.01Hz 方波
电阻	0～10kΩ	0Ω～10kΩ
mA 直流电流	0～100mA	0～22mA 输出或吸收
通断性	用嘟声和文字短路（Short）指示通断性	不输出
TC/RTD 热电偶	类型 E、N、J、K、T、B、R、S、C、L、U、BP 或 XK	
TC/RTD RTD（2 线、3 线、4 线）	100Ω 铂（3926） 100Ω 铂（385） 120Ω 镍（672） 200Ω 铂（385） 500Ω 铂（385） 1000Ω 铂（385） 10Ω 铜（427） 100Ω 铂（3916）	
压力*	29 个模块，范围从 0～1inH_2O（250Pa）0～10 000psi（69.000kPa）	
SETUP 回路电源	26V	

* 将外部手摇泵或其他压力源用作源压力功能的压力激发装置。

(12)"最小/最大"功能可捕获并显示最小和最大测量级别。将输出值设为工程单位、量程百分比、平方律输出或自定义单位。

(13)用于测试限位开关的手动和自动步进以及输出斜坡功能。跳闸检测是检测从一个斜坡增量到下一个的1V变化或通断性状态变化(开路或短路)。

二、操作面板及显示

1. 输入/输出插口及连接器

输入/输出插口及连接器如图2-63所示，它们各自的用途见表2-6。

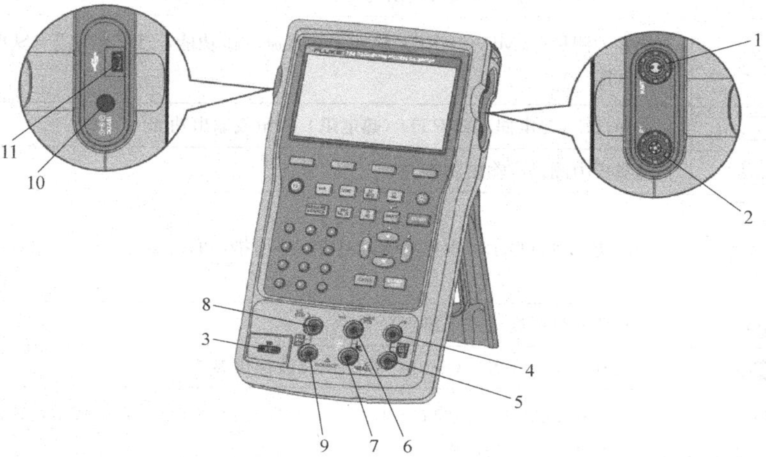

图2-63　输入/输出插口及连接器

表2-6　输入/输出插口及连接器的用途

编号	名　称	说　明
1	HART插口(仅限754)	将产品连接到HART设备
2	压力模块连接器	将产品连接到压力模块
3	热电偶输入/输出	用于测量或模拟热电偶的插口；该插口可接受采用中心距为7.9mm(0.312in)的扁平型直列插刀的迷你极化热电偶插头
4、5	⚠ MEASURE V插口	用于测量电压、频率、三线或四线RTD(热电阻)的输入插口
6、7	⚠ SOURCE mA、MEASURE mA Ω RTD插口	用于输出或测量电流、测量电阻和RTD，以及供应回路电源的插口
8、9	⚠ SOURCE V Ω RTD插口	用于输出电压、电阻、频率及模拟RTD的输出插口
10	电池充电器插口	用于电池充电器的插口。将电池充电器用于可使用交流电源的台面应用
11	USB端口(2型)	将产品连接到PC上的USB端口

2. 按钮

Fluke 754 的按钮如图 2-64 所示，它们各自的功能见表 2-7。功能键为显示屏下方的四个蓝色按钮（F1～F4），操作期间，功能键上方的标签上定义了功能键功能。

表 2-7　Fluke 754 按钮的功能

编号	按　钮	说　　明
1		打开或关闭电源
2	mA	选择 mA（电流）测量或输出功能；要打开/关闭回路电源，转到“设置”（Setup）模式
3	VDC	选择“测量”（MEASURE）模式中的直流电压功能，或“输出”（SOURCE）模式中的直流电压
4	TC RTD	选择 TC（热电偶）或 RTD（热电阻）测量或输出功能
5		选择压力测量或输出功能
6	F1 F2 F3 F4	功能键，执行显示屏中各功能键上方标签所指定的功能
7		调整背光灯强度（三个级别）
8	SETUP	进入和退出“设置”（Setup）模式以更改操作参数
9	HART (754) RANGE (753)	（754）在 HART 通信模式和模拟操作之间切换；在计算器模式中，该键提供平方根功能 （753）调整产品的量程
10		按▲或▶增大显示亮度；按▼或◀减小显示亮度（七个级别） 从显示屏上的列表中选择选项 使用步进功能时，增大或减小输出级别 在计算器模式中，提供算术功能（＋－×÷）
11	CLEAR (ZERO)	清除输入的部分数据，或在“输出”（SOURCE）模式中就输出值给予提示；使用压力模块时，将压力模块指示归零
12	ENTER	在设置输出值时完成数值输入，或确认列表中的选项；在计算器模式中，用作算术等号（＝）
13	Ω	在“测量”(MEASURE）模式中，在电阻与通断性功能之间切换；在“输出”(SOURCE）模式中，选择电阻功能
14	VAC Hz	在“测量”(MEASURE）模式中，在交流电压与频率功能之间切换；在“输出”(SOURCE）模式中，选择频率输出
15	数字键盘	需要输入数值时使用
16	MEASURE SOURCE	在“测量”(MEASURE)、“输出”(SOURCE）和“测量/输出”(MEASURE/SOURCE）模式之间循环产品

3. 显示

Fluke 754 典型的屏幕显示如图 2-65 所示，说明见表 2-8。图 2-65 所示的屏幕处于“测量（MEASURE)”模式，屏幕顶部附近显示“输出关闭（Source Off)”。图 2-65 显示了在其他模式［“输出（SOURCE)”或“测量（MEASURE)”］中发生的情况。屏幕的其他部分为：

（1）状态栏。显示时间和日期，回路电源（Loop Power）、电池自动保存（Auto Battery Save）、背光灯超时（Back light Timeout）的状态；全部都在“设置（Setup）”模式中设置。此处还会显示所选的 HART 信号通道（如果启用 HART，仅限 754）以及电池电量不足和背光灯开启符号。

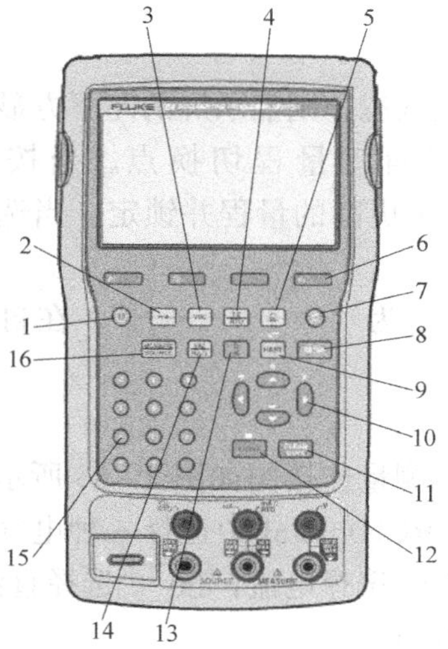

图 2-64　Fluke 754 按钮

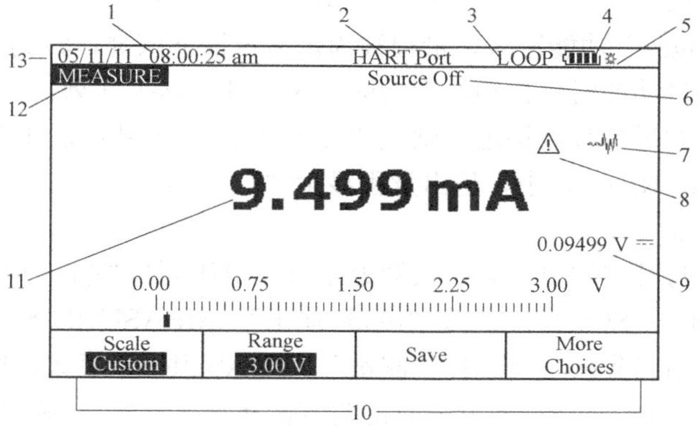

图 2-65　典型显示中的元素

表 2-8　典型显示中的元素

项目	说　明	项目	说　明
1	时间和日期显示	8	自定义单位指示符
2	HART 指示符	9	辅助值
3	回路电源指示符	10	功能键标签
4	电池容量指示	11	测量值
5	背光灯指示符	12	模式指示符
6	输出状态	13	状态栏
7	未阻尼（未稳定）指示符		

（2）模式指示符。显示产品所处的模式：“测量”（MEASURE）或“输出”（SOURCE）。在分屏式“测量/输出”（MEASURE/SOURCE）模式中，每个窗口都有一个模式指示符。

（3）测量值。以所选的工程单位或量程百分比显示测量值。

（4）量程状态。显示“自动量程”（Auto Range）是否开启，以及当前正在使用的操作量程。

（5）自定义单位指示符。表示所示的单位是自定义的，不显示测量或输出功能的初始工程单位。

（6）辅助值。当启用比例或自定义单位时，以初始工程单位显示测量或输出值。

三、测量模式

操作模式［如“测量”（MEASURE）、“输出”（SOURCE）］显示在显示屏的左上方。如果仪器未处于“测量”模式，则按[MEASURE SOURCE]直到显示“测量”；要更改测量参数，仪器必须处于“测量”模式。

仪器开机将默认进入电压测量模式，通过按键[MEASURE SOURCE]进行循环切换来选择仪器处于测量模式、输出模式，或者校准拆分模式。

1. 测量量程

仪器通常会自动变到正确的测量量程。如果处于量程状态，则显示屏的左下方显示“量程（Range）”或“自动（Auto）”。技术规格中显示了自动量程切换点。当按“量程（Range）”功能键时，量程被锁定。再按下该键，转到下个更高的量程并锁定。当选择不同的测量功能时，自动量程功能（Auto Range）生效。

如果量程被锁定，则超出量程的输入在显示屏上显示为“————————”。在自动量程（Auto Range）中，超出量程显示“！！！！！！”。

2. 电气参数测量

打开仪器电源时，仪器处于直流电压测量功能。电气测量连接图如图 2-66 所示。要从“输出”（SOURCE）或“测量/输出”（MEASURE/SOURCE）模式中选择一种电气测量功能，请首先按[MEASURE SOURCE]选择“测量”（MEASURE）模式：按[mA]选择电流；按[VDC]选择直流电压；按一下[VAC Hz]选择交流电压或按两下选择频率；按[Ω]选择电阻。

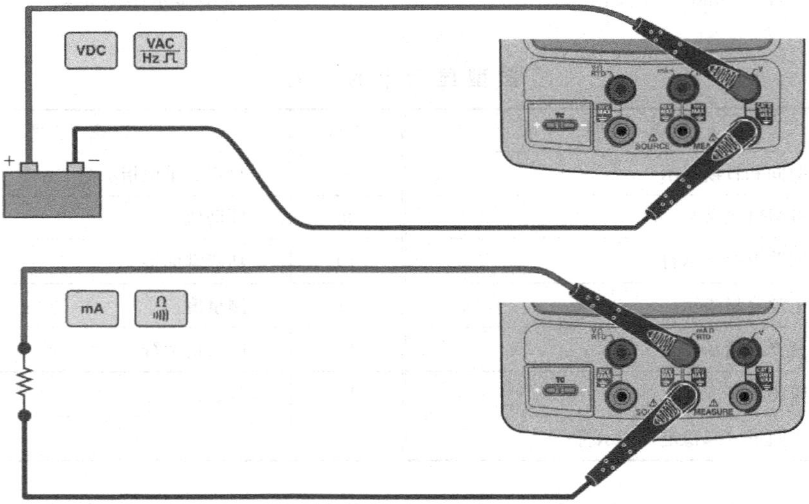

图 2-66 电气测量连接图

注意：当测量频率时，仪器会提示选择频率量程；如果测量的频率低于 20Hz，则按[▼]选择更低的频率量程。

3. 通断性测试

（1）执行通断性测试时，如果“短路（Short）”，且大于 400，则显示屏上显示“Ω MEASURE jack and its common jack”。MEASURE 插口与其公共插口之间的电阻小于 25，蜂鸣器响起，同时显示屏上显示源。

（2）如果必要，按[MEASURE SOURCE]选择“测量（MEASURE）”模式。

（3）按两下[ ]，显示“开（Open）”。

（4）参考图 2-66，将产品连接到被测电路。

4. 压力测量

Fluke 提供有多种量程和类型的压力模块。使用压力模块之前，应先阅读其说明书。各模块有许多不同点，如使用方法、归零方法、允许的过程压力介质类型，以及精确度规格。

要测量压力，按照模块说明书中的描述，针对待测的过程压力连接合适的压力模块。

注意：

1）为防止人身伤害，将压力模块连接到压力管路之前，请关闭阀门并慢慢排出压力，以免高压系统中的压力猛烈释放。

2）为避免损坏产品或被测设备。

a）切勿在压力模块配件之间或配件与模块体之间施加高于 10ft·lb（约 13.5N·m）的扭矩。

b）始终在压力模块配件与连接配件或转接器之间施加正确的扭矩。

c）施加的压力切勿超过压力模块上印刷的额定最大值。

d）为避免由于腐蚀而损坏压力模块，压力模块必须使用规定的材料。应参阅印在压力模块上的内容或压力模块说明书了解可接受的材料兼容性。

压力测量连接图如图 2-67 所示。压力模块上的螺纹可接受标准的 1/4NPT 管配件。如有必要，使用随附的 1/4NPT 转 1/4ISO 转接器。

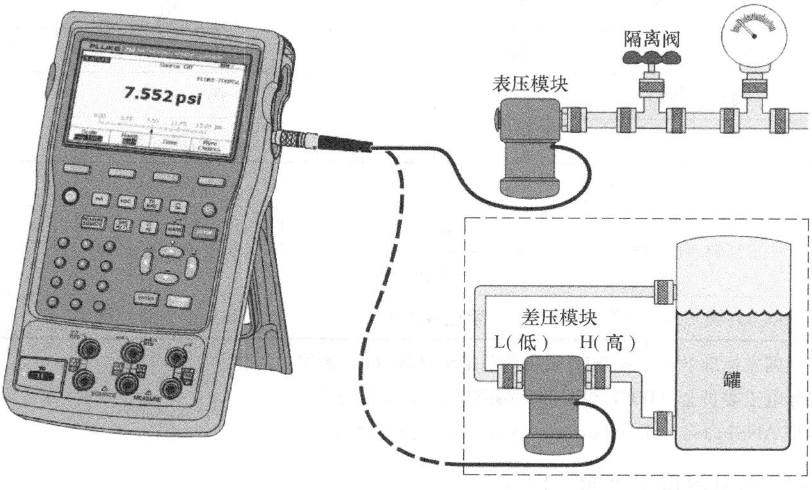

图 2-67 压力测量连接

（1）按[MEASURE SOURCE]选择“测量”（MEASURE）模式。

（2）按[ ]。仪器自动检测所安装的压力模块类型并相应地设置其量程。

（3）将压力归零。参阅模块的说明书，模块类型不同，归零程序也不同。

（4）如果必要，可以将压力显示单位更改为 psi、mHg、inHg、inH_2O、ftH_2O、mH_2O、bar、Pa、g/cm^2 或 inH_2O@60℉。度量单位（kPa、mmHg 等）会按照其基础单位（Pa、mHg 等）显示在“设置”模式中。更改压力显示单位的步骤为：

1）按SETUP。

2）按两下“下一页（Next Page）”。

3）将光标放在ENTER或“选项（Choices）”功能键。

4）使用⊖或“压力单位（Pressure Units）”上，按“Pressure Units”。

5）按“完成（Done）”功能键。

5. 温度测量

（1）热电偶（TC）。Fluke 754 支持 13 种标准热电偶，每个都使用字母字符进行标识，如 E、N、J、K、T、B、R、S、C、L、U、XK 或 BP。表 2-9 为 Fluke 754 支持的热电偶的量程和数量。

表 2-9　Fluke 754 接受的热电偶类型

类型	正极导线材料	正极导线（H）颜色		负极导线材料	指定的量程（℃）
		ANSI*	IEC**		
E	镍铬合金	紫红	紫色	铜镍合金	−250～1000
N	Ni-Cr-Si	橙色	粉红色	Ni-Si-Mg	−200～1300
J	铁	白色	黑色	铜镍合金	−210～1200
K	镍铬合金	黄色	绿色	阿留麦尔镍合金	−270～1372
T	铜	蓝色	棕色	铜镍合金	−250～400
B	铂（30%铑）	灰色		铂（6%铑）	600～1820
R	铂（13%铑）	黑色	橙色	铂	−20～1767
S	铂（10%铑）	黑色	橙色	铂	−20～1767
C***	钨（5%铼）	白色		钨（26%铼）	0～2316
L（DIN J）	铁			铜镍合金	−200～900
U（DIN T）	铜			铜镍合金	−200～600
BP	95%钨+5%铼	GOST 红色或粉红色		80%钨+20%铼	0～2500
XK	90.5%镍+9.5%铬	紫色或黑色		56%铜+44%镍	−200～800

*　美国国家标准学会（ANSI）设备的负端测试线（L）始终为红色。

**　国际电工委员会（IEC）设备的负端测试线（L）始终为白色。

***　不是 ANSI 命名，而是 Hoskins Engineering 公司命名。

使用热电偶测量温度的步骤如下：

1）将热电偶导线连接到正确的热电偶迷你插头，再到热电偶输入/输出端，如图 2-68 所示。

2）如果必要，按MEASURE/SOURCE选择“测量”（MEASURE）模式。

3）按TC/RTD。

4）选择“热电偶（TC）”。

5）显示屏提示选择热电偶类型。

6）使用⊖或⊖，然后使用ENTER选择所需的热电偶类型。

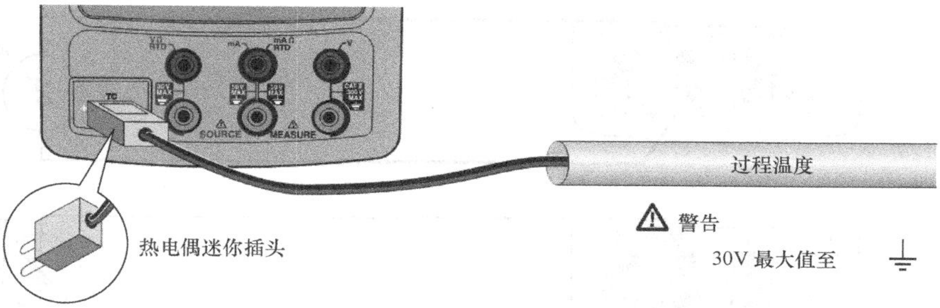

图 2-68　使用热电偶测量温度接线图

7）如果必要，按照以下步骤在"℃、℉、°R 和°K温度单位"之间切换：

a）按SETUP。

b）按两下"下一页（Next Page)"功能键。

c）按▲和▼，将光标移到所需的参数。

d）按ENTER或"选项（Choices)"功能键选择该参数的设置。

e）按▲或▼将光标移到所需的设置。

f）按ENTER返回到SETUP显示。

g）按"完成（Done)"功能键或SETUP退出"设置"(Setup）模式。

8）如果必要，在"设置"(Setup）模式中的"ITS-90"或"IPTS-68温标（IPTS-68 Temperature Scale)"之间切换。其步骤与 a）～步骤 g）相同。

(2）热电阻（RTD)。Fluke 754 接受表 2-10 中显示的 RTD 类型，接受两线、三线或四线连接的 RTD 测量输入，如图 2-69 所示。四线配置的测量精度最高，两线配置的测量精度最低。RTD 特性以 0℃（32℉）下的电阻表示，称为"冰点"或 R_0，常见的 R_0 为 100Ω。

表 2-10　　Fluke 754 接受的 RTD 类型

RTD类型	冰点 R_0（Ω）	材料	α	范围（℃）
Pt100（3926）	100	铂	0.003 926Ω/Ω/℃	−200～630
Pt100（385）*	100	铂	0.003 85Ω/Ω/℃	−200～800
Ni120（672）	120	镍	0.006 72Ω/Ω/℃	−80～260
Pt200（385）	200	铂	0.003 85Ω/Ω/℃	−200～630
Pt500（385）	500	铂	0.003 85Ω/Ω/℃	−200～630
Pt1000（385）	1000	铂	0.003 85Ω/Ω/℃	−200～630
Cu10（427）	9.035**	铜	0.004 27Ω/Ω/℃	−100～260
Pt100（3916）	100	铂	0.003 916Ω/Ω/℃	−200～630

*　依据 IEC 751 标准。

**　10Ω@25℃。

要测量使用 RTD 输入时的温度：

1）如果必要，按MEASURE/SOURCE选择"测量"(MEASURE）模式。

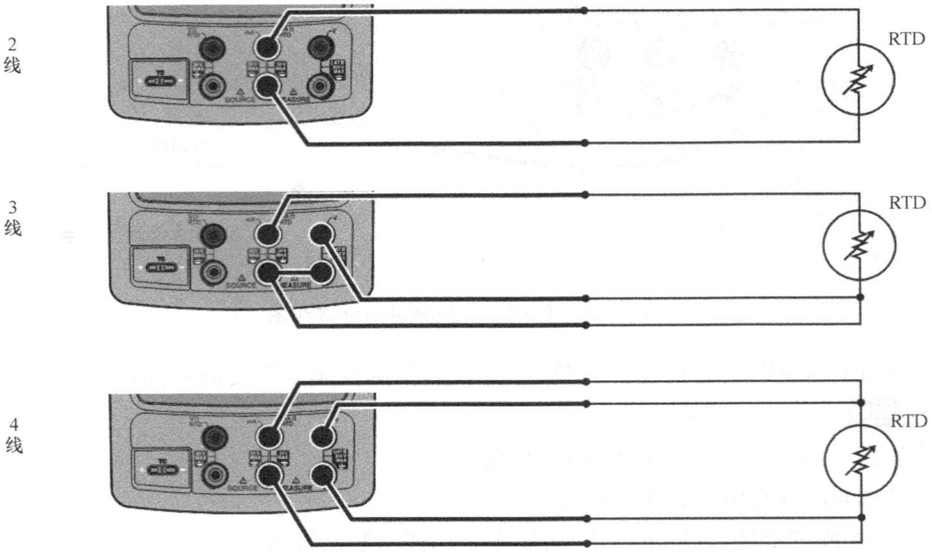

图 2-69 使用 RTD 测量温度接线图

2）按[TC/RTD]。

3）按▽和[ENTER]，显示“选择 RTD 类型（Select RTD Type）”。

4）按△和▽选择所需的 RTD 类型。

5）使用△或▽，选择 2、3 或 4 线连接。显示屏上会显示连接。

6）按照显示屏或图 2-63 中的说明，将 RTD 连接到输入插口。如果使用 3 线连接，则按照图示在 mA Ω RTD MEASURE 低插口与 V MEASURE 低插口之间连接随附的跨接器。

7）如果必要，按照以下步骤在℃、℉、°R 和°K 温度单位之间切换：

a）按[SETUP]。

b）按两下“下一页（Next Page）”功能键。

c）按△和▽，将光标移到“温度单位（Temperature Units）”。

d）按[ENTER]或“选项（Choices）”功能键选择该参数的设置。

e）按△或▽将光标移到所需的设置。

f）按[ENTER]返回到[SETUP]显示。

g）按“完成（Done）”功能键或[SETUP]退出“设置”（Setup）模式。

8）如果必要，在“设置（Setup）”模式中的“ITS-90”或“IPTS-68 温标”之间切换。其步骤与 a）～步骤 g）相同。

6. 测量比例

该功能可按照适用的过程仪器的响应来调整测量值。量程百分比适用于线性输出变送器或平方律变送器，如报告流速的差压变送器。

（1）线性输出变送器。

1）如果必要，按[MEASURE/SOURCE]选择“测量（MEASURE）”模式。

2）按照之前所述，选择一种测量功能（[mA]、[VDC]、[VAC/Hz]、[Ω]、[TC/RTD]或[Ω]）。

3）按“比例（Scale）”功能键。

4）从列表中选择%。

5）使用数字键盘记录0%比例值（“0%值”）。

6）按ENTER。

7）使用数字键盘记录100%比例值（“100%值”）。

8）按ENTER。

9）按“完成（Done）”功能键。

量程百分比会一直有效，自到更改为不同的测量功能，或按“比例（Scale）”功能键并选择不同的比例模式。

（2）使用自定义单位测量或输出。可以将测量或输出屏幕设为显示自定义单位。要完成此操作，应选择一种功能（例如mV直流电），并根据需要调整，然后记录自定义单位的数字字母名称（例如“PH”）。

设置自定义单位的步骤：

1）当测量或输出所需功能时，按“比例（Scale）”功能键，然后从列表中选择“自定义单位（Custom Units）”。

2）记录转换函数输入的0%和100%比例点。

3）按“自定义单位（Custom Units）”功能键。

4）记录转换函数输出的0%和100%比例点。

5）使用数字和字母输入窗口，记录自定义单位的名称（最多四个字符），例如“PH”（表示pH），然后按ENTER。

“自定义单位（Custom Units）”激活时，显示屏上的自定义单位右侧显示⚠。一旦设置完自定义测量单位，该单位便可用于分屏式“测量/输出”（MEASURE/SOURCE）模式中的校准程序。要取消“自定义单位（Custom Units）”，再按一下“自定义单位（Custom Units）”功能键即可。

注意：为避免触电，当使用自定义单位进行测量时，应始终查看下方显示的及位于主屏幕右侧的辅助值，以了解采用原工程单位的实际测量值。

7. 阻尼测量

Fluke 754通常采用一个软件滤波器，对所有功能（通断性除外）中的测量值进行阻尼。技术规格假定阻尼功能开启。阻尼方法是计算最近8个连续测量值的平均值。Fluke建议保持阻尼功能开启。当测量响应比精确度或降噪更重要时，关闭阻尼功能会非常有用。要关闭阻尼，按两下“更多选项（More Choices）”功能键，然后按“阻尼（Dampen）”功能键，显示“关（Off）”。再按一下“阻尼（Dampen）”即可重新开启阻尼功能。默认状态为“开（On）”。

注意：当测量值超出随机噪声窗口时，计算新的平均值。如果阻尼功能关闭，或直到对测量值完全进行了阻尼，则显示⩫符号。

四、输出模式

显示屏上显示操作模式［如“测量”（MEASURE）、“输出”（SOURCE）］。如果Fluke 754未处于“输出”（SOURCE）模式，则按MEASURE SOURCE直到显示“输出”（SOURCE）。要更改任何输出参数，Fluke 754必须处于“输出”（SOURCE）模式。

1. 输出电气参数

要选择一种电气输出功能：

(1) 根据输出功能，按照图 2-70 所示连接测试线。

(2) 按[mA]选择电流；按[VDC]选择直流电压；按[VAC Hz]选择频率；按[Ω]选择电阻。

(3) 记录所需的输出值，然后按[ENTER]。例如要输出 5.5V 直流电，按[VDC]⑤⊙⑤[ENTER]。

(4) 要更改输出值，请记录新值并按[ENTER]。

(5) 要设置当前输出功能中的输出值，请按[CLEAR (ZERO)]，然后输入所需值并按[ENTER]。

(6) 要完全关闭输出功能，按两下[ENTER]。

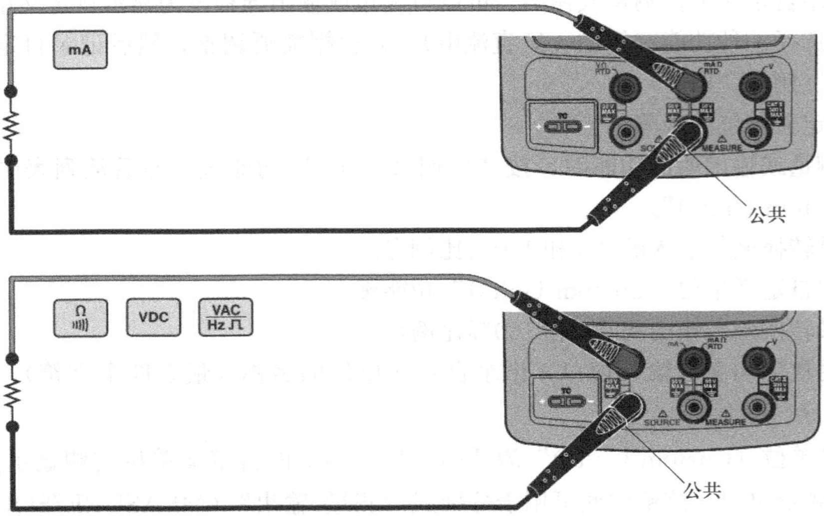

图 2-70　电气输出连接图

注意：

1) 如果是输出频率，则在 Fluke 754 询问选择零对称正弦波还是正方波时进行选择。指定的幅值为峰峰幅值。

2) 如果是输出电流，则使用输出前，先等待〰符号消失。

3) 使用输出电流功能来驱动电流回路，与 Fluke 754 为过程仪器供电中的回路电源功能不同。要输出回路电源，使用"设置"(Setup) 模式中的回路电源 (Loop Power) 功能。

2. 4～20mA 变送器模拟

通过输出 mA 功能，可将 Fluke 754 配置为电流回路上的一个负载。在"输出"(SOURCE) 模式中，当按[mA]时，显示屏会提示选择输出"mA (Source mA)"还是"模拟变送器 (Simulate Transmitter)"。选择"输出 mA (Source mA)"时，产品输出电流；选择"模拟变送器 (Simulate Transmitter)"时，产品输出可变电阻以将电流维持在指定值。将外部回路供电连接到正极（顶部）mA 插口如图 2-71 所示。

3. 提供回路电源

Fluke 754 通过内部 250Ω 串联电阻提供 26V 直流回路电源，接线图如图 2-72 所示。该设置可为回路上的 2 或 3 个 4～20mA 设备提供充足的电流。

使用回路电源时，mA 插口专用于测量电流回路。也就是说，输出 mA、测量 RTD 和

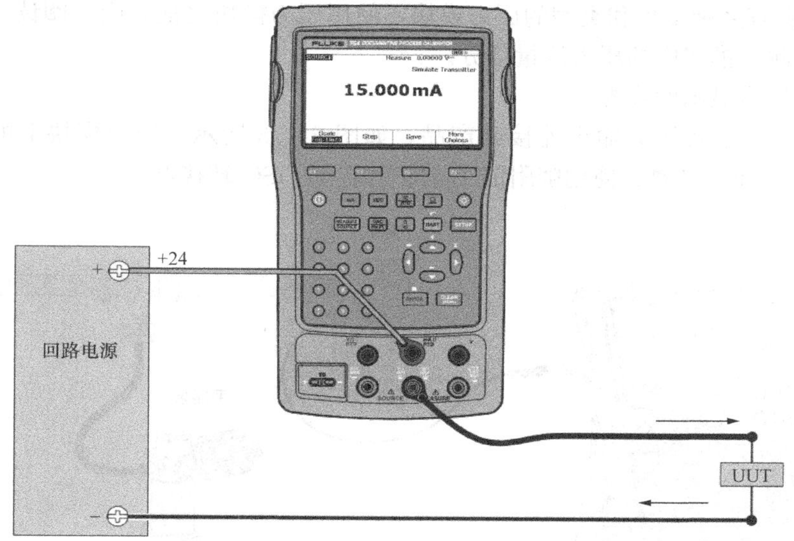

图 2-71　4～20mA 变送器模拟

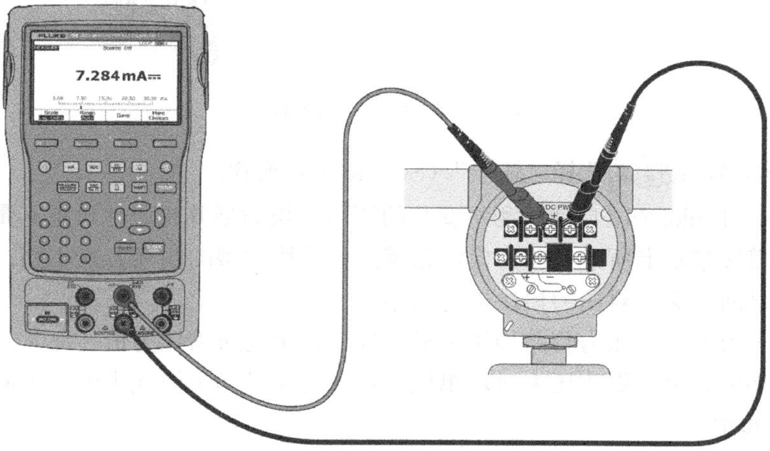

图 2-72　提供回路电源的连接

测量 Ω 功能都不可用。

提供回路电源的步骤：

(1) 按SETUP选择“设置（Setup)”模式。

注意：突出显示“回路电源，已禁用”（Loop Power，Disabled)。

(2) 按▲和▼，选择“已禁用（Disabled)”或“已启用（Enabled)”。

(3) 按ENTER。

(4) 按“完成（Done)”功能键。当回路电源启用时，显示屏上显示“回路（LOOP)”。

4. 输出压力

Fluke 754 具有输出压力显示功能，此时需要外部压力手摇泵，如图 2-73 所示。可使用该功能来校准仪器，此时需要压力输出或差压测量值。

Fluke 提供有多种量程和类型的压力模块，使用压力模块之前，应先阅读说明书。使用注意事项参见测量模式中的压力测量部分。

使用输出压力显示的步骤：

(1) 将压力模块和压力输出连接到产品，如图 2-73 所示。压力模块上的螺纹可接受 1/4 NPT 配件。如果必要，使用随附的 1/4NPT 转 1/4ISO 转接器。

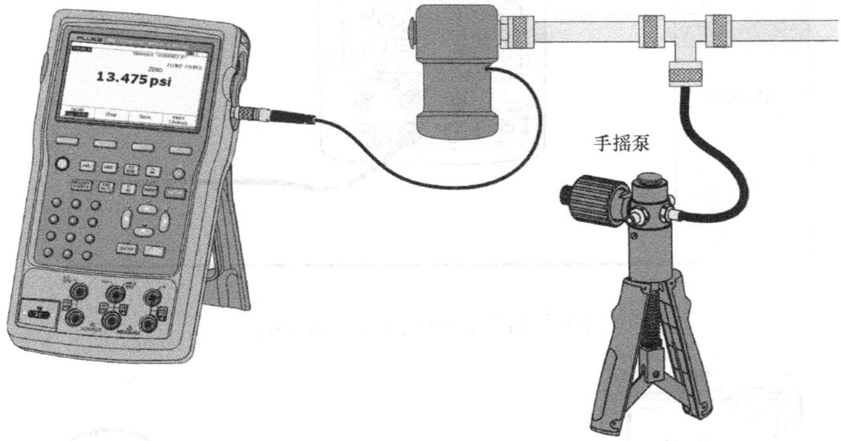

图 2-73 输出压力的连接

(2) 如果必要，按[MEASURE SOURCE]选择“输出”(SOURCE) 模式。

(3) 按[ ]。Fluke 754 自动检测所安装的压力模块类型并相应地设置其量程。

(4) 依照模块指示卡所述将压力模块归零。各模块类型的归零方式不同。在执行输出或测量压力任务之前，必须对压力模块进行归零。

(5) 利用压力输出将压力管路加压至显示屏上显示的所需压力值。

(6) 如果必要，可以更改压力显示单位，步骤可参见测量模式中的压力测量部分。

5. 热电偶模拟

使用热电偶线和正确的热电偶迷你连接器将 Fluke 754 热电偶输入/输出端连接到被测仪器，如图 2-74 所示。

模拟热电偶的步骤：

(1) 将热电偶导线连接到正确的热电偶迷你插头，再到热电偶输入/输出端，如图 2-68 所示。

(2) 如果必要，按[MEASURE SOURCE]选择“输出”(SOURCE) 模式。

(3) 按[TC RTD]，然后按[ENTER]选择热电偶传感器类型。显示屏提示选择热电偶类型。

(4) 按⊜或⊝，然后按[ENTER]选择所需的热电偶类型。

(5) 按⊜或⊝，然后按[ENTER]选择线性 T (默认) 或线性 mV (校准与毫伏输入呈线性对应的温度变送器)。

(6) 按照显示屏的提示记录要模拟的温度，然后按[ENTER]。

注意：如果使用铜线取代热电偶线，则参考接点将不再位于 Fluke 754 内部。参考接点

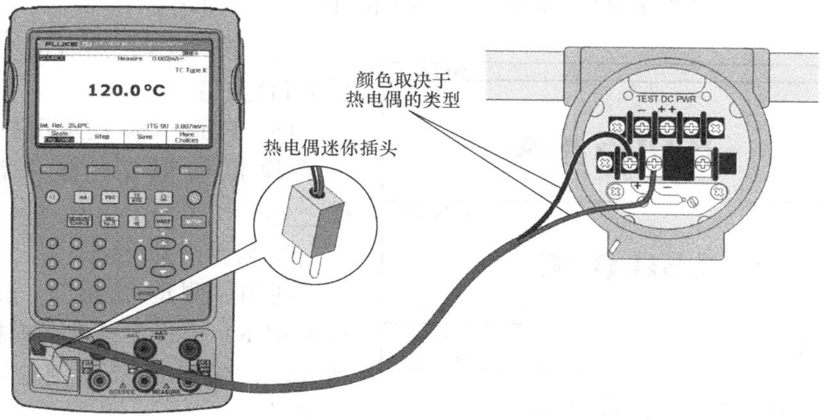

图 2-74 模拟热电偶的连接

移到仪器（变送器、指示器、控制器等）输入终端，必须准确测量外部参考温度并记录在 Fluke 754 中。要执行此操作，需按 SETUP 并设置“参考连接补偿（Ref. Junc. Compensat.）”和“参考连接温度（Ref. Junc. Temp.）”。记录外部参考温度后，Fluke 754 会纠正所有电压以针对此新的参考连接温度进行调整。

6. 热电阻模拟

将 Fluke 754 连接到被测仪器，如图 2-75 所示，图中显示两线、三线或四线变送器的连接。对于三线或四线变送器，请使用 4in 长的可叠式跨接器电缆将第三根和第四根线连接到输出 V Ω RTD 插口。

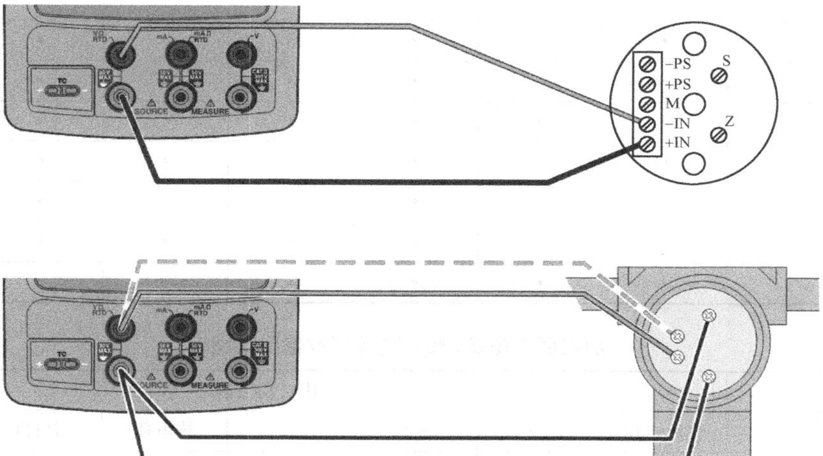

图 2-75 模拟热电阻的连接

模拟 RTD（热电阻）的步骤：

（1）如果必要，按 MEASURE/SOURCE 选择“输出”（SOURCE）模式。

（2）按 TC/RTD。

（3）按▲或▼选择 RTD。

（4）按ENTER显示“选择 RTD 类型”（Select RTD Type）屏幕。

（5）按▲或▼，然后按ENTER选择所需的 RTD 类型。

（6）Fluke 754 提示用户使用键盘输入要模拟的温度。输入温度，然后按ENTER。

7. 同步测量/输出

使用“测量/输出”（MEASURE/SOURCE）模式来校准或模拟过程仪器。按MEASURE SOURCE，随后显示如图 2-76 所示的分屏。

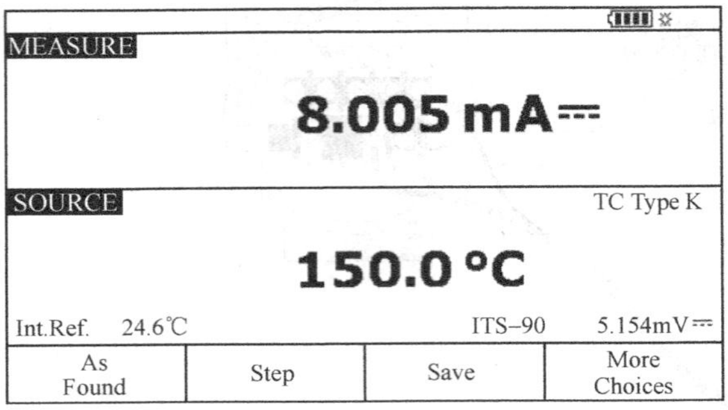

图 2-76 测量/输出屏幕

当禁用回路电源时可以同时使用的功能见表 2-11；当启用回路电源时可以同时使用的功能见表 2-12。

表 2-11　　禁用回路电源时的同步测量/输出功能

测量功能	输出功能						
	直流电压	毫安	频率	Ω	热电偶	RTD	压力
直流电压	•	•	•	•	•	•	•
毫安	•		•	•	•	•	•
交流电压	•	•	•	•	•	•	•
频率（≥20Hz）	•	•	•	•	•	•	•
低频（<20Hz）							
Ω	•		•	•	•	•	•
通断性	•		•	•	•	•	•
热电偶	•	•	•	•		•	•
RTD	•		•	•	•	•	•
3 线 RTD	•		•	•	•	•	•
4 线 RTD	•		•	•	•	•	•
压力	•	•	•	•	•	•	

表 2-12　　启用回路电源时的同步测量/输出功能

测量功能	输出功能						
	直流电压	毫安	频率	Ω	热电偶	RTD	压力
直流电压	•		•	•	•	•	•
毫安	•		•	•	•	•	•
交流电压	•		•	•	•	•	•
频率（≥20Hz）	•		•	•	•	•	•
热电偶	•		•	•		•	•
压力	•		•	•	•	•	

“步进（Step）”或“自动步进（Auto Step）”功能可用于在“测量/输出”（MEASURE/SOURCE）模式中调整输出，或是在按下“调整前校准（As Found）”功能键时使用给定的校准程序。

校准过程仪器时，使用“测量/输出”（MEASURE/SOURCE）模式中显示的两个功能键：

（1）“调整前校准（As Found）”可用于设置一个校准程序来获取并记录“调整前校准”数据。

（2）“自动步进（Auto Step）”可用于按照之前给定的值设置 Fluke 754 的自动步进。

五、过程仪器校准

如果 Fluke 754 处于“测量/输出”（MEASURE/SOURCE）模式，则当按下“调整前校准（As Found）”功能键时，可以配置内置校准程序。“调整前校准”数据是测试结果，它显示变送器在调整前的状态。Fluke 754 可以运行一些与主机和 DPCTrack2 应用软件同开发的预载任务。

生成“调整前校准”测试数据的操作方法和步骤详见使用说明书。此处，Fluke 754 会模拟热电偶的输出并测量由变送器调整的电流。其他变送器使用与此相同的步骤。返回到“测量（MEASUREMENT）”或“输出（SOURCE）”模式，并在按“调整前校准（As Found）”之前更改操作参数。

过程仪器校准的操作内容及步骤详见使用说明书，在此不一一说明。

【考核自查】

1. 什么是零点迁移？零点迁移有何意义？

2. 什么是变送器的量程比？它有什么意义？

3. 手持通信器连到变送器回路时，一定要先把变送器电源关掉吗？手持通信器的电源也要关掉吗？为什么？

4. 智能变送器的调整和校验有哪几种方法？

5. 图 2-77 所示为手持通信器和智能变送器的接线图，图中在三个位置上画了手持通信器（分别为 A、B、C），请问哪一个不能通信？为什么？

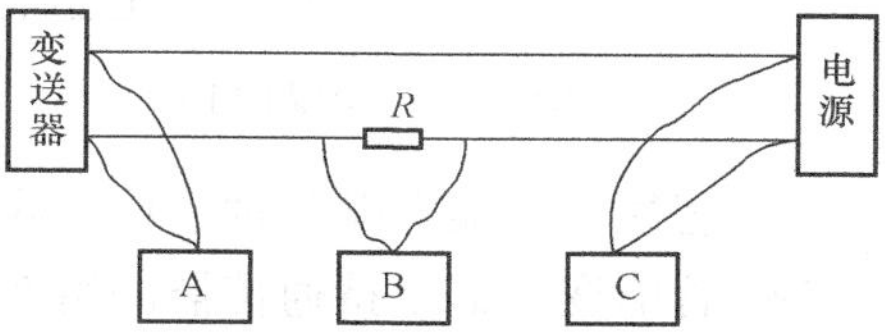

图 2-77　习题 5 图

6. 如果一温度计的测量下限是－200℃，测量上限是 500℃，其量程是多少？如将零点迁移到 50℃，那么测量上限是多少？零点迁移的百分数是多少？是正迁移还是负迁移？

7. 二线制变送器在工作区内，当变送器输出端电压为 10.08V、回路电阻为 600Ω 时，其最小电源电压是多少？

8. 有一台差压变送器，其测量范围为 0～31.1/186.8kPa，试求最小量程、最小测量范围、最大量程、最大测量范围和量程比。

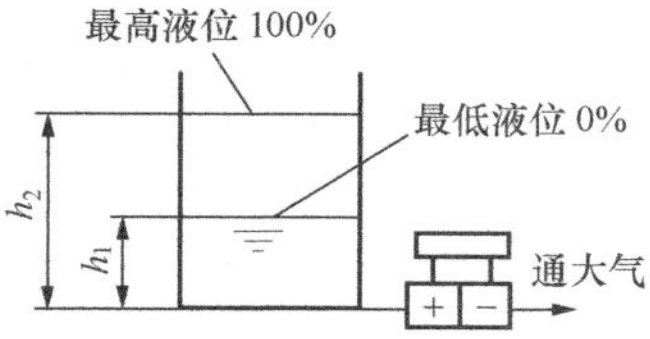

图 2-78　习题 10 图

9. 测量范围为 0～1000kPa 的差压变送器，当输出电流为 10mA 时，被测差压是多少？

10. 用差压变送器测开口容器内液位，如图 2-78 所示，图中，$h_1 = 1\text{m}$，$h_2 = 3\text{m}$。若被测介质密度 $\rho = 980\text{kg/m}^3$，试求：

(1) 是否需要零点迁移？迁移量是多少？是正迁移还是负迁移？

(2) 变送器的量程为多少？

11. 如图 2-79 所示，用差压变送器测闭口容器液位，已知：$h_1=0.5$m，$h_2=2$m，$h_3=1.4$m，被测介质密度 $\rho_1=850$kg/m^3，负压管隔离液为水，试求：

(1) 是否需要零点迁移？迁移量是多少？

(2) 变送器量程是多少？

12. 有一储油罐如图 2-80 所示，现采用 1151 差压变送器测量罐内的液位。罐内液体介质的密度 $\rho_1=1200$kg/m^3，变送器的负压室充水，水的密度 $\rho_2=1000$kg/m^3。图 2-80 中，$a=2$m，$b=2.5$m，$c=5$m。试求：

(1) 变送器的零点迁移量为多少？应采用何种迁移（正向或负向）？

(2) 变送器的测量范围是多少？

(3) 若按上述迁移量和测量范围调校好仪表后，假定在初步试运行时，罐内液体介质为水，变送器负压室仍充水，这时变送器输出指示值 $L_1=50\%$，则其罐内实际水位 L_2 为多少（%）？

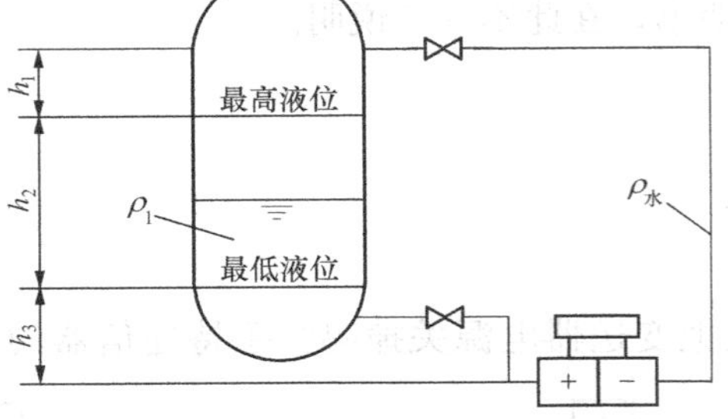

图 2-79 习题 11 图

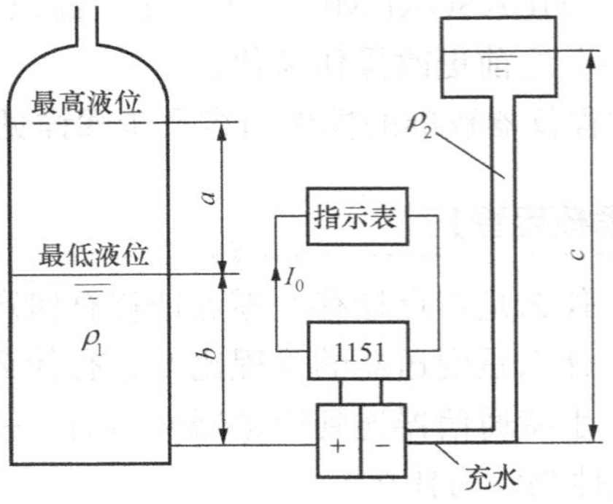

图 2-80 习题 12 图

13. 智能变送器有哪几种通信方式？

14. 智能变送器手持通信器的组态方式有哪几种？

15. 找出变送器外壳上设置的调整环节。

16. 利用手持通信器对 EJA 智能变送器进行以下操作：

(1) 将压力单位由 MPa 改为 mmH_2O；

(2) 量程由 0～3810mmH_2O 调整为0～0.03MPa；

(3) 零点调整为 15%；

(4) 满度调整为 35%。

项目三

智能控制器检修

控制器，也称调节器，它将来自变送器的测量值PV与给定值SP进行比较，对产生的偏差ε进行控制运算，并输出统一标准信号去控制执行机构的动作，以实现对温度、压力、流量、液位以及其他工艺参数的自动控制。通过改变控制器参数，可改变控制器控制作用的强弱。此外，控制器还具有测量信号、给定信号及输出信号的指示功能和手/自动切换功能。

随着计算机控制技术的发展，控制器经历了从模拟到数字的智能化、网络化、系统化的发展，如从基地式控制器、单元组合式模拟控制器、带数字化面板的可编程调节器到智能控制器，控制系统也从组件组装式电子控制装置到分散式控制系统、现场总线控制系统。

控制器所采用的控制规律也从模拟PID控制到计算机控制所采用的数字PID控制、直接数字控制、最优控制、模糊控制、神经网络控制等先进控制技术。已有很多公司开发了具有PID参数自整定功能的智能控制器，其中PID控制器参数的自动调整是通过智能化调整或自校正、自适应算法来实现，本项目即采用此种类型智能控制器。

【学习目标】

（1）明确控制器的作用。

（2）熟悉智能控制器面板显示意义。

（3）熟悉常用控制器的工作原理、结构组成。

（4）能根据被控对象及控制要求，正确选择调节规律。

（5）能根据控制要求整定控制器的PID参数，实现手/自动控制，满足控制品质要求。

（6）能熟练进行面板操作。

（7）能初步进行控制器的选型。

（8）按规范要求校验控制器，会正确填写控制器检修、调校、维护记录和校验报告。

（9）会正确使用、维护和保养常用校验设备、仪器和工具。

【任务描述】

认知智能控制器，熟练操作智能控制器面板按键；能根据被控对象及控制要求，正确设置智能控制器的内部参数；能将系统投入运行，用经验法、自整定功能整定控制器的PID参数，实现手/自动控制，满足控制品质要求。

【知识导航】

智能控制器采用计算机控制技术，通过软件实现所需功能，运算控制功能强，并且带有自诊断功能和数字通信功能。与模拟控制器特性相似，保留常规模拟控制器的操作方式等优点，实现了仪表和计算机的一体化。除实现手动、自动控制外，智能控制器能解决许多控制问题，尤其在动态过程是良性的和性能要求不太高的情况下，因而在工业生产过程自动控制系统中得到了广泛的应用。智能控制器不仅是分散式控制系统的重要组成部分，而且嵌入在许多有特殊要求的控制系统中。

智能控制器硬件电路

智能控制器的硬件电路由主机电路、过程输入/输出通道、人机接口电路以及通信接口电路等部分组成，其结构原理图如图 3-1 所示。

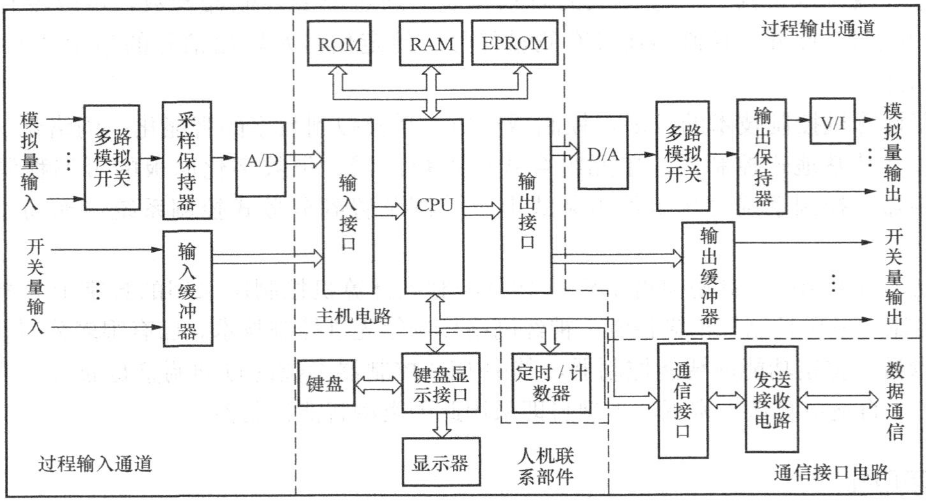

图 3-1 智能控制器的硬件电路原理图

一、主机电路

主机电路由 CPU、存储器（ROM、EPROM、RAM）、定时/计数器及 I/O 接口等组成，是智能控制器的核心，用于实现仪表数据运算处理、各组成部分之间的管理。CPU 完成数据传递、算术逻辑运算、转移控制等功能；ROM 存放系统程序；EPROM 存放用户程序；RAM 存放输入数据、显示数据、运算的中间值和结果值。CTC 的定时功能用来确定控制器的采样周期，并产生串行通信接口所需的时钟脉冲；计数功能主要用来对外部事件进行计数。

二、过程输入/输出通道

一台智能控制器通常都可以接收/输出若干个模拟量信号和开关量信号。

1. 过程输入通道

模拟量输入通道将多个模拟量输入信号分别转换为 CPU 能接受的数字量。多路模拟开关将多个模拟量输入信号分别连接到采样保持器；采样保持器具有暂时存储模拟输入信号的作用；A/D 转换器将模拟信号转换为相应的数字量。

开关量输入通道将多个开关输入信号转换成能被计算机识别的数字信号。通常采用光电耦合器件作为输入电路进行隔离传输。

2. 过程输出通道

模拟量输出通道依次将多个运算处理后的数字信号进行数/模转换。D/A 转换器起数/模转换作用，V/I 转换器将 1～5V 的模拟电压信号转换成 4～20mA 的标准电流信号输出。

开关量输出通道通过锁存器输出开关量（包括数字、脉冲量）信号，以便控制继电器触点和无触点开关的接通与断开，也可控制步进电动机的运转。通常采用光电耦合器件作为输出电路进行隔离传输。

三、人机联系部件

智能控制器正面板带测量值和给定值数码显示器、输出信号显示器、运行方式（自动/串级/手动）切换按钮、给定值增/减按钮和手动增/减输出按钮等，还有一些状态显示灯，用于实现控制器与使用人员之间的各种信息的交流。

四、通信接口电路

通信接口电路主要用于智能控制器与其他控制设备之间的数据通信，大多采用串级传输方式。该电路将欲发送的数据转换成标准通信格式的数字信号，经发送电路送至通信线路（数据通道）上；同时通过接收电路接收来自通信线路的数字信号，将其转换成能被计算机接受的数据。

PID 控制规律

一、控制器工作原理

控制器的控制规律就是指控制器的输出信号与输入偏差之间随时间的变化规律。工业用控制器常用 PID 控制规律。PID 控制是历史最悠久、生命力最强的一种控制方式，是迄今为止最通用的控制方法，其中 P 为比例控制规律、I 为积分控制规律、D 为微分控制规律。PID 控制结构简单，参数容易调节，且不必求出被控对象的数学模型就可进行控制。在过程控制中，90%以上的控制回路采用 PID 类型的控制器，因此，大多数反馈回路采用该方法或其较小的变化形式。

在图 3-2 所示的单回路控制系统中，由于扰动作用使被调量偏离给定值，从而产生偏差 e=SP－PV（式中：e 为偏差；SP 为给定值；PV 为测量值）。控制器接受偏差信号后，按 PID 运算规律输出控制信号 μ，作用于被控对象，以消除扰动 f 对被控变量 y 的影响，从而使被控量回到给定值，是一种反馈控制。

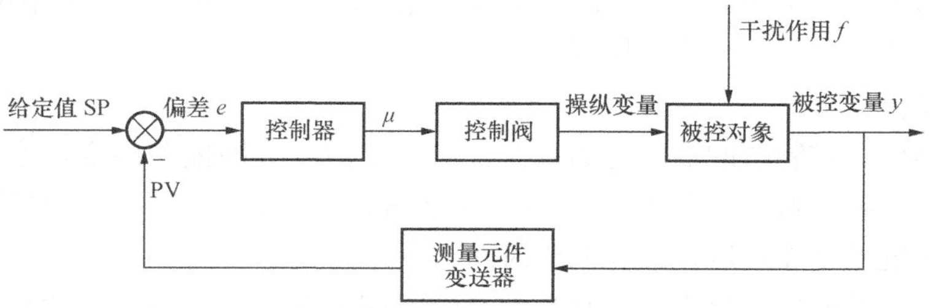

图 3-2　单回路控制系统结构图

习惯上称 $e>0$ 为正偏差；$e<0$ 为负偏差。若 $e>0$ 时，对应的输出信号变化量 $\Delta\mu>0$，则称控制器为正作用控制器；若 $e<0$ 时，对应的输出信号变化量 $\Delta\mu>0$，则称控制器为反作用控制器。

二、PID比例积分微分控制规律

PID控制器是一种线性控制器，它将给定值SP与测量值PV的偏差进行比例（P）、积分（I）、微分（D）作用，并通过线性组合构成控制量，对被控对象进行控制。

（1）PID控制器的微分方程为

$$\mu(t)=\mu_P(t)+\mu_I(t)+\mu_D(t)=K_P\left[e(t)+\frac{1}{T_I}\int e(t)\mathrm{d}t+T_D\frac{\mathrm{d}e(t)}{\mathrm{d}t}\right] \tag{3-1}$$

其中

$$e(t)=\mathrm{SP}(t)-\mathrm{PV}(t)$$

式中 K_P——比例系数；

T_I——积分时间；

T_D——微分时间。

（2）PID控制器的传输函数为

$$G(s)=\frac{U(s)}{E(s)}=K_P\left(1+\frac{1}{T_Is}+T_Ds\right) \tag{3-2}$$

（3）PID控制器结构图。PID控制器结构图如图3-3所示。

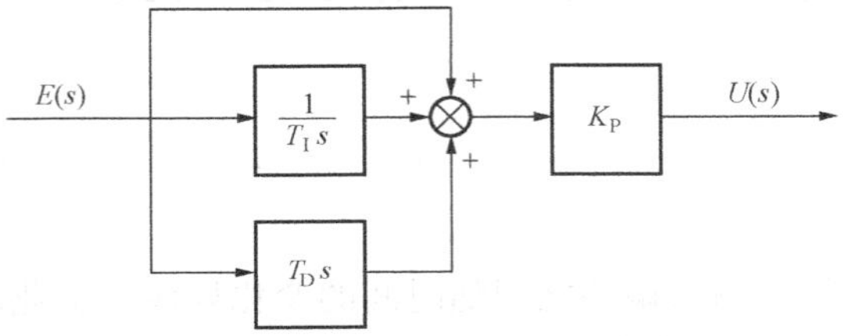

图3-3 PID控制器方框图

由式（3-2）可见，PID控制作用的输出分别是比例、积分和微分三种控制作用输出的叠加。

三、PID控制器各控制规律的作用

1. P控制规律

比例控制的输出信号与输入偏差成比例关系。偏差一旦产生，控制器立即产生控制作用以减小偏差，是最基本的控制规律。当仅有比例控制时系统输出存在稳态误差。

2. I控制规律

对于一个自动控制系统，如果在进入稳态后存在稳态误差，则称这个系统是有差系统。为了消除稳态误差，必须引入积分控制规律。积分作用是对偏差进行积分，随着时间的增加，积分输出会增大，使稳态误差进一步减小，直到偏差为零，才不再继续增加。因此，采用积分控制规律的主要目的就是使系统无稳态误差，提高系统的准确度。积分作用的强弱取决于积分时间常数 T_I，T_I 越大，积分作用越弱，反之则越强。

由于积分引入了相位滞后，使系统稳定性变差。因此，积分控制一般不单独使用，通常结合比例控制构成比例积分（PI）控制器。

3. D控制规律

在微分控制中，控制器的输出与输入偏差信号的微分（即偏差的变化率）成正比关系。可减小超调量，并能在偏差信号的值变得太大之前，在系统中引入一个有效的早期修正信号，从而加快系统的动作速度，减少调节时间。

微分控制反映偏差的变化率，只有当偏差随时间变化时，微分控制才会对系统起作用，而对无变化或缓慢变化的对象不起作用。因此微分控制在任何情况下不能单独与被控制对象串联使用。

需要说明的是，对于一台实际的PID控制器，如果把微分时间 T_D 调到零，就成为一台比例积分控制器；如果把积分时间 T_I 放大到最大，就成为一台比例微分控制器；如果把微分时间调到零，同时把积分时间放到最大，就成为一台纯比例控制器了。

由于PID控制规律综合了比例、积分、微分三种控制规律的优点，具有较好的控制性能，因而应用范围更广。PID控制器可以调整的参数是 K_P、T_I、T_D。适当选取这三个参数的数值，可以获得较好的控制质量。在选择PID控制规律时，应依据被控对象的动态、静态特性以及实际控制要求和控制品质来选择。表3-1给出了各种控制规律的特点及适用场合，以供比较选用。

四、PID控制器的工作方式与无扰切换

1. 控制器工作方式

PID控制器为配合自动控制系统的工作，设有手动MAN、自动AUTO、串级CAS和跟踪TR四种工作方式，并配有相应工作方式按键，可以在不同方式之间进行无扰切换。

手动方式下，PID单元停止运算，操作员通过按控制器面板上输出值增减按钮改变控制输出值。

自动方式下，以操作员设定的内给定为给定值，PID按设定好的控制规律进行偏差控制运算，内给定值可通过控制器面板上设定值增减按钮来改变。

串级方式下，以来自主回路或其他运算模块的外给定值做给定值进行PID运算；如果串级输入端没有输入信号，则不能切换到串级方式。

跟踪方式下，PID单元停止运算，其值随被跟踪量变化。

2. 无扰切换

正常运行时，系统一般处于自动状态。而在调试阶段或设备出现故障时，系统将自动处于手动状态。由于采用了积分调节规律，当系统处于手动调节状态时，控制器输出值不确定。因此，自/手动控制方式相互切换时，由于不同方式输出值不等，这时如不作任何处置就进行切换会对调节对象造成很大的扰动，可导致执行机构大幅度的变化，破坏系统原有的平衡状态，直至失稳，甚至无法维持正常的生产过程。此外，在控制系统多种控制模式的相互变更之间，以及串级反馈系统内/外反馈回路的切除与投入之间，也会有此情况。

因此，在自动与手动方式相互切换过程中，应做到无扰切换。即在切换的瞬间，应当保持控制器的输出不变，这样使执行器的位置不会在切换过程中突然变化，就不会对生产过程引入附加的扰动，这称为无扰动切换。

3. 跟踪

要实现无扰切换，控制器应有跟踪措施。即自动运行时，手动值跟踪PID输出，达到自动切换到手动时无扰动；当手动运行时，SP给定值跟踪PV测量值，所以PID运算输出增量为0，当从手动切换到自动的时候能实现无扰动切换。

在由模拟的PID控制器构成的控制系统中均设计有自动跟踪回路，以便在系统切换的瞬间，执行机构不发生变化。这类由硬件实现的自动跟踪线路随被控系统复杂程度的增加而更加复杂，不利于工程实现，甚至还难以实现全方位的跟踪，阻碍了PID功能的充分发挥。数字控制器出现后，微处理技术与人工智能相结合，使PID控制器向参数自整定、自校正的智能化方向发展。在智能控制器中，可通过软件的方法来方便地实现PID功能，以及解决正/反作用问题、积分饱和问题、限位问题和手动/自动无扰切换问题。

表 3-1　各种控制规律的特点及适用场合

控制规律	输入 e 与输出 P（或 ΔP）的关系式	阶跃作用下的响应（阶跃幅值为 A）	优缺点	适用场合
位式	$P=P_{max}\quad(e>0)$ $P=P_{min}\quad(e<0)$	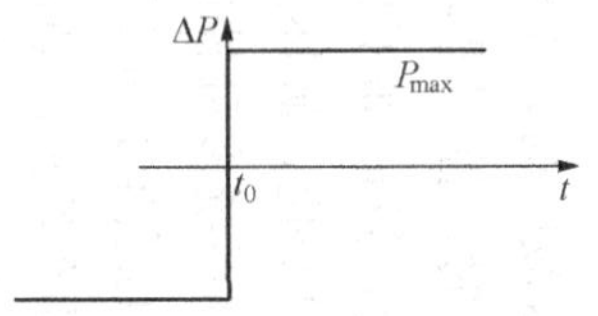	结构简单，价格便宜；控制质量不高，被控变量会振荡	对象容量大，负荷变化小，控制质量要求不高，允许等幅振荡
比例（P）	$\Delta P=K_{P}e$	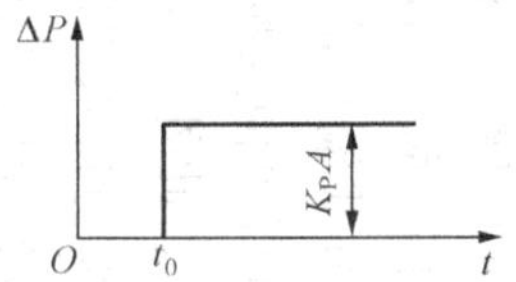	结构简单，控制及时，参数整定方便；控制结果有稳态误差	对于一阶惯性对象，负荷变化不大，工艺要求不高，如用于压力、液位、串级副控回路等，可采用比例P控制
比例积分（PI）	$\Delta P=K_{P}\left(e+\frac{1}{T_{I}}\int e dt\right)$	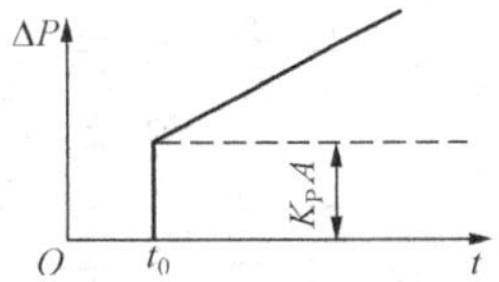	能消除稳态误差；积分作用控制慢，会使系统稳定性变差	对象滞后较大，负荷变化较大，但变化缓慢，要求控制结果无稳态误差。广泛用于压力、流量、液位和那些没有大的时间滞后的具体对象
比例微分（PD）	$\Delta P=K_{P}\left(e+T_{D}\frac{de}{dt}\right)$	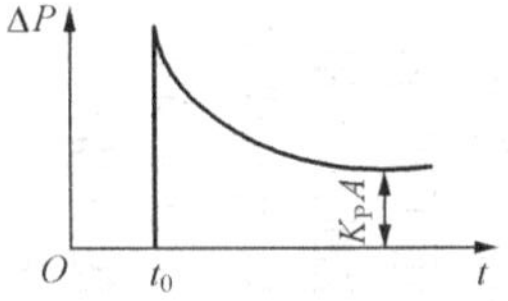	响应快，偏差小，能增加系统稳定性，有超前控制作用，可以克服对象的惯性；但控制作用有稳态误差	对象滞后大，负荷变化不大，被控变量变化不频繁，控制结果允许有稳态误差存在
比例积分微分（PID）	$\Delta P=K_{P}\left(e+\frac{1}{T_{I}}\int e dt+T_{D}\frac{de}{dt}\right)$	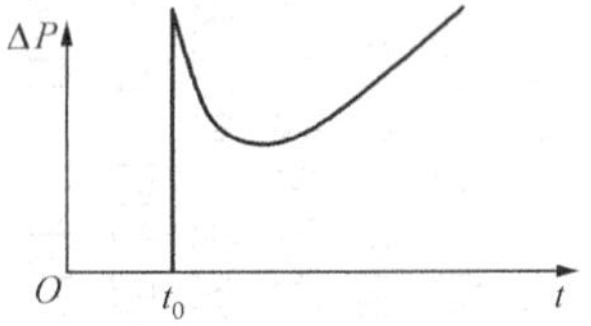	控制质量最高，无稳态误差；但参数整定较麻烦	对纯滞后时间较大，负荷变化也较大，控制性能要求高的场合，如用于过热蒸汽温度控制、pH值控制等

数字 PID 算法

为实现计算机直接数字控制，智能控制器采用数字化的 PID 控制算法，而 PID 控制的数字化是对各个被控变量的处理在时间上是离散进行的。计算机直接数字控制系统大多数是采样数字控制系统。进入计算机的连续时间信号，必须经过周期采样保持和整量化后，变成每采样周期 T 下的数字量，方能进入计算机的存储器和寄存器，如图 3-4 所示，其采样原理如图 3-5 所示。

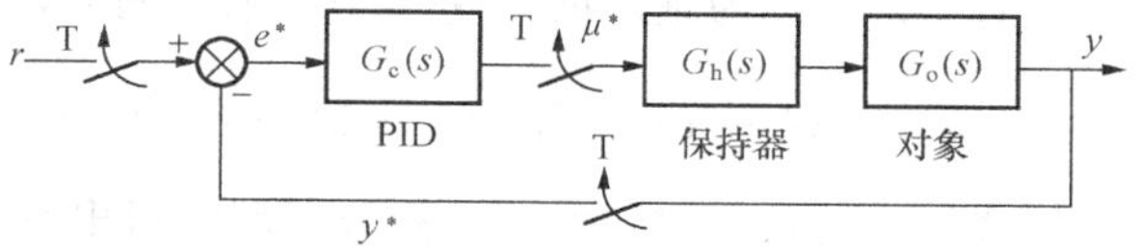

图 3-4　直接数字控制系统框图

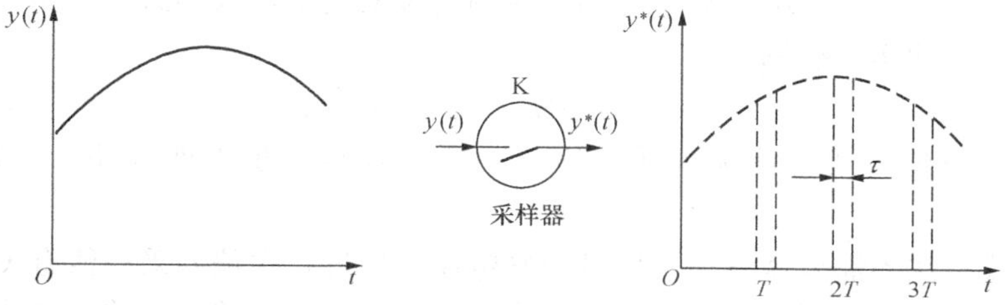

图 3-5　采样原理

在数字计算机中的计算和处理，不论是积分还是微分，只能用数值计算去逼近。因此可用求和代替积分、用后向差分代替微分，使模拟 PID 算式离散化为差分方程。具体数字化方法如式（3-3）所示，即

$$\left.\begin{aligned} & t = kT(k = 0,1,2\cdots) \\ & \int_0^t e(t)\mathrm{d}t \approx T\sum_{i=0}^{k} e(iT) = T\sum_{i=0}^{k} e(i) \\ & \frac{\mathrm{d}e(t)}{\mathrm{d}t} \approx \frac{e(kT) - e[(k-1)T]}{T} = \frac{e(k) - e(k-1)}{T} \end{aligned}\right\} \tag{3-3}$$

式中　T——采样周期；

k——采样序号，$k=0，1，\cdots，n$；

$e(k-1)$、$e(k)$——第 $k-1$ 次和第 k 次采样所获得的偏差信号。

1. 位置式算法

将式（3-3）代入 PID 模拟表达式，即（3-1）中得到离散 PID 表达式

$$\mu(k) = K_{\mathrm{P}}e(k) + K_{\mathrm{I}}\sum_{i=0}^{k} e(i) + K_{\mathrm{D}}[e(k) - e(k-1)] \tag{3-4}$$

其中

$$K_{\mathrm{I}} = K_{\mathrm{P}}T/T_{\mathrm{I}}$$

$$K_{\mathrm{D}} = K_{\mathrm{P}}T_{\mathrm{D}}/T$$

式中　K_{I}——积分系数；

K_{D}——微分系数。

式（3-4）是理想的数字 PID 控制算式，由于根据该式计算得出的控制输出，与执行机构的开度一一对应，因此也称其为位置式的 PID 算法。该算法的输出与实际控制阀的阀位相对应，便于计算机运算的实现，但计算繁琐、占用的计算机内存很大。

2. 增量式算法

基本PID控制的另一种算法为增量式算法。增量式算法计算的不是输出量的绝对数值。而是这次采样输出值与上次采样输出值之差，即本次输出相对于上次输出的增量。

以式（3-4）为基础向前递推一个采期周期，可以得到

$$\mu(k-1)=K_{\mathrm{P}}e(k-1)+K_{\mathrm{I}}\sum_{i=0}^{k-1}e(i)+K_{\mathrm{D}}[e(k-1)-e(k-2)] \tag{3-5}$$

将式（3-4）与式（3-5）相减，可以得出增量式算法表达式

$$\begin{aligned}\Delta\mu(k)&=\mu(k)-\mu(k-1)\\&=K_{\mathrm{P}}[e(k)-e(k-1)]+K_{\mathrm{I}}e(k)+K_{\mathrm{D}}[e(k)-2e(k-1)+e(k-2)]\end{aligned} \tag{3-6}$$

由于式（3-6）中的$\Delta\mu(k)$对应于第k时刻阀位的增量，故称式（3-6）为增量式PID算法。则第k时刻的实际控制量可写为

$$\mu(k)=\mu(k-1)+\Delta\mu(k)$$

增量式算法与位置式算法无本质的区别。增量式算法虽然改动不大，却带来了很多优点：

（1）增量式算法不需要做累加，增量的确定仅与最近几次偏差采样值有关，计算误差或计算精度对控制量的计算影响较小。而位置式算法要用到过去的偏差的累加值，容易产生大的累加误差。

（2）增量式算法得出的是控制量的增量，如阀门控制中，只输出阀门开度的变化部分，误动作影响小，必要时通过逻辑判断限制或禁止本次输出，不会严重影响系统的工作。而位置式算法的输出是控制量的全量输出，误动作影响大。

（3）采用增量式算法，易于实现手/自动的无扰动切换。在手/自动切换时，增量式算法不需要知道切换时刻前的执行机构位置，只要输出控制增量，就可以做到无扰切换。而位置式算法要实现手/自动无扰切换，必须知道切换时刻前的执行机构的位置，这无疑增加了设计的复杂性。

使用增量式算法实现手/自动切换的工作原理是：首先根据系统的手/自动选择开关的位置。如果为1（手动状态），则不进行PID运算；如果为0（自动状态），则先进行增量型PID运算得到$\Delta\mu(k)$，然后再加上手动状态下的阀位值μ_0，作为本次PID控制的输出值$u(k)$。

注意：该方法只存在于由手动→自动的第一次采样（调节）过程中。以后的$\mu(k)$值，则按公式$\mu(k)=\mu(k-1)+\Delta\mu(k)$处理。由自动→手动切换时，必须先使手动操作器的输出值与D/A转换器的输出值一致，然后再切换，才能实现自动→手动无扰动切换。

若将增量算式展开后合并同类项可得到式（3-7），该算法更便于计算机编程，即

$$\begin{aligned}\Delta\mu(k)&=K_{\mathrm{P}}\left[\left(1+\frac{T}{T_{\mathrm{I}}}+\frac{T_{\mathrm{D}}}{T}\right)e(k)-\left(1+2\frac{T_{\mathrm{D}}}{T}\right)e(k-1)+\frac{T_{\mathrm{D}}}{T}e(k-2)\right]\\&=Ae(k)+Be(k-1)+Ce(k-2)\end{aligned} \tag{3-7}$$

其中

$$A=K_{\mathrm{P}}\left(1+\frac{T}{T_{\mathrm{I}}}+\frac{T_{\mathrm{D}}}{T}\right)$$

$$B=-K_{\mathrm{P}}\left(1+2\frac{T_{\mathrm{D}}}{T}\right)$$

$$C = K_P \frac{T_D}{T}$$

增量式算法因其特有的优点，已得到了广泛的应用。但这种控制方法也存在不足之处。如增量算法中，由于执行元件本身是机械或物理的积分储存单元，如果给定值发生突变时，由算法的比例部分和微分部分，计算出的控制增量可能比较大；如果该值超过了执行元件所允许的最大限度，那么实际上执行的控制增量是受到限制时的值，多余的部分将丢失，将使系统的动态过程变长，因此需要采取一定的措施改善这种情况。

3. 数字 PID 速度算式

$$\nu(k) = \frac{\Delta\mu(k)}{T} \tag{3-8}$$

上述三种算法的选择，一方面要考虑执行器形式，另一方面要权衡应用时的方便性。

从执行器形式看，位置式算法的输出除非用数字式控制阀，否则不能直接连接，一般须经过数/模（D/A）转换，化为模拟量，并通过保持电路，把输出信号保持到下一采样周期的输出信号到来时为止；增量式算法的输出可通过步进电动机等累积机构，化为模拟量；速度式算法的输出须采用积分式执行机构。

从应用的利弊来看，采用增量式算法和速度式算法时，手/自动切换都相当方便，因为它们可以从手动时的 $\mu(k-1)$ 出发，直接计算出在投入自动运行时应该采取的增量 $\Delta\mu(k)$。同时，这两类算法不会引起积分饱和现象。三种算法中，增量式算法用得最为广泛。

4. 数字 PID 算法的改进

利用计算机强大的编程、计算能力，对数字 PID 算式可以很方便地进行改进，以满足各种控制要求。

（1）积分项改进。积分作用虽能消除控制系统的稳态误差，但它也有一个副作用，即会引起积分饱和。在偏差始终存在的情况下，造成积分过量。当偏差方向改变后，需经过一段时间后，输出 $\mu(k)$ 才脱离饱和区。这样就造成调节滞后，使系统出现明显的超调，恶化调节品质。这种由积分项引起的过积分作用称为积分饱和现象，可以采用改进的积分分离型和积分限幅的数字 PID 算法克服。

1）积分分离法。积分分离法的基本思想是在偏差大时不进行积分，仅当偏差的绝对值小于预定的门限值 ε 时才进行积分累积。这样既防止了偏差大时有过大的控制量，也避免了过积分现象。

2）积分限幅法。积分限幅法的基本思想是当积分项输出达到输出限幅值时，即停止积分项的计算，这时积分项的输出取上一时刻的积分值。

3）消除积分不灵敏区。数字 PID 增量算式中积分项为式（3-9）

$$\Delta\mu_I(k) = K_P \frac{T}{T_I} e(k) \tag{3-9}$$

当计算机的运行字长较短，采样周期 T 也短，而积分时间 T_I 又较长时，$\Delta\mu_I(k)$ 容易出现小于字长的精度而丢数，使积分作用消失，这就称为积分不灵敏区。

【例 3-1】　如某温度控制系统的温度量程为 0～1275℃，A/D 转换为 8 位，并采用 8 位字长定点运算。已知 $K_P=1$，$T=1s$，$T_I=10s$，试计算，当温差达到多少℃时，才会有积分作用？

解　因为当 $\Delta\mu_I(k)<1$ 时计算机就作为“零”将此数丢掉，控制器就没有积分作用。

将 $K_P=1$，$T=1s$，$T_I=10s$，代入式（3-9）计算得

$$\Delta\mu_I(k)=K_P\frac{T}{T_I}e(k)=1\times\frac{1}{10}\times e(k)=e(k)$$

而 0～1275℃对应的 A/D 转换数据为 0～255，温差 ΔT 对应的偏差数字为

$$e(k)=\frac{255}{1275}\times\Delta T$$

令 $e(k)>1$，解得 $\Delta T>50℃$。可见，只有当温差大于 50℃时，$\Delta\mu_I(k)=e(k)>1$，控制器才有积分作用。

增加 A/D 转换位数，加长运算字长，这样可以提高运算精度。

（2）微分项改进。在偏差阶跃变化以及噪声大的场合，微分动作剧烈，可采取改进的微分先行 PID 算法和用实际微分取代理想微分的不完全微分 PID 算法。

1）微分先行。微分先行是把对偏差的微分改为对被控量的微分，这样，在给定值变化时，不会产生输出的大幅度变化。而且由于被控量一般不会突变，即使给定值已发生改变，被控量也是缓慢变化的，从而不致引起微分项的突变。

2）输入滤波。输入滤波就是在计算微分项时，不是直接应用当前时刻的偏差 $e(k)$，而是采用滤波值，即用过去和当前四个采样时刻的误差的平均值，再通过加权求和形式近似构成微分项，即

$$\mu_D(k)=\frac{K_PT_D}{6T}[e(k)+3e(k-1)-3e(k-2)-e(k-3)] \tag{3-10}$$

$$\Delta\mu_D(k)=\frac{K_PT_D}{6T}[e(k)+2e(k-1)-6e(k-2)+2e(k-3)+e(k-4)] \tag{3-11}$$

3）不完全微分型 PID 控制算法。普通 PID 控制算法对具有高频扰动的生产过程，微分作用比较灵敏，容易引起控制过程振荡，降低调节品质。而且由于控制器是对多个控制回路进行控制，对每个控制回路输出的时间较短暂，而驱动执行器动作又需要一定时间，如果输出较大，在短暂时间内执行器达不到应有的开度，将使输出失真。

为了克服这些缺点，同时又要使微分作用有效，可以在 PID 控制器输出端串入一阶惯性环节，所构成的控制器称为不完全微分 PID 控制器，如图 3-6 所示。

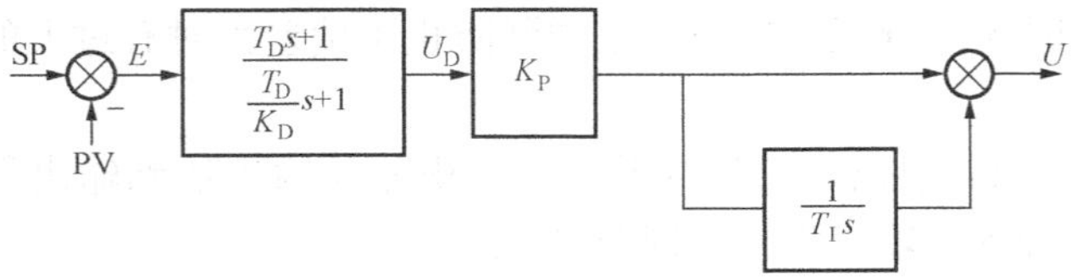

图 3-6　不完全微分型 PID 算法传递函数框图

不完全微分 PID 的传递函数如式（3-12）所示

$$G(s)=K_P\left(1+\frac{1}{T_Is}\right)\left(\frac{T_Ds+1}{\frac{T_D}{K_D}s+1}\right) \tag{3-12}$$

在相同的阶跃输入下，采用同样的 PID 参数，完全微分与不完全微分的输出区别如图 3-7所示。用实际 PD 环节来代替理想的 PD 环节。这样，在偏差有较快变化后，D 作用瞬间不是太强烈，但可保持一段时间。

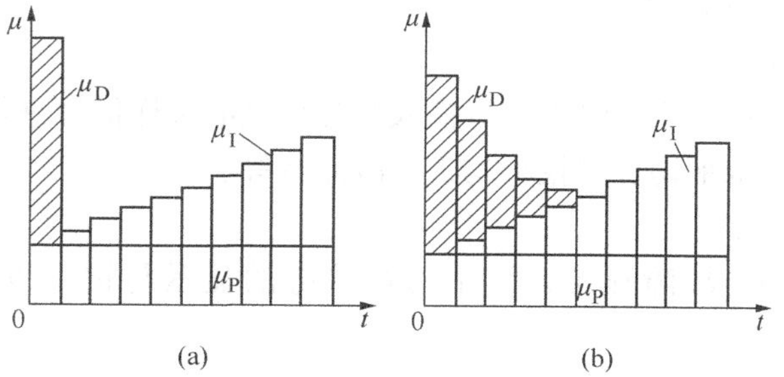

图 3-7　完全微分与不完全微分作用的区别

(a) 完全微分；(b) 不完全微分

智能控制器软件功能

智能控制器的各种功能都通过软件实现，基本控制流程如图 3-8 所示。控制器的软件除进行 PID 控制运算以外，还要能够解决一些问题。

1. 自整定功能 AT

整定就是为仪表设置 PID 控制参数以适应被控对象，从而达到较好的控制效果。目前生产销售的各种人工智能型数字显示控制器，一般都具有 PID 参数自整定功能。在自整定状态下，仪表可通过自整定确定系统的最佳 P、I、D 调节参数，实现理想的调节控制。

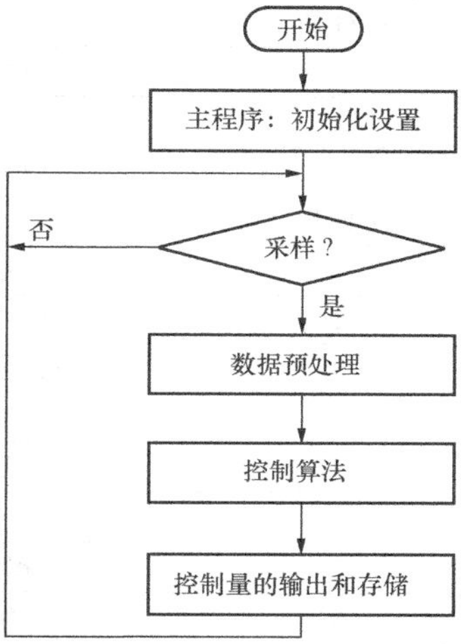

图 3-8　智能控制器的控制流程

智能控制器的 PID 自整定过程一般是：在开启自整定功能前，先将仪表的设定值设置在要控制的数值上，因为系统在不同设定值下整定的参数值不完全相同。当用户启动仪表的自整定功能后，控制器自动转换成位式调节状态，即当测量值小于给定值时控制器输出为满量程，反之为零，强制使系统产生振荡。在振荡过程中控制器自动检测系统从超调恢复到稳态（测量值与给定值一致）的过渡特性，提取被控对象的特征参数，如振荡的周期、幅度及波形。当系统振荡一个半周期后，控制器分析计算出最佳 PID 整定参数。整定完成后再转换成 PID 自动调节状态。不同的系统由于惯性不同，自整定时间有所不同，从几分钟到几小时不等。

相比常规工程整定法如扩充临界比例度法、扩充响应曲线法、归一参数整定法、经验法等，使用有自整定功能的智能控制器，在对实际对象进行 PID 参数的整定时，工作更加高效、便捷。

2. 人机对话程序

人机对话是指计算机通过显示器或打印设备，向操作人员提供有用的信息，操作人员通过键盘向计算机输入信息，以控制程序的运行，或是设置、修改、调试系统有关参数。人机对话功能，需要设计相应的程序或是调用所选的编程语言中的有关子程序实现。

3. 控制器手动/自动控制切换

控制器一般设置有手动、自动等控制方式，智能控制器均通过内部程序实现自动跟踪，以保证控制方式之间实现无扰切换。

4. 输入信号的预处理

为抑制各种环境干扰及测量噪声，对输入至计算机的采样信号进行预处理有时是很需要的。常规的预处理有算术平均、加权平均、一阶滤波等。

5. 其他问题的处理

对异常信号的处理、故障显示、系统运行状态的显示与记录以及数制、代码转换程序等。

【任务准备】

控制器检修所需工具及常用消耗品见表3-2。准备好所需检修工具及常用消耗品，与相关部门做好沟通、开具工作票。本任务以AI-808智能控制器为载体实施。

表3-2 控制器检修所需工具及常用消耗品

一、材料类			
1	绝缘黏胶带		1盘
2	短接线		若干
3	1号毛刷		2把
二、工具类			
1	万用表	FLUKE	1个
2	带漏电保护电源盘		1个
3	高精度信号发生器	FLUKE744	1台
4	吸尘器		1台
5	电吹风	防静电	1台
6	电笔		1支
7	螺钉旋具	十字、一字	各1个
8	尖嘴钳		1把
9	斜口钳		1把
10	绝缘电阻表	500V	1个
11	对讲机		1副
12	记号笔		1个
13	塑料桶	(25L)	1个
三、备件类			
1	控制器		一台
2	控制器使用说明书		1本

【任务实施】

一、智能控制器接线及操作

1. 仪表接线

仪表接线图如图3-9所示。线性电压量程在1V以下的由3、2端接入，0～5V和1～5V的信号由1、2端接入，4～20mA线性电流输入可分别用250Ω或50Ω电阻变为1～5V或0.2～1V电压信号，从1、2端或3、2端接入。

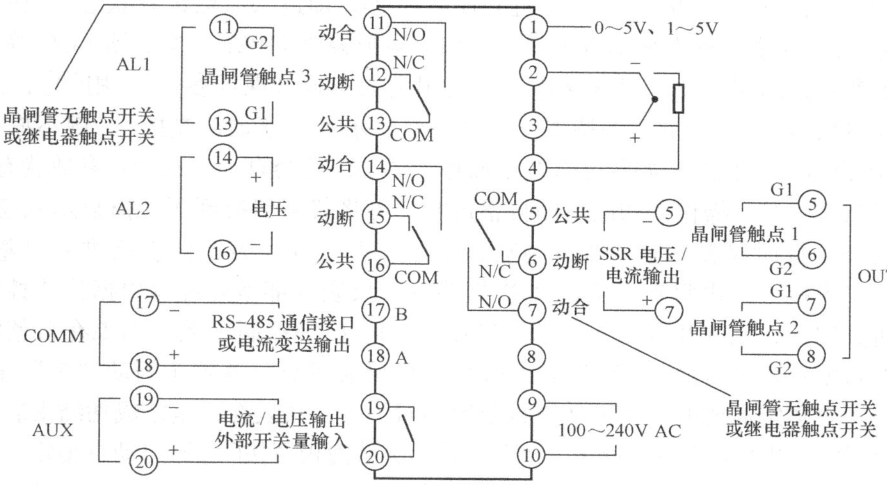

图 3-9　仪表接线图

2. 仪表面板及操作

(1) 仪表面板如图 3-10 所示。

(2) 面板操作。

1) 显示切换。按⟲键可以切换不同的显示状态，如图 3-11 所示。仪表通电后显示测量值和给定值，此时为仪表显示状态①；按⟲键可切换到自动状态，给定值窗口显示自动状态下的输出值，此时为显示状态②。

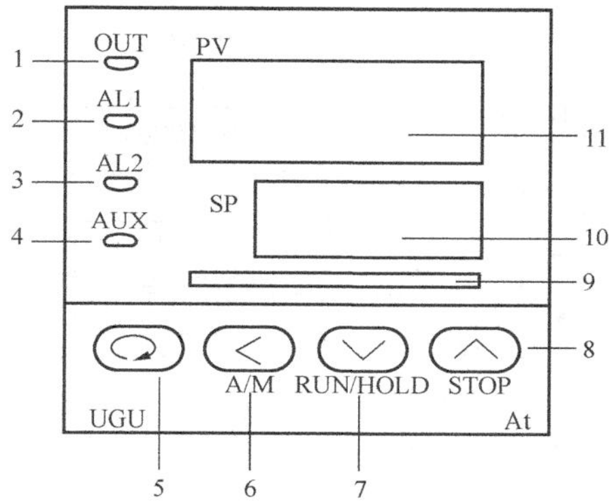

图 3-10　仪表面板

1—调节输出指示灯；2—报警 1 指示灯；3—报警 2 指示灯；4—AUX 辅助接口工作指示灯；5—显示转换（兼参数设置进入）；6—数据移位（兼手动/自动切换及程序设置进入）；7—数据减少键（兼程序运行/暂停操作）；8—数据增加键（兼程序停止操作）；9—光柱（选购件，可指示测量值或输出值）；10—给定值显示窗；11—测量值显示窗

2) 修改数据。如果参数锁没有锁上，仪表下显示窗显示的数值除 AI-808/808P 显示的自动输出值、AI-808P 显示的已运行时间和给定值不可直接修改外，其余数据均可通过按<键、∨或∧键来修改下显示窗口显示的数值。例如：需要设置给定值时（AI-708/808 型），可将仪表切换到显示状态①，即可通过按<、∨或∧键来修改给定值。AI 仪表同时具备数据快速增减法和小数点移位法。按∨键减小数据，按∧键增加数据，可修改数值位的小数点同时闪动（如同光标）。按键并保持不放，可以快速地增加/减少数值，并且速度会随小数点右移自动加快（3 级速度）。而按<键则可直接移动修改数据的位置（光标），操作快捷。

3) 手动/自动切换（仅使用 AI-808/808P）。在显示状态②下，按 A/M 键（即<键），可以使仪表在自动及手动两种状态下进行无扰动切换。在显示状态②且仪表处于手动状态下，直接按∨或∧键可增加及减少手动输出值。通过对 run 参数设置，也可使仪表不允许由面板按键操作来切换至手动状态，以防止误入手动状态。

4）设置参数：在基本状态（按⟳键并保持约 2s，即进入参数设置状态）。在参数设置状态下按⟳键，仪表将依次显示各个参数，如上限报警值 HIAL、参数锁 LOC 等，对于配置好并锁上参数锁的仪表，只出现操作工需要用到的参数（现场参数）。用<、∨、∧等键可修改参数值，按<键并保持不放，可返回显示上一参数。先按<键不放接着再按⟳键可退出设置参数状态。如果没有按键操作，约 30s 后会自动退出设置参数状态。

5）自整定（AT）操作。初次启动自整定时，可将仪表切换到测量值显示状态，按<键并保持约 2s，此时仪表下显示器将闪动显示“*At*”字样，表明仪表已进入自整定状态。自整定时，仪表执行位式调节，经 2～3 次振荡后，仪表内部微处理器根据位式控制产生的振荡，分析其周期、幅度及波型来自动计算出 P、I、D 等控制参数。如果在自整定过程中要提前放弃自整定，可再按<键并保持约 2s，使仪表下显示器停止闪动“*At*”字样即可。视不同系统，自整定需要的时间可从数秒至数小时不等。仪表在自整定成功结束后，会将参数 Ctrl 设置为 3（出厂时为 1）或 4，这样今后无法从面板再按<键启动自整定，可以避免人为的误操作再次启动自整定。已启动过一次自整定功能的仪表如果今后还要启动自整定时，可以用将参数 Ctrl 设置为 2 的方法进行启动。

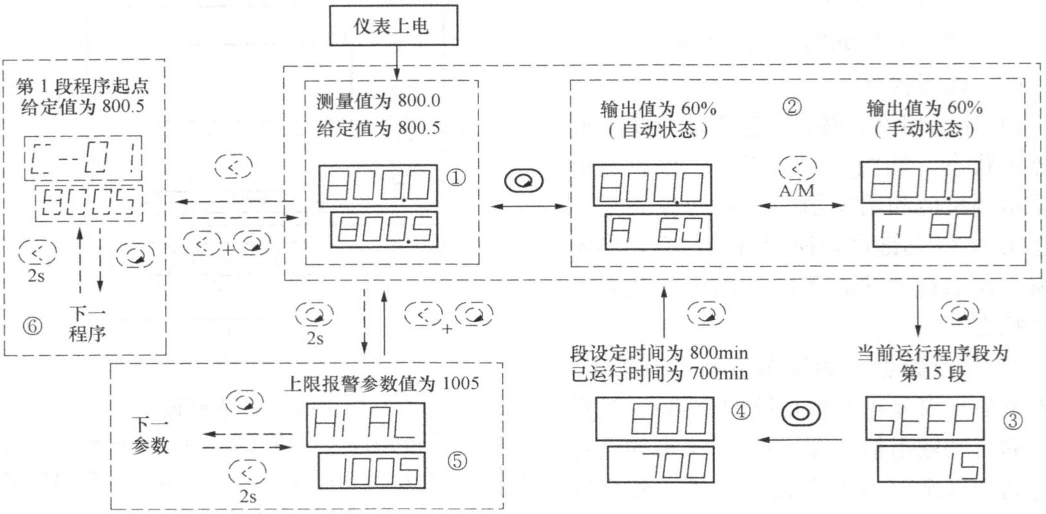

图 3-11　智能控制器显示状态

二、智能控制器参数设置

智能控制器通过设置内部参数完成功能设置。通常分为报警参数、输入信号参数、输出信号参数、PID 功能参数、控制参数等。

按功能分配，报警参数用于被控量的上/下限报警、正/负偏差报警；输入/输出信号参数用于设置输入信号规格、输出信号方式、输入信号的上/下限、显示小数点位数、输出信号的上/下限；PID 参数设置 PID 控制器的比例度、积分时间、微分时间等参数；控制类参数分为控制器的控制方式、运行方式、系统功能选择等参数。

在 PID 参数设置中，可充分利用智能控制器自整定功能。但由于自动控制对象的复杂性，对一些特殊场合，自整定的参数并不是最佳。可在自整定参数的基础上人工修改 P、I、D 参数。将 P、I、D 参数中的 I 增加或减少 50%左右，若效果变好，则继续同方向增加或减少。否则反方向调整，直到效果满意。若修改 I 仍不能满足要求，可依次修改 P、D 及 t 参数，直到满意为止。人工调整时，可依据系统的响应曲线，如果是短周期振荡（与自整定或位式调节时振荡周期相当或略长），可减少 P（优先）、加大 I 及 D；如果长周期可加大 I（优先）、加大 P 及 D；如果无振荡而静差太大，可减少 I（优先）、加大 P；如果稳定时间太长，可减少 D（优先）、加大 P、减少 I。

在一些输出不允许大幅度变化的场合，如调节阀控制的场合，应先用手动操作进行调节，使其基本稳定后，再在手动状态下启动自整定。这样使输出变化在 10% 范围内，而不会在 0～100% 范围。此外，被控对象为快速变化的，此方式能获得更佳的效果。

注意：手动自整定前，手动输出应在 10%～90% 范围内，且测量值与给定值基本一致，否则无法整定出正确的参数。

三、智能控制器故障处理

1. 仪表闪烁“OrAL”，仪表显示不准确

符号“OrAL”表示输入信号超过仪表量程范围，应检查输入传感器是否损坏；输入接线是否正确；仪表输入类型（SN 或 INP 参数）设置是否和传感器匹配；仪表输入量程设置是否和传感器量程一致；平移修正参数 SC 设置是否正确。

2. 仪表 SP、内部参数无法修改、程序表无法进入程序设置状态

参数锁 LOC 参数要设置为 0 方可修改 SP 或程序，以及 EP 参数定义的现场常用参数；设置 808 可以修改全部参数，但参数修改完后 LOC 不得保留在 808，避免意外操作改变内部重要参数。

3. 仪表无输出信号、不工作

检查仪表输出接线是否正确；控制方式、输出方式、输出上/下限；SP/程序段值是否设置正确，程序表是否有运行程序；仪表输出模块是否装对；仪表是否有设置报警外部停机功能。

4. 继电器输出动作太频繁

可加大输出周期参数 CTI，一般继电器可设置为 15～60s，能兼顾继电器寿命和控制效果，且最好使用晶闸管或固态继电器进行控制。

5. PV 显示值波动大

要检查传感器输入是否采用屏蔽线，只有短距离且现场干扰小的环境才能使用无屏蔽线作为输入；检查传感器是否正常工作；有些热电偶内部绝缘做不好，导致热电偶负极与外壳相碰，除非是对感温速度要求非常快的漏端热电偶使用场合外，建议不要使用这类热电偶负极与外壳相碰的产品，这类热电偶无法用于负极共用的多路测量，并且如果电炉保温材料在高温下漏电不仅会导致测量值波动还会影响系统安全。如果对于测量速度要求不高，必要时还可以设置仪表的滤波参数来适当降低数据波动。

6. 仪表闪动报警符号、报警指示灯亮，报警灯亮且无信号输出

检查报警参数设置值和 ALP 参数是否正确；是否有安装报警模块。

7. 仪表控制不稳定

新表在新系统使用前必须自整定一次，仪表还有自适应自学习功能，整定结束后需让仪表工作数十分钟至数小时方可进入最佳工作状态；整定后若控制有偏差，一般是自整定条件不符，可参看说明书上描述修改自整定条件，特殊环境下也可能需要人为修改 PID 或 MPT

参数；对于相同的系统（如同型号的电炉）其特性一般差距不大，可以直接输入已知的正确PID或MPT参数，无需重复自整定。

8. 加热和制冷的选择，加热制冷双输出的设置

加热和制冷选择通过修改CF（V7.0）/ACT（V8.0）参数实现；加热制冷双输出通过修改OPL参数来定义。

9. 程序型仪表停电模式选择、准备功能、测量值启动功能设置

通过设置RUN（V7.0）、PAF PONP（V8.0）参数来实现；准备功能必须设置偏差上下限报警值才有效。

10. 加热控制仪表PV大于SP时，还有输出，不受控制

仪表的控制算法是包含比例、积分和微分（即PID运算）作用的，当PV大于SP时，只代表比例作用部分关闭输出，但是微分作用和积分作用不单纯看PV是否大于SP，微分主要看当前变化趋势，而积分是过去历史的累积，因此即使加热控制PV大于SP也可能存在输出，因为系统认为只有这样才能避免PV下降过度。当然，如果PV持续大于SP，误差无法回零，则可能是PID或MPT控制参数设置不当，需要自整定或重新设置。除以上原因外，把反作用设置为正作用（系统功能CF参数或ACT参数）设置错误，输出下限OPL参数设置不为0也会导致PV大于SP时仍有输出。

【任务验收】

按任务要求完成控制器设置，并满足下列要求。

一、控制器工作方式设定检查

1. 手动方式（MAN）

（1）当控制器设定于手动方式时，手动方式指示灯（MAN）应亮。

（2）在手动方式下，调节外部输入信号，应不影响控制器的输出变化。

（3）当按下控制器面板上“增大”或“减小”手动按键时，面板上的输出指示值应作相应方向的线性变化。

（4）控制器面板上的输出指示值和输出端输出值的误差应在±3%FS范围内。

2. 自动方式（AUTO）

（1）当控制器设定于自动方式时，自动方式指示灯（AUTO）应亮。

（2）在自动方式下，改变外部输入信号，控制器输出信号的变化方向应与用户程序所设计的调节要求一致，变化规律应符合控制器已设定的PID调节参数所确定的规律。

（3）按下给定值按钮改变给定值时，输出值应按调节所要求的方向和调节参数所设定的调节规律作相应改变。

（4）如调节特性不满足对象要求，通过控制器面板上的控制按钮重新设定或调整PID参数。

3. 跟踪方式（CAS）

（1）当控制器设定于跟踪方式时，跟踪方式指示灯（CAS）亮。

（2）在跟踪方式下，外部输入信号变化时，控制器输出应按用户程序所设计的程序要求及控制器设定的调节参数所确定的规律进行相应地变化。

（3）按下给定值按钮改变给定值时，控制器输出应按用户程序所设计的串级方式以及控

制器设定的 PID 参数所确定的规律进行相应地改变。

二、控制器过程变量 PV 值和给定 SP 值指示表及上、下限报警灯检查

（1）当改变外部输入信号时，控制器的 PV 值指示表应有相应指示。

（2）当按动给定值“增加”或“减小”按钮时，控制器的 SP 值指示表指示应有相应变化，指针的指示精度（%）和输入信号误差应在±5%FS 范围内。

（3）当外部输入信号的大小超过设定器所设定的上、下限报警值时，上、下限报警灯应点亮，并自动进行限位。

【考核自查】

1. 什么是 P、I、D 控制规律？P、I、D 控制规律各有何特点？
2. 如何根据被控对象以及控制要求选用 PID 控制规律？
3. 智能控制器有哪些优点？
4. 说明智能控制器的硬件结构。
5. 什么是智能控制器的自整定功能？
6. 什么是数字 PID 位置式算法？什么是增量式算法？各有何优缺点？
7. 控制器有哪几种工作方式？
8. 什么是无扰动切换？如何实现无扰动切换？
9. 试进行智能控制器接线及面板切换操作。
10. 简述智能控制器参数设置步骤。
11. 简述智能控制器故障处理方法。

项目四

执行机构检修

在自动装置中，变送器是信息的源头，控制器是信息的处理器，执行器是信息的终端，因此也称执行器为终端元件（final element）。生产过程的信息从变送器引入，经控制器或DCS运算处理后，输出操作指令给执行器控制生产过程，或由操作员站发出的人工操作指令给执行器控制生产过程。执行器将操作指令进行功率放大，并转换为输出轴相应的转角或直线位移，连续或断续推动各种控制机构，如控制阀门、挡板，控制操纵变量变化，以完成对各种被控参量的控制。

如果执行器的选择或使用不当，往往会给生产过程自动化带来困难。在许多场合下，会导致自动控制系统的控制质量下降，控制失灵，甚至因介质的易燃、易爆、有毒而造成严重的生产事故。因此，必须对执行器的设计、安装、调试和维护给予高度重视。

任务一 电动执行机构检修

【学习目标】

（1）明确执行机构的作用。

（2）熟悉常见电动执行机构的工作原理、结构组成。

（3）能检修、调试所学执行机构。

（4）能初步分析并处理执行机构的常见故障。

（5）能看懂各类执行机构的说明书及使用手册。

（6）能进行执行机构的选型。

（7）会正确填写执行机构检修、调校、维护记录和校验报告。

（8）会正确使用、维护和保养常用校验设备、仪器和工具。

【任务描述】

认知模拟电动执行器的结构及工作原理、会查阅设备使用说明书、熟练进行执行器操作；识读接线图，能按现场接线方式完成设备接线；按相关国家标准、规范对执行机构、伺服放大器、操作器进行单体调试、校验与维护；能按照机务确定的位置对执行机构进行现场行程调整，对开关电动执行机构做动作试验，对电动执行器进行整机调试；熟练使用各种检测和拆装工具，对有故障的电动执行机构解体检查，更换损坏板件。

对智能电动执行器，会查阅设备使用说明书；能正确接线，正确调整位置反馈电流；正确设置中停、开/关方向限位、开/关方向力矩保护、内/外供电方式等功能，并按国家标准规范进行整机调试与维护。

【知识导航】

执行器概述

一、执行机构分类

1. 按使用的能源形式分类

执行机构根据所使用的能源形式可分成电动、气动和液动三大类。气动执行机构是利用压缩空气作为能源，电动和液动执行机构分别利用电和高压液体作为能源。国内火电厂所选用的执行机构中，电动、气动的执行机构较多，液动的执行机构较少。

电动执行机构更多是与DCS和PLC配合使用。电动执行机构具有体积小、信号传输速度快、灵敏度和精度高、安装接线简单、信号便于远传等优点。采用电动执行机构，不仅可减少采用气动执行机构所需的气源装置和辅助设备，也可减少执行机构的重量。电动执行机构的缺点是应用结构复杂、输出力矩小、不能变速（指未采用变频器的执行机构）、流量特性由控制机构确定等。为避免电动机温升过高，一般不允许电动机频繁动作，这使得自动控制系统很难提高控制准确度。

气动执行机构具有结构简单、安全可靠、输出力矩大、价格便宜、本质安全防爆等优点。与电动执行机构比较，气动执行机构输出扭矩大，可以连续进行控制，不存在频繁动作而损坏执行器的缺点。应用气动执行机构需要压缩空气作为动力源，要有专门的供气、净化系统。一旦气源发生故障，如气源净化不纯，所含杂质和水分容易堵塞和冰冻阀门定位器中的气路，往往会给自动控制系统带来灾难性后果。气动执行机构在整个运行过程中都需要有一定的气压，虽然可采用消耗量小的放大器，但日积月累，耗气量仍是巨大的。气动执行机构一般要配合气动控制器使用，而气动控制器的控制准确度无法和电动控制器或DCS相比。为了弥补这种缺陷，现场只有使用电—气转换装置，才能用DCS来驱动气动执行机构，以提高控制准确度。

液动执行机构输出扭矩最大，也可适应执行机构的频繁动作，故往往用于主汽门和蒸汽控制门的控制，其缺点是结构复杂、体积庞大、成本较高。

三种执行机构的主要特点比较见表4-1。

表4-1 三种执行机构特点比较

项目＼类型	气动执行机构	电动执行机构	液动执行机构
构造	简单	复杂	简单
体积	中	小	大
配管配线	较复杂	简单	复杂
推力	中	小	大
惯性	大	小	小

续表

项目＼类型	气动执行机构	电动执行机构	液动执行机构
维护检修	简单	复杂	简单
使用场合	适用于防火防爆	隔爆型适用于防火防爆	不适用于防火防爆
价格	低	高	高
频率影响	窄	宽	窄
温度影响	较小	较大	较大

2. 按输出位移量的不同分类

执行机构根据输出位移量的不同，可分为角位移（角行程）执行机构和线位移（直行程）执行机构。而角行程执行机构又分为部分转角式执行机构和多转式执行机构。部分转角式执行机构的输出转角一般为0°～90°，这对于控制蝶阀、球阀等是没有问题的，利用曲柄连杆机构控制普通小行程的控制阀也都能胜任。但是控制闸板阀和截止阀就不方便了。因为这类阀门要旋转很多圈才能打开和关闭。虽然闸板阀和截止阀一般不用在调节上，但也有远方控制其开度的必要。实际上，生产现场有许多这样的阀，且安装位置分散，希望集中在控制室操作，为此，专门设计了多转式执行机构。

多转式执行机构除用于远方操纵工业生产对象外，与开关式调节规律中的三位调节器配合，还可以用在变化缓慢的工业对象上。国产多转式执行器分为FS（积分）、DZ（微分）和DKD/SKD（比例）三种类型。FS和DZ型的输出转数有的可达100转以上。DKD型比例式多转执行器，其全行程转数为25r，输出转矩在600～1600N·m之间，转速在18～22r/min之间。DKD型执行器的输出转数与输入信号的大小成比例，它所用的前置放大器也是磁放大器。

3. 按动态特性的不同分类

按动态特性的不同，执行机构可分为比例式执行机构和积分式执行机构。积分式执行机构没有前置放大器，直接靠开关的动作来控制伺服电机，输出转角是转速对时间的积分。这种执行机构上的阀位输出信号不是用来进行位置反馈的，而是给操作者提供阀门开度的指示。积分式执行机构主要用在遥控方面，属于开环控制，例如，用它远距离启闭截止阀或闸板阀。与此对应，一般带前置放大器和阀位反馈的执行机构就是比例式执行机构。

4. 按有无微处理器分类

按执行机构内有无微处理器可将执行机构分为模拟执行机构和智能执行机构。模拟执行机构的电路主要由晶体管或运算放大器等电子器件组成，智能执行机构的电路装有微处理器等芯片。现场总线执行机构属于智能执行机构，按现场总线的通信协议可分为HART、FF、PROFIBUS、MODBUS等执行机构。智能执行机构主要是基于DCS控制、现场总线控制、流量特性补偿、自诊断和可以变速等方面的要求而发展起来的。它实现了多参数检测控制、机电一体化结构和完善的组态功能，例如，可以对输入信号的种类、折线补偿、输出速度、输出行程等进行组态。智能执行器可以将控制器、伺服放大器、电动机、减速器、位置发送器和控制阀等环节集成，信号可通过现场总线由变送器或操作站发来，从而实现现场控制。

5. 按极性分类

按极性可将执行机构分为正作用执行机构和反作用执行机构。当执行机构的输入信号增大，操纵量增大，为正作用，反之，为反作用。

6. 按速度分类

按执行机构输出轴速度是否可变，可将其分为恒速执行机构和变速执行机构。所有模拟（传统）电动执行机构输出轴的速度是不可改变的，但带有变频器的电动执行机构输出轴的速度却是可以改变的。

近年来，随着变频调速技术的应用，一些控制系统已采用变频器和相应的电动机（泵）等设备组成新的执行器。新一代的变频智能电动执行机构将变频技术和微处理器有机结合，通过微处理器控制变频器改变供电电源的频率和电压，实现自动控制电动机输出轴转动的速度，从而改变操纵量，控制生产过程。带有变频器的电动执行机构既能节约能源，又能提高控制质量，但这种方式的投资较大。

二、执行机构技术特性

执行机构的特性对控制系统的影响，丝毫不比其他环节小，即使采用了最先进的控制器和昂贵的计算机，若执行环节上设计或选用不当，整个系统就不能发挥作用。

1. 气动执行机构

在现代工业中，电动设备远比气动设备应用普遍，因为气动设备需要在气源上花费较大的投资，而且敷设管道也比敷设导线麻烦，气动信号的传递速度也远不如电信号快。但是在某些场合，气动设备的优越性却不可忽视。首先是在防爆安全上，气动设备不会有火花及发热问题。它排出的空气还有助于驱散易燃易爆和有毒有害气体。而且气动设备在发生管路堵塞、气流短路、机件卡涩等故障时绝不会发热损坏。在耐潮湿和恶劣环境方面，它也比电动设备强。工业生产现场往往有环境恶劣易燃易爆的场合，为了安全可靠起见，一些公司宁愿多花投资采用气动执行机构，甚至先把电信号转变为气信号，再用气动执行机构。对气动执行机构的要求是气源设备运行安全可靠，气压稳定，压缩空气无水、无灰、无油，应是干净的气体。

2. 电动执行机构

电动执行机构分为电磁式和电动式两类，前者以电磁阀及用电磁铁驱动的一些装置为主；后者则由电动机提供动力，输出转角或直线位移，用来驱动阀门或其他装置的执行机构。对电动式执行机构的特性要求是：

（1）要有足够的转（力）矩。对于输出为转角的执行机构要有足够的转矩；对于输出为直线位移的执行机构也要有足够的力，以便克服负载的阻力。特别是高温、高压阀门，其密封填料压得比较紧，长时间关闭之后再开启往往比正常情况要费更大的力。而其动作速度并不一定很高，因为流量控制不需要太快。为了加大输出转矩或力，电动机的输出轴都有减速器。减速器的作用是把电动机输出的高转速、小力矩的输出功率转换为执行机构输出的低转速、大力矩的输出功率。如果电动机本身就是低速的，则减速器可以简单些。

（2）要有自锁特性。减速器或电动机的传动系统中应该具有自锁特性，当电动机不转时，负载的不平衡力（例如闸板阀的自重）不可引起转角或位移的变化。为此，往往要用到蜗轮、蜗杆机构或电磁制动器。有了这样的措施，在意外停电时，阀位也能保持在停电前的位置上。

（3）能手动操作。停电或控制器发生故障时，应该能够在执行机构上进行手动操作，以便采取应急措施。为此，必须有离合器及手轮。

（4）应有阀位信号。在执行机构进行手动操作时，为了给控制器提供自动跟踪的依据，执行机构上应该有阀位输出信号。这既是执行机构本身位置反馈的需要，也是阀位指示的需要。

（5）产品系列组合化。前些年推出的电动执行机构在技术方案上采用了单元组合式的设计思想，即把减速箱和一些功能单元（如伺服放大器、位置发送器、操作器等）设计成标准的单元，然后根据不同的需要组合成各种直行程、角行程和多转式三大系列的电动执行机构产品。这种组合式执行机构系列品种齐全、通用件多、标准化程度高，能满足各种工业配套需要。

（6）功能完善且智能化。既能接收模拟量信号，又能接收数据通信的信号；既可开环使用，又可闭环使用，与主控仪表的配套适应性较强。伺服放大器采用微机及新型的集成电路，可对执行机构输入/输出特性按用户要求进行修正，并具有故障自诊断及事件处理、联锁等功能。

（7）具有阀位与力（转）矩限制。为了保护阀门及传动机构不致因过大的操作力而损坏，执行机构上应有机械限位、电气限位和力（转）矩限制装置。它能有效保护设备、电动机和阀门的安全运行。

（8）适应性强且可靠性高。产品适应的环境温度要求在－25～＋70℃之间；外壳防护等级要求达到GB 4208—2008《外壳防护等级（IP代码）》规定的IP65；平均无故障工作时间（MTBF）要求大于或等于20000h；要具有合理的性价比。

除了以上基本要求之外，为了便于和各种阀门特性配合，执行机构上还应具有可选择的非线性特性；为了能和计算机配合，最好能直接输入数字或数字通信信号。近年来的执行机构都具有PID运算功能，这就是数字执行机构或现场总线执行机构、智能执行机构。

三、执行机构的发展方向

执行机构是控制系统非常重要的组成部分之一，随着计算机控制技术进入执行机构，执行器正朝着现场总线方向发展。

执行机构同变送器一样，近几年也得到了快速发展，特别是国外一些生产厂商相继推出了现场总线执行机构。从这些产品可以看出，现场总线执行机构是今后执行机构的发展趋势：机电一体化结构将逐步取代组合式结构；现场总线数字通信将逐步取代模拟4～20mA DC信号；红外遥控非接触式调试技术将逐步取代接触式手动调试技术；数字控制将逐步取代模拟控制。

现场总线技术首先在各类变送器上得到应用，随后又在电动执行机构上得到应用，即通过现场总线实现对电动执行机构的远方控制，并将电动执行机构的状态和位置信号上传至上位控制设备，并在CRT上显示，甚至可以在远方对电动执行器进行部分参数的组态以及故障诊断。

随着现场控制总线系统（FCS）的采用，控制功能（PID）也集成到执行器中，执行器最终将变成独立的控制单元。

采用智能阀门定位器不仅可方便改变控制阀的流量特性，也可提高控制系统的控制品质。因此，对控制阀流量特性的要求可简化及标准化（如仅生产线性特性控制阀）。用智能化功能模块实现与被控对象特性的匹配，不但使控制阀产品的类型和品种大大减少，而且也使控制阀的制造过程得到了简化。

电动执行机构的结构及原理

火电厂选用的电动执行机构主要有 DKJ 型电动执行机构、DDZ - S 型电动执行机构、奥玛（AUMA）电动执行机构、罗托克（ROTORK）电动执行机构、西博斯（SIPOS）电动执行机构、伯纳德（Bernard）电动执行机构、ABB 电动执行机构、DZW 型电动执行机构等。

一、DKJ 型电动执行机构

DKJ 型电动执行机构是 DDZ 型电动单元组合仪表中的执行单元。在自动控制系统中，它接收来自调节单元的自动调节信号（4～20mA DC）或来自电动操作器的远方手动操作信号，并将其转换成 0°～90°的角位移，以一定的机械转矩和旋转速度操纵调节机构（阀门、风门或挡板），完成调节任务。

DKJ 型电动执行机构是以两相伺服电动机为动力的位置伺服机构。它可以和电动操作器配合实现调节系统的自动调节和手动远方操作的相互切换。当电动操作器的切换开关切向手动位置时，可由电动操作器的正、反操作开关（或按钮）直接控制两相电动机电源的通、断，以实现执行机构输出轴的正转和反转的远方操作。当执行机构断电时，还可以在现场摇动执行机构上的手柄就地操作。

1. 基本结构及工作原理

DKJ 型角行程电动执行机构由结构上互相独立的伺服放大器和执行机构两大部分组成，如图 4 - 1 所示。

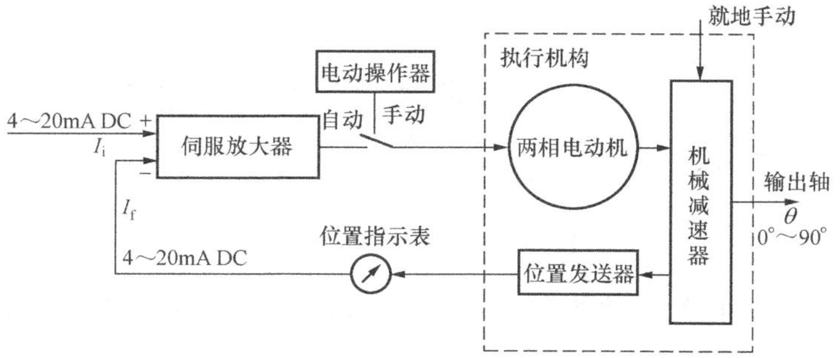

图 4 - 1　DKJ 型角行程电动执行机构组成框图

当电动执行机构与电动操作器配合使用时，可实现远方手动操作和自动调节。切换开关切至手动位置时，通过三位（开大、停止、关小）操作开关将 220V 电源直接加到伺服电动机的绕组上，驱动伺服电动机转动，实现远方手动操作；切换开关切至自动位置时，伺服放大器和执行机构直接接通，由输入信号 I_i 控制两相伺服电动机转动，实现自动调节。

伺服放大器将输入信号 I_i 和来自执行机构位置发送器的反馈信号 I_f 进行比较，并将两者的偏差进行转换放大，然后驱动两相伺服电动机转动，经减速器减速，带动输出轴改变转角。输出轴转角的变化经位置发送器按比例地转换成相应的位置反馈电流 I_f，馈送到伺服放大器的输入端。当 I_i 与 I_f 的偏差小于伺服放大器的不灵敏区时，两相伺服电动机停止转动，输出轴稳定在与输入信号相对应的位置上。由于DKJ型电动执行机构是通过使 I_i 与 I_f 在数值上保持一致来达到输出轴转角跟随输入电流 I_i 变化的，因此电动执行机构是一个由伺服放大器与执行机构两个独立部分组成的闭环随动系统。

如果忽略电动执行机构的不灵敏区，在稳态时，输出轴转角 θ（°）与输入信号 I_i（mA）之间的关系为

$$\theta = 5.625 I_i - 22.5 \tag{4-1}$$

式中，5.625的单位为（°）/mA；22.5的单位为（°）。

由式（4-1）可知，电动执行机构的输出轴转角与输入信号 I_i 成正比，所以整个电动执行机构的动态特性可近似地看成一个比例环节。

2. 伺服放大器

伺服放大器的作用是将多个输入信号与反馈信号进行综合并加以放大，根据综合信号极性的不同，输出相应的信号控制伺服电动机正转或反转。当输入信号与反馈信号相平衡时，伺服电动机停止转动，执行机构输出轴便稳定在一定位置上。

伺服放大器主要由前置磁放大器、触发器、晶闸管主回路和电源等部分组成，其组成如图4-2所示。为适应复杂的多参数调节的需要，伺服放大器设置有三个输入信号通道和一个位置反馈信号通道。因此，它可以同时输入三个输入信号和一个位置反馈信号。在单参数的简单调节系统中，只使用其中一个输入通道和反馈通道。

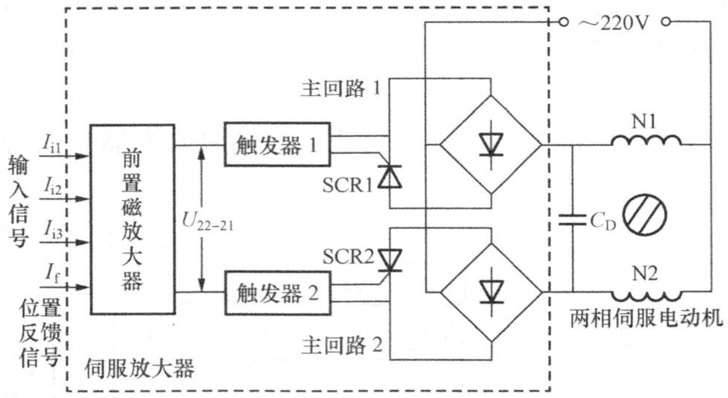

图4-2 伺服放大器组成框图

在伺服放大器中，前置磁放大器把三个输入信号和一个反馈信号综合为偏差信号 $(\Delta I = \sum_{i=1}^{3} I_i - I_f)$，并放大为电压信号 U_{22-21} 输出。此输出电压同时经触发器1（或2）转换成触发脉冲去控制晶闸管主回路1（或2）的晶闸管导通，从而将交流220V电源加到两相伺服电动机绕组上，驱动两相伺服电动机转动。当 $\Delta I>0$ 时，$U_{22-21}>0$，触发器2和主回路2工作，两相伺服电动机正转；当 $\Delta I<0$ 时，$U_{22-21}<0$，触发器1和主回路1工作，两相伺服电动机反转；两组触发器和两组晶闸管主回路的电路组成及参数完全相同，所以当输入信号 $\sum_{i=1}^{3} I_i$ 与位置反馈电流 I_f 相平衡时，前置磁放大器的输出 $U_{22-21}\approx 0$，两触发器均无触发脉冲输出，主回路1和2中的晶闸管阻断，两相伺服电动机的电源断开，电动机停止转动。由此可见，伺服放大器相当于一个三位式的无触点继电器，并具有很大的功率放大能力。

3. 执行机构

执行机构由两相电动机、减速器及位置发送器等部分组成。它的任务是接受晶闸管交流开关或电动操作器的信号，使两相电动机顺时针或逆时针方向转动，经减速器减速后，变成输出力矩去控制阀门；同时，位置发送器根据阀门的位置发出相应数值的直流电流信号，并反馈至前置磁放大器的输入端，与来自控制器的输出电流相平衡。

（1）两相电动机。两相电动机的作用是把晶闸管交流开关输出的电功率转变成机械转矩。它是个感应电动机，其定子具有两个绕组 N1 和 N2，相位差为 90°。跟三相感应电动机一样，它也是依靠定子绕组产生的旋转磁场，在转子中感应出电流并产生转子磁场，两个磁场相互作用，使转子旋转。利用电容电流超前 90°的原理，把定子的一个绕组与电容串联后，接入单相电源，而另一个绕组则直接接入单相电源，串联电容的绕组中的电流，就比没有串联电容的超前 90°，从而构成了相位相差 90°的两相电源。

图 4－3 说明了两相电动机中旋转磁场是如何产生的。图 4－3 中，上部表示通入的交流电流的变化曲线，下部为定子绕组几个瞬时产生的磁场方向。这里，绕组 N1 串有电容，因此它所通过的电流 i_1 比通过 N2 的电流 i_2 超前 90°。假定电流进入 N1 和 N2 为正，根据右手螺旋定则，得磁场方向如虚线所示。从前后几个瞬时的磁场方向变化，可看出该磁场是逆时针方向旋转的，因为每相只有两极，所以电流每变化一周期，磁场就相应旋转一周。

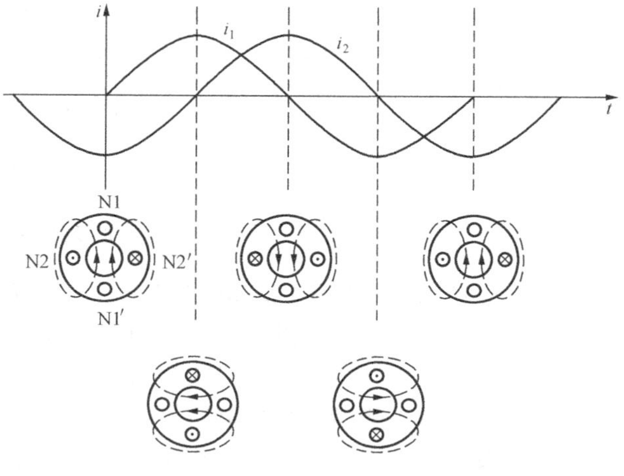

图 4－3 两相电动机逆时针旋转磁场的产生

如果绕组 N2、N2′串联电容，则旋转磁场的转向与上述相反。因此，随着两个触发器中的一个动作，相应的晶闸管交流开关便导通，分别使绕组 N1 中的电流比绕组 N2 中的超前或滞后 90°，就构成了两相电动机朝不同方向旋转。

（2）机械减速器。机械减速器的作用是把伺服电动机输出的高转速、小力矩的输出功率转换成执行机构输出轴的低转速、大力矩的输出功率，以带动阀门等控制机构运动。该电动执行机构中的减速器采用一组平齿轮和行星齿轮传动机构相结合的传动机构。

在减速器箱体上装有手轮，用以进行就地手动操作。就地手动操作时，将电动机尾部的切换把手拨向手动位置，摇动手轮即可使输出轴转动，实现就地手动操作。减速器输出轴的另一端装有盘簧和凸轮机构，凸轮借助盘簧的压力跟随输出轴一起转动。凸轮上有限位槽，用机座上的限位销来限制凸轮的转角在一定范围内，凸轮的转角超过极限时，凸轮在输出轴上打滑，以此可以改变输出轴的初始零位。此外，在机座上还装有两块止挡块，起机械限位作用，即把输出轴限制在 90°的转角范围内转动，以保证不损坏控制机构及有关的连杆。

（3）位置发送器。位置发送器的作用是将执行机构输出轴转角 θ（0°～90°）线性地转换成 4～20mA DC 信号，用以指示阀位，并将该信号反馈到伺服放大器的输入端。因此，位置发送器应具有足够的线性度和线性范围，才能使执行机构的输出轴紧跟输入信号运转。位置发送器由交流稳压电源、差动变压器、二极管桥式整流电路、零点电流源和零点补偿电路等组成，如图 4-4 所示。

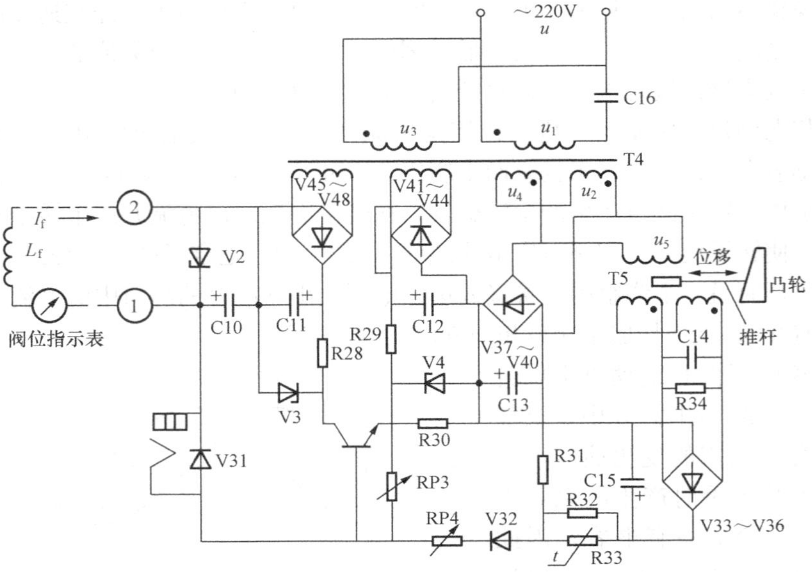

图 4-4 位置发送器原理电路图

差动变压器的作用是将铁芯的位移线性地转换成电压输出。如图 4-5 所示，差动变压器由绕组骨架、铁芯、一个激磁绕组和两个二次侧绕组组成，为了得到较好的线性关系，差动变压器采用三段式结构。在三段式绕组骨架上，中间一段绕激磁绕组，作为一次侧，加在它上面的电压是由铁磁谐振稳压器所提供的交流电压；两边对称地绕有两个完全相同的二次侧绕组，并彼此反向串联在一起。在绕组中心孔内有一个用工业纯铁或低碳钢作成的圆柱铁芯，它可以随执行机构输出轴的转动而左右移动，如图 4-5 中的（a）、（b）所示。

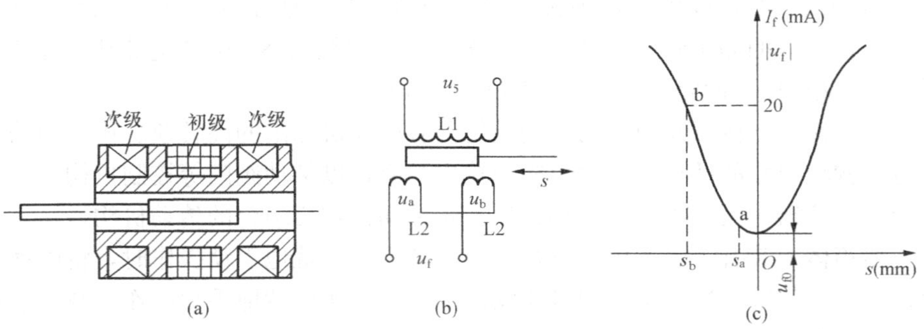

图 4-5 差动变压器的结构组成及工作原理图

（a）结构图；（b）原理图；（c）特性曲线

差动变压器的一次侧绕组接通交流稳压电源后，在两个二次侧绕组中分别感应出交流电压 u_a 和 u_b。由于两个二次侧绕组的匝数相等（电感相等），故感应电压的大小取决于铁芯的位置。

在实际生产中，由于差动变压器的两个二次侧绕组不可能做到绝对对称及完全消除绕组的分布电容，因此，当铁芯处于中间位置时变压器仍有残余电压及无功电势输出，变压器特性曲线的起始段必定是非线性的。此外，由于整流二极管存在阀电压及非线性特性，因此，位置发送器输出的零点不稳定和起始段呈非线性。为克服非线性区段，当输出轴在零位时，将铁芯移到a，见图4-5（c），即把特性曲线的起始点由0迁到a，这时位置发送器的输出不是0mA或4mA，也就是输出角位移与位置反馈电流不相对应。为此增设了零点补偿电路。

因为位置发送器采用了二极管桥路整流，所以对铁芯的位移方向不具相敏特性。又因为采用了零点补偿电路改善位置发送器的工作特性，所以位置发送器的零点不是取在差动变压器绕组的中心位置，即差动变压器的铁芯偏离中心有一定距离 s_a。这样，位置发送器的零位输出就对应着差动变压器铁芯的两个位置，即铁芯在差动变压器绕组中心线两侧各有一个电气零点，故在调整时应根据输出轴旋转的方向选择真正的零点，消除假零点。在调整过程中，凡遇到位置发送器的输出电流随铁芯单方向位移（或转角 θ）的增大而先从零位变小再逐渐增大时，该工作零点为假零点。

位置发送器零点的调整是通过改变差动变压器绕组与铁芯的相对位置来进行的。松开位置发送器上的紧固螺钉，旋动调整螺钉改变绕组和铁芯的相对位置，即可实现逆时针或顺时针旋转的输出零位的调整。

位置发送器的活零位，即输出轴在零位时，位置发送器的输出电流应为4mA DC，否则可调整电位器RP3，使 I_f=4mA DC。位置发送器的满度值通过电位器RP4调整，以满足输出轴角位移90°时，反馈电流 I_f=20mA DC。

二、DDZ-S型电动执行机构

DDZ-S型电动执行机构分为角行程电动执行机构（SKJ型）和多转式电动执行机构（SKD型）两种。

中小功率SKJ型角行程电动执行机构采用单相电动机驱动，比例式角行程电动执行机构由单相伺服放大器和执行机构组成。伺服放大器为架装式结构，安装在控制室内。大功率（如4000Nm以上）SKJ型角行程电动执行机构采用三相电动机驱动，由三相伺服放大器和执行机构两部分组成。三相伺服放大器为墙挂式结构，可以安装在控制室内，也可以安装在现场，由用户根据使用而定。

多转式电动执行机构过去大多用在就地操作和遥控场合，主要是通断两位控制方式。随着自动化程度的提高，集中控制、程序启动停止等控制方式日益增多，特别是一些高压控制阀的自动控制对多转式电动执行机构产品性能和质量提出了更高要求。多转式电动执行机构分为开关型和调节型两种。

DDZ-S型电动执行机构的特点是：①具有机械限位和电气限位双重限位功能；②具有中途电气限位功能，限位区间可以任意调整，在系统中用于联锁、报警；③具有力矩保护机构，限制力矩可在一个规定的范围内调整，这样可以有效地保护执行机构和阀门的安全使用，并可以满足阀门启闭特性的要求；④位置发送器采用小型化电感式传感器或导电塑料电位器，使用可靠，寿命长，稳定性好；⑤减速器采用具有自锁性能的行星齿轮传动机构和蜗轮副传动机构，这样可以克服由于阀门反力过大而导致执行机构滑行的毛病，减速器体积小，传动效率较高，输出轴与曲柄之间采用渐开线花键连接，便于现场机械零位调整；⑥就地机械手操机构没有切换离合器，这样可以在任何运行情况下进行就地手操，安全可靠，不会因手操失误而发生事故，对人身安全有极大的好处；⑦具有断输入信号、断位置反馈信号和安全联锁保护等功能，事故状态时，输出轴可选择在全开、全闭和原位三种位置状态中的任一位置；⑧远方电气阀位显示采用LED光柱显示器或指针式电流槽形表，并且还有就地机械阀位指示；⑨中小功率机构采用组合化设计，便于生产管理，而且可以灵活地组合成不同功能和要求的执行机构以满足用户需要；⑩执行机构外壳的防护等级为IP65，环境温度为－25～＋70℃，可作为户外型使用。

(一) ZPE型电动伺服放大器

1. 概述

电动伺服放大器是电动执行机构的辅助单元，和执行机构配套可组成比例式电动执行机构。它的功能相当于气动执行机构中的阀门定位器。所以，在国外又把电动伺服放大器称为电动阀门定位器。

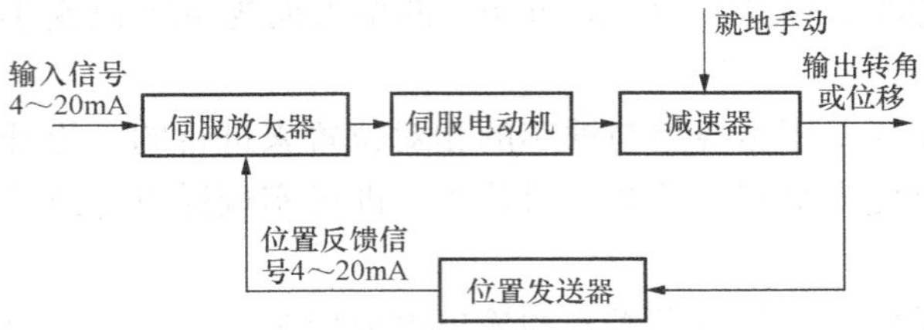

图4-6 比例式电动执行机构组成框图

电动伺服放大器在比例式电动执行机构中主要有两大功能：①将控制器来的输入信号和位置反馈信号进行综合比较，并将其偏差进行放大；②作为驱动伺服电动机的功率放大级，以足够的功率去驱动伺服电动机旋转，如图4-6所示。

ZPE型电动伺服放大器是专门为DDZ-S型电动执行机构设计的产品，也可以作为一个通用单元应用于其他类型的电动执行机构。和其他类型的电动伺服放大器相比，其特点是：①采用信号隔离器代替原来电动伺服放大器中的前置磁放大器，具有体积小、反应灵敏、无开关方向选择交流分量、性能稳定、抗干扰能力强、加工方便等优点；②具有断输入信号、断位置反馈信号及断电源三断保护和逻辑保护（如有偏差信号无输出，无偏差信号有输出和晶闸管短路、开路保护）等事件信号处理功能；③专用电路模块化；④可以和三相功率控制器组合起来成为三相伺服放大器。

2. 电路构成

ZPE型电动伺服放大器由信号隔离器、综合放大电路、触发器、固态继电器以及逻辑保护、断信号保护电路等组成，其原理框图如图4-7所示。

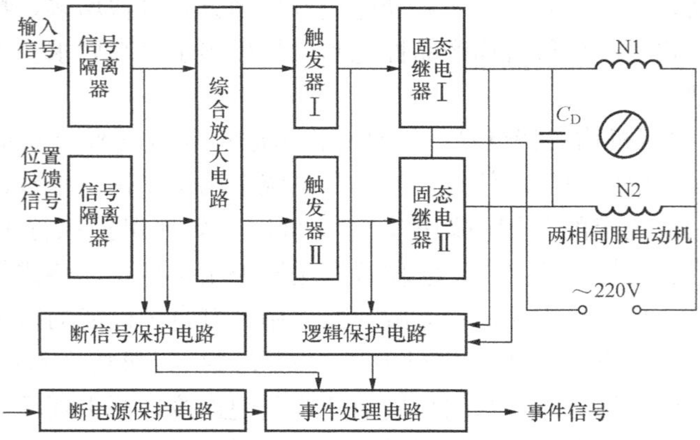

图4-7 ZPE型电动伺服放大器原理框图

（1）信号隔离器。信号隔离器的主要作用是将输入信号、位置反馈信号和放大器电路三者进行相互隔离（即没有相同公共端，以提高系统抗干扰能力），其实质是一个隔离式电流/电压转换电路，将输入的4～20mA电流转换成1～5V电压并送到综合放大电路进行综合运算。隔离的方法通常采用变压器、光电元件、电容等方法，ZPE型电动伺服放大器采用光电元件隔离。

（2）综合放大电路。采用集成电路（IC）的综合放大电路主要将输入信号和位置反馈信号进行综合比较，将其偏差进行放大。通常，放大倍数 K 约为60，这里设置了调零电路，调节调零电位器可使输入信号和位置反馈信号相等，此时其放大电路输出为零。

（3）触发器。触发器是一个开关电路，调整开关触发的阈值就相当于调整放大器的死区。正偏差时，触发器Ⅰ动作；负偏差时，触发器Ⅱ动作；无偏差（或小于死区）时两者都不动作。

（4）固态继电器。它是一个无触点功率放大元件（晶闸管），将弱电转变成强电输出。

（5）断信号保护电路。其主要功能是检查输入信号是否断路，若信号开路或短路，则有一个开关信号发出到事件处理电路，输出事件信号。这里设定电流为3mA，当信号小于3mA时，视为断信号保护处理。

（6）逻辑保护电路。该电路主要是进行逻辑判断，如有偏差信号无输出，无偏差信号有输出或晶闸管开路、短路时便有逻辑信号输出到事件处理电路，输出事件信号。

（7）断电源保护电路。断电源或断熔断丝时有事件信号输出。

（8）事件处理电路。有事件时，输出触点为短路状态；无事件时，输出触点为开路。

（二）ZPE型智能伺服放大器

1. 概述

ZPE型智能伺服放大器是随着微电子技术发展而开发的一种新型电动伺服放大器。它与SKJ、SKZ系列执行机构组合可构成高性能的智能式电动执行机构。与传统的伺服放大器相比，其主要有以下几个特点：

（1）主要技术指标先进。基本误差、变差、死区等均已达到或接近世界先进水平。

（2）智能化功能。采用先进的微机技术，具有自校正、自诊断和PI调节以及流量特性修正等一系列智能化功能。尤其是流量特性修正功能，使一种固有特性的调节阀可以拥有多种输出特性，使不能进行阀芯形状修正的阀（如蝶阀）也可改变流量特性，可以使非标准特性修正为标准特性，该功能改变了长期以来靠阀芯加工修正特性的状况。故障诊断功能为操作、维护提供了方便，可大大降低对执行机构的直接损坏，也可以及时向系统发出报警信号。智能化主要功能为：①输入输出特性修正；②可组态参数；③三种故障模式，即自锁（保持原位）、全开和全闭；④多种自诊断及报警。

（3）电制动和断续调节技术。在控制中采用了电制动技术和断续调节技术，对具有自锁功能的执行机构可以取消机械摩擦制动器，大大提高了整机的可靠性。

（4）断电保护。所有设置的参数可一直保留至下一次再设置，有断电保护功能。

（5）一体化结构。伺服放大器与操作器是一体化结构，具有手操阀位、双向无扰动切换及数字显示、LED光柱显示。

2. 工作原理

智能伺服放大器工作原理框图如图4-8所示。从图4-8中可以看出，来自上位控制器的调节信号和反馈信号经处理后进入单片机，即单片机定期检测这两个信号，当不进行特性

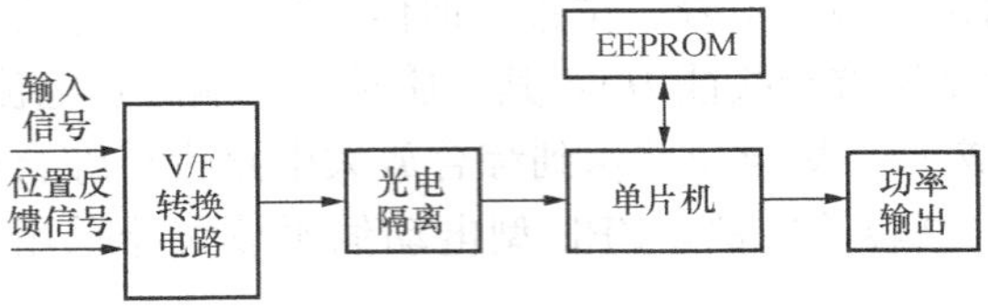

图4-8 智能伺服放大器工作原理框图

修正时，单片机比较两个信号，一旦信号不平衡、偏差超出死区，即按偏差大小、极性发出调节信号，信号经放大隔离后驱动智能伺服放大器中的功率晶闸管，使其导通带动执行机构运转，进而调节阀门开度。

对于一台调节阀来说，一旦加工装配好，其流量特性就确定了，即当工况一定时，阀门的位移与流量之间的关系是对应不变的，要想改变其流量特性，只能通过修改阀芯来实现。但是，采用智能伺服放大器后，可以通过单片机的计算，使输入信号与阀门位移呈非线性关系，此时单片机将不再是简单的比较两种信号是否相等，而是要对这些信号按预先设置的参数进行计算，达到调节平衡时，调节信号与反馈信号一致。这就使得改变调节阀流量特性变得方便、容易，可以大大简化调节阀的生产工艺，为系统的调试提供极大的灵活性。

由于在伺服放大器中采用了微机，通过对各输入、输出信号的检测、分析和判断，可以诊断整机的工作情况，并及时作出相应处理和发出报警信号。

在常规的比例式电动执行机构中，机械制动是一个薄弱环节，从大量使用现场看，经常发生制动器失灵。由于制动器失灵，或引起反复振荡，烧毁电动机及其他元件，或造成电动机长期堵转、过热毁坏。在智能伺服放大器中采用了电制动技术，在调节结束瞬间发出制动信号，它可以取消机械制动器或减少制动器磨损，以延长其使用寿命，提高整机的维护性能和可靠性。

由于伺服放大器功率输出负载是电动机，当通断电源时，电动机绕组将产生很高的反电动势，因此必须对功率输出的晶闸管增加保护，可以加设压敏电阻和RC回路，以吸收浪涌电压。在输出回路中还可串接限流电感，以进一步保护晶闸管。

（三）SKJ型角行程电动执行机构

1. 概述

SKJ型角行程电动执行机构是DDZ-S系列仪表中的执行单元。它以交流电源为动力，接受统一的4～20mA DC信号，并将该信号转换成相应的输出轴角位移，自动地操作蝶阀、球阀和风门挡板等调节机构，完成调节任务。

2. 结构组成

（1）比例式角行程电动执行机构（带伺服放大器）。SKJ型比例式角行程电动执行机构由伺服放大器和执行机构两个在结构上互相独立的部分组成，其系统方框图如图4-9所示，图中，ZPE为伺服放大器、SD为交流伺服电动机、J为减速器、WF为位置发送器。

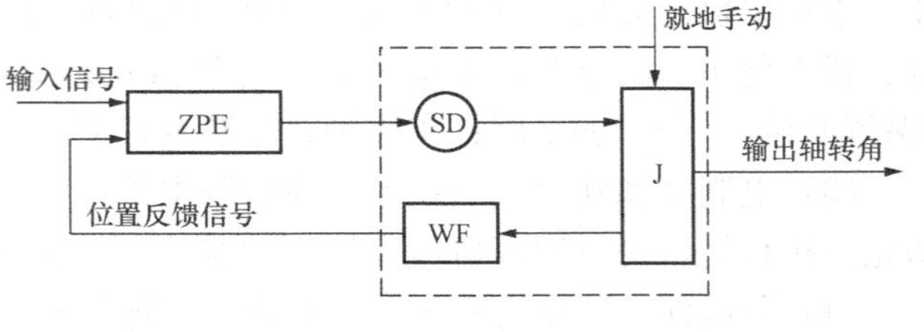

图4-9 SKJ型比例式角行程电动执行机构组成框图

该执行机构是个闭环系统，位置发送器将减速器的输出位移转换成4～20mA信号，作为位置反馈信号与伺服放大器的输入信号相比较形成一个偏差信号，当该信号大于伺服放大器的死区时，伺服放大器有功率信号输出，驱动伺服电动机转动，直到偏差信号小于伺服放大器的死区，伺服放大器没有功率信号输出，伺服电动机停止转动，执行机构达到一个新的输出位置，并与输入信号保持比例关系。

(2) 积分式角行程电动执行机构（不带伺服放大器）。这是一种开环控制方式的执行机构，它的输入为断续控制信号，通常是脉冲（宽）信号，通过积分操作器进行功率放大（脉冲信号使晶闸管导通，接通交流电源），使伺服电动机旋转；当无信号时，伺服电动机停转。它的位置反馈信号只作阀位指示用，其工作原理图如图 4-10 所示。

由图 4-10 可知，比例式执行机构去除伺服放大器便可作积分式执行机构使用。

3. 执行机构

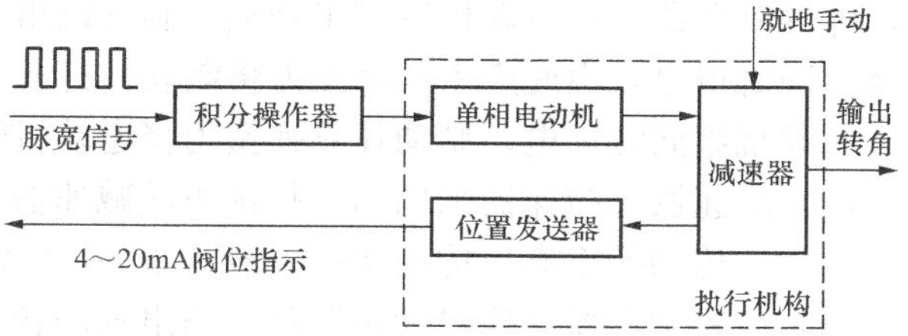

图 4-10　SKJ 型积分式角行程电动执行机构组成框图

SKJ 型角行程电动执行机构结构示意如图 4-11 所示。电动机 10 通过行星齿轮 7、8、9 传动，并经过伞齿轮 14、15 带动偏心轴 19 以及 NN 行星齿轮传动机构 16、17、20、21 旋转。因为内齿轮 16 外缘蜗轮与蜗杆 22 啮合，因而固定不动，而内齿轮 17 与输出轴固定为一体，所以输出内齿轮 17 旋转带动输出轴旋转。

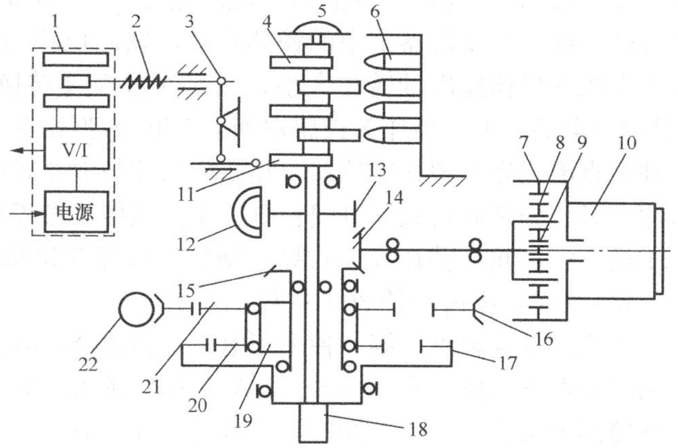

图 4-11　SKJ 型角行程电动执行机构结构示意

1—位置发送器；2—弹簧；3—杠杆机构；4—凸轮组件；5—现场机械位移指示器；6—限位开关组件；7—内齿轮；8—行星齿轮；9—电动机轴齿轮；10—电动机；11—转角凸轮；12—齿条轴；13—齿轮；14—小伞齿轮；15—大伞齿轮；16—固定内齿轮；17—输出内齿轮；18—主轴；19—偏心轴；20—双联小齿轮；21—双联大齿轮；22—手动蜗杆

手动状态时，操作手轮即摇动手轮转动蜗杆 22 从而带动蜗轮（即固定内齿轮）16 旋转，并带动双联齿轮 20、21 转动，再带动输出内齿轮 17 和主轴 18 旋转。

因为执行机构的就地手操和自动操作是相互独立的，无需切换机构，使用绝对安全可靠，不会发生因误操作而引起的任何事故。

执行机构主要由伺服电动机、减速器、位置发送器、行程限位机构、力矩保护机构等部分组成。

(1) 伺服电动机。伺服电动机是电动执行机构中的驱动部件，它的特性要求与一般的电动机是不一样的，因为执行机构工作比较频繁，经常处于启动工作状态，所以要求电动机具有低启动电流、高启动转矩的特性，使电动机在经常启动时电动机温升不致过高，且有克服电动执行机构从静止到转动所需的足够力矩。

电动机结构与普通鼠笼式感应电动机相同，一般由转子、定子和电磁制动器等部件构成。电磁制动器设在电动机后输出轴端，制动绕组与电动机绕组并联，当电动机通电时，制动绕组同时得电，由此产生的电磁力将制动片打开，使电动机转子自由旋转，当电动机断电时，制动绕组同时失电，制动片靠弹簧力将电动机转子刹住。

（2）减速器。减速器采用 NN 行星齿轮减速器。NN 行星齿轮减速器的特点是传动（减速）比大、传动效率高、传动功率一般为 30～40kW。

（3）位置发送器。位置发送器是将输出轴的转角位移线性地转换成 4～20mA DC 信号，它一方面作为比例式电动执行机构的闭环负反馈信号，另一方面作为电动执行机构输出轴的位置指示信号。对比例式电动执行机构的位置发送器要求很高，一定要稳定可靠地工作；而对积分式电动执行机构的位置发送器的要求相对而言就低得多了，因为位置信号不直接影响控制系统，仅作阀位显示。

SKJ 型角行程电动执行机构的位置发送器有两种结构形式。第一种采用小型电感式传感器结构，传动过程为：在主轴 18 后端装有凸轮 11，此凸轮 11 与主轴同步运转，凸轮 11 通过杠杆 3 带动电感式传感器即位置发送器 1 中的铁芯移动，铁芯位移与主轴 18 的转角成比例关系，故铁芯位移代表执行机构输出轴转角大小，然后通过 V/I 转换单元输出 4～20mA DC 信号。第二种是采用导电塑料电位器作为传感器加上 WF - S 型位置发送器模块。导电塑料电位器有两种：一种是直滑式导电塑料电位器，其结构尺寸与电感式传感器完全相同，故动作过程同第一种所述；另一种是旋转式导电塑料电位器。该传动过程要进行改进，即将在主轴 18 后端的凸轮 11 换成大齿轮，并在旋转式导电塑料电位器输出轴上也装一个小齿轮，齿轮传动比关系为大齿轮转 90°，小齿轮转 300°左右。

这两种位置发送器结构各有优缺点：第一种采用电感式传感器，因为是无触点的，使用寿命长，其缺点是使用环境温度范围只有－10～＋50℃；第二种采用导电塑料电位器，线路简单，精度高，使用环境温度可达－10～＋70℃，其寿命在 300 万次左右。

（4）行程限位机构。行程限位机构有两种功能，一是作为电气极限位置限位，如 SKJ 型角行程电动执行机构输出轴处于 0°或 90°两个位置上为极限位置，执行机构输出轴到了其中一个极限位置时，行程开关发生动作，即动断触点变为动合触点，从而切断电动机的供电电源，起到保护作用；二是作为中途限位，如下限中途限位可以在 5%～55%之间调整，上限中途限位可以在 45%～95%之间调整。一般的执行机构是不具备此功能的，如果用户有特殊要求，应该在订货时加以说明，注明要带中途限位功能。

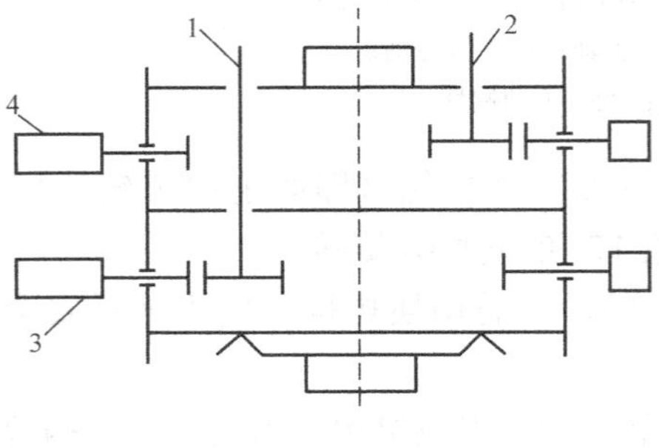

图 4 - 12　凸轮组件结构示意
1、2—齿轮；3、4—内齿轮凸轮

行程限位机构由凸轮组件和行程开关两大部分构成。在主轴 18 后端安装凸轮组件 4，凸轮组件与主轴同步旋转，当凸轮组件中某一个凸轮与行程开关组件 6 某一个开关相碰时，行程开关从动断状态变为动合状态。凸轮组件 4 结构示意如图 4 - 12

所示。

凸轮组件由齿轮 1 与 2、内齿轮凸轮 3 与 4、小轴和盘簧等构成。只要用螺钉旋具旋转齿轮 1 或齿轮 2，就可以带动内齿轮凸轮 3 或 4 旋转到所需要的转角位置，故此结构调试非常方便。

(5) 力矩保护机构。力矩保护机构是为了保护执行机构和阀门而设计的。例如，执行机构在正常的工作位置上运行时，由于某种机械卡住，使得执行机构不能运转，导致电动机堵转，此时执行机构输出力矩大于力矩保护机构预先设定值，力矩保护机构动作，微动开关翻转，切断电动机供电电源，从而达到保护电动机不会被烧坏的目的。SKJ 型电动执行机构力矩保护机构如图 4 - 13 所示。力矩保护机构由限力矩开关 3、限力矩齿轮 4、限力矩齿条 5 和碟形弹簧 6 等构成。其中，限力矩齿轮上端安装的凸轮组件结构与行程限位机构完全相同。

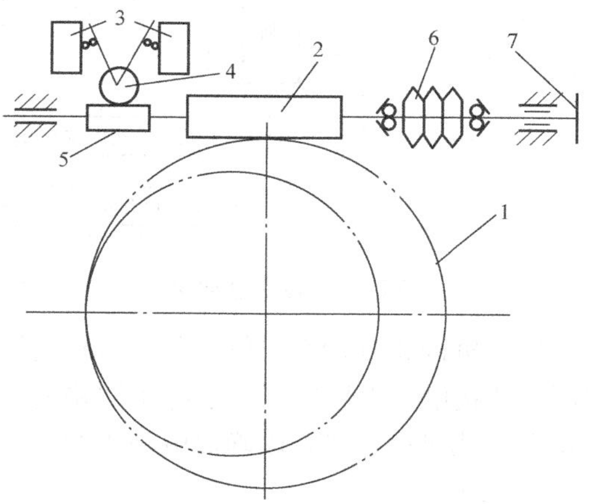

图 4 - 13 SKJ 型电动执行机构力矩保护机构

1—固定内齿轮；2—手动蜗杆；3—限力矩开关；4—限力矩齿轮；5—限力矩齿条；6—碟形弹簧；7—手轮

SKJ 型电动执行机构力矩保护机构工作原理是：采用蜗杆轴向力与施加在蜗杆上的碟形弹簧预压力相比较，如果蜗杆轴向力大于弹簧预压力，蜗杆就会产生左或右轴向位移，然后把此位移转换成转角位移带动凸轮旋转，凸轮旋转到某一转角就与微动开关接触，使微动开关动合触点变为动断触点，切断电动机电源，起到力矩保护目的。

(四) SKD 型多转式电动执行机构

1. 概述

SKD 型多转式电动执行机构是 DDZ - S 系列仪表中的执行单元。它以交流电源为动力，接受统一 4～20mA DC 信号，并将此转换成相应的输出轴多转位移，自动地操作闸板阀、截止阀和高压调节阀等调节机构，完成自动调节任务。

开关型多转式电动执行机构只控制流体的通断，不能连续调节流体流量的大小，属两位动作方式，通常又称为电动装置或电动头。而调节型多转式电动执行机构不仅能作两位动作方式，更重要的是可以根据控制信号的大小连续地控制流体流量的大小，所以调节型多转式电动执行机构的动作比较频繁，通常要求每分钟动作 10～20 次，对电动机要求比较高。其位置发送器输出信号要求与阀门位置成线性变化，且有一定的精度要求。

2. 工作原理

SKD 型比例式多转电动执行机构由 ZPE 伺服放大器和执行机构两个在结构上互相独立的部分组成。采用三相伺服电动机驱动时，伺服放大器采用三相功率控制器。

SKD 型多转式电动执行机构工作原理框图如图 4 - 14 所示，图中，SFD 型电动操作器为辅助单元，主要实现手/自动切换、手操阀位、阀位显示及事件处理等功能。

当电动操作器处于自动工作状态时，来自控制器的输入电流信号通过 ZPE 伺服放大器，与位置发送器的位置反馈电流信号比较，其偏差经放大后，通过三相功率控制器作为功率放

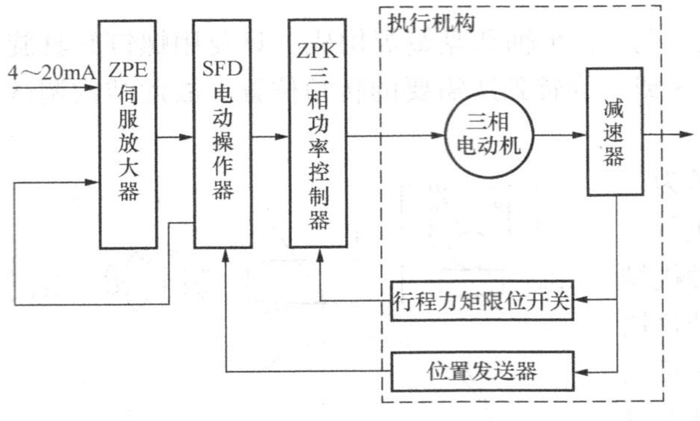

图 4-14 SKD 型多转式电动执行机构工作原理框图

大，驱动三相电动机转动，经减速后，在输出轴上获得旋转输出。执行机构的旋转方向取决于偏差的极性，又总是朝着减小偏差的方向旋转，只有偏差信号小于伺服放大器的死区时，执行机构才停止转动，输出轴的输出圈数与输入信号呈线性关系。

当电动操作器处于手动工作状态时，用手按动操作器中的开关按钮就可通过三相功率控制器直接操作三相电动机正反运转。

执行机构装有行程限位开关，当阀门到达极限位置时，限位开关的动断触点将三相功率控制器的接触器电路断开，这样主回路电路呈断开状态，电动机停转。功率控制器中还装有断相和过载保护电路，以确保电动机的安全运行。

3. 三相放大器

三相放大器由 ZPE 型伺服放大器和 ZPK 型三相功率控制器组成，其功能是将输入信号与位置反馈信号相比较，将偏差进行放大，并输出足够的功率以驱动三相电动机运转。

三相放大器主控元件采用固态继电器（晶闸管），并带有断信号、断相、过电流保护等功能，可靠性高，抗干扰能力强。

（1）ZPE 型伺服放大器。ZPE 型伺服放大器采用单相伺服放大器。它通常包括前置放大电路、触发电路、断信号保护电路和固态继电器等部分。

（2）ZPK 型三相功率控制器。它是一个功率放大部件，主要由逻辑控制模块、主回路、断相保护电路等部分组成，其电路原理如图 4-15 所示。

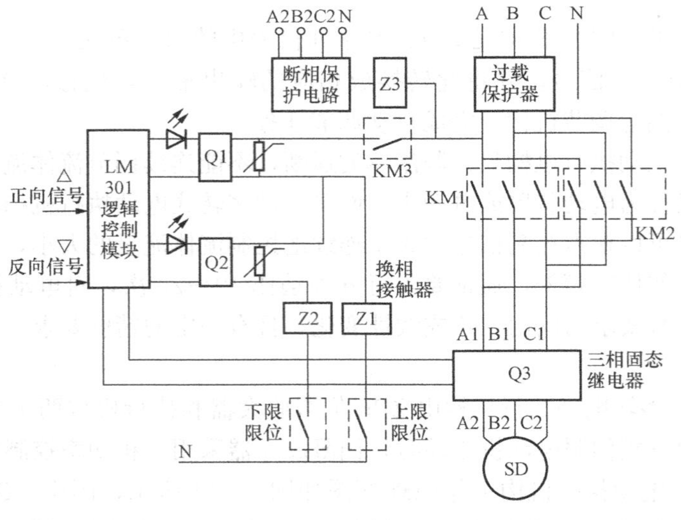

图 4-15 ZPK 型三相功率控制器电路原理图

1）逻辑控制模块。LM301 逻辑控制模块是主要控制电路，它接受单相伺服放大器的输出信号，通过逻辑控制电路输出正、反向触发信号，一方面控制正、反向交流接触器断合，实现三相电动机正、反向切换；另一方面，触发三相固态继电器，控制三相电动机主回路的通断。

2）主回路。主回路由过载保护器、换相接触器触点 KM1、KM2 和三相固态继电器（晶闸管）Q3 组成。当接受正向（△）指令时，逻辑控制器 LM301 先使固态继电器 Q1 导通，接触器 KM1 的绕组 Z1 带电，它的三副触点 KM1 导通，然后再发出指令使三相固态继电器 Q3 导通，三相电动机作正向运转。当正向（△）指令消失时，LM301 先发出指令使 Q3 截止，然后使 Q1 截止，接触器 KM1 的绕组 Z1 断电，KM1 断开，三相电动机停止转动。当反向（▽）指令到来时，固态继电器 Q2 导通，接触器 KM2 的绕组 Z2 带电，它的三副触点 KM2 导通，然后令 Q3 导通，三相电动机作反向运转。当反向（▽）信号消失时，LM301 先发出指令使 Q3 截止，然后使 Q2 截止，接触器 KM2 的绕组 Z2 断电，KM2 触点断开，三相电动机停转。

主回路采用三相固态继电器和换相接触器混合控制电路方式，三相电动机电源的通断主要由无触点的三相固态继电器来实现，两个换相接触器只实现换相功能，而且都在三相负载断开的状态下进行，故不产生火花和拉弧现象，提高了仪表的可靠性。

3）断相保护电路。一旦出现断相，通过断相保护电路检测处理后，使换向接触器 Z3 吸合，其输出一副触点对外报警（作为事件信号），另一副触点 KM3 切断换向接触器 Z1 与 Z2 的电源，使电动机断电。当电动机堵转或过载时，过载保护器自动断开，切断三相功率控制器的供电电源。

采用单相伺服放大器控制三相功率控制器的方式有两大优点：①使三相电源和单相电源分开。因为有些用户的控制室不希望三相电源进入。单相伺服放大器、三相功率控制器是两个独立的装置，由于单相伺服放大器及电动操作器通常安装在控制室内，而三相功率控制器可以安装在现场，因此就可避免三相电源进入控制室。②这种组合式的设计思路，使得产品的通用性强。采用三相控制时，只需增加三相功率控制器即可。

4. 执行机构

SKD 型多转式电动执行机构由三相制动电动机、减速器、开关控制箱（包括转矩保护机构、行程限位机构、位置发送器）和手轮操作机构组成。

（1）三相制动电动机。三相制动电动机要求有较软的机械特性，通常为四极电动机，采用 F 级绝缘，能承受 10～20 次/min 频率动作（负载持续率为 25%）。制动器通常采用电磁式摩擦片制动结构，当电动机断电时，制动器动作，使执行机构减少惰走。

（2）减速器。减速器通常采用一级圆柱平齿轮和一级蜗轮蜗杆传动机构，减速器传动示意如图 4-16 所示。

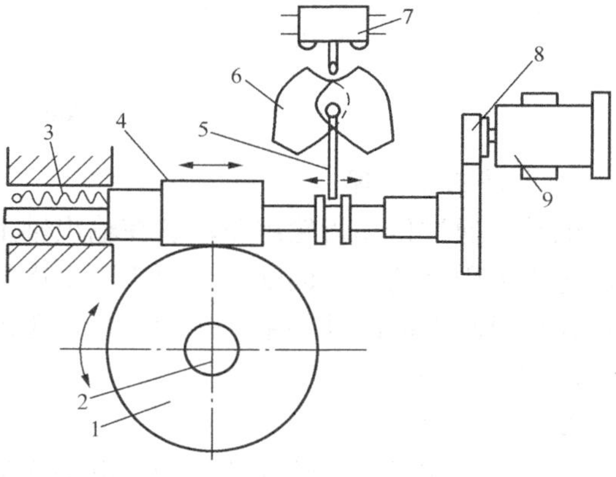

图 4-16 减速器传动示意

1—蜗轮；2—输出轴；3—碟形弹簧；4—蜗杆；5—杠杆；6—凸轮；7—微动开关；8—平齿轮；9—伺服电动机

（3）开关控制箱。开关控制箱包括转矩保护机构、行程限位机构与位置发送器接线端子等部分。在整个多转式系列产品中都可以通用。其中，转矩保护机构由两副凸轮传动机构及两个微动开关组成。它依靠蜗杆直线（轴向）窜动的位移，通过杠杆5转换成转角位移带动凸轮6转动，使微动开关7动作达到切断主回路电源目的。

行程限位开关也是采用凸轮机构方式，通常为两副。如果用户需要，则可以增加到四副（中途限位）。

调节凸轮由三层凸轮板组成。改变凸轮板位置，可获得任何中间位置的限位。位置发送器常采用导电塑料电位器作为位置传感元件。由于其可靠性及稳定性较好，且调节范围较宽，恒流电路较简单，输出恒流性能也好，因此是目前首选元器件。

（4）手轮操作机构。手动、电动切换机构要求操作简单，切换过程安全。

阀门电动装置的工作原理

阀门电动装置由三相异步电动机驱动。当人工或者联锁控制信号发出时，磁力启动器动作，合通A、B、C三相电源，以驱动三相异步电动机，其转速经减速器输出轴形成一定范围的转矩和转速，以驱动阀门的开关。

电动执行机构主要组成部件包括封闭式电动机、齿轮机构、可拔插式电气接线盒、手轮操作机构、组合传感器（扭矩、行程测量）、电气综合控制单元。图4-17所示为Auma电动门开关型外形图，图4-18所示为Auma电动门调节型内部图。

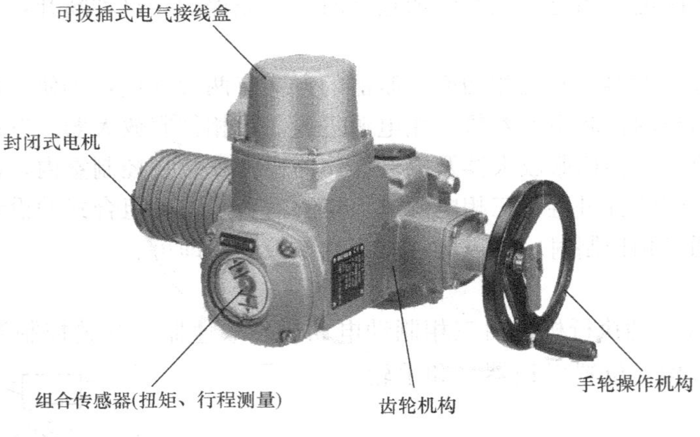

图4-17 Auma电动门开关型外形图

1. 电动工作原理

电动机通过传动齿轮组驱动装在输出轴上的偏心轮，带动安装在偏心轮的行星齿轮。行星齿轮与太阳齿轮内齿面啮合，由于两个齿轮齿数不同，电动机转动时形成相对速度，通过固定在行星轮上的随动轴带动驱动圆盘，驱动圆盘以锯齿紧密啮合驱动空心输出轴即实现阀门的启闭。

2. 手动工作原理

电动机工作时，手轮保持不动。电动变为手动时，电动执行机构不需要依靠任何机械转换装置。手动条件下，其驱动经过偏移蜗杆、太阳齿轮及行星齿轮传递给驱动圆盘最终驱动输出轴。

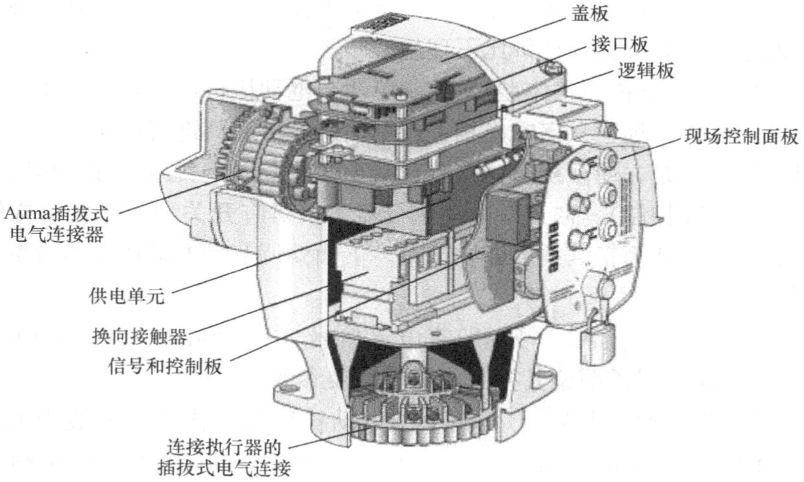

图 4-18 Auma 电动门调节型内部图

电动执行机构选型原则

1. 根据阀门类型选择电动执行器

阀门的种类相当多，工作原理也不太一样，一般以转动阀板角度、升降阀板等方式来实现启闭控制，当与电动执行器配套时首先应根据阀门的类型选择电动执行器。

(1) 角行程电动执行器（转角小于 360°）。电动执行器输出轴的转动小于一周，即小于 360°，通常为 90°就实现阀门的启闭过程控制。角行程电动执行器根据安装接口方式的不同又分为直连式、底座曲柄式两种。

1) 直连式。是指电动执行器输出轴与阀杆直连安装的形式。

2) 底座曲柄式。是指输出轴通过曲柄与阀杆连接的形式，适用于蝶阀、球阀、旋塞阀等。

(2) 多回转电动执行器（转角大于 360°）。电动执行器输出轴的转动大于一周，即大于 360°，一般需多圈才能实现阀门的启闭过程控制。多回转电动执行器适用于闸阀、截止阀等。

(3) 直行程（直线运动）电动执行器。电动执行器输出轴的运动为直线运动式，不是转动形式。直行程电动执行器适用于单座调节阀、双座调节阀等。

2. 根据生产工艺控制要求确定电动执行器的控制模式

电动执行器的控制模式一般分为开关型和调节型两大类。

(1) 开关型（开环控制）。开关型电动执行器一般实现对阀门的开或关控制，阀门要么处于全开位置，要么处于全关位置，该类阀门不需对介质流量进行精确控制。

另外，开关型电动执行器因结构形式的不同还可分为分体结构和一体化结构。选型时必须对此做出说明，不然经常会发生在现场安装时与控制系统冲突等不匹配现象。

1) 分体结构（通常称为普通型）。控制单元与电动执行器分离，电动执行器不能单独实现对阀门的控制，必须外加控制单元才能实现控制，一般外部采用控制器或控制柜形式进行配套。

分体结构的缺点是不便于系统整体安装，增加了接线及安装费用，且容易出现故障，当故障发生时不便于诊断和维修，性价比不理想。

2）一体化结构（通常称为整体型）。控制单元与电动执行器封装成一体，无需外配控制单元即可实现就地操作，远程只需输出相关控制信息就可对其进行操作。

一体化结构的优点是方便系统整体安装，减少接线及安装费用，容易诊断并排除故障。

（2）调节型（闭环控制）。调节型电动执行器不仅具有开关型一体化结构的功能，还能对阀门进行精确控制，从而精确调节介质流量。下面就调节型电动执行器选型时需注明的参数做简要说明。

1）调节型电动执行器控制信号一般有电流信号（4～20mA、0～10mA）或电压信号（0～5V、1～5V），选型时需明确其控制信号类型及参数。

2）工作形式（电开型、电关型）。调节型电动执行器工作方式一般为电开型（以4～20mA的控制为例，电开型是指4mA信号对应的是阀关，20mA对应的是阀开）和电关型（以4～20mA的控制为例，电开型是指4mA信号对应的是阀开，20mA对应的是阀关）。一般情况下选型需明确工作形式，很多产品在出厂后并不能进行修改，智能型电动执行器可以通过现场设定随时修改。

3）失信号保护。失信号保护是指因线路等故障造成控制信号丢失时，电动执行器将控制阀门启闭到设定的保护值，常见的保护值为全开、全关、保持原位三种情况，且出厂后不易修改。智能电动执行器可以通过现场设定进行灵活修改，并可设定任意位置（0%～100%）为保护值。

3. 根据阀门所需的扭力确定电动执行器的输出扭力

阀门启闭所需的扭力决定着电动执行器选择多大的输出扭力，一般由使用者提出或阀门厂家自行选配，作为执行器厂家只对执行器的输出扭力负责，阀门正常启闭所需的扭力由阀门口径大小、工作压力等因素决定，但因阀门厂家加工精度、装配工艺有所区别，不同厂家生产的同规格阀门所需扭力也有所区别，即使是同个阀门厂家生产的同规格阀门扭力也有所差别。选型时执行器的扭力选择太小会造成无法正常启闭阀门，因此电动执行器必须选择一个合理的扭力范围。

4. 根据所选电动执行器确定电气参数

因不同执行器厂家的电气参数有所差别，所以设计选型时一般都需确定其电气参数，主要有电动机功率、额定电流、二次控制回路电压等，如有疏忽，会使控制系统与电动执行器参数不匹配造成工作时空开跳闸、熔丝熔断、热过载继电器保护起跳等故障现象。

另外，还要根据使用场合选择外壳防护等级、防爆等级等。

【任务准备】

一、安全技术措施交底

检修前必须了解各种工、器具的使用方法；检修必须开热控工作票，工作票上必须注明具体的安全措施；各种工、器具必须检定合格，并有合格证书；检修与机务设备密切相关的部分，必须办理设备试运行申请单、工作联系单；做好带电作业的安全防护措施；做好防化学污染的措施；做好防高空落物及高处作业的措施。

二、培训技术交底

1. 工艺质量要求学习内容

电动门电源回路、控制回路正常，绝缘符合要求；系统控制柜、卡件、接线箱卫生清洁，无积尘、孔洞封堵完好；所有卡件接插牢固、接触良好，端子接线紧固（包括电缆屏蔽）、正确；设备、接线编号齐备、清晰；设备安装无泄漏；回路测试正常；试验验收合格。

2. 回路检查及回路绝缘检测要求学习内容

在控制回路的端子排将外部的引入回路及电缆全部断开，依次做以下工作：

(1) 各回路信号线对地的绝缘检查。

(2) 各回路信号线相互间的绝缘检查。

(3) 控制电缆绝缘检测（测绝缘前应先核对线路），对不符合项记录。

(4) 用螺钉旋具拧紧各端子接线，检查接线有无松脱现象。

(5) 检查线号、端子标记是否清晰，若不清晰则应重新标记。

三、物资、工器具的确认

根据检修项目编制材料计划；检查并落实备品备件；检修工器具的落实；专用工具、安全用具的检查落实。

所需检修工具及常用消耗品见表 2-1，所需备品备件见表 4-2。

表 4-2　　所需检修备品备件

1	阀位定位装置		1块
2	执行器控制板		常用型号各2块
3	执行器电源板		常用型号各2块
4	微动开关		5个
5	力矩限位开关		2个
6	热继电器		5个
7	转换开关		2个
8	熔断器	1A/2A/5A	各5个
9	继电器	2对/4对触点带基座	各2个

【任务实施】

一、电动执行机构检修风险分析及预防措施

执行器的检修同样也可分为定期检修与消缺型检修。定期检修是一种以时间为基础的预防性检修，根据设备磨损和老化的统计规律，事先确定检修等级、检修间隔、检修项目、需用备件及材料等的检修方式。消缺型检修则是在设备运行过程中，通过人机界面集控 CRT，反映出某执行器、电动门出现开/关故障，或反馈与工况不符合，或执行机构失去调节性能，不能投入自动参与调节等情况，均可反映出该执行机构存在缺陷。为消除此缺陷可称为消缺型检修。

1. 风险分析/危害辨识

作业时易发生电动门与系统隔绝不彻底而影响设备检修或系统运行。应办理工作票，根

据电动门在热力系统中位置、作用及检修时热力系统的运行状况，保证在电动阀门检修过程中与热力系统的可靠隔绝，防止出现人身伤害和设备、系统故障。作业时易发生人身触电和感电事故。电动门检修时，应断电验电，电源开关处挂“禁止合闸，有人工作”警示牌。所带的工具、设备附件等应认真清点，绝不许遗落在设备或系统内。

2. 检修阶段的风险分析

(1) 应让运行人员确认电动门是否可以退出运行，防止影响热力系统的运行。确认热力系统的运行状况，防止影响电动门的检修。

(2) 每次工作前应用验电笔确认电动门是否带电，防止作业人员触电。

(3) 高空作业易发生高空坠落和落物伤人事故，高空作业时作业人员应严格遵守《电业安全生产规程》要求，系好安全带，一律使用工具袋，防止高空坠物，防止高空坠落，做好安全防护工作。

(4) 设备传动时易发生机械伤害事故。上电调试前，应互相联系到位，通知运行人员和作业人员采取必要的措施（如压票等），并得到运行人员许可后方可进行工作。传动前必须确认挡板处无机务人员工作并随时监护，传动时盘上操作人员听从现场工作人员的指挥。

(5) 检修时所有工作人员要认真负责，杜绝带情绪和饮酒后作业。尽量避免交叉作业，必须交叉作业时做好可靠的防护措施。

(6) 作业时易发生强电窜入信号线路，烧毁 DCS 板件造成设备重大损坏事故。应将需要解开的 DI、DO、AI、AO 信号线包扎可靠；将电缆头绑扎在可靠的部位，避免与强电电缆交叉；禁止线头裸露部分接地，以免电焊时的强电流窜入信号线。

3. 解体、回装阶段的风险分析

(1) 解体、回装电动门时防止物件挤伤、砸伤人员，防止损害设备本身及周围相关物体。

(2) 解体、回装电动门时应保证有足够的检修场地及照明，防止设备解体过程中丢失零部件。

(3) 现场的工具、零部件放置有序，拆下的零部件必须用塑料布包好并作好记号以便回装，工具和零部件要分开放置。

(4) 工作结束应做到工完、料尽、场地清，电动执行机构本体和检修零部件整洁干净。

二、电动执行机构的安装及调校

1. ZPE 型电动伺服放大器的安装及调校

(1) 仪表安装。ZPE 为架装式仪表，主要由机芯和外壳两大部分组成，整个机芯可以从机壳中抽出。接线端子在面板上，采用新型接线式接插件，插头可以从插座上拔下，接好线后再插上，用螺钉拧紧。这样既保留了接线端子方便接线的优点，又保留了接插件方便调换的优点。仪表安装主要靠仪表前面板两个安装孔，用两个 M5 螺钉固定在架子上。

(2) 仪表的调整和校对。ZPE 单独校对时，可用两台信号源作输入信号，用两个灯泡（交流 220V/100W）作为负载（也可以用单相伺服电动机作负载）。仪表调校步骤如下：

1) 接线。仪表调校前需按图 4-19 所示接线。

2) 调零。合上开关 S1 与 S2，将信号都调整到 12mA，用万用表（直流电压挡）在印刷电路板测试点 0、1（印刷电路板上有标志）上测量电压，如电压不为零，则可调节“调零”电位器，使测量电压为零。

3）调死区。用万用表测量印刷电路板测试点0、2（印刷电路板上有标志）上电压，调节“死区”设定电位器，一般当电压为0.8V左右时，死区为150μA。实测死区时可按下述方法进行：合上开关S1、S2、S3及S4，将信号都调整到12mA，此时使信号源2保持不变，缓慢增加信号源1电流，使负载灯泡1亮，记下此时的电流值，再缓慢减小信号源1电流，直到负载灯泡2亮，记下此时的电流值，两者之差的绝对值为死区值。

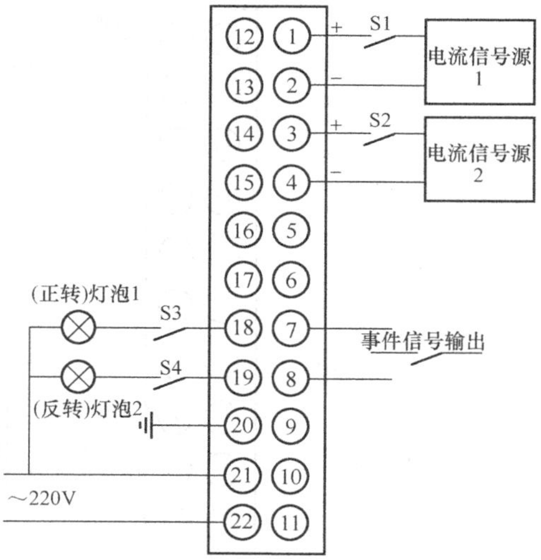

图4-19 ZPE型电动伺服放大器调校接线图

4）断信号保护检验。信号源电流调节在4mA以上，先接通开关S2且断开开关S1，此时印刷电路板上断信号指示灯亮，测量输出端子⑦、⑧应为短路状态。然后接通开关S1，此时断信号指示灯熄，接线端子⑦、⑧应为开路状态。接着再断开开关S2，此时，印刷电路板上断位置反馈指示灯亮，接线端子⑦、⑧应为短路状态。最后接通开关S2，此时断位置反馈指示灯熄，端子⑦、⑧应为开路状态。

5）逻辑保护检验。合上开关S1、S2、S3及S4，当两路输入信号无偏差时，两负载灯泡不亮。当调节输入信号1大于输入信号2时（偏差值应大于死区值），负载灯泡1亮，此时断开开关S3，负载灯泡1熄，放大器印刷电路板上正转逻辑保护指示灯亮，测量输出端子⑦、⑧应为短路状态。再将S3合上，负载灯泡1亮，正转逻辑保护指示灯熄，测量输出端子⑦、⑧应为开路状态。同样，当调节输入信号1小于输入信号2时（偏差值应小于死区值），负载灯泡2亮，此时断开S4，灯泡2熄，印刷电路板上反转逻辑保护指示灯亮，测量输出端子⑦、⑧应为短路状态。再合上S4，负载灯泡2亮，反转逻辑保护指示灯熄，测量端子⑦、⑧应为开路状态。

6）断电源保护检验。断开放大器电源，测量端子⑦、⑧应为短路状态，接通放大器电源（其他情况均为正常状态），测量端子⑦、⑧应为开路状态。放大器自校完成后，将其与操作器、执行机构接成系统试验时，只需按要求调整“死区”即可正常工作。

2. SKJ型角行程电动执行机构安装及调校

（1）仪表安装。SKJ型电动执行机构部分为现场安装仪表。在减速箱箱体的底部有安装内孔，用地脚螺钉安装在牢固的基础上。它的安装尺寸和DDZ－Ⅲ型角行程执行机构完全一样。执行机构周围应留有足够的空间，便于操作和维护。执行机构输出曲柄与调节机构之间的连接可采用连杆或钢索等。

（2）仪表调校。仪表调校按以下步骤进行：

1）按图4-20所示接线图接线。1、2端子接入的250Ω电阻是为了产生1～5V DC电压，接入的电流表是为了测量4～20mA DC信号，它们都是用来显示输出轴转角（阀位）大小的。

2）合闸电源开关S1。摇动手轮使执行机构输出轴转到出厂时调整好的零位，此时位置反馈电流输出应为4mA DC，同时，把下限行程（限位）开关调整到断开位置。

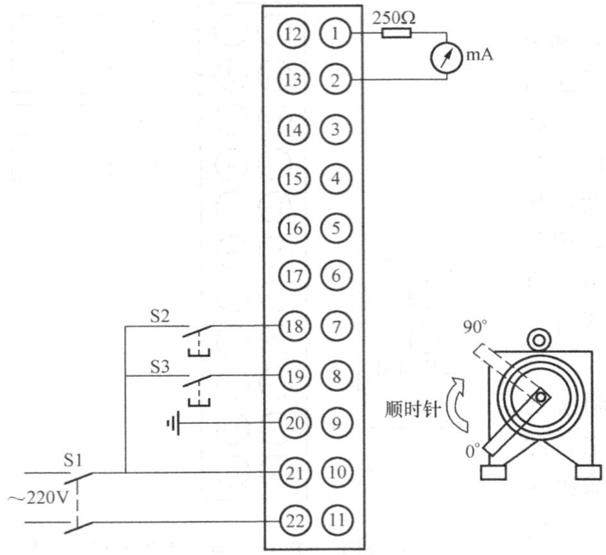

图 4-20 SKJ 型角行程电动执行机构接线图

3）摇动手轮，使执行机构输出轴顺时针旋转 90°，电流表指示应从 4mA 向 20mA 方向变化，如果输出轴已到了 90°，而位置发送电流不在 20mA，则可以调节位置发送满度电位器，使其位置发送电流到 20mA 为止。同时，把上限行程（限位）开关调整到断开位置 a。

4）按下按钮开关 S2，输出轴应顺时针旋转；按下按钮开关 S3，输出轴应逆时旋转，位置发送电流也应作相应变化。

5）按下按钮开关 S2，使执行机构输出轴转到 90°，此时上限行程开关动作，切断电动机供电电源；按下按钮开关 S3，使输出轴转到 0°，此时下限行程开关动作，切断电动机供电电源。

三、电动执行机构的检修

1. 电动阀门检查及检修

（1）执行机构外观是否完好无损，行程范围内有无卡涩，开关方向标志是否明确；铭牌与标志牌是否完好、正确，字迹是否清晰。

（2）远方/就地间切换灵活，手摇手柄用力手感均匀，连杆或传动机构动作平稳、无卡涩。

（3）执行机构的行程应满足全开全关控制状态要求。

（4）接线牢固、无松动，插头与插座连接可靠，无脱落现象。

2. 电动机阻值的测定

拆开电动机线，用绝缘检测工具（绝缘电阻表）检测电动机三相电源线的线间绝缘和对地绝缘是否符合要求。用万用表测量电动执行机构异步电动机三相绕组阻值，三相阻值应平衡，阻值之差应符合规定。如果阻值明显偏大或偏小，则电动机内部可能有开路或短路故障，应更换电动机。

3. 现场电动阀门电气控制回路检查及检修

（1）检查行程开关的接点通断情况。摇动手轮，使计数器的凸轮压住微动开关，此时动合触点闭合，测量其接触电阻应小于 1Ω；使计数器的凸轮离开微动开关，动断触点断开，测量其电阻应大于 1MΩ，如不符合要求则应更换。用万用表检查电动阀门内行程开关触点，接触是否正常，触点接线焊接处有无开焊，如有，应补焊或更换开关。

（2）用万用表检查电动阀门内力矩开关触点，接触是否正常，触点接线焊接处有无开焊，如有，应补焊或更换开关。

（3）检查计数器与执行机构之间传动齿轮的啮合情况。电动阀门切至手动位，摇动手轮，观察计数器是否与门杆同步运转，计数器的凸轮能否压住微动开关，实现切断电源的功能，否则更换计数器。主动齿轮、传动齿轮如磨损较严重应更换。手摇电动机带动执行机构动作，观察计数器传动齿轮的转动情况。计数器传动齿轮应转动正常，中间无卡涩及跳跃现象。

（4）电动阀门现场电缆检查及检修。

（5）电动阀门的电缆应走电缆槽架内，进入端子盒应有金属软管及接头，电缆穿管时，管内径应大于电缆外径的1.5倍，管壁不小于2mm。金属软管的最低处应低于电动阀门一侧接头的位置。

（6）检查电动阀门端子盒内接线端子应紧固、整齐，号头清晰，各接线用500V绝缘电阻表检测对地相间绝缘应为∞值。电缆芯线的弯曲半径不应小于电缆芯线直径的10倍，芯线各弯曲部分应均匀受力。

（7）检查电动阀门插头是否牢固，有无脱落现象。

4. 电动阀门配电箱内检查及检修

（1）三相交流接触器的检查及检修。检查三相交流接触器的吸合、释放动作是否灵活，触点是否拉抓严重，是否黏连，否则应予更换。

（2）三相交流空气开关的检查及检修。检查三相交流空气开关手动脱扣是否灵活。合上空气开关后，A、B、C三相各相接触电阻是否小于1Ω；脱扣后，三相各相接触电阻是否大于1MΩ，否则应予更换。检查热继电器接点是否正常，动作电流设定值是否正确。

（3）电动阀门配电箱上电源检查。检查电动阀门A、B、C三相电压，通电操作控制开关按钮，A、B、C三相相间电压应为交流380V左右，否则，请运行人员检查380V交流母线情况，确保电源正常；配电箱上保险容量检查。

（4）电动阀门配电箱上指示灯检查及检修。电动阀门配电箱上指示灯在通电后，应与现场阀门位置对应，阀门全开时，红灯亮；阀门关严时，绿灯亮；在中间位置时，红绿灯都亮。配电箱通电后，按红色灯，阀门应向开方向运动，直至全开；按绿色灯，阀门应向关方向运动，直至关严。有特殊要求的阀门，无保持功能，可以点动开关至任一位置。

（5）配电箱上指示灯与上述现象不一致时，检查电气控制回路与指示灯，直至合乎要求。

（6）配电箱内、终端柜端子排检查及检修接线检查：检查配电箱内接线端子应紧固、整齐，KKS编码清晰，各接线对地绝缘、线间绝缘应为∞值。

5. 电动阀门调校

（1）转矩控制机构调整。

1）按照随产品提供的转矩特性曲线，从小转矩值开始，逐渐增大转矩值直到阀门关严为止。

2）根据阀门工作特性调整开方向转矩，一般开方向转矩要比关方向转矩大。

3）以上调整均在空载无介质等因素下调整的，在有压力、湿度时应注意其能否关严，如关不严则要适当增加转矩值，以关得严、打得开为准。

（2）行程控制机构调整。

1）关行程调整。手动将阀门关严，回半圈，松开行程开关调整锁紧装置，按箭头指示方向，旋转凸轮使关行程开关刚好动作，紧固行程开关调整锁紧装置，将阀门开启几圈后再关方向动作，检查关行程开关动作是否与阀门关到位一致。如不合要求，可以按上述程序重新调整。

2）开行程调整。在关行程调整好以后，将阀门开到全开位置，回半圈，松开行程开关调整锁紧装置，按箭头指示方向，旋转凸轮使开行程开关刚好动作，紧固行程开关调整锁紧装置，将阀门关闭几圈后再开方向动作，检查开行程开关动作是否与阀门开到位一致。如不合要求，可以按上述程序重新调整。

3）电动阀的带电调试。

a. 对于分体式电动阀调试，带电动作前进行试操作，先只送上控制电源，检查控制回路是否可靠。再合上主回路电源，以点动方式检查相序，确认电动阀开关操作和阀实际开关方向一致。

b. 对于不具有鉴相功能或具有鉴相功能但不能自动鉴相的整体型阀门也必须进行相序检查。

4）对于一体化的智能型阀门，根据实际需要进行相关参数设置。阀门关方向的旋转方式（顺时针或逆时针），行程中断方式（行程或力矩），开关力矩值，各继电接点输出功能及状态（动合或动断）选择，以阀门实际开关位置进行开关行程到位确认。

6. 电动阀门联调试验

（1）在控制室 CRT 画面操作所检修电动门，阀门运动方向应与指令方向一致，反馈准确无误。如有故障，去现场电动阀门、配电箱处检查、处理。

（2）有特殊要求的电动阀门，如联锁开、联锁关等，不满足联锁条件时，请相关部门配合（运行人员），在 DCS 内部设定；满足条件后，进行联锁开、联锁关试验工作，直至电动阀门动作准确无误。

7. 现场清理、系统恢复

（1）电动阀门现场、配电箱内、中端柜内设备及周围，应清扫干净，设备见本色，油漆脱落应重新油漆，现场设备挂牌清晰、正确。

（2）测量回路接线号牌清晰、齐全，接线正确美观，用手轻拉接线无松动，进出线口已封堵。

（3）原工作电源回路已恢复，合上盘内电源开关，DCS 中阀门状态显示与实际相符。

四、电动执行机构的调试

（一）Auma 电动门调试

1. 第一步：设置限位开关

Auma 电动门控制单元如图 4-21 所示。

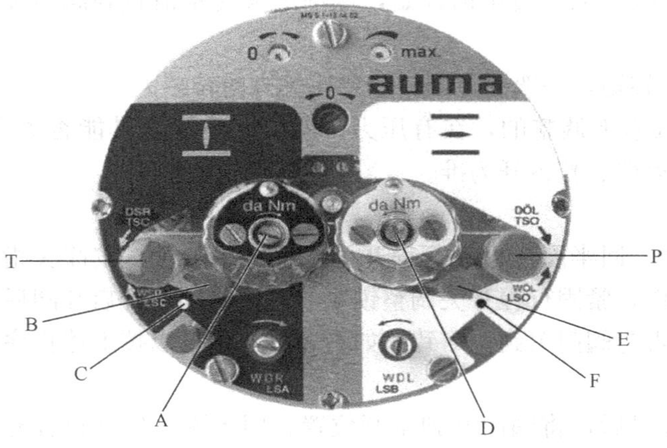

图 4-21 Auma 电动门控制单元

（1）关方向限位开关设置（黑色区域）。

1）将就地/远方旋钮切换至就地控制方式。

2）顺时针转动手轮，直到阀门关闭。

3）到达端部时，将手轮回转约 1/2 圈（超出量）。试运行期间，检查超出量，并在必要时更正限位开关的设置。

4）用螺钉旋具按下设置轴 A 并按箭头所指方向转动，同时观察指针 B。

5）当感觉到并听到棘轮的声音时，指针 B 转动 90°。当指针 B 从标记 C 处转过 90°时，将继续缓慢转动。当指针 B 到达标记 C 时，停止转动并松开设置轴。如果不小心转过了转换点（指针卡入后听到棘轮的声音），则继续按相同方向转动设置轴，重复设置过程。

（2）开方向限位开关设置（白色区域）。

1）逆时针转动手轮，直到阀门打开，然后回转约 1/2 圈。

2）用螺钉旋具按下设置轴 D 并按箭头所指方向转动，同时观察指针 E。当感觉到并听到棘轮的声音时，指针 E 转动了 90°。当指针 E 从标记 F 处转过 90°时，将继续缓慢转动。当指针 E 达到标记 F 时，停止转动并松开设置轴。如果不小心转过了转换点（指针卡入后听到棘轮的声音），则继续按相同方向转动设置轴，重复设置过程。

（3）检查限位开关。红色测试按钮 T 和 P 用于手动操作限位开关：按箭头 LSC（WSR）方向转动 T 可将限位开关设为“关”；按箭头 LSO（WÖL）方向转动 P 可将限位开关设为“开”。

2. 第二步：设置扭矩开关

Auma 电动门扭矩开关头如图 4 - 22 所示。

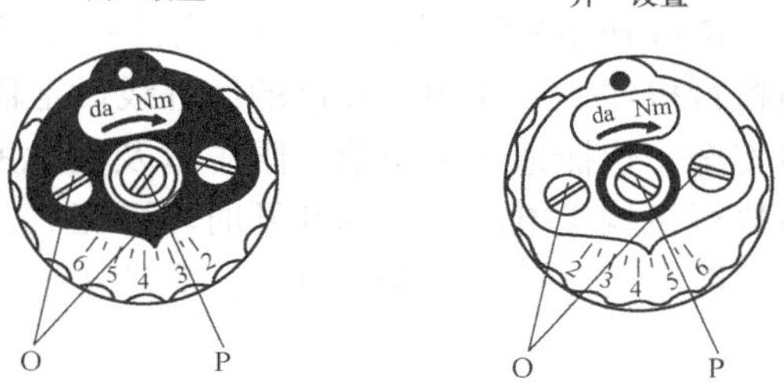

图 4 - 22　Auma 电动门扭矩开关头

（1）设置开关力矩。

1）松开扭矩盘上的两个锁定螺钉 O。

2）转动扭矩盘 P 至所需的扭矩（1da Nm=10N·m）。

3）重新拧紧锁定螺钉 O。

注：a. 扭矩开关在手动操作中仍然起作用。

b. 在阀门开关的整个行程中，扭矩开关都起到安全保护作用（过载保护）。

c. 同时也可以通过行程开关，使阀门停在极限位置。如果有指示盘，按照说明将其恢复原位。

d. 清洁开关机构的腔体及罩盖的密封面，检查 O 形圈确保没有缺陷。在密封面上涂一层不带酸性的润滑脂。将罩盖复位，并对角上紧紧固螺钉。

（2）检查扭矩开关。图 4 - 21 中，红色测试按钮 T 和 P 用于手动操作扭矩开关：按箭头 TSC（DSR）方向转动 T 可将扭矩开关设为“关”；按箭头 TSO（DÖL）方向转动 P 可将扭矩开关设为“开”。

如果执行机构安装了双限位开关（可选），则还将操作中间位置开关。

3. 第三步：运行测试

Auma 电动门指示器盘如图 4 - 23 所示，按以下步骤进行运行测试：

（1）检查旋转方向。

（2）如果提供了指示器盘，请安装在轴上。

（3）指示器盘的旋转方向指示输出驱动轴的旋转方向。

（4）如果没有指示器盘，也可通过空心轴观察旋转方向。

（5）要实现这一目的，请取下图 4 - 24 中的旋塞（部件号为 27）。

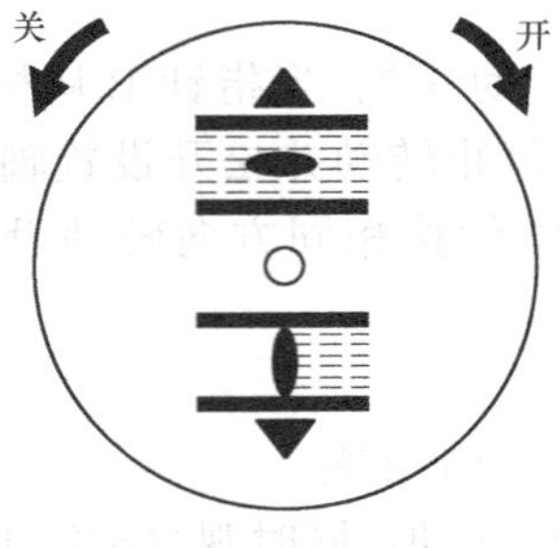

图 4 - 23　Auma 电动门指示器盘

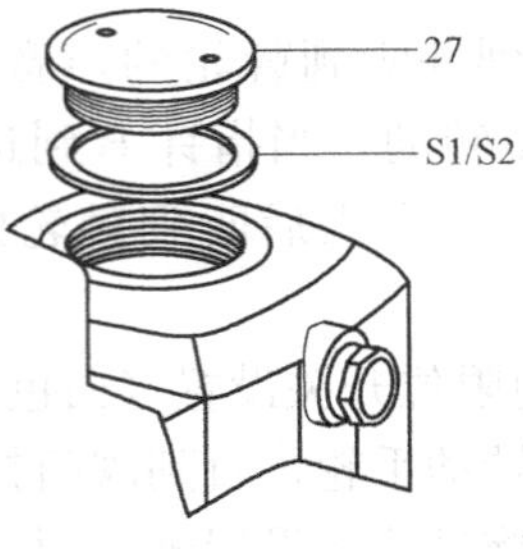

图 4 - 24　打开空心轴

（6）手动将执行机构移到中间位置，或移到离端部足够远的地方。

（7）将方向设定“关”，打开执行机构，然后观察旋转方向。

（8）将就地/远方切换按钮切换到远方控制方式。

（二）Rotork IQ 系列电动门调试

Rotork IQ 系列执行机构是全世界首家推出无需打开电气端盖即可进行调试和查询的阀门执行机构。它使用所提供的红外线设定器进入执行机构的设定程序，即使在危险区域，也可安全、快捷地对力矩值、限位以及其他所有控制和指示功能进行设定。IQ 的设定和调整在执行机构主电源接通和断开时均可完成。

图 4 - 25 所示为 Rotork IQ 系列电动门整体图。

1. 显示器

Rotork IQ 显示器外形如图 4 - 26 所示。

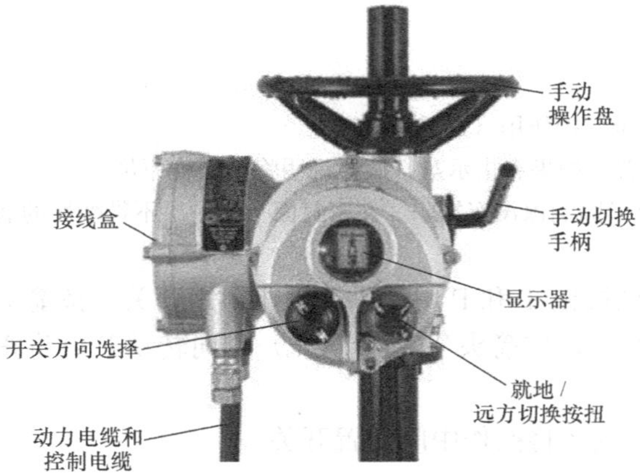

图 4 - 25　Rotork IQ 系列电动门整体图

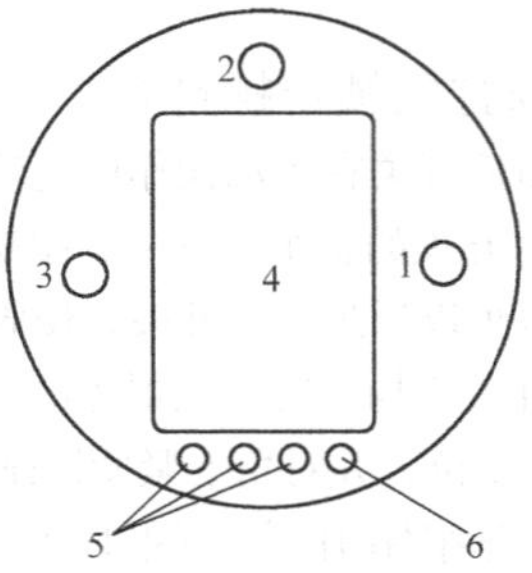

图 4 - 26　显示器组成图

1—阀位指示灯（红色）；2—阀位指示灯（黄色）；3—阀位指示灯（绿色）；4—液晶显示屏（LCD）；5—红外线传感器；6—红外线信号确认指示灯（红色）

按标准，红灯表示阀门打开，黄灯表示阀门在中间，绿灯表示阀门关闭。开阀和关阀指示灯的颜色可根据需要进行翻转。

全开由红色指示灯和开启符号表示；全关由绿色指示灯和关闭符号表示；行程中间由黄色指示灯和百分比开度值表示，如图 4 - 27 所示。

2. 手操器（设定器）

Rotork IQ 手操器外形如图 4 - 28 所示，图中，1（↓）表示向下显示下一个功能；2

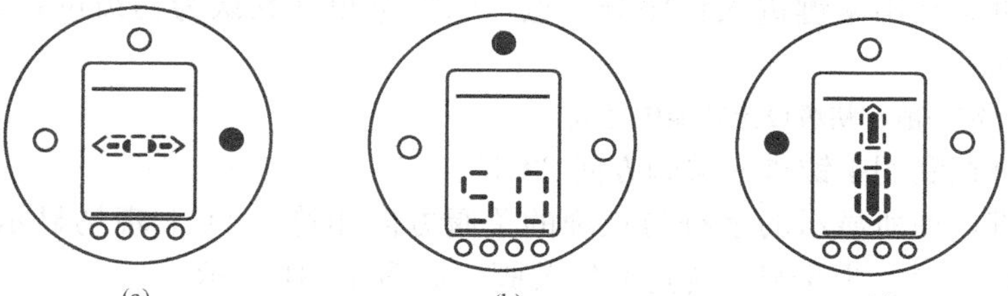

(a)　(b)　(c)

图 4-27　显示器显示图

(a) 全开；(b) 行程中间；(c) 全关

(→) 表示横向显示下一个功能；3 (—) 表示减少/改变显示的功能值或选项；4 (+) 表示增加/改变显示的功能值或选项；5 (↵) 表示确认新的设定值或选项。

注：若图 4-28 中 1、2 表示一起按下则执行机构的显示返回阀位指示状态。

红外线设定器就地操作：图 4-28 中，5 (↵) 表示停止执行机构，6 (☰) 表示打开执行机构，7 (工) 表示关闭执行机构，8 表示红外线传送窗口。

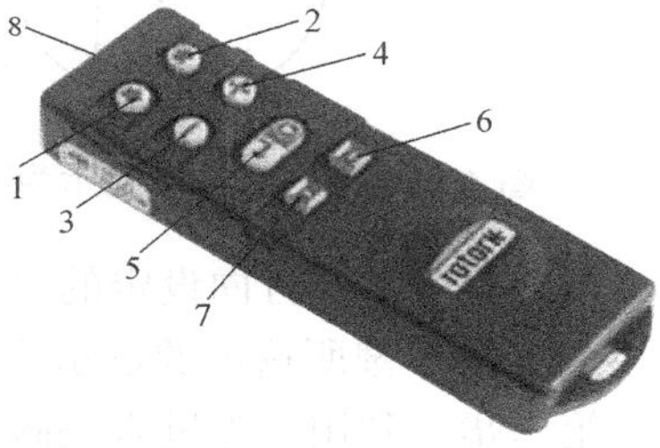

图 4-28　Rotork IQ 手操器

3. 功能菜单浏览

Rotork IQ 的功能菜单图如图 4-29 所示。

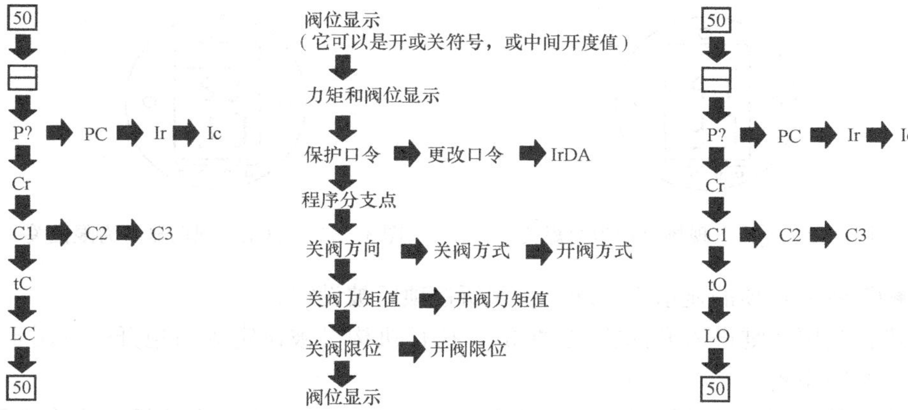

图 4-29　Rotork IQ 功能菜单

C1—关阀方向；C2—关阀方式；C3—开阀方式；tC—关阀力矩值；tO—开阀力矩值；LC—关阀限位；LO—开阀限位

4. 调试方法

利用手操器进入执行机构的设定程序。

第一步：将红色旋钮“就地/远方切换按钮”转至选择就地控制位置。

第二步：利用手操器面板上的↓键将改变执行机构的显示，将显示力矩+阀位（及进入“日”项目菜单）。

第三步：再利用↓键进入保护口令的更改菜单（此保护口令默认，不需要更改）。

第四步：继续利用↓键进入程序分支点“Cr”菜单（默认为初级设定功能，利用→键进入二级设定功能）。

注：阀门的设定一般在初级设定功能中完成。

第五步：继续利用↓键进入关阀方向“C1”。

按＋或－键，使所显示的字符与正确的关阀方向相符：[C] 现场显示为顺时针关阀，如图 4-30 所示；[A] 现场显示为逆时针关阀，如图 4-31 所示。

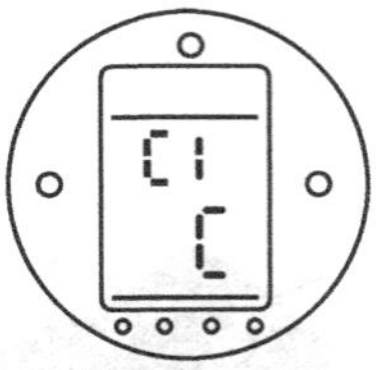

图 4-30　[C] 现场显示为顺时针关阀

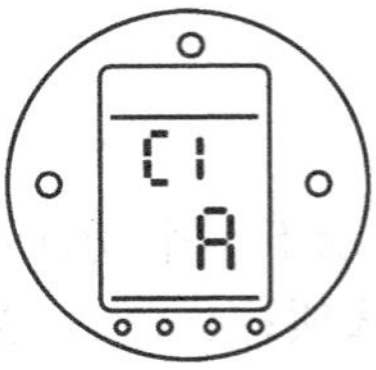

图 4-31　[A] 现场显示为逆时针关阀

应确保对关阀方向设定的显示有所响应。

按“↵”键所选项的显示将闪烁，说明所选项已被设定。

第六步：利用→键进入关阀方式“C2”。执行机构可被设定为力矩关——用于座阀；限位关——用于非座阀。

用＋或－键，显示希望的选择：[Ct] 现场显示为力矩关，如图 4-32 所示；[CL] 现场显示为限位关，如图 4-33 所示。

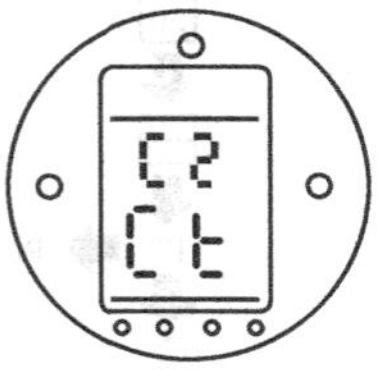

图 4-32　[Ct] 现场显示为力矩关

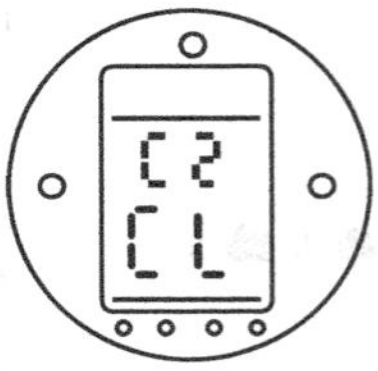

图 4-33　[CL] 现场显示为限位关

按“↵”键所选项的显示将闪烁，说明所选项已被设定。

第七步：利用→键进入开阀方式“C3”。执行机构可被设定为力矩开——用于回座阀；限位开——非回座阀。

按＋或－键，使所显示的字符与正确的开阀方向相符：[Ot] 现场显示为力矩开，如图 4-34 所示；[OL] 现场显示为限位开，如图 4-35 所示。

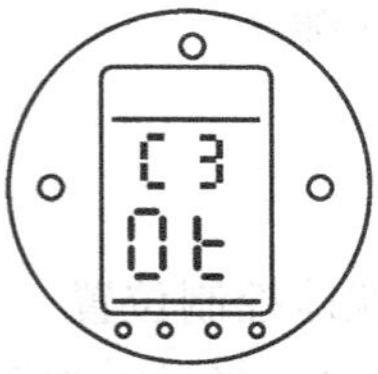

图 4-34　[Ot] 现场显示为力矩开

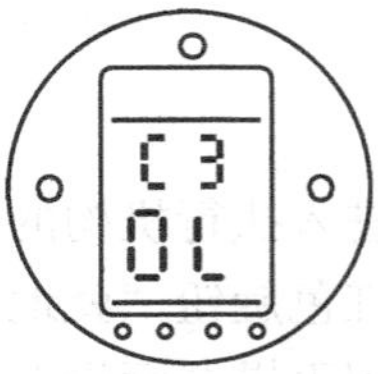

图 4-35　[OL] 现场显示为限位开

按“↵”键所选项的显示将闪烁，说明所选项已被设定。

第八步：利用↓键进入关阀力矩值设置菜单及“tC”。

按＋或－键，使所显示的字符与正确的关阀力矩值相符，如图 4-36 所示。

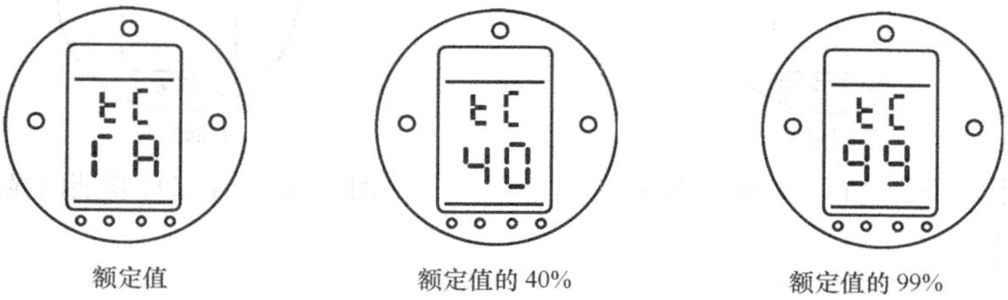

图 4-36 tC 显示

注：在没有推荐值时，可试着从小到大逐渐增大，直至阀门操作满意为止。额定值标在执行机构铭牌上。

按“↵”键所选项的显示将闪烁，说明所选项已被设定。

第九步：利用→键进入开阀力矩值设置菜单及“tO”。

按＋或－键，使所显示的字符与正确的开阀力矩值相符，如图 4-37 所示。

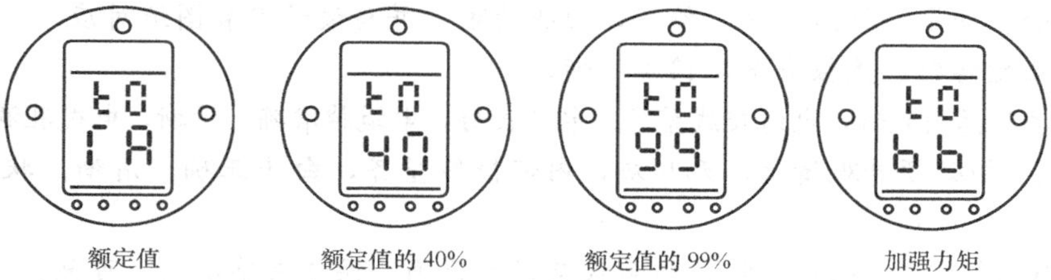

图 4-37 tO 显示

开阀力矩值可在额定值的 40%至额定值之间任意选择，且按 1%递增。另外，在不需要开阀力矩保护时，可选择“加强”功能。

注：额定值标在执行机构铭牌上。加强力矩至少为额定力矩的 140%。在执行机构被设定为力矩开时，不应选择加强力矩功能。

按“↵”键所选项的显示将闪烁，说明所选项已被设定。

在开阀时力矩达到设定值时，执行机构将力矩跳断并停止。

第十步：利用↓键进入设定关阀限位菜单及“LC”。

手动将阀门转至全关，可向开阀方向旋转手轮最多一圈，如图 4-38 所示。此时按“↵”键，两个黑色线条闪烁，全关指示灯点亮，说明关阀限位已被设定。

第十一步：利用→键进入设定开阀限位菜单及“LO”。

手动将阀门转至全开，可向关阀方向旋转手轮最多一圈，如图 4-39 所示。此时按“↵”键，两个黑色线条闪烁，全开指示灯点亮，说明开阀限位已被设定。

如果按上述设定过程进行设定，阀位显示将指示执行机构在全开位置。

第十二步：将红色旋钮转至选择远程控制位置，可退出设定程序，然后再选择所需要的控制方式：就地、停止或远程。调试完毕。

图 4-38 [LC] 功能的显示

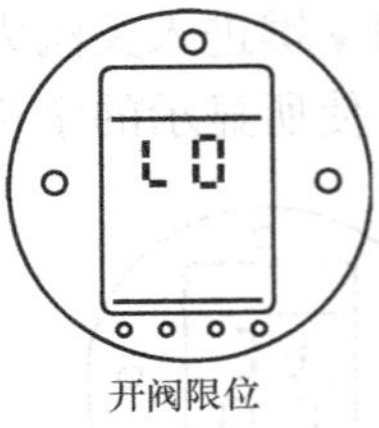

图 4-39 [LO] 功能的显示

【任务验收】

(1) 电动门的外壳、零件表面涂镀层光洁、完好、无锈蚀，表面无积灰、积油。

(2) 电动门安装牢固，不松动，零部件完整无损，安装位置恰当，便于维护，紧固件不得有松动和损伤现象，可动部分灵活可靠，无卡涩。

(3) 电动门就地操作按钮、指示灯等状态指示装置完整，状态指示正确。

(4) 外接行程开关清洁，无积灰、积油，安装牢固，不松动。

(5) 电动门的铭牌应完整、清晰、清洁。

(6) 接线盒外观清洁，无积灰、积油和明显污迹，表面涂镀层光洁、完好，内部清洁，无积灰、积油、积水，接线牢固、整齐，白头清晰，并与设计安装图纸对应。

(7) 接线盒螺钉、盖板齐全，铭牌清晰。

(8) 电动门插头完好，电缆接线整齐、包扎良好，电缆牌准确、清晰，电缆孔洞封堵良好。

(9) MCC 柜必须外观清洁，无积灰，内部接线整齐，白头正确、清晰。状态指示灯指示正确。

(10) OIS 站上远方操作正常、画面状态指示正确，操作菜单清晰、可靠。

(11) 设备台账填写正确，字迹工整、清晰。

(12) 用手动操作信号检查电动门机构的动作，应平稳、灵活、无卡涩、无跳动，全行程时间应符合制造厂的规定。

(13) 检查电动门执行机构的开度，应与调节机构开度和阀位表指示对应。

(14) 带有自锁保护的执行机构应逐项检查其自锁保护的功能。

(15) 行程开关和力矩开关应调整正确。

(16) 有远控、近控的电动门应进行远控和近控开关全程实验各一次，开关全行程的时间应对应。

(17) 对电动调节门应进行断电试验，确定其断电后位置的正确性。

(18) 对三位式电动调节门，在全行程任意位置可停。

(19) 电动调节门、电动门机械死区和电气死区应符合控制精度要求。

(20) 动调节门刹车调整适当，保证电动机断电时制动可靠。

【知识拓展】

FF 现场总线执行机构

1. 特点

该现场总线电动执行机构采用了微处理器、脉冲数字传感器、电子限位、电子限力矩、磁控开关、红外遥控、液晶显示和固态继电器控制等多种技术。其主要功能特点如下：

（1）机电一体化结构。所有的电子部件和机械部件以及电动机等构成一个整体结构，具有就地手操开关和阀位显示等功能，接线简单，使用可靠而方便。

（2）红外线遥控调试及参数设置。采用红外线可在不打开仪表罩盖的情况下对仪表进行调试及参数设置，此优点更适用于防爆的危险场合。

（3）LCD 和 LED 相结合。显示器采用液晶显示器 LCD 和发光二极管 LED 相结合的方式，其主显示器为点阵式液晶显示器。显示方式为文字和图形相结合的形式，显示直观、清晰，画面设计新颖，组态操作方便简单。

（4）具有故障诊断和处理功能。仪表能自动判别输入信号、系统事件信号、电动机过热或堵转、通信中断、程序出错等故障，同时，能根据故障的类型，自动采取相应的措施。

（5）功能齐全。除具备 FF 通信功能外，还能适应多种信号制的输入，即可作为常规的智能电动执行机构使用。为防止开过头或关过头、阀杆损坏（拧断）、电动机堵转烧毁等事故发生，该电动执行机构具备多种保护功能，如机械位置限位、极限位置限位和中途位置限位、力矩限制、联锁保护、相位自动纠正、缺相保护、电动机过热保护等。一旦发生位置超限、力矩超限等现象，都会自动切断电机电源，防止事故发生。

2. 结构原理

该电动执行机构由执行机构、电子控制器和红外调试仪三大部分组成，其组成方框图如图 4-40 所示。

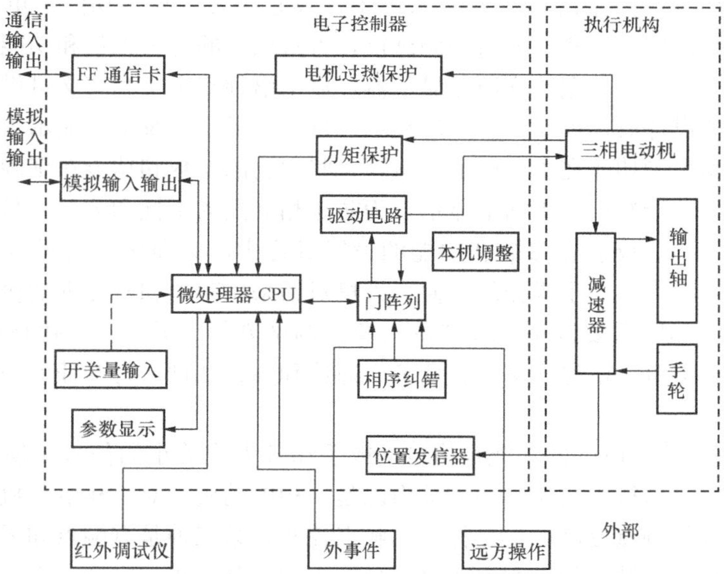

图 4-40 FF 现场总线电动执行机构组成方框图

（1）执行机构。执行机构由三相电动机、二级蜗轮减速器、手轮和输出轴等组成。

（2）红外调试仪。红外调试仪为手持式结构。

（3）电子控制器。电子控制器由位置发信器、微处理器、驱动电路、输入输出回路、FF 通信卡、控制电路、各种保护电路、干电池供电电路、LCD 及 LED 显示电路、红外调试接收电路和电源供电电路等部分组成。采用了组合式设计方案，更有利于制造、使用和维修。当作为常规的智能仪表使用时，不装FF通信卡即可。

1）输入输出回路。该执行机构设置了多个输入输出回路，以满足不同控制系统的需要。过程控制信号是仪表的主输入信号，位置反馈信号是仪表的主输出信号，其他输入输出信号都是辅助控制信号。主输入输出回路将根据系统对仪表的不同要求配置相应的输入输出电路。设置的副输入信号有联锁开禁止、联锁关禁止、外事件作用、远方手操控制等；副输出信号有手动标志信号、开和关力矩限制信号、开和关中途位置限制信号、开和关极限位置限制信号等，这些副输出信号均为继电器干触点信号。FF现场总线上传输的信号为类似于正弦波的波形信号，不能直接为数字电路所接受。另外，现场总线信号含有很多干扰信号，必须过滤，还有总线隔离问题等。设计电路时，采用电容器来使接收电路和总线隔离，避免了总线高电压（9～32V）的影响；采用带通滤波器将高频、低频干扰过滤掉，使有效信号顺利通过；采用高性能比较器将正弦波信号转换成TTL（晶体管—晶体管逻辑）电平信号（0.5V），送给编码解码器，从而完成信号接收过程。信号发送过程与接收正好相反。

2）控制电路。控制电路分为自动控制电路、手动控制电路和辅助控制电路三大部分。自动控制电路和手动控制电路这两部分电路是两个相互独立的、并列的控制电路，辅助控制电路又分为外事件处理电路、联锁控制电路等。外事件处理电路实际上是一种系统保护电路，用户可根据系统需要决定是否使用。如果用户使用了该功能（即将外事件干触点接入本仪表），则一旦有外事件发生（触点闭合），仪表将自动切换到手动控制状态，同时根据系统的需要将阀门运行到安全位置。

3）显示电路。该仪表的显示电路实现的不仅仅是一般的显示功能，更重要的是人机对话功能。通过显示器用手持式红外遥控调试仪，可对仪表的各种参数和功能进行设置。显示器采用的是128×64点阵的宽温度液晶显示器，显示语种有中文和英文可供选择，显示类型则根据需要和习惯设计成标尺显示、图形显示、百分数显示以及文字显示等。显示的内容很多，一些主要的参数和功能在主界面上显示，一些次要的参数和功能在副画面上显示，其他需要设置的参数和功能在组态界面上显示。为防止相互间的干扰和无关人员乱调，可对每台仪表设置不同的密码。仪表在参数和功能的设置过程中，必须先对密码号，只有对上密码号，才能进行设置操作。为了操作的方便，人机对话采用菜单和对话框的操作方式。在组态界面中移动光标选择所需要调试或设置的对象，调试方便、灵活。该执行机构的组态有阀门、力矩、限位、电机、信号、事件、调节、通信和参数九种，打开任何一种组态界面，就可对其进行设置。

4）驱动电路。驱动电路的功能是将自动或手动开大或关小的信号转换成推动电动机正转或反转的动力。该执行机构所采用的动力源是三相电动机。对三相电动机的控制，一般有三种方式：第一种是触点控制，第二种是无触点控制，第三种是有触点和无触点相结合的控制。有触点和无触点相结合的控制方式是一种折中的控制方式，在这种方式中，如果能有效地防止触点的电腐蚀，就不失为一种较好的控制方式。该执行机构采用的就是这种方式。电路中使用的固态继电器（如晶闸管）能有效防止触点的电腐蚀，从而大大提高了交流接触器的使用寿命，也有效防止了相间短路的危险故障。

5）位置发信器。位置发信器是执行机构的重要组成部分，它的功能是提供准确的位置信号。该执行机构采用的位置传感器为脉冲数字式位置传感器，这种位置传感器具有寿命长（无触点）、精度高、无线性区段限制、温度特性好、稳定性高等优点，在现场总线仪表中使用可省去数/模转换电路。它的唯一缺点是数据的保持需备用电池。

6）保护电路。为了使仪表在任何工况下都能平稳运行，该执行机构使用了大量的保护措施。对电动机的保护主要有过热保护、过力矩保护、缺相保护，对系统的保护主要有外事件保护、断信号保护、位置限制保护、错相自动纠正保护等。

任务二 气动执行机构检修

【学习目标】

（1）熟悉气动仪表的基本元件。

（2）熟悉电—气转换器及常见气动执行机构的工作原理、结构组成。

（3）能检修、调试所学执行机构。

（4）能初步分析并处理执行机构的常见故障。

（5）能看懂各类执行机构的说明书及使用手册。

（6）能进行执行机构的选型。

（7）会正确填写执行机构检修、调校、维护记录和校验报告。

（8）会正确使用、维护和保养常用校验设备、仪器和工具。

【任务描述】

认知各种气动执行机构结构及工作原理，熟练使用各种类型智能气动阀门定位器；按国家标准规范校验气动执行机构，对气动执行机构进行外观检查，外部清洁，检查电磁阀防水、防尘，清理过滤器，处理气源管路漏气；做气动执行机构动作试验，按照机务确定的位置对执行机构进行现场行程调整和整机调试；对有故障的气动执行机构进行检修，更换损坏电磁阀或行程开关等。

【知识导航】

气动仪表的基本元件

一、弹性元件

弹性元件是气动仪表大量使用的重要元件，主要有橡胶膜片、波纹管、金属膜片、盘簧管、波登管、膜盒、弹簧、扭管等。弹性元件主要是把流体的压力或差压转换成相应的力或位移，多用作仪表的检测元件和转换元件等。下面只对橡胶膜片和波纹管作一简单介绍。

1. 橡胶膜片

橡胶膜片有平膜片、波纹膜片和双层膜片三种，如图 4 - 41 所示。可根据不同工作要求进行选用。橡胶膜片有如下两种工作特性。

（1）压力—力特性，可表示为

$$F = pA_e \tag{4-2}$$

式中 F——推力（气体的作用力）；

p——输入压力；

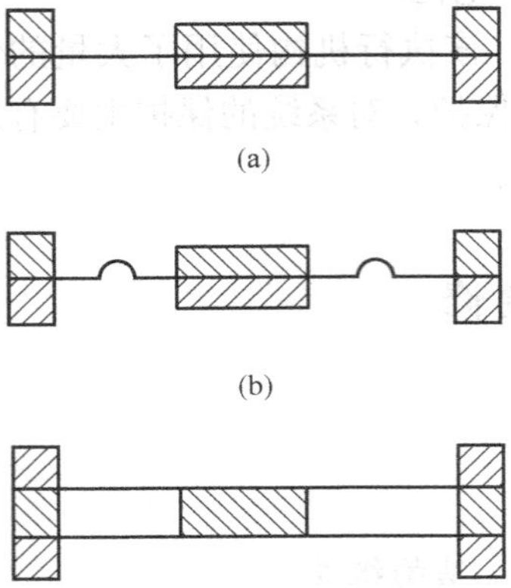

图 4-41　橡胶膜片结构示意

(a) 平膜片；(b) 波纹膜片；(c) 双膜片

A_e——膜片有效面积。

理想的平膜片有效面积为

$$A_e = \frac{\pi}{12}(D^2 + Dd + d^2) \tag{4-3}$$

式中　D——膜片工作外径；

d——膜片硬芯直径。

波纹膜片有效面积为

$$A_e = \frac{\pi}{4}D_e^2 \tag{4-4}$$

式中　D_e——膜片的波峰直径。

(2) 压力—位移特性，可表示为

$$s = \frac{A_e}{C_p}p \tag{4-5}$$

式中　s——膜片位移；

C_p——膜片刚度。

2. 波纹管

波纹管的作用与橡胶膜片的作用基本相同，一是作为仪表的受信元件，把压力转换成相应的位移，完成运算或显示任务；二是作为感测元件，用以把压力转换成相应的输出力，与其他分力进行比较，完成特定任务。另外，在某些变送器和特种调节阀中也常用波纹管作输出轴的密封元件，起着既传递力（力矩）或输出位移，又把不同介质隔离开的作用。

波纹管的工作特性也与橡胶膜片一样，有压力—力特性和压力—位移特性，其表达式仍为式（4-2）和式（4-5），只是把膜片刚度 C_p 换成波纹管刚度 C_b，其有效面积 A_e 为

$$A_e = \frac{\pi}{16}(D_1 + D_2) \tag{4-6}$$

式中　D_1——波纹管的内径；

D_2——波纹管的外径。

波纹管的结构示意如图 4-42 所示。

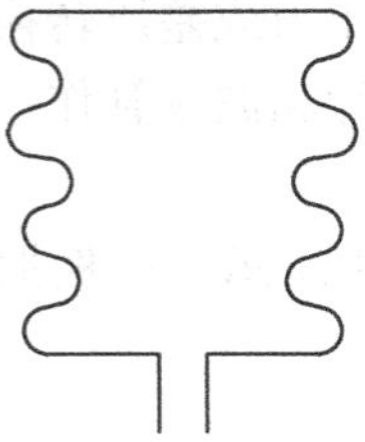

图 4-42　波纹管结构示意

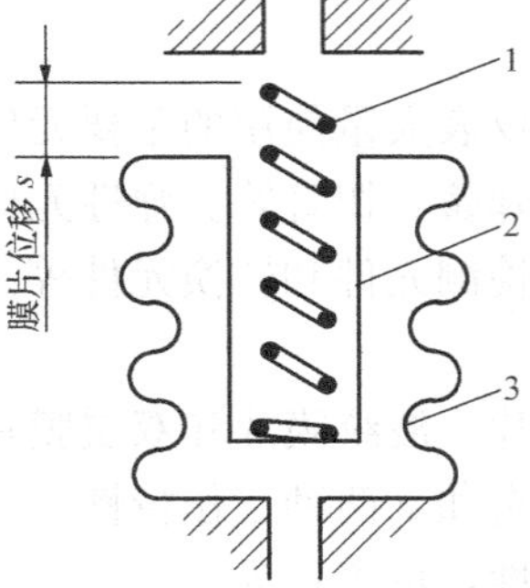

图 4-43　波纹管—弹簧管组成的受信元件

1—弹簧管；2—环形法兰；3—波纹管

在实际使用中，为改善波纹管的工作特性，常把波纹管和弹簧装在一起，如图 4-43 所

示。这时的工作特性可表示为

$$s = p\frac{A_e}{C_b + C_s} \tag{4-7}$$

式中 C_s——弹簧刚度。

二、气阻、气容及阻容耦合元件

1. 气阻

气路中的气阻与电路中的电阻相类似，起降低压力和限制流量（即节流）的作用，用符号 R 表示，其基本公式为

$$R = \Delta p/Q \tag{4-8}$$

式中 R——气阻；

Δp——气阻两端的压差；

Q——流过气阻的流量。

根据气阻的结构特征和作用条件，气阻可分为如下 3 类。

（1）恒气阻。恒气阻的特点是结构固定、无活动部分、气阻值不可调。所谓恒气阻，并不是说它的气阻值恒定不变，而是指它的流通面积在结构固定之后是不能改变的，即气阻值不能通过手动或其他部件自动去调整。实际上，许多恒气阻的气阻值会随着流体流动状况（如压差和流量的变化等）的变化而变化。恒气阻有毛钢管式、缝隙式、薄壁小孔式 3 种。

（2）可调气阻。可调气阻的特点是具有活动部件，可根据需要调整其流通面积，从而改变气阻值的大小。可调气阻有圆锥—圆锥型、圆柱—圆柱型、圆球—圆锥型和平面圆盘沟槽型等数种。可调气阻连同驱动和调整部件一起可称为节流阀。气动仪表中的针形阀是较为常用的一种节流阀。

（3）变气阻。变气阻的特点是可根据外来压力或位移信号的大小自动改变流通面积，从而改变气阻值，这种气阻也称为变节流孔。常见的有喷嘴—挡扳机构、放大器或减压阀里带活动杆的圆球—圆锥型变气阻等。

2. 气容

气路中凡是能储存或放出气体的容室都称为气容（或气室），用符号 C 表示，其表达式为

$$C = \frac{\int Q\mathrm{d}t}{\Delta p} \tag{4-9}$$

式中 C——气容；

Δp——气容中的压力变化值。

如图 4-44 所示，气容可分为两类，一类是固定气容，即气室容积不变；另一类是弹性气容，即容积随气室的压力变化而变化。按流动状况而言，若气室只有一个进出口，则称这种固定气室为盲室；若有两个独立的进出口（一进一出）则称为通气室。

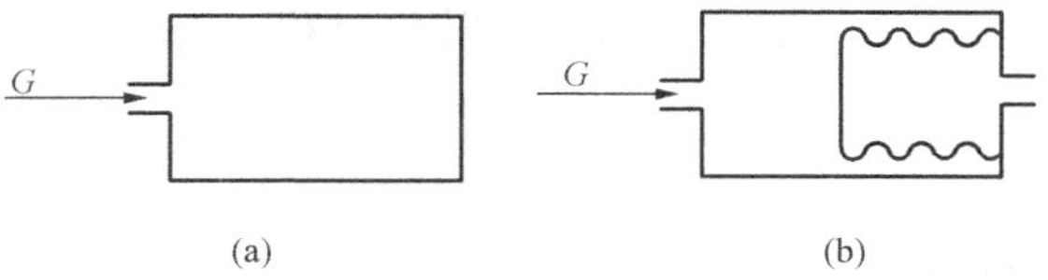

图 4-44 固定气容和弹性气容

（a）固定气容；（b）弹性气容

3. 阻容耦合元件

构成气动仪表时，需要把气阻和气容串联起来形成阻容元件。一般有节流通室和节流盲室两种。

（1）节流通室。节流通室的结构原理如图 4-45 所示。如果气阻 R_1 和 R_2 都是线性气阻，在层流状态下，则有

$$p_2 = \frac{R_2}{R_1 + R_2} p_1 + \frac{R_1}{R_1 + R_2} p_3 \tag{4-10}$$

如果 R_2 的输出排大气，即 $p_3 = 0$，则有

$$p_2 = \frac{R_2}{R_1 + R_2} p_1 = K p_1 \tag{4-11}$$

其中

$$K = R_2/(R_1 + R_2)$$

式中　p_1——恒气阻 R_1 前的压力；

p_2——节流通室的内压力；

p_3——可调气阻 R_2 后的压力；

K——比例系数或分压系数。

在紊流状态下，则有

$$\frac{p_2}{p_1} = \frac{[\alpha_1 A_1/(\alpha_2 A_2)]^2}{1 + [\alpha_1 A_1/(\alpha_2 A_2)]^2} = K \tag{4-12}$$

式中　α_1——恒气阻 R_1 的流量系数；

α_2——可调气阻 R_2 的流量系数；

A_1——恒气阻 R_1 的流通截面积；

A_2——可调气阻 R_2 的流通截面积。

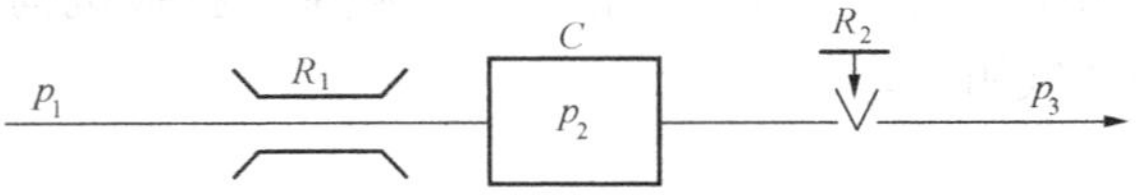

图 4-45　节流通室的结构原理图

（2）节流盲室。节流盲室的结构原理如图 4-46 所示。它很像电路中的 RC 阻容环节，通常可用来构成各种惯性环节。根据线性气阻和气容的定义，可得到节流盲室的动态方程

$$RC \frac{\mathrm{d}p_2}{\mathrm{d}t} + p_2 = p_1 \tag{4-13}$$

若 p_1 为阶跃变化，则可得

$$p_2 = p_1(1 - e^{-1/T})（充气过程） \tag{4-14}$$

或

$$p_2 = p_1 e^{-1/T}（放气过程） \tag{4-15}$$

其中

$$T = RC$$

式中　T——时间常数；

e——自然对数的底。

三、喷嘴挡板机构

气动仪表中的喷嘴挡板机构也称控制元件，是气动仪表中一种最基本的变换和放大环

节，它能将挡板对于喷嘴的微小位移灵敏地变换成气压信号。实质上它是一个放大系数很高的放大环节，也是一个可变气阻。常见的喷嘴挡板机构原理如图 4-47 所示。

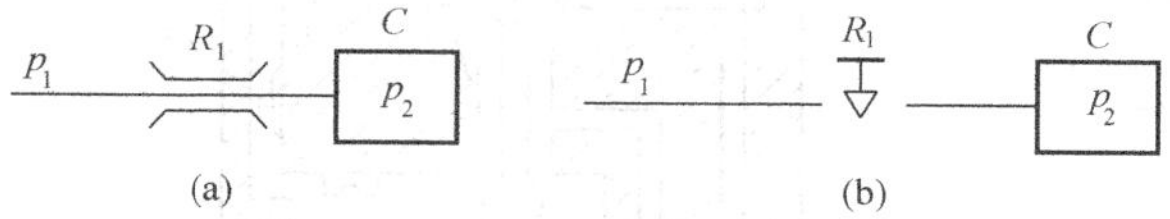

图 4-46 节流盲室的结构原理图

(a) 恒气阻节流盲室；(b) 可调气阻节流盲室

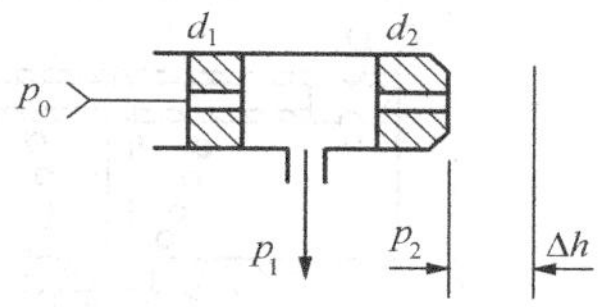

图 4-47 喷嘴挡板机构原理图

喷嘴挡板机构的静态特性曲线如图 4-48 所示。如果喷嘴挡板工作在线性段，喷嘴背压室的容积很小，则可认为喷嘴挡板机构是一个以挡板位移 Δh 为输入量，以背压变化 Δp_1 为输出量的放大环节，可表示为

$$\Delta p_1 = K\Delta h \tag{4-16}$$

四、功率放大器

喷嘴挡板机构可将微小位移转换成压力信号，但因受恒节流孔等限制，其输出功率（压力×流量）却很小。为了满足远距离传输信号或推动执行器等的功率要求，常在其后串接一个功率放大器（或称二次放大器），在结构上常把喷嘴挡板机构与功率放大器合并在一起，统称为二级功率放大器，如图 4-49 所示。

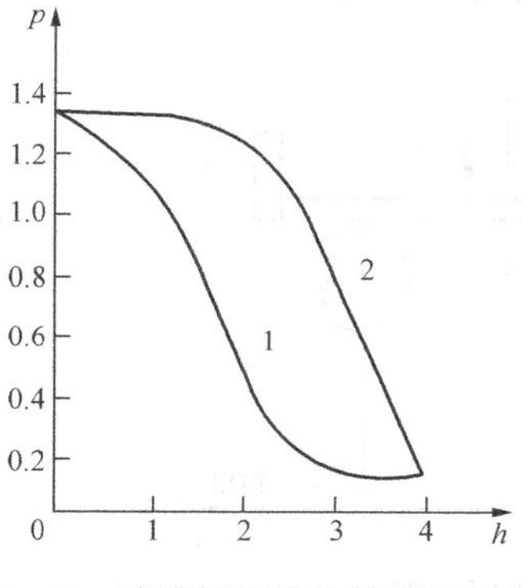

图 4-48 喷嘴挡板机构静态特性曲线

1—实际特性曲线；2—理想特性曲线

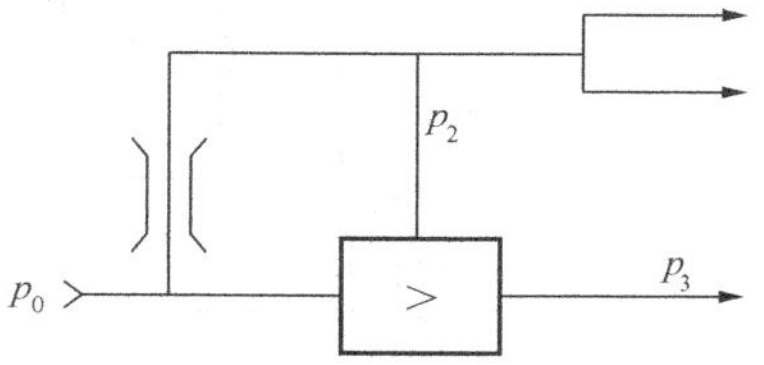

图 4-49 喷嘴挡板与功率放大器合并

气动仪表的功率放大器，就其实质而言，是由输入压力信号控制两个反向相连的活门的开度，一个活门通气源，另一个泄往大气，从而控制输出压力的大小。因为两个活门的流通面积远比喷嘴挡板机构中的恒节流孔的流通面积大，而功率放大器又兼有压力放大作用，故可供输出的功率就比较大。

气动仪表的功率放大器，根据工作原理可分为非泄气式和泄气式两大类。非泄气式的特点是具有反馈作用，稳态时输入信号产生的力与输出信号的反馈力相平衡，两个活门基本上都处于关闭状态，耗气量很小，故称不耗气式功率放大器；泄气式的特点是无反馈作用，稳态时两个活门有一定开度，总有一定空气排出，耗气量较大，故也称耗气式功率放大器。这两种类型的功率放大器的典型结构原理分别如图 4-50 和图 4-51 所示。

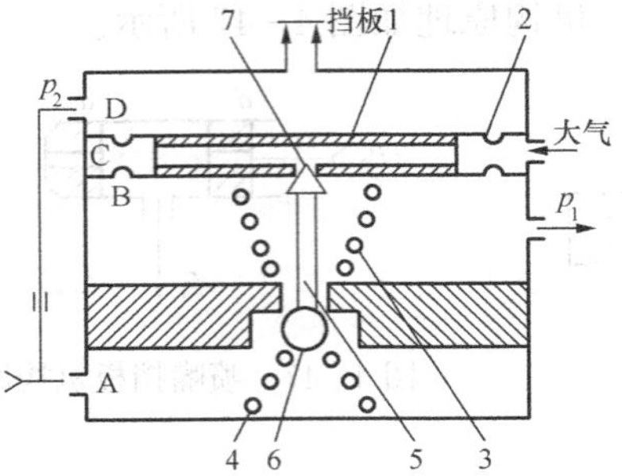

图 4-50 非泄气式功率放大器结构原理图

1—输入膜片；2—输出膜片；3、4—弹簧；5—阀杆；6—球阀；7—锥阀

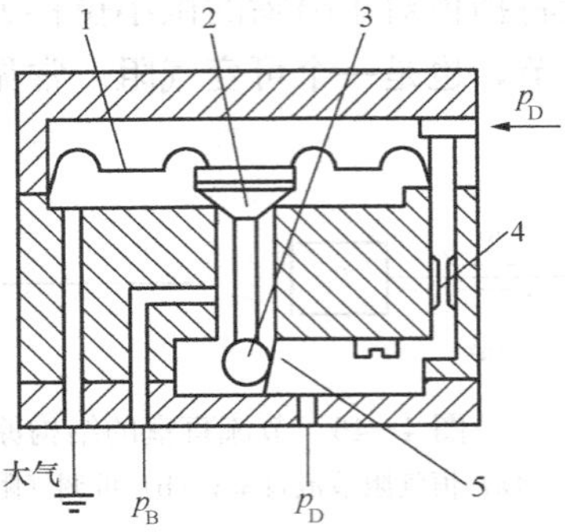

图 4-51 泄气式功率放大器结构原理图

1—金属膜片；2—排气锥阀；3—进气球阀；4—恒节流孔；5—弹簧片

电—气转换器

电—气转换器是将电动控制系统的标准电信号（4～20mA DC）转换为标准气压信号（20～100kPa）。通过它可以组成电—气混合系统以便发挥各自的优点，扩大其使用范围。例如，电—气转换器可用来把电动控制器或DCS的输出信号经转换后用以驱动气动执行机构，或将来自各种电动变送器的输出信号经转换后送往气动控制器。

电—气转换器是基于力矩平衡原理进行工作的，其简化原理图如图4-52所示。

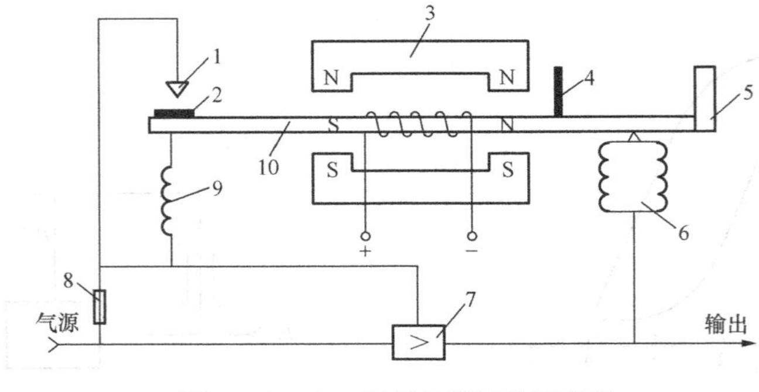

图 4-52 电—气转换器简化原理图

1—喷嘴；2—挡板；3—磁钢；4—支点；5—平衡锤；6—波纹管；7—放大器；8—气阻；9—调零弹簧；10—可动铁芯

来自变送器或控制器的标准电流信号通过绕组后，产生一个电磁场。该电磁场把可动铁芯磁化，并在磁钢的永久磁场作用下产生一个电磁力矩，使可动铁芯绕支点做顺时针转动。此时固定在可动铁芯上的挡板便靠近喷嘴，改变喷嘴和挡板之间的间隙，喷嘴的背气增大，经过气动放大器（喷嘴挡板机构）后产生的输出压力增大。该压力反馈到波纹管中，即在可动铁芯另一端产生一个使可动铁芯绕支点做逆时针转动的反馈力矩，该力矩与绕组产生的电磁力矩相平衡，构成闭环系统，使输出压力与输入电信号成比例地变化，实现电（流）信号到气（压）信号的转换。

气动薄膜执行机构

气动执行机构主要有薄膜式和活塞式两大类，并以薄膜式执行机构应用最广，在电厂气动基地式自动控制系统中，常采用这类执行机构。气动薄膜执行机构以清洁、干燥的压缩空气为动力能源，它接收DCS或控制器或人工给定的20～100kPa压力信号，并将此信号转换成相应的阀杆位移（或称行程），以调节阀门、闸门等调节机构的开度。

气动薄膜执行器主要由气动薄膜执行机构、控制机构和气动阀门定位器（辅助设备）三大部分组成，如图4-53所示。

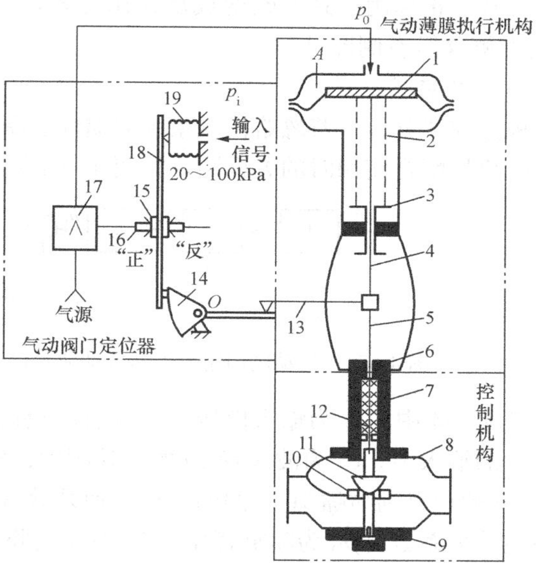

图4-53　气动阀门定位器与气动薄膜执行机构的配合

1—波纹膜片；2—压缩弹簧；3—调节件；4—推杆；5—阀杆；6—压板；7—上阀盖；8—阀体；9—下阀盖；10—阀座；11—阀芯；12—填料；13—反馈连杆；14—反馈凸轮；15—挡板；16—喷嘴；17—气动放大器；18—托板；19—波纹管

1. 气动薄膜执行机构

气动薄膜执行机构的主要工作部件由波纹膜片1、压缩弹簧2和推杆4组成。

当压力信号（通常是20～100kPa）通入薄膜气室时，在波纹膜片1上产生向下的推力。该推力克服压缩弹簧2的反作用力后，使推杆4产生位移，直至弹簧2被压缩的反作用力与信号压力在波纹膜片1上产生的推力相平衡时为止。显然，压力信号越大，向下的推力也越大，与之相平衡的弹簧力也越大，即弹簧的压缩量也就越大。平衡时，推杆的位移与输入压力信号的大小成正比关系。推杆的位移就是执行机构的输出（通常称为行程）。调节件3可用来改变压缩弹簧2的初始压紧力，从而调整执行机构的工作零点。

2. 气动阀门定位器

在执行机构工作条件差而要求调节质量高的场合，常把气动阀门定位器与气动薄膜执行机构配套使用，组成闭环回路，利用负反馈原理来改善调节质量，提高灵敏度和稳定性，使阀门能按输入的调节信号准确地确定自己的开度。

气动阀门定位器是一个气压—位移反馈系统，它按位移平衡原理进行工作，其动作过程是：当来自控制器（或定值器）的气压信号 p_i 增加时，波纹管19的自由端产生相应的推力，推动托板18以反馈凸轮14为支点逆时针偏转，使固定在托板18上的挡板15与喷嘴16之间的距离减小，喷嘴的背压上升，气动放大器17的输出压力 p_D 增大。p_D 输入气动薄膜执行机构的气室A，对波纹膜片1施加向下的推力。此推力克服压缩弹簧2的反作用力后，使推杆4向下移动。推杆下移时，通过反馈连杆13带动反馈凸轮14绕凸轮轴 O 顺时针偏转，从而推动托板18以波纹管19为支点逆时针转动，于是固定在托板18上的挡板离开喷嘴16，喷嘴的背压下降，放大器17的输出压力减小。当输入信号使挡板15所产生的位移与反馈连杆

13动作（即阀杆5的行程）使挡板15产生的位移相平衡时，推杆便稳定在一个新的位置上。此位置与输入信号相对应，即执行机构的行程 s 与输入压力信号 p_i 成比例关系。

气动阀门定位器与气动薄膜执行机构配用时，也能实现正、反作用两种动作方式。正作用方式就是当输入气压信号增加时，调节机构输出行程增加（推杆4下移）；反之，即为反作用方式。正作用方式要改变成反作用方式，只需将反馈凸轮反向安装，并将喷嘴从托板18的左侧移至右侧即可。

3. 工作特性

根据前述分析，若忽略机械系统的惯性及摩擦影响，则可画出气动阀门定位器与气动薄膜执行机构配合使用时的方框图，如图4-54所示。

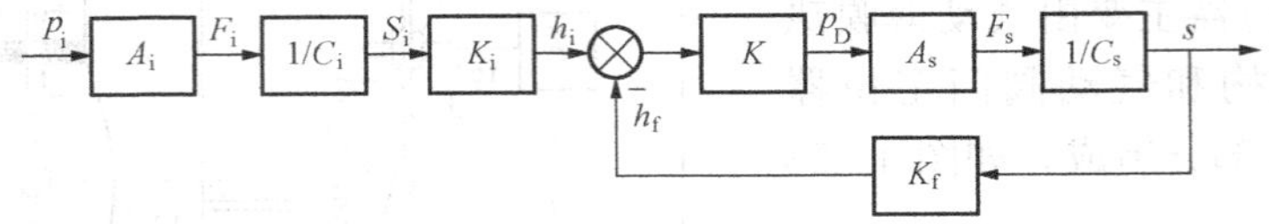

图4-54 气动阀门定位器与气动薄膜执行机构配合使用时的静态传递方框图

图4-54中，p_i 为输入信号；s 为阀杆行程；A_i 为波纹管19的有效面积；F_i 为波纹管所产生的输入力；C_i 为波纹管19的位移刚度；S_i 为波纹管顶点所产生的输出位移；K_i 为波纹管19的顶点到喷嘴16之间的位移转换系数（根据三角形相似原理确定）；K 为放大器17的转换放大系数；p_D 为喷嘴背压；A_s 为波纹膜片的有效面积；F_s 为波纹膜片产生的推力；C_s 为波纹膜片及压缩弹簧组的位移刚度；K_f 为阀杆5到挡板15之间的位移转换系数（根据凸轮轮廓的形状及三角形相似原理确定）；h_i 为输入信号使挡板15产生的位移；h_f 为阀杆5的行程使挡板1产生的位移。

由图4-54可得出该系统的传递函数为

$$W(s)=\frac{s(s)}{p_i(s)}=\frac{A_sA_iK_iK\dfrac{1}{C_i}\dfrac{1}{C_s}}{1+KA_sK_f\dfrac{1}{C_s}} \tag{4-17}$$

当 $KA_sK_f\dfrac{1}{C_s}\gg 1$ 时，式（4-17）可简化为

$$W(s)\approx\frac{A_iK_i}{K_fC_i} \tag{4-18}$$

式（4-18）所表示的是气动薄膜执行机构与气动阀门定位器配合使用时的输入气压信号与输出阀杆位移（或行程）之间的关系。由式（4-18）可知，该执行机构具有以下几个特性：

（1）该执行机构可看成是一个比例环节，其比例系数与波纹管的有效面积 A_i 和它的位移刚度 C_i、位移转换系数 K_i（托板长度）和 K_f（凸轮的几何形状）有关。

（2）气动薄膜执行机构由于配用了阀门定位器，引入了深度的位移负反馈，因而消除了执行机构波纹膜片有效面积和弹簧刚度的变化、薄膜气室的气容以及阀杆摩擦力等因素对阀位的影响，保证了阀芯按输入信号精确定位，提高了调节准确度。

（3）由于使用了气动功率放大器，增强了供气能力，因而大大加快了执行机构的动作速度，改善了调节阀的动态特性。在特殊情况下，还可通过改变定位器中的反馈凸轮形状（即改变 K_f）来修改调节阀的流量特性，以适应调节系统的要求。

ZSLD型电信号气动长行程执行机构

气动活塞式执行机构由气缸内的活塞输出推力。因为气缸的允许操作压力较大，故可获得较大的推力，并容易制造成长行程的执行机构。所以，气动活塞式执行机构特别适用于高静压、高差压及需要较大推力和位移（转角或直线位移）的工艺场合，显然在火电厂中的许多控制系统中，应用这类执行机构较为合适。

ZSLD型电信号气动长行程执行机构是以干燥、清洁的压缩空气为动力能源的一种电—气复合式执行机构。它可以与DCS或控制器配套使用，接收DCS或控制器或人工给定的4～20mA DC输入信号，输出与输入信号成比例的角位移（0°～90°），以一定转矩推动调节机构（阀门、挡板）动作。为适应控制系统的要求，气动执行机构还具有一些附加功能，如三断（断气源、断电源、断电信号）自锁保护功能、阀位移电气远传功能等。

电信号气动长行程执行机构主要由气缸、手操机构、输出轴、电—气阀门定位器、阀位传送器、三断自锁装置（自锁阀、电磁阀、压力开关）、切换开关、平衡阀等部件组成。ZSLD型电信号气动长行程执行机构结构如图4-55所示。

1. 电—气阀门定位器

电—气阀门定位器是ZSLD型电信号长行程执行机构的一个重要辅助设备，气动执行机构的输出（角位移）与其输入电流信号成比例关系是由阀门定位器来实现的。阀门定位器的输入信号为4～20mA直流电流，输出信号为20～100kPa气压信号。因此，电—气阀门定位器相当于电—气转换器和气动阀门定位器的组合，其工作原理如图4-56所示。

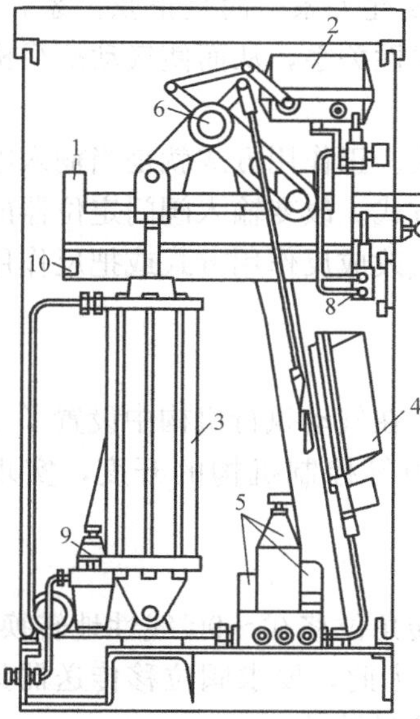

图4-55 ZSLD型电信号气动长行程执行机构结构图

1—手操机构；2—阀位传送器；3—气缸；4—电—气阀门定位器；5—三断自锁装置；6—输出轴；7—切换开关；8—平衡阀；9—减压阀；10—总接线端子

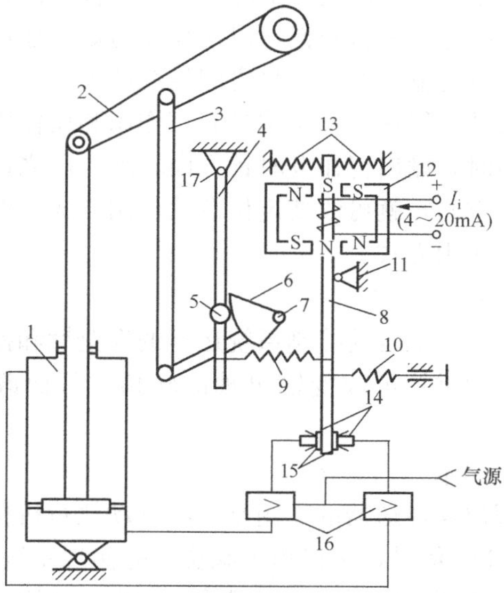

图4-56 电—气阀门定位器工作原理框图

1—气缸；2—输出臂；3—连杆；4—副杠杆；5—滚轮；6—凸轮；7—凸轮转动支点；8—主杠杆；9—反馈弹簧；10—调零弹簧；11—主杠杆支点；12—力矩电动机；13—平衡弹簧；14—喷嘴；15—挡板；16—放大器；17—副杠杆支点

电—气阀门定位器按力矩平衡原理进行工作。在定位器的主杠杆 8 上承受了三个作用力：①信号电流流过绕组时，在力矩电动机内产生与信号电流成正比的输出力；②反馈弹簧 9 的拉力；③调零弹簧 10 的拉力。

当系统处于平衡状态时，上述三个力对主杠杆支点 11 的力矩之和等于零。此时，安装在主杠杆下端的挡板 15 处于两个喷嘴 14 的中间位置，使两个放大器 16 的输出压力相等，故气缸的活塞停在与输入电流相对应的某一位置上。

当输入电流信号 I_i 增加时，力矩电动机的输出力也增加。假定该力的方向为向左，则对主杠杆产生逆时针方向的力矩，使主杠杆 8 绕支点 11 做逆时针方向的转动，固定在主杠杆 8 下端的挡板 15 靠近右喷嘴而离开左喷嘴，右喷嘴的背压增加，左喷嘴的背压下降。两个背压信号经各自的放大器放大后输至气缸 1 活塞的上、下侧，使上气缸的压力增加，下气缸的压力降低。在上、下气缸的压差作用下，气缸活塞向下运动，带动输出臂作逆时针方向转动，输出轴 2 也转动，这个角位移被送到控制机构（阀门或挡板）。输出臂转动时，带动连杆 3 向下移动，使凸轮 6 绕支点 7 逆时针转动，凸轮 6 推动滚轮 5，使副杠杆 4 绕支点 17 顺时针转动，反馈弹簧 9 被拉伸，反馈弹簧对主杠杆 8 的拉力增加，产生一个顺时针方向的力矩作用在主杠杆 8 上，主杠杆做顺时针方向转动。当反馈弹簧力对主杠杆所产生的反馈力矩与力矩电机输出力作用在主杠杆上的力矩相平衡时，整个系统重新达到平衡状态，但输出臂（轴）已转动了一定的角度。输出臂的转角与输入电流信号的大小相对应，但气缸活塞两侧产生的压差与外负载相平衡。因此，改变电流信号的大小，即可改变输出臂的转角，它们之间有一一对应的关系。当输入电流信号减小时，其动作过程与上述情况相反。

由于凸轮 6 绕支点 7 的转角与连杆 3 的位移之间不是线性关系，而是正弦关系，因此，用正弦凸轮 6 进行补偿，以使反馈力矩与连杆 3 的位移呈线性关系，从而使气动执行机构的输出转角与输入电流信号之间呈线性关系。

气动长行程执行机构具有正作用和反作用两种作用方式。正作用方式就是当输入电流信号增加时，输出臂作顺时针方向转动；反之，即为反作用方式。改变输入阀门定位器的电流信号的方向，就可改变定位器的作用方式，即把正作用方式改成反作用方式或把反作用方式改成正作用方式。

2. 手操机构

为了保证自动控制系统运行的安全性和操作的灵活性，在气动执行机构中设置了手操机构。转动手轮可改变输出轴的转角，从而改变阀门、挡板等控制机构的开度，实现手动操作。

3. 阀位移传送器

阀位移传送器的作用是，将气动执行机构的输出轴的转角位移 0°～90°线性地转换成4～20mA DC 信号，用以指示阀位，并实现系统的位置反馈。为此，要求阀位移传送器具有良好的线性度，以保证执行机构的输出轴紧跟控制器的输出信号转动。

阀位移传送器输出电流与阀位开度之间的关系与执行机构的正、反作用方式相对应：正作用时，阀位开度增加，输出电流增加；反作用时，阀位开度增加，输出电流减小。正、反作用方式的改变，只需将差动变压器二次绕组的两接线端子交换连接，即可实现。当作用方式改变后，必须重新调整输出电流的范围。

4. 三断自锁装置

三断自锁指的是气动执行机构在工作气源中断、电源中断、电信号中断时，其输出臂转角能够保持在原先的位置上。该自锁装置采用气锁方式，即在自锁时，将通往上、下气缸的气路切断，使活塞不能动作，从而达到自锁的目的。

三断自锁装置原理组成如图 4-57 所示，主要由控制阀、气阀和电磁阀等组成。下面分别说明该装置在断气源、断电源和断电信号时的自锁原理。

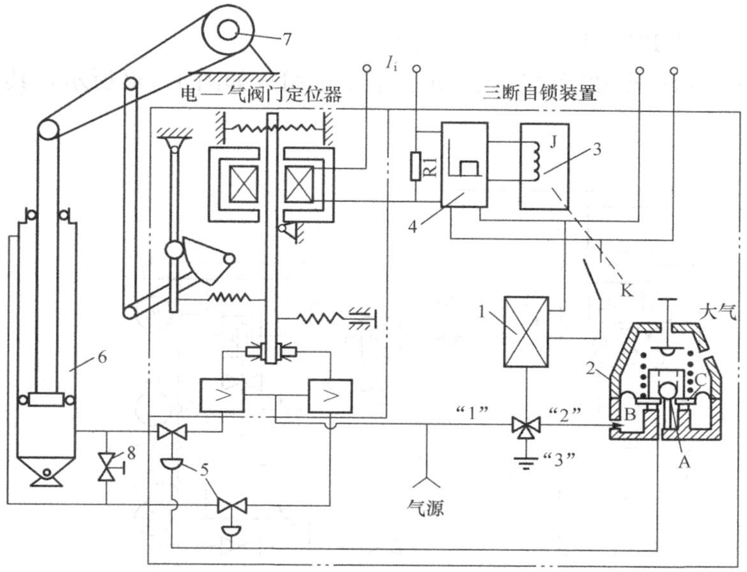

图 4-57 三断自锁装置的组成原理

1—两位三通电磁阀；2—控制阀；3—继电器；4—开关电路；5—气阀；6—气缸；7—输出轴；8—平衡阀

(1) 气源中断自锁原理。气源中断自锁装置由控制阀 2 和两个气阀 5（气开阀）组成。在正常工作状态下，控制阀的膜片硬芯 C 在弹簧力和气室压力所产生的集中力作用下处于平衡位置，这时 A 阀口关闭，B 阀口打开，工作气源与控制阀气室相通，两个气阀 5 因有气而打开。气缸 6 的活塞位移受电—气阀门定位器输出气压信号的控制。当气源压力下降到某一数值（称为闭锁压力）或断气源时，因控制阀气室压力减小，对膜片所产生的向上集中力减小，膜片硬芯在上部弹簧力作用下向下移动，将 A 阀口打开，B 阀口关闭，控制阀气室与大气相通，气阀 5 因断气而关闭。这样，即切断了通往上、下气缸的气路，使活塞停留在断气源前的瞬间位置上，从而实现断气源阀位保持（即自锁）的目的。当气源压力恢复时，该自锁装置可自动恢复正常工作。闭锁压力值的大小可根据需要，用控制阀 2 上的手动旋钮调整弹簧的预紧力来实现。

(2) 电源中断自锁原理。在气源中断自锁装置的基础上，再设置一个两位三通电磁阀 1，即可实现断电源自锁。正常供电情况下，电磁阀的阀口 1 与 2 相通，阀口 1 与 3 和 2 与 3 均不通，此时气源经电磁阀输至控制阀。断电源时，电磁阀动作，使阀口 1 与 3 和 1 与 2 均不通，阀口 2 与 3 相通。因阀口 3 通大气，故控制阀的气源压力降到零，相当于气源中断而自锁，即实现了断电源自锁的保护作用。

(3) 电信号中断自锁原理。在电源信号回路中串联电阻 R_1，信号电流在 R_1 上的电压降作为开关信号的输入电压。在正常情况下，R_1 上的电压较大，继电器 J 激励，动合触点 KM 闭合，两位三通电磁阀 1 的阀口 1 与 2 相通，阀口 1 与 3 和 2 与 3 均不通，气源经电磁阀输至控制阀。当电信号中断时，R_1 上的电压降为零，继电器 J 失电，动合触点 KM 断开，电磁阀的电源被切断，此时相当于电源中断而自锁。此三断自锁装置在故障消除后能自动复位。自锁装置同时还备有压力开关，可供自锁时报警之用。

智能型阀门定位器

1. 西门子 SIPART PS2 型智能电气阀门定位器

西门子 SIPART PS2 型智能电气阀门定位器功能组成如图 4-58 所示，其气路连接如图 4-59 所示。

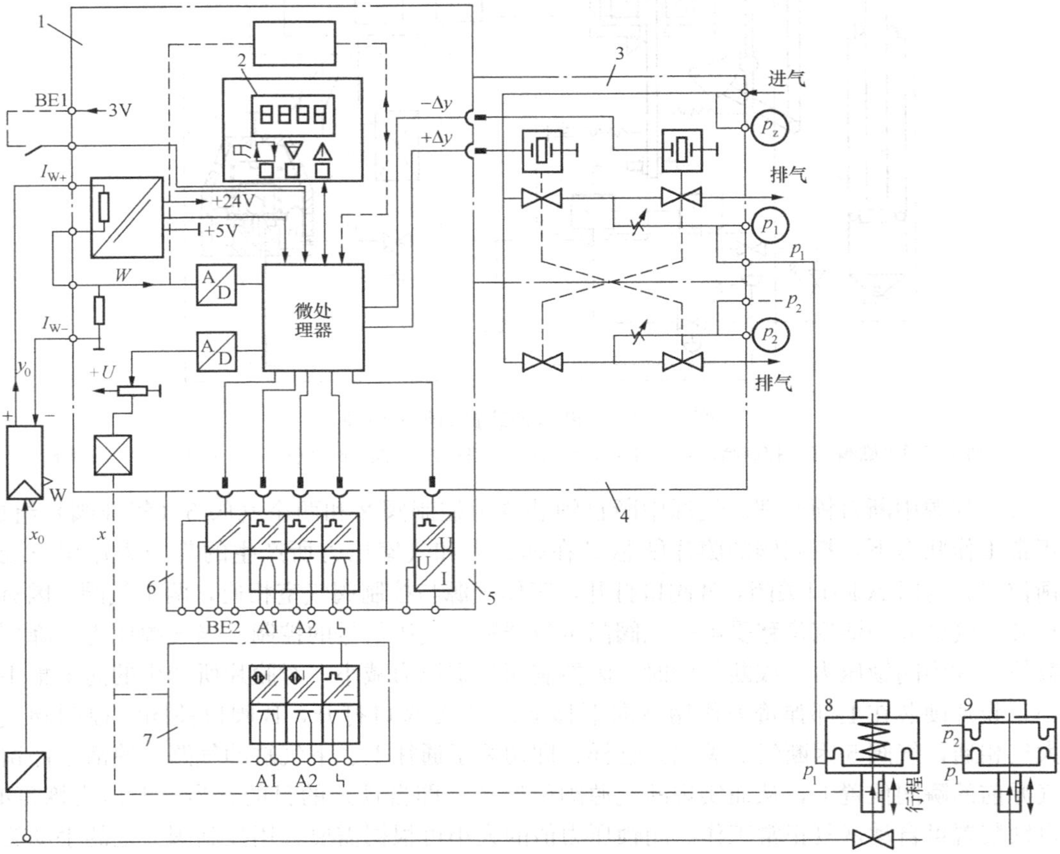

图 4-58 西门子 SIPART PS2 型智能电气阀门定位器功能组成图

1—带微处理器和输入电路的主板；2—带 LCD 和按键的控制面板；3—压电阀单元，单作用定位器；4—压电阀单元，双作用定位器；5—Iy 模块，用于 SIPART PS2 控制器；6—报警模块用于 3 个报警输出和 1 个二进制输入；7—SIA 模块（限位开关报警模块）；8—弹簧复位气动执行机构（单作用）；9—无弹簧复位气动执行机构（双作用）

注：报警模块 6 和 SIA 模块 7 仅在二者中选择一插入。

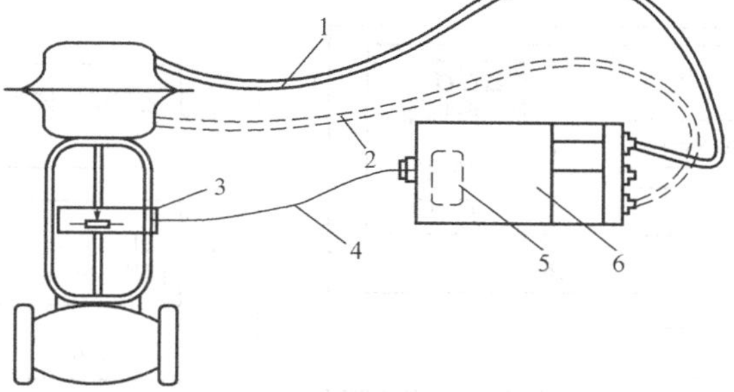

图 4 - 59 西门子 SIPART PS2 定位器气路连接图

1—气动连接管；2—气动连接管（双作用执行机构）；3—行程检测系统（10kΩ 电位器或 NCS）；
4—电缆；5—改进的 EMC 滤波模块（定位器内）；6—SIPART PS2

西门子 SIPART PS2 智能型阀门定位器采用微处理器 CPU（所有程序的处理运算皆在该处），并使用模块化的内部结构。采用两线制传输（即电源、4～20mA DC 模拟信号和双向数字通信信号同在两根线上传输），阀门定位器与气动执行机构组成一个反馈控制回路。在控制回路中，显示的调节阀位置反馈信号作为被控量，与经 A/D 转换器转换后的给定值，在 CPU 中作比较，这两个信号的偏差通过主控制器的输出口，发出不同长度的脉冲，控制电气转换单元 I/P 压力输出口的压力输出，从而驱动调节阀动作。经 CPU 及数字单元处理，输出电流反馈（须配反馈模板）和报警（须配报警模板）。

操作程序包括用于自动调整参数的自整定过程及自适应控制程序。从 CPU 发出的定位电信号通过带三位三通放大器的电—气转换器转换成气信号，呈比例地调节 3/3 气动开关，气体从定位器输出至气动执行机构及气体的排放均成比例调节。当达到设定定位值时，3/3 气动开关锁定在中间状态。

2. ABB 定位器

ABB 定位器外形如图 4 - 60 所示，图 4 - 61 为 ABB 定位器原理图。

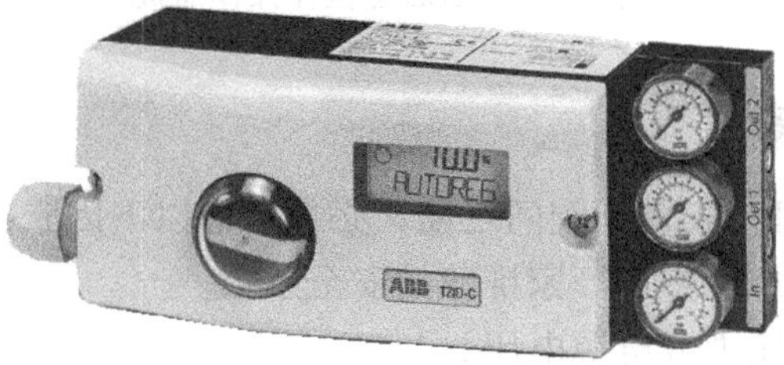

图 4 - 60 ABB 定位器外形图

ABB 定位器操作面板如图 4 - 62 所示。该操作面板包括两排 LCD 显示器和 4 个按键，操作键盘的优化设计适用于就地组态、调校及监测。同时，组态、操作及监测功能可以通过 HART 通信协议与 PC 机连接，并由 TZID - C 内置通信端口来完成，还可以通过 FSK-Modem 在 4～20mA 信号线的任意点拉入通信。采用模块化的设计，任何附加功能可以在基本功能的基础上随意扩展。只要插入相应的模件，既可实现模拟及数字反馈功能，也可以选装限位开关（微动开关）及机械指示。

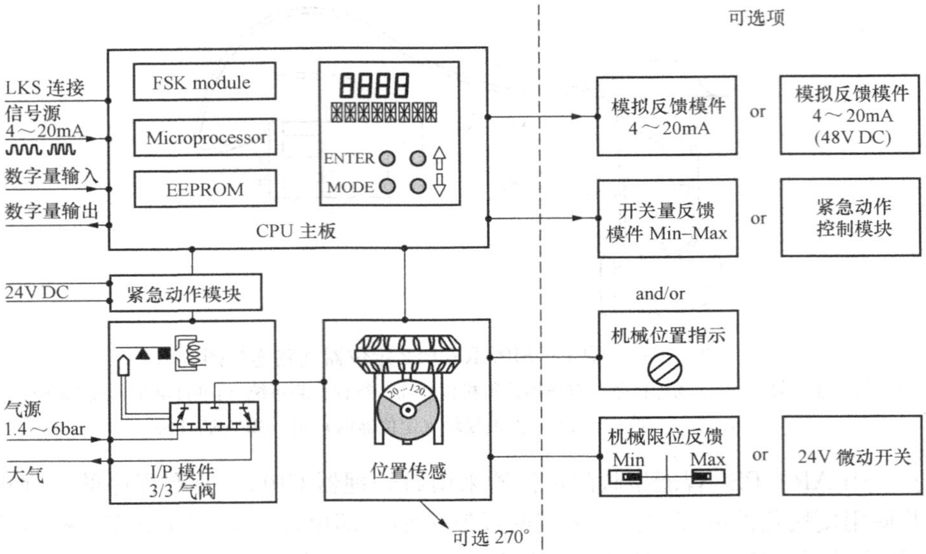

图 4-61　ABB 定位器原理图

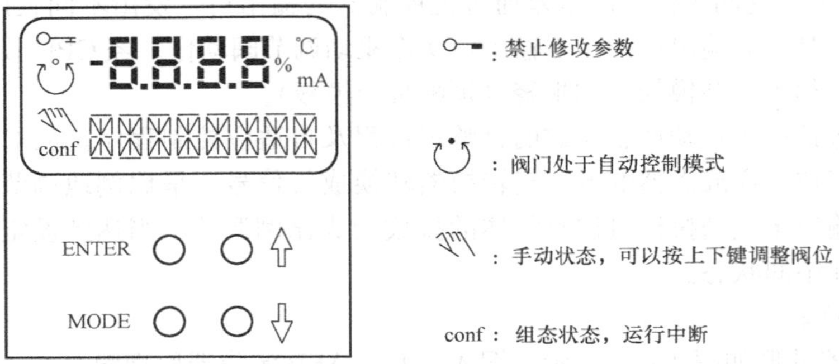

图 4-62　ABB 定位器操作面板

气动执行机构选型原则

在把气动/电动执行机构安装到阀门之前，必须考虑以下因素：

（1）阀门的运行力矩加上生产厂家推荐的安全系数。

（2）执行机构的气源压力或电源电压。

（3）执行机构的类型，双作用或者单作用（弹簧复位）以及一定气源下的输出力矩或额定电压下的输出力矩。

（4）执行机构的转向以及故障模式（故障开或故障关）。

正确选择一个执行机构是非常重要的，如执行机构过大，阀杆可能受力过大；相反，如执行机构过小，则不能产生足够的力矩来充分操作阀门。首先确定阀门启、闭时所需要的力矩，在正常使用条件下，推荐安全系数为 15%～20%；对水蒸气或非润滑液体介质增加至 25%安全值；非润滑的浆料液体介质增加至 40%安全值；非润滑的颗粒粉料介质增加至 80%安全值。然后根据使用的气源压力，查找双作用式或单作用式输出力矩表，就可得到准确的气动执行器型号。单作用执行器输出力矩表中，弹簧输出力矩终点栏中的力矩即为关闭阀门的力矩。

【任务准备】

参考任务一，准备好所需检修工具及常用消耗品，与相关部门做好沟通、开具工作票。所需检修工具及耗材参见表2-1，所需备品备件见表4-3。

表4-3 所需检修备品备件

1	阀位定位装置		1块
2	小压力表		2块
3	电磁阀		2个
4	限位开关		2个

【任务实施】

一、气动执行机构的检修

1. 气动执行机构一般检查

(1) 执行机构及其附件应完好，无明显损伤，行程范围内无卡阻，全行程方向标志清楚；铭牌与标志牌完好、正确、字迹清楚。

(2) 气源门、各接头锁母及气源管严密无漏气，过滤器无漏气，定位器（电磁阀）无非正常漏气，气缸（膜片）无漏气。

(3) 执行机构作用方向符合使用要求。

(4) 安装基础稳固，紧固件不得有松动和损伤；手动与自动间的切换灵活，手摇时摇手轮用力手感均匀，连杆或传动机构动作平稳、无卡涩。

(5) 执行机构的行程应保证阀门全程运动，并符合系统控制的要求；一般情况下，转角执行机构的输出轴全程旋转角应调整为0°～90°，其变差一般不大于5°。

2. 调整前检查性校准

对于开关型执行机构，应检查全开全关操作是否有问题；对于调节型执行机构，通过控制室操作装置（操作器或CRT），先发出指令的0%、25%、50%、75%、100%输出信号，然后发出100%、75%、50%、25%、0%输出信号，依次记录每一校准点位置反馈值、执行机构和操作装置的实际位置，检查存在的偏差是否超标。

3. 清洗或更换过滤减压器滤芯

关闭执行机构气源门；缓慢解开过滤减压器进气锁母（或缓慢拧开过滤减压器排水阀）泄压；分别解开过滤减压器进出口锁母，拆下过滤减压器；拧开过滤减压器底罩螺母，拆下底罩；拆下过滤减压器滤芯，清洗或更换；回装过滤减压器底罩；再安装过滤减压器（分别拧紧进出口锁母）。完成后打开气源门，检查过滤器出口压力应不小于$5kg/cm^2$。

4. 清洁和上油

(1) 清除机械部分上的灰尘；用洗耳球对定位器内部模件吹扫。

(2) 连接和转动部分上油润滑。

5. 绝缘检查

采用500V绝缘电阻表，测量信号对地间绝缘阻值应不小于20MΩ，电源线与信号线间绝缘电阻应不小于50MΩ。

6. 电磁阀绕组阻抗及绝缘检查（开关型执行机构用）

（1）确认被检修电磁阀已停电，工作许可条件满足。

（2）清除设备积灰、积油，补全标牌。

（3）检查气源管路无漏气。

7. 电磁阀绕组电阻和绝缘检查

（1）拆卸接线，用500V绝缘电阻表测试该电磁阀绕组对外壳的绝缘电阻，应不小于20MΩ。

（2）用万用表测绕组电阻值，绕组电阻应符合制造厂出厂指标。

8. 电磁阀清洗调校

（1）解体电磁阀，拆出电磁阀阀芯，擦拭电磁阀阀芯、阀座并加油，检查各动静密封圈完好、无磨损（磨损严重的更换）。

（2）回装电磁阀，恢复接线，检查接线应正确、牢固。

（3）电磁阀送电，远方操作该电磁阀，电磁阀动作应正确可靠，灵活无卡涩，吸合时应无异常声音。

9. 限位开关检查

（1）置执行机构全开全关位置，检查调整上下限位开关动作应可靠，正确反映阀门的开、关方向。

（2）气动执行机构现场电气控制回路检查及检修。

（3）气动执行机构的电缆应走电缆槽架内；从槽架上分出的电缆应走暗线管，管内径应不小于电缆外径的1.5倍，管壁不小于2mm；进入端子盒或执行机构时应有金属软管及专用的软管接头，金属软管长度不应超过100mm，且连接牢靠。

（4）执行机构内接线端子应紧固、整齐，号头清晰，电缆芯线的弯曲半径不应小于电缆芯线直径的10倍，芯线各弯曲部分应均匀受力。

（5）执行机构电源开关应外观完好整洁，接线牢固，开关手动合闸、脱扣应灵活。

10. 联调试验

检查系统接线正确无误后，控制室操作台上手操，进行联调试验，应满足以下方面：

（1）全开全关位置与机务一致，阀门（或挡板）动作方向应与开关操作命令一致。

（2）阀门、挡板在全行程动作应平稳、灵活；各行程开关、力矩开关接点的动作应正确、可靠。

11. 现场清理、系统恢复

（1）气动执行机构现场、配电箱内、中端柜内设备及周围，应清扫干净，设备见本色，油漆脱落应重新油漆，现场设备挂牌清晰、正确。

（2）测量回路接线号牌清晰、齐全，接线正确、美观，用手轻拉接线无松动，进出线口已封堵。

（3）原工作电源回路已恢复，合上盘内电源开关，DCS中阀门状态显示与实际相符。

二、ABB 定位器的调试

ABB 定位器如图 4-63 所示。

1. 气路连接

(1) 使用与定位器气源端口处标识的标准接口连接气源。

(2) 连接定位器的输出与气动执行器的气缸。

图 4-63 所示 ABB 定位器为气关式调门，压缩空气经减压阀后接入 ABB 定位器入口“IN”口，通过电气转换器后 PI 运算控制进气量，连接 ABB 定位器出口“OUT”口，用仪表管路连接到阀门气缸上部（气关门），作用于薄膜使阀门向下运动，满足控制要求。

注：如果为气关门，阀门将向上运动。

图 4-63 ABB 定位器

2. 电气连接

接线端子及相应的配线见表 4-4。根据表 4-4 及设计要求进行相应的配线，一般只需+11、－12、+31、－32 端子。

表 4-4 接线端子及相应的配线

+11	－12	控制信号输入端子（4～20mA DC，最大负载电阻 410Ω）
+31	－32	位置反馈输出端子（4～20mA A，DCS+24V 供电）
+41	－42	全关信号输出端子（光电耦合器输出）
+51	－52	全开信号输出端子（光电耦合器输出）
+81	－82	开关信号输入端子（光电耦合器输入）
+83	－84	报警信号输出端子（光电耦合器输出）
+41	－42	低位信号输出端子（干簧管接点输出，5～11V DC，<8mA）
+51	－52	高位信号输出端子（干簧管接点输出，5～11V DC，<8mA）

3. 调试步骤

(1) 接通气源，检查减压阀后压力是否符合执行机构的铭牌参数要求（定位器的最大供气压力为 7bar，但实际供气压力必须参考执行机构所容许的最大气源压力）。

(2) 接通 4～20mA 输入信号（定位器的工作电源取自输入信号，由 DCS 二线制供电，不能将 24V DC 直接加至定位器，否则有可能损坏定位器电路）。

(3) 检查位置反馈杆的安装角度（如定位器与执行机构整体供货，则已经由执行机构供货商安装调试完毕，只需作检查确认，该步并非必须，若需调整，可按该设备的使用说明书进行）。

1) 按住 MODE 键。

2) 同时点击⇧或⇩键，直到操作模式代码 1.3 显示出来。

3) 松开 MODE 键。

4) 使用⇧或⇩键操作，使执行机构分别运行到两个终端位置，记录两终端角度。

5）两个角度应符合推荐角度范围（最小角位移20°，无需严格对称），即直行程应用范围−28°～+28°；角行程应用范围为−57°～+57°；全行程角度应不小于25°。

（4）切换至参数配置菜单。

1）同时按住⇧和⇩键。

2）点击ENTER键。

3）等待3s，计数器从3计数到0。

4）松开⇧和⇩键。

程序自动进入P1.0配置菜单。

（5）使用⇧和⇩键选择定位器安装形式为直行程或角行程。

1）角行程安装形式：定位器没有反馈杆，其返馈轴与执行机构角位移输出轴同轴心，一般角位移为90°。

2）直行程安装形式：定位器必须通过反馈杆驱动定位器的转动轴，一般定位器的反馈杆角位移小于60°，用于驱动直行程阀门气动执行机构。

注意：进行自动调整之前，请确认实际安装形式是否与定位器菜单所选形式相符，因为自动调整过程中定位器对执行机构行程终端的定义方法不同，且线性化校正数据库不同，可能导致较大的非线性误差。

（6）启动自动调整程序（执行机构或阀门安装于系统后最好通过此程序重新整定）：

1）按住MODE键。

2）点击⇧键一次或多次，直到显示出“P1.1”。

3）松开MODE键。

4）按住ENTER键3s直到计数器倒计数到0。

5）松开ENTER键，自动调整程序开始运行（显示器显示正在进行的程序语句号）。

6）自动调整程序顺利结束后，显示器显示“COMPLETE”。

在自动调整过程中如果遇到故障，程序将被迫终止并显示出故障代码，根据故障代码即可检查出故障原因。也可以人为地强制中断自动调整程序。

（7）如有必要，进入“P1.2”调整控制偏差带（或称死区）。

（8）如有必要，进入“P1.3”测试设定效果。

（9）存储设定结果：

1）按住MODE键。

2）点击⇧键一次或多次，直到显示出“P1.4”。

3）松开MODE键。

4）用⇧和⇩键选择NV_SAVE（若选择“CANCEL”，此前所作修改将不予存储）。

5）按住ENTER键3s直到计数器倒计数结束后松开。

前面所进行的设定和自动调整中所测得的参数将存储在EEPROM中，定位器转换到先前所选择的运行级操作模式。

表4-5为ABB TZID-C菜单及操作项目。

三、西门子PS2调试方法

西门子PS2执行机构开盖后如图4-64所示。

表 4-5 ABB TZID-C菜单及操作项目

进入方式	操作按键	退出方式	二级功能分组	中文	三级功能分组	中文	可选参数或设定范围	中文	缺省值	设定值
同时按↑+↓，点击ENTER，等3s，计数器从3计数到0	MODE+↑	PARAMETER "EXIT" 选NV _ SAVE/CANCEL，按ENTER，等3s，计数器从3计数到0	P1. _ STANDARD	基本参数组	P1.0 _ ACTUATOR	定位器安装方式	LINEAR	线性	LINEAR	LINEAR
							ROTARY	角行程		
					P1.1 _ AUTO. ADJ	启动自动整定程序	START	开始	START	START
					P1.2 _ TOL. BAND	设定偏差带	0.8%～100%		0.80%	0.80%
					P1.3 _ DEADBAND	设定死区	0.6%～100%		0.60%	0.60%
					P1.4 _ TEST	试验修改结果	INACTIVE	不执行	INACTIVE	INACTIVE
							ACTIVE	执行		
					P1.5 _ EXIT	退出到运行操作级	NV _ SAVE	保存	NV _ SAVE	NV _ SAVE
							CANCEL	不保存		
同时按MODE+ENTER，点击↑，选所要的参数组			P2. _ SETPOINT	给定信号组	P2.0 _ MIN _ RGE	给定信号的最小值	4～18.4mA		4mA	4mA
					P2.1 _ MAX _ PRG	给定信号的最大值	5.6～20mA		20mA	20mA
					P2.2 _ CHARACT	选择调节特性曲线	LINEAR	线性	LINEAR	LINEAR
							EP 1/25	等百分比 1/25		
							EP 1/50	等百分比 1/50		
							EP 25/1	等百分比 25/1		
							EP 50/1	等百分比 50/1		
							USER DEF	用户定义		
					P2.3 _ ACTION	设定阀门正反作用方式	DIRECT	正作用	DIRECT	DIRECT
							REVERSE	反作用		
					P2.4 _ SHUT-OFF	设定阀门关度阈值	0%～100% OFF		1.00%	1.00%
					P2.5 _ RAMP∧	降低开向速度	1～200、OFF		OFF	OFF

续表

进入方式	操作按键	退出方式	二级功能分组	中文	三级功能分组	中文	可选参数或设定范围	中文	缺省值	设定值
同时按MODE+ENTER，点击↑，选所要的参数组	MODE+↑	PARAMETER“EXIT”选NV_SAVE/CANCEL，按ENTER，等3s，计数器从3计数到0	P2._SETPOINT	给定信号组	P2.6_RAMPV	降低关向速度	1～200、OFF		OFF	OFF
					P2.7_SHUT_ON	设定阀门开度阈值	0%～100% OFF		OFF	OFF
					P2.8_EXIT	退出到运行操作级	NV_SAVE	保存	NV_SAVE	NV_SAVE
							CANCEL	不保存		
			P3._ACTUATOR	执行机构特性组	P3.0_MIN_RGE	调节曲线起始开度	0%～100%		0%	0%
					P3.1_MAX_RGE	调节曲线终止开度	0%～100%		100%	100%
					P3.2_ZERO_POS	选择调节特性曲线	CTCLOCKW	逆时针	CTCLOCKW	CTCLOCKW
							CLOCKW	顺时针		
					P3.3_EXIT	退出到运行操作级	NV-SAVE	保存	NV_SAVE	NV_SAVE
							CANCEL	不保存		
			P4._MESSAGE	信息组	P4.0_TIME_OUT	定位超时	1～200、OFF		OFF	OFF
					P4.1_POS_SW1	第一位置信号设置点	0%～100%		0.00%	0.00%
					P4.2_POSS_SW2	第二位置信号设置点	0%～100%		100%	100%
					P4.3_SW1_ACTV	高于或低于第一位置信号时有效	FALL_DEL	低切除	FALL_DEL	FALL_DEL
					P4.4_SW2_ACTV	高于或低于第二位置信号时有效	EXCEED	高切除	EXCEED	EXCEED
							FALL_DEL	低切除		
					P4.5_EXIT	退出到运行操作级	NV-SAVE	保存	NV-SAVE	NV-SAVE
							CANCEL	不保存		
			P5._ALARMS	报警功能组	P5.0_LEACKAGE	启动执行机构汽缸泄漏报警	INACTIVE	未使用	INACTIVE	INACTIVE
							ACTIVE	使用		
					P5.1_SP_RGE	启动给定信号超限报警	INACTIVE	未使用	INACTIVE	INACTIVE
							ACTIVE	使用		
					P5.2_SENS_RGE	启动零点漂移报警	INACTIVE	未使用	INACTIVE	INACTIVE
							ACTIVE	使用		

续表

进入方式	操作按键	退出方式	二级功能分组	中文	三级功能分组	中文	可选参数或设定范围	中文	缺省值	设定值
同时按MODE+ENTER，点击↑，选所要的参数组	MODE+↑	PARAMETER“EXIT”选NV_SAVE/CANCEL，按ENTER，等3s，计数器从3计数到0	P5._ALARMS	报警功能组	P5.3_CTRLER	启动远方控制切换报警	INACTIVE	未使用	INACTIVE	INACTIVE
							ACTIVE	使用		
					P5.4_TIME_OUT	启动定位超时报警	INACTIVE	未使用	INACTIVE	INACTIVE
							ACTIVE	使用		
					P5.5_STRK_CTR	启动调节行程超限报警	INACTIVE	未使用	INACTIVE	INACTIVE
							ACTIVE	使用		
					P5.6_TRAVEL	启动总行程超限报警	INACTIVE	未使用	INACTIVE	INACTIVE
							ACTIVE	使用		
					P5.7_EXIT	退出到运行操作级	NV_SAVE	保存	NV_SAVE	NV_SAVE
							CANCEL	不保存		
			P6._MAN_ADJ	手动调整	P6.0_MIN_VR	手动设置阀门全关位置	65%		65%	65%
					P6.1_MAX_VR	手动设置阀门全开位置	65%		65%	65%
					P6.2_ACTAUTOR	选择执行机构型式	LINEAR	线性	LINEAR	LINEAR
							ROTARY	角行程		
					P6.3_SPRING_Y2	设定执行机构弹簧伸长时定位器反馈杆旋转方向	CLOCKW	顺时针	CLOCKW	CLOCKW
							CTCLOCKW	逆时针		
					P6.4_ADJ_MODE	选择自动调整所需检测项目	FULL	全部	FULL	FULL
							STROKE	行程		
							CTRL_PAR	控制参数		
							ZERO_POS	零位		
							LOCKED	锁定		
					P6.5_EXIT	退出到运行操作级	NV_SAVE	保存	NV_SAVE	NV_SAVE
							CANCEL	不保存		

续表

进入方式	操作按键	退出方式	二级功能分组	中文	三级功能分组	中文	可选参数或设定范围	中文	缺省值	设定值
同时按 MODE+ENTER，点击↑，选所要的参数组	MODE+↑	PARAMETER “EXIT”选 NV_SAVE/CANCEL，按 ENTER，等 3s，计数器从 3 计数到 0	P7._CTR_PAR	控制参数组	P7.0_KP∧	开方向比例系数调整	1.0～400.0		16.5	16.5
					P7.1_KP∨	关方向比例系数调整	1.0～400.0		10	10
					P7.2_TV∧	开方向积分时间调整	10～800		164	223
					P7.3_TV∨	关方向积分时间调整	10～800		370	236
					P7.4_GOPULSE∧	开脉冲宽度	0～200		200	200
					P7.5_GOPULSE∨	关脉冲宽度	0～200		100	100
					P7.6_Y_OFF5∧	开偏置	0%～100%		100%	100%
					P7.7_Y_OFF5∨	关偏置	0%～100%		0%	0%
					P7.8_SENSITIV	设定灵敏度	0.10%		0.10%	0.10%
					P7.9_TOL_BAND	设定偏差带	0.80%		0.80%	0.80%
					P7.10_TEST	试验修改结果	INACTIVE	不执行	INACTIVE	INACTIVE
							ACTIVE	执行		
					P7.11_EXIT	退出到运行操作级	NV_SAVE	保存	NV_SAVE	NV_SAVE
							CANCEL	不保存		

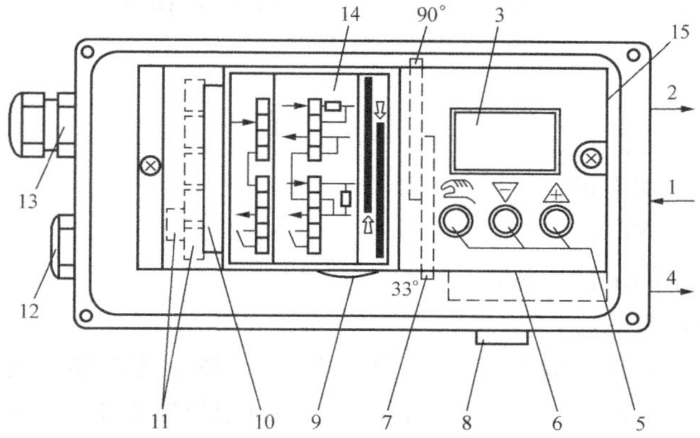

图 4-64　西门子 PS2 执行机构设备视图（开盖后）

1—气源输入口；2—定位压力输出口 1；3—显示窗口；4—定位压力输出口 2；5—输入键；6—限流阀；7—转换比选择器；8—消声排气口；9—离合器调节轮；10—基本模块接线端；11—选配模块接线端；12—电缆接线孔；13—备用电缆接线孔（不用时用堵头封口）；14—接线柱标识；15—出气选择器

1. 调试前准备

（1）装好定位器的反馈模块。

（2）根据阀门的特性判断执行机构是直行程，还是角行程。

注：直行程，将定位器内推杆按指示推到 33°；角行程，将定位器内推杆按指示推到 90°。

（3）连接好定位器、减压阀、反馈装置、气缸及气管。

（4）调整减压阀使减压阀后气压大小符合执行机构膜片额定压力。

（5）接线：接入 4～20mA DC 指令信号线和反馈信号线。

（6）此时定位器显示器窗口将闪烁显示"NOINIT"。

2. 基本参数设置

（1）参数设置方法。

1）按动显示屏下面功能键（及手形键）5s 后，进入参数设置。

2）用"＋"、"－"键可以在同一组参数中进行选择，选择后，按一下功能键进入下一组参数的设置。

（2）进入组态参数设置画面。

第一步：进入组态参数执行机构的类型"1. YFCT"中，选择"turn"（角执行机构）或"WAY"（直执行机构）；

第二步：进入组态参数额定反馈度"2. YAGL"中，选择"33°"或"90°"；

第三步：进入组态参数方向设定"7. SDIR"中，选择"rise"（上升）或"fall"（下降）；

第四步：进入组态参数行程方向显示"38. YDIR"中，选择"rise"（上升）或"fall"（下降）。

3. 初始化

（1）开始初始化时，阀门必须处于中间位置，按"＋"、"－"键使执行机构移动，看执行机构是否能走满全行程，再让执行机构移动到中间位置（执行机构的反馈杆处于水平位置）。

（2）进入参数设置，通过功能键切换到“4. INITA”，按住“+”键 5s，定位器就自动开始初始化。

（3）初始化分 5 步：

第一步，决定动作方向；

第二步，检查行程和零点；

第三步，确定动作方向；

第四步，确定最小的定位增量；

第五步，最佳的瞬时响应。

（4）初始化完成后，显示屏上将显示“FINISH”。按下功能键，显示“4. INITA”。

（5）按下功能键 5s 后，当屏幕变化时松开，此时定位器处于手动模式，再按下功能键，定位器处于自动模式。

（6）初始化结束后，此时定位器自动进入正常工作状态。

【任务验收】

（1）调门的外壳零件表面涂镀层光洁、完好、无锈蚀，表面无积灰、积油。

（2）调门安装牢固、不松动，零部件完整无损，安装位置恰当，便于维护，紧固件无松动和损伤现象，可动部分灵活可靠、无卡涩。

（3）外接行程开关清洁，无积灰积油，安装牢固，不松动。

（4）气动执行机构检修标准。气动执行机构的外壳管路附件连杆等零件表面涂镀层光洁、完好、无锈蚀，表面无积灰、积油；气动执行机构安装牢固、不松动，零部件完整无损，安装位置恰当、便于维护，紧固件不得有松动和损伤现象，可动部分灵活可靠、无卡涩；气动执行机构就地操作按钮指示装置完整，状态指示正确；外接行程开关清洁，无积灰、积油，安装牢固、不松动，位置应调整正确；气动执行机构的铭牌应完整清晰清洁；气源管路连接良好，无漏气现象，一次门、二次门手柄齐全，铭牌标志清晰；就地操作机构的接线牢固、整齐，白头清晰，并与设计安装图纸对应，五通阀过滤器气源管路等连接良好，安装牢固，无漏气、漏油现象；执行机构电缆接线整齐，包扎良好，电缆牌准确清晰，电缆孔洞封堵良好；电磁阀绕组应无断路短路现象，且接线牢固正确；操作员站画面状态指示正确，操作菜单清晰可靠；设备台账填写正确，字迹工整清晰；用手动操作信号检查气动执行机构的动作，应平稳、灵活、无卡涩、无跳动，全行程时间应符合制造厂的规定；检查气动执行机构的开度，应与调节机构开度和阀位表指示对应；带有三断保护的阀门应进行阀门在失去控制信号时，阀门应闭锁不动；带有自锁保护的执行机构应逐项检查其自锁保护的功能；阀门调节器定位器外观清洁，各部件连接牢固，不松动；有远控近控的气动执行机构应进行远控和近控开关全程实验各一次，开关全行程的时间应对应；对气动调节门应进行断气试验，确定其断气后位置的正确性。

（5）气源检修标准。关闭气源手动阀，断开阀体处的气源管接头，打开气源手动阀进行管路吹扫 1～2min；关闭气源手动阀，接回气源管接头，确认接头无泄漏；如果有泄漏，必须更换密封圈或进行处理；调节器的气源和调节系统外部管道必须连接准确、牢固、无漏汽；各部件安装位置正确；气开式调节阀使用正作用定位器和正作用调节器，气关式与气开式相反，各环节都不能出错；调节器筒体无泄漏，气动阀无卡涩。

【知识拓展】

FP302 现场总线—气压转换器

FP302 主要用于现场总线与气动控制阀或定位器的接口（即 H1/20～100kPa 接口）。FP302 接受来自现场总线的控制信号，并将其转换为 20～100kPa 的气压信号，以控制阀门或气动执行机构。

如图 4-65 所示，FP302 硬件由主电路板、显示板和转换组件三部分组成。主电路板、显示板各组成部分的功能与项目二介绍的 LD302 相同，这里不再赘述。

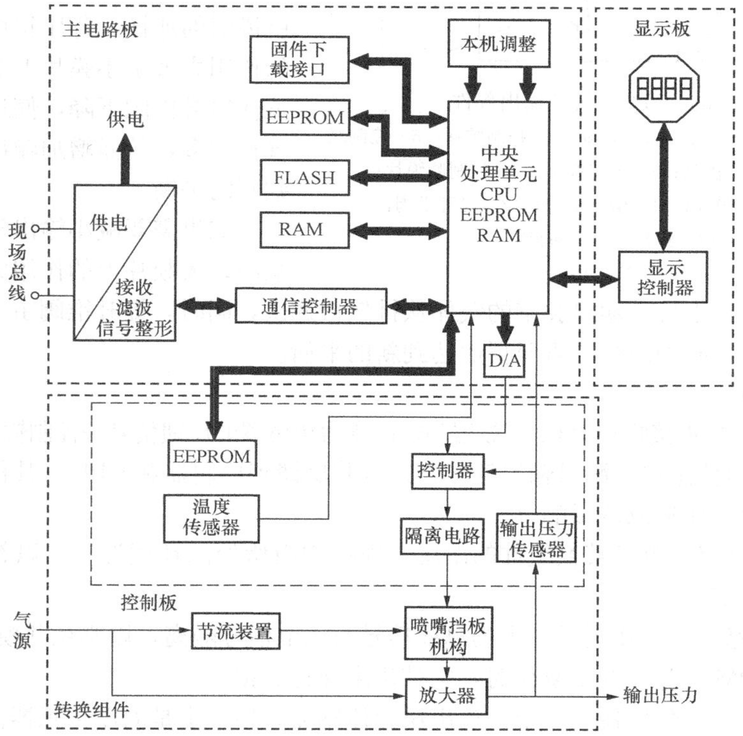

图 4-65　FP302 硬件构成方框图

1. 转换组件

转换组件由气动输出部件和控制板组成。FP302 的 CPU 接收来自现场总线的数字通信信号，并通过 D/A 输出一个电压值，送给转换组件。转换组件的作用就是把主电路板输出的设定电压转换为气压信号，从而控制气动阀门的开度。

(1) 气动输出部件。气动输出部件基于气动放大器技术，如图 4-66 所示。

在控制级中有一个压电盘 2 用来作为挡板。当通过控制电路加上电压后，挡板即变形。如果需要输出的气压增大，则挡板将向喷嘴 3 方向移动（盖向喷嘴），如图 4-66 中虚线所示。经过喷嘴 3 流出的气流受到阻塞，导致控制腔室 4 内气压增大。同样，当需要输出的气压减小时，挡板就背离喷嘴 3 移动（离开喷嘴），因经过喷嘴 3 流出的气流所受到的阻力减小，背压也就减小。在一定范围内，喷嘴背压与压电挡板位移呈线性。

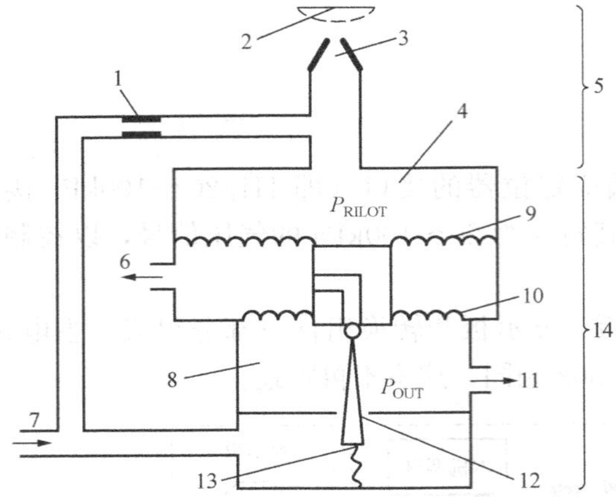

图 4-66 FP302 气动输出部件

1—节流装置；2—压电盘；3—喷嘴；4—控制腔室；5—控制级；6—排气；7—供气；8—输出腔室；9—控制侧膜片；10—输出侧膜片；11—输出信号；12—提升锥阀；13—弹簧；14—伺服级

由于背压太小，不具有产生气流的能力，因此必须增压（放大）。增压是在伺服级完成的，其作用同放大器。伺服级在控制腔室侧有一个大膜片，在输出腔室侧有一个小膜片。背压在控制腔室侧膜片上施加一个力，在稳定状态下，此力和输出气压施加在小膜片上的力相等。

当需要增大输出气压时，正如前面所说明的那样，背压将增大，大膜片上的作用力大于小膜片上的作用力，这将迫使提升锥阀下降，使进入输出腔室的气量增多，从而增加输出压力，直至达到新的平衡。

如果需要减小输出气压，背压就要减小，大膜片上的作用力小于小膜片上的作用力，膜片被上推，输出腔室的气体从排气口逸出，同时，提升锥阀由于弹簧的作用而被关小，输出气压随即减少，直至再次达到新的平衡。

（2）控制板。

1）控制器。根据接收到的 CPU 数据和输出压力传感器的反馈信号来控制输出气压。

2）输出压力传感器。测量输出气压，并将其反馈到控制器和 CPU，其作用是减小气源压力波动给输出气压造成的影响。

3）温度传感器。测量转换组件的温度，即控制板所处的环境温度，以补偿温度变化对控制阀开度的影响。

4）隔离电路。主要作用是将现场总线信号与压电信号隔离，以避免共模干扰。

5）EEPROM。当 FP302 复位时，它被用来保存数据。

控制板上有两个传感器，一个是输出压力传感器，另一个是温度传感器。温度传感器用于测量现场温度，其信号送给主电路板，经 CPU 运算后，可形成一个输出指令，以补偿现场温度变化对输出气压的影响。输出压力传感器除了用于回读外，也可经 CPU 运算，形成一个控制指令，以补偿因气源压力等因素变化对输出气压的影响。这些补偿措施能确保电路输出与转换组件输出气压的精确对应，从而提高系统的控制质量。

节流装置、喷嘴挡板机构和放大器是气动输出部件，属于机械部件，喷嘴挡板机构是将压电板的位移转换成气压信号，以便使控制腔室的气压发生变化；节流装置和喷嘴组成了一个气压分支路，气源来的压缩空气一路去放大器，另一路经节流装置去喷嘴；放大器将喷嘴挡板机构的背压变化放大，以便产生足够的空气流量变化来驱动执行机构。

2. 组态

现场总线仪表的优点之一就是组态不需要手持终端，SMAR 有一个组态软件叫 SYSCON，它装在 PC 中，可在 PC 上对 FP302 进行组态。

（1）输出转换块。在 FP302 中有一个输出转换块，它与硬件输出相对应。输出转换块接受 AO 功能块的输出去控制输出气压。

输出转换块在量程范围、单位、小数点位数上自动跟随 AO 块的刻度参数 XD _ SCALE。输出转换块也有一个输出刻度参数，它用来把输入信号转换为一个合适的输出值。这个参数的默认值是 3～15psi（磅/平方英寸）。因此，0%的输入转换为 3psi，而 100%的输入转换为 15psi，使用这个刻度参数，可以指定不同的量程和工程单位，也可以颠倒转换块的输出范围。

（2）特性曲线。输出转换块也有一个特性曲线，它是输出气压与输入的特性曲线，这条曲线是非常有用的。例如，当用 FP302 控制一个非线性阀时，可使用这条特性曲线对非线性阀的流量特性进行补偿，以提高控制系统的控制精度。是否使用这条特性曲线由旁路参数 BY_PASS 确定。当 BY_PASS 为真时，特性曲线没有被使用，输入值直接通过输出刻度转换；当 BY_PASS 为假时，特性曲线被使用。

（3）读回值。读回值提供给 AO 块，FP302 输出传感器测量输出气压，该值可被 AO 块利用。

（4）校验。FP302 提供了在输出压力下的校验功能。如果转换块输出读数与实际输出气压不一致，则必须进行校验。造成不一致的原因与项目二介绍的 LD302 的叙述相同，这里不再赘述。

1）下限校验。在参数 CAL _ POINT _ LO 内写入 3psi 或下限值，下限校验即可完成。

2）上限校验。在参数 CAL _ POINT _ HI 内写入 15psi 或上限值，上限校验即可完成。

在 FP302 内装有功能模块，如 PID、SPLT、ISEL、OSDL、AO 等，由于这些模块就在仪表中，因此减少了信息交换，缩短了控制周期，使基础控制级的体系结构更为紧凑。

FY302 现场总线阀门定位器

1. 概述

在不考虑非线性阀门特性的情况下，气动薄膜执行机构本身的阀杆位移与气压的关系应该由弹簧的虎克定律决定。但是，因为有密封填料的摩擦阻力（尤其是高压阀门摩擦阻力更大），所以肯定会有明显的死区和变差。这是形成超调和振荡的重要原因，对自动控制十分有害，所以气动执行机构的非线性不容忽视。如何克服摩擦阻力把阀门开到应有的位置，是迫切需要解决的问题。气动阀门定位器就是为此而设计制造的，它不能独立工作，必须与气动执行机构配套使用。

气动阀门定位器可简称阀门定位器或定位器，它接受（气动）控制器的输出信号，然后产生与控制器输出信号成比例的信号去控制气动执行机构。当阀杆移动后，其位移量又通过机械装置负反馈到阀门定位器，因此阀门定位器和气动执行机构构成了一个闭环系统。气动阀门定位器功能如图 4-67 所示。

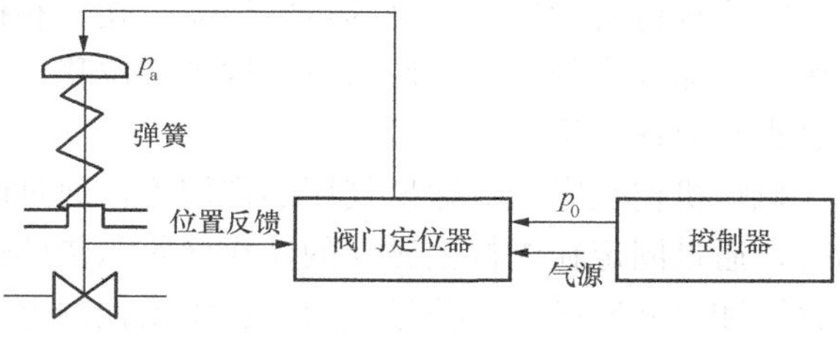

图 4-67 气动阀门定位器功能

来自控制器输出的信号 p_0（如果是电信号，则可经电—气转换器转换得到气压 p_0）经阀门定位器比例放大后输出 p_a，用以控制执行机构动作，位置反馈信号再送回阀门定位器，由此构成一个使阀杆位移与输入压力成比例关系的负反馈系统。

阀门定位器可用来解决以下问题。

(1) 改善阀的静态特性。使用阀门定位器后，只要控制器输出气压略有改变，经过喷嘴—挡板系统及放大器的作用，就可使通往执行机构膜片上的气压有大的变化，以克服阀杆的摩擦和消除执行机构不平衡力的影响，从而保证阀门位置按控制器发出的信号正确定位。

(2) 改善阀的动态特性。定位器改变了原来阀的一阶滞后特性，减小了时间常数，使之成为比例特性。

(3) 改变阀的流量特性。通过改变定位器软件组态，可实现执行机构的线性、快开、等百分比、抛物线等流量特性。

(4) 用于分程控制。用一个控制器控制两个以上的执行机构，使它们分别在信号的某一个区段内完成全行程移动。例如，使两个执行机构分别在20～60kPa及60～100kPa的信号范围内完成全行程移动。

FY302主要用于现场总线系统中驱动气动执行机构，它根据现场总线上送来或者由其内部控制功能块产生的控制信号，产生一个气压信号，带动执行机构输出一个机械位移，并通过霍尔元件检测位移的大小，然后反馈到控制电路中去，以便实现精确的阀位控制。

FY302实现了信息的数字传输，能够进行远程设定、自动标定、故障诊断，并提供预防性维修信息。在仪表内部可以实现控制、报警、计算以及其他数据处理功能。阀门的特性是通过软件组态实现的，不需要对凸轮、弹簧等部件进行任何改动，即可以方便地实现线性、等百分比、快开以及其他任意设置的阀门特性。

2. 输出组件

如图4-68所示，FY302硬件主要由转换组件、主电路板和显示板组成。主电路板和显示板与项目二介绍的LD302相同，这里不再赘述。

转换组件由气动转换部件和控制板组成，气动转换部件如图4-69所示。

气动转换组件由节流装置、喷嘴挡板机构、滑阀等部分组成。来自主电路板的控制信号加到压电挡板上使其弯曲，导致流过喷嘴的气流改变，这样导致伺服腔室中的压力变化。当压电挡板靠近喷嘴时，伺服腔室的压力就会增加，位于伺服腔室的膜片受力增大，使滑阀向下移动，气源的压缩空气经滑阀凸肩和滑阀壁之间的空隙经输出孔2流入气动执行机构的一侧气室（如活塞式气动执行机构气缸活塞一侧），使该侧的压力增加；同时，滑阀的下移又使输出孔1（如活塞式气动执行机构气缸活塞另一侧）和排气孔1连通，气动执行机构（气动活塞式执行机构）另一侧的空气经输出孔1和排气孔1排出，执行机构（气动活塞式执行机构）两侧气室的压力差使执行机构产生位移。当压电挡板背离喷嘴时，气动转换部件的动作过程与上述相反。

执行机构在定位器输出气压的作用下，通过阀杆的动作产生一个新的阀位。阀杆动作的同时，通过固定在阀杆上磁铁的动作使霍尔传感器感受到磁场的变化。执行机构位移经霍尔传感器和磁铁转换为电信号之后送往输出控制电路，当反馈信号与控制信号相平衡时，执行机构到达给定位置，此时喷嘴挡板机构和伺服机构到达一个新的稳态。

FY302既能用于直行程执行机构，也能用于角行程执行机构。定位器本体无需进行任何改动，只需改变位置反馈磁铁的形式（组态中也改变一个选项）；角行程执行机构采用一种磁铁即可实现30°～120°转角的行程；直行程执行机构在3～100mm之间，只需在四种不

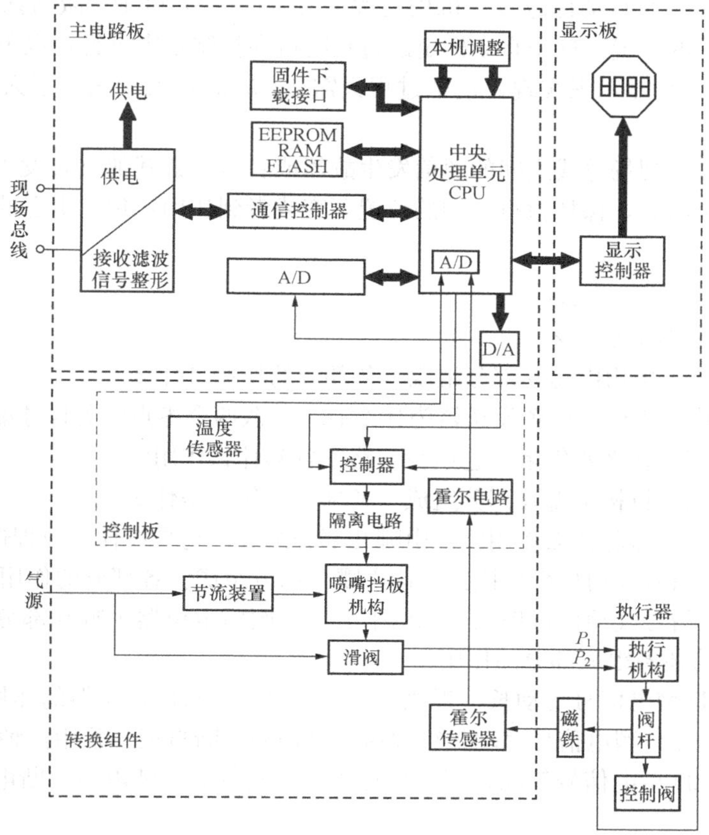

图 4-68 FY302 硬件构成方框图

同的磁铁中选配即可，使用非常方便。

FF 为标准的阀门定位器传送块定义了一个十分有用的功能——伺服 PID，并同样设置了增益、积分时间和微分时间三个用户可设置参数，为减小由阀门的密封摩擦造成的死区和执行机构动作的时滞提供了有力的工具。另外，这三个参数整定得好，还可用来减弱或消除阀门的谐振现象。

FF 定义的另一个十分有用的功能是通过 ACT_FAIL_ACTION 参数实现的，它用于指定当出现故障（除气源之外）时执行机构的动作是保持原位还是全开或全关。它为操作人员维持生产和维修人员排除可恢复故障提供了一种可能性。

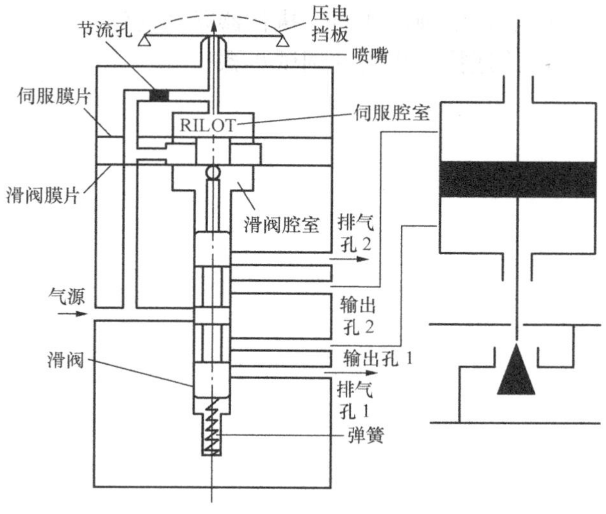

图 4-69 FY302 气动转换部件

FY302特制了一个自动标定执行机构行程的参数——SETUP。激活该参数即可自动找到阀门全关和全开的位置。这个自动标定的过程既可在控制室中进行，也可在现场采用磁性工具通过自身的LCD显示来实现，整个过程只需2～5min，大大减少了人工标定行程的工作量。

当阀门定位器与现场总线之间的通信发生故障或者是上游其他仪表发生故障时，FY302可以进入故障安全状态，保持执行机构的位置不变或者到达用户预先组态的安全位置。

【考核自查】

1. 执行机构的作用是什么？
2. DKJ电动执行机构由哪几部分组成？各部分的作用是什么？
3. DKJ电动执行机构的位置发送器为什么有真、假两个零点？怎样才能找到真零点？
4. 什么叫气容？什么叫气阻？它们在气路中各起什么作用？
5. 气动薄膜执行机构由哪几部分组成？各部分的作用是什么？
6. 气动阀门定位器起什么作用？它由哪几部分组成？它是按什么原理进行工作的？
7. ZSLD型电信号气动长行程执行机构由哪几部分组成？各部分的作用是什么？
8. ZSLD型电信号气动长行程执行机构中电—气阀门定位器由哪几部分组成？它按什么原理进行工作？简述各组成部分的作用。
9. 简述ZSLD型电信号气动长行程执行机构中电—气阀门定位器的作用及动作过程。
10. 什么是ZSLD型电信号气动长行程执行机构的三断自锁？采用何种工作方式？
11. 简述ZSLD型电信号气动长行程执行机构在断气源、断电源、断电信号时输出轴的自锁原理。
12. 执行机构的操作方式有哪几种？
13. 执行机构根据输出位移量的不同，可分为哪几种？
14. 怎样实现操作器、执行器联动动作？
15. 简述执行机构的调试步骤。

项目五

控制机构检修

控制机构直接与介质接触，常常在高压、高温、深冷、高黏度、易结晶、闪蒸、汽蚀、高压差等状况下工作，使用条件恶劣，因此，它是自动控制系统的薄弱环节。实践表明，控制系统的控制品质不好或控制系统发生故障，经常是由于控制阀有问题造成的。例如，控制阀常产生如下一些问题：①控制阀的口径选择不合适或控制阀的特性不好、没有足够的可控范围，使控制质量不高或不能控制；②控制阀被腐蚀、结垢、堵塞或漏流量过大，使可控范围变小，工作特性变坏；③控制阀不能适应负荷的变化速度和范围；④控制阀的机械性能不好，如死区（或称死行程）、变差（或称回差）等，使控制阀动作不灵敏或产生振荡。因此，对控制阀不能忽视，必须了解和掌握其结构、类型、动作原理、工作特性以及校验维修方法，才能正确使用它，并保证自动控制系统正常工作。

【学习目标】

(1) 明确控制机构的作用。
(2) 熟悉常用控制机构的工作原理、结构组成。
(3) 熟悉控制机构的流量特性。
(4) 能安装、检修、调试常用控制机构。
(5) 能对控制阀的流量特性进行修正。
(6) 能初步分析并处理控制机构的常见故障。
(7) 能看懂各类控制机构的说明书及使用手册。
(8) 能进行控制阀流量特性的选择。
(9) 会正确填写控制机构检修、调校、维护记录和校验报告。
(10) 会正确使用、维护和保养常用校验设备、仪器和工具。

【任务描述】

认知各种控制阀，熟悉各种控制阀的性能，能根据控制对象及控制要求正确选用控制阀；做控制阀动作试验，测试阀门工作特性，对控制阀工作流量特性进行修正；按国家标准规范对控制阀进行内、外部清洁与维护。

【知识导航】

从习惯来说，控制机构就是控制阀，也称为调节阀，用于控制操纵变量的流量。在执行

机构的输出力 F（直行程）或输出力矩 M（角行程）作用下，控制阀阀芯的运动，改变了阀芯与阀座之间的流通截面积，即改变了控制阀的阻力系数，使被控介质流体的流量发生相应变化，把被调参数控制在工艺所要求的范围内，从而实现生产过程的自动化。

控制阀在锅炉机组的运行调整中起主要作用，可以用来控制蒸汽、给水或减温水的流量，也可以控制压力。控制阀的控制作用一般都是靠节流原理来实现的，所以其确切的名称应叫单级节流调节阀，但通常习惯称为控制阀。

控制机构概述

一、重要性

从控制系统整体看，一个控制系统控制得好不好，都要通过控制机构来实现。下列原因使控制阀变得十分重要：

（1）控制阀是节流装置，属于动部件，与检测元件和变送器、控制器比较，在控制过程中，控制阀需要不断改变节流件的流通面积，使操纵变量变化，以适应负荷变化或操作条件的改变。因此，对控制阀组件的密封、耐压、腐蚀等提出更高要求。例如，密封会使控制阀摩擦力增加，控制阀死区加大，造成控制系统控制品质变差等。

（2）控制阀的活动部件是造成“跑、冒、滴、漏”的主要原因，它不仅会造成资源或物料的浪费，也会污染环境，引发事故。

（3）控制阀与过程介质直接接触，其接触介质可能与检测元件的接触介质不同，因而对控制阀的耐腐蚀性、强度、刚度、材料等有更高要求。检测元件可采用隔离液等方法与过程介质隔离，但控制阀通常与过程介质直接接触，很难采用隔离的方法与过程介质隔离。

（4）控制阀的节流使能量在控制阀内部被消耗，因此，应在降低能耗、降低控制阀的压力损失和保证较好的控制品质之间合理选择和兼顾。

（5）控制阀对流体进行节流的同时也造成噪声。控制阀造成的噪声与控制阀流通路径的设计、操作压力、被控介质特性等有关，因此，降低噪声、降低压力损失等对控制阀提出了更高要求。

（6）控制阀的适应性强。控制阀可被安装在各种不同的生产过程中，生产过程的低温、高温、高压、大流量、微小流量等操作条件需要控制阀具有各种不同的功能，控制阀应能适应不同应用的要求。

二、技术特性

控制阀与工业生产过程控制的发展同步进行。为提高控制系统的控制品质，对控制系统各组成环节提出了更高要求。例如，对检测元件和变送器要求有更高的检测和变送精确度，要有更快的响应和更高的稳定性；对执行机构、控制阀等要求有更小的死区和摩擦，有更好的复现性和更短的响应时间，并能够提供补偿对象非线性的流量特性等。

三、发展方向

1. 存在的问题

（1）控制阀的品种多、规格多、参数多。控制阀为适应不同工业生产过程的控制要求，如温度、压力、介质特性等，有近千种不同规格、不同类型的产品，使得控制阀的选型不方便、安装应用不方便、维护不方便、管理也不方便。

（2）控制阀的可靠性差。控制阀在出厂时的特性与运行一段时间后的特性有很大的差异，如泄漏量增加、噪声增大、阀门复现性变差等，因此难以长期稳定运行。

（3）控制阀笨重，给控制阀的运输、安装、维护带来不便。通常，控制阀的质量比一般仪表的质量要重几倍到上百倍，例如，一台大口径的控制阀质量达1t，运输、安装和维护都需要使用一些机械设备才能完成，给控制阀的应用带来不便。

（4）控制阀的流量特性与工业过程被控对象特性不匹配，从而造成控制系统品质变差。控制阀的理想流量特性已在产品出厂时确定，但工业过程被控对象特性各不相同，加上压降比变化，使控制阀工作流量特性不能与被控对象特性匹配，并使控制系统控制品质变差。

（5）控制阀噪声过大。工业应用中，控制阀噪声已成为工业设备的主要噪声源，因此，降低控制阀噪声成为当前重要的研究课题，并得到世界各国政府的重视。

（6）控制阀是耗能设备，在能源越来越紧缺的当前，更应采用节能技术，降低控制阀的能耗，提高能源的利用率。

2. 发展方向

控制阀的发展方向主要为智能化、标准化、小型化、旋转化和安全化。

（1）智能化。控制阀的智能化主要指采用智能阀门定位器，智能化表现在下列方面：

1）控制阀的自诊断、运行状态的远程通信等智能功能，使控制阀的管理方便，故障诊断变得容易，也降低了对维护人员的技能要求。

2）减少产品类型，简化生产流程。采用智能阀门定位器不仅可方便地改变控制阀的流量特性，也可提高控制系统的控制品质。因此，对控制阀流量特性的要求也可简化。

3）数字通信。数字通信将在控制阀中获得广泛应用，以HART通信协议为基础，一些控制阀的阀门定位器将输入信号和阀位信号在同一传输线实现；以现场总线技术为基础，控制阀与阀门定位器、PID控制功能模块结合，使控制功能在现场级实现，使危险分散，使控制更及时、更迅速。

4）智能阀门定位器。智能阀门定位器具有阀门定位器的所有功能，同时它还能够改善控制阀的动态和静态特性，提高控制阀的控制精度。

（2）标准化。控制阀的标准化已经提上议事日程，标准化表现在下列方面：

1）为了实现互换性，使同样尺寸和规格的不同厂商生产的控制阀能够互换，使用户不必为选择制造商而花费大量时间。

2）为了实现互操作性，不同制造商生产的控制阀应能够与其他制造商的产品协同工作，不会发生信号不匹配或阻抗不匹配等现象。

3）标准化的诊断软件和其他辅助软件，使不同制造商的控制阀可进行运行状态的诊断和运行数据的分析等。

4）标准化的选型程序。控制阀选型仍是自控设计人员十分关心的问题，采用标准化的计算程序，根据工艺所提供数据，能够正确计算所需控制阀的流量系数，确定配管及选用合适的阀体、阀芯及阀内件材质等，使设计过程标准化，提高设计质量。

（3）小型化。小型化是为了降低控制阀的质量，便于运输、安装和维护。控制阀的小型化采用了下列措施：

1）采用小型化执行机构。采用轻质材料，采用多组弹簧替代一组弹簧，从而降低执行机构的高度。通常，精小型气动薄膜执行机构组成的控制阀比同类型气动薄膜执行机构组成的控制阀高度要降低约30%，质量降低约30%，而流通能力可提高约30%。

2）改变流路结构。例如，将阀芯的移动改变为阀座的移动，将直线位移改变为角位移等，使控制阀体积缩小，质量减少。

3）采用电动执行机构。该结构不仅可减少采用气动执行机构所需的气源装置和辅助设备，也可减少执行机构的质量。如9000系列电动执行机构，其20型的高度小于330mm，使整个控制阀（带数字控制器和执行机构）质量降低到20～32kg。

（4）旋转化。由于旋转类控制阀，如球阀等，有相对体积较小、流路阻力较小、可控比较大、密封性较好、防堵性能较好、流通能力较大等优点，因此，在控制阀新品种中，旋转阀的比重增大。特别是在大口径管道中，普遍采用球阀、蝶阀等类型控制阀。

（5）安全化。仪表控制系统的安全性已经得到各方面的重视，安全仪表系统（SIS）对控制阀的要求也越来越高，主要表现在以下几方面。

1）对控制阀故障信息诊断和处理要求提高，不仅要对控制阀进行故障发生后的被动性维护，而且要进行故障发生前的预防性维护和预见性维护。因此，对组成控制阀的有关组件进行统计和分析，及时提出维护建议等变得更为重要。

2）对用于紧急停车系统或安全联锁系统的控制阀，应提出及时、可靠、安全动作的要求，以确保这些控制阀能够反应灵敏、准确。

3）对用于危险场所使用的控制阀，应简化认证程序。例如，对本质安全应用的现场总线仪表，可简化为采用FISCO现场总线本质安全概念，使对本质安全产品的认证过程简化。

4）与其他现场仪表的安全性类似，对控制阀的安全性，可采用隔爆技术、防火技术、增安技术、本安技术、无火花技术等；对现场总线仪表，还可采用实体概念、本质安全概念、FISCO概念和非易燃（FINCO）概念等。

（6）节能化。节能就是降低能源消耗，而提高能源利用率是控制阀的一个发展方向，它主要有下列几个发展方向：

1）采用低压降比的控制阀，使控制阀在整个系统压降中占的比例减少，从而降低能耗。

2）采用自力式控制阀。例如，直接采用阀后介质的压力组成自力式控制系统，用被控介质的能量实现阀后压力控制。

3）采用压电控制阀。若在智能电气阀门定位器中采用压电控制阀，那么只有当输出信号增加时才耗用气源。

4）采用带平衡结构的阀芯，降低执行机构的推力或推力矩，缩小膜头气室，降低能源需要。

5）采用变频调速技术代替控制阀。对高压降比的应用场合，如果能量消耗很大，则可采用变频调速技术，即采用变频器改变有关运转设备的转速，以降低能源消耗。

（7）环保化。环境污染已经成为公害，控制阀对环境的污染主要有控制阀噪声和控制阀的泄漏。其中，控制阀噪声对环境的污染较为严重。

1）降低控制阀噪声。研制各种降低控制阀噪声的方法，包括从控制阀流路设计到控制阀的内件设计，从噪声源的分析到降低噪声的措施等。主要有设计降噪控制阀；合理分配压降，使用外部降噪措施，如增加隔离、采用消声器等。

2）降低控制阀的环境污染。控制阀的环境污染指控制阀的“跑、冒、滴、漏”，这些泄漏物不仅会造成物料或产品的浪费，而且对环境环境也会造成污染，有时，还会造成人员的伤亡或设备爆炸等事故。因此，研制控制阀填料结构和填料类型以及研制控制阀的密封等将是控制阀今后一个重要的研究课题。

控制机构的类型

控制机构是用来控制流体流量、压力和流向的装置，是管道系统的重要组成部件。在发电厂热力系统的管路上装有许多不同类型的阀门，据统计，一台300MW的机组，大约装设270多种不同规格的阀门1000多个。因此，正确合理地选择阀门类型，对发电厂的经济运行有着重要意义。

控制阀种类繁多，下面介绍四种常见的分类方法。

1. 按结构特征分

（1）截门形。工作时阀芯沿着阀座中心线上下移动。

（2）闸门形。工作时阀芯沿着垂直于阀座中心线的方向上下移动。

（3）旋塞形。阀芯是柱塞或球形，工作时阀芯围绕自身的中心线旋转。

（4）蝶形。阀芯是圆盘，工作时阀芯围绕阀座内的轴旋转。

（5）旋启形。阀芯是圆盘，工作时阀芯围绕阀座外的轴旋转。

（6）滑阀形。阀芯是柱塞，工作时阀芯沿垂直于流体通过的方向滑动。

2. 按转动方式（驱动能源不同）分

（1）手动阀。工作时借助手轮、手柄、杠杆或链轮等人力来操作。

（2）电动阀。工作时借助电动机、电磁等电力来操作。

（3）气动阀。工作时借助压缩空气来操作。

（4）液动阀。工作时借助水、油等液体的压力来操作。

电动阀使用能源非常方便（电力线即可）；气动阀输出扭矩比电动阀门大，但气源管道铺设以及管道维护比较繁杂，另外，气动信号本身运算精度太低，液动阀输出扭矩最大，是目前主蒸汽阀门控制的主要设备。

3. 按用途分

（1）关断用。工作时用来切断或接通管路介质。

（2）控制用。工作时用来控制介质压力或流量。

（3）保护用。工作时用来防止设备超压或管内介质倒流。

4. 按阀芯动作形式分

根据控制阀阀芯的动作形式，控制机构可分为直行程式和角行程式两大类。直行式控制机构有直通双座阀、直通单座闸、角形阀、三通阀、高压阀、隔膜阀、波纹管密封阀、超高压阀、小流量阀、笼式（套筒）阀、低噪声阀等；角行程式的控制机构有蝶阀、凸轮挠曲阀、V形球阀、O形球阀等。

（1）直行程式控制机构。直行程控制阀是通过阀芯的上下移动，从而改变流通面积以实现对流量的控制。

直行程式控制阀芯可分为以下几种：

1）平板型阀芯，如图5-1（a）所示。其结构简单，具快开特性，可作两位控制用。

2）柱塞型阀芯，如图5-1（b）、（c）、（d）所示。其中图5-1（b）的特点是上、下可倒装，以实现正、反控制作用，阀的特性常见的有线性和等百分比两种。图5-1（c）适用于角型阀和高压阀。图 5 - 1（d）为球型、针型阀芯，适用于小流量阀。

3）窗口型阀芯，如图 5 - 1（e）所示。适用于三通控制阀，左边为合流型，右边为分流型。阀特性有直线、等百分比和抛物线三种。

4）多级阀芯，如图 5 - 1（f）所示。它是把几个阀芯串接在一起，起逐级降压作用，用于高压差阀，可防止汽蚀破坏作用。

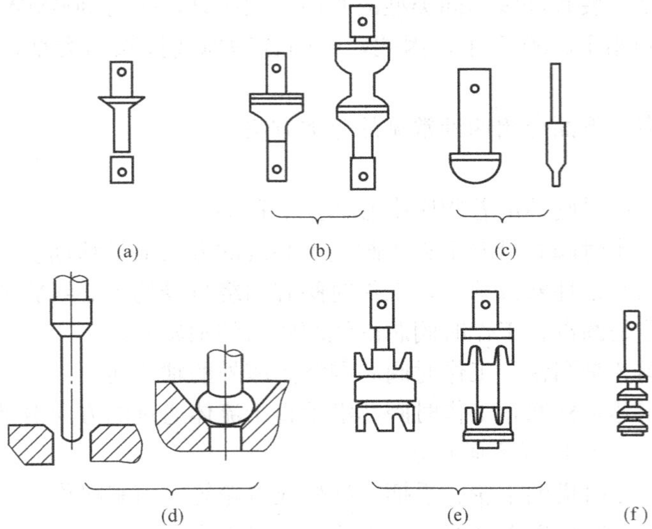

图 5 - 1　直行程阀

（2）角行程式控制机构。角形阀是通过阀芯旋转角度的改变，从而改变流通面积以控制流量。角行程式控制机构对应的控制阀芯有偏心旋转阀芯、蝶形阀芯、球形阀芯三种，如图 5 - 2 所示。

1）偏心旋转阀芯见图 5 - 2（a），适用于偏转阀。

2）蝶形阀见图 5 - 2（b），适用于蝶阀。

3）球形阀芯见图 5 - 2（c），它只适于球阀。图 5 - 2（c）所示为 O 形球阀和 V 形球阀。

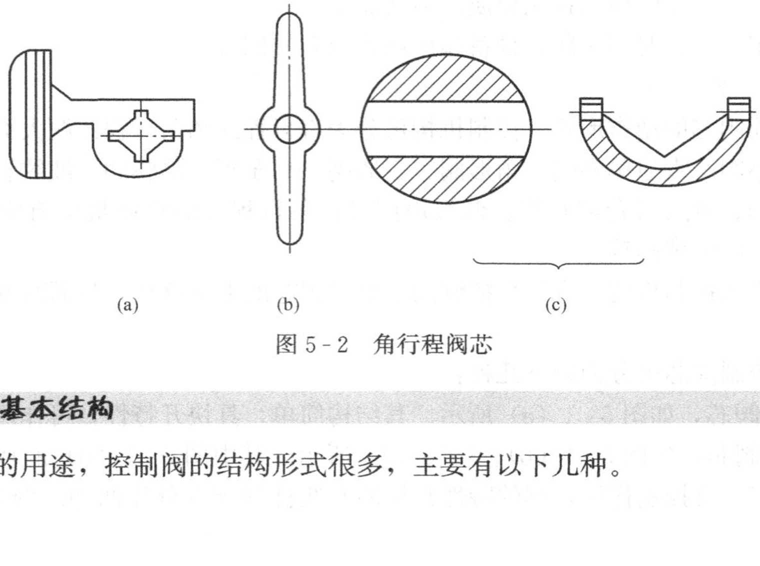

图 5 - 2　角行程阀芯

控制阀的基本结构

根据不同的用途，控制阀的结构形式很多，主要有以下几种。

一、直行程单座控制机构

1. 直行程单座截止阀

截止阀是指阀芯沿阀座封面的轴线做升降运动而达到开闭目的的阀门。截止阀也叫做球形阀、切断阀、截门等，主要功能是接通或切断管路介质，通常作为关断用阀门。

单座截止阀如图 5-3 所示，其阀芯属于平板型阀芯。当执行机构带动阀杆移动时，阀芯与阀座之间的流通面积发生改变，从而使流体的流量发生相应的变化，达到控制目的。

发电厂的阀门众多，结构各异，但主要都是由阀体、阀盖、阀杆、填料盒、填料、阀芯、阀座、支架、驱动装置等零部件组成。

1）阀体。阀门的主体，是安装阀盖、安放阀座连接管道的重要部件。

2）阀芯。种类众多，见图 5-1。

3）阀盖。它与阀体形成耐压空腔，上面有填料盒，它还与支架和压盖相连接。

4）填料。在填料盒内通过压盖能够在阀盖和阀杆间起密封作用的材料。

5）填料压盖。通过压盖螺栓或压盖螺母，能够压紧填料的一种零件。

6）阀杆螺母。当阀杆在驱动电动机作用下旋转时，依靠阀杆螺母使阀杆产生上下移动，由此可知阀杆螺母也是传递扭矩的零件。

7）驱动装置。把电力、气力、液力或人力等外力传递给阀杆用来开启或关闭阀门的装置。

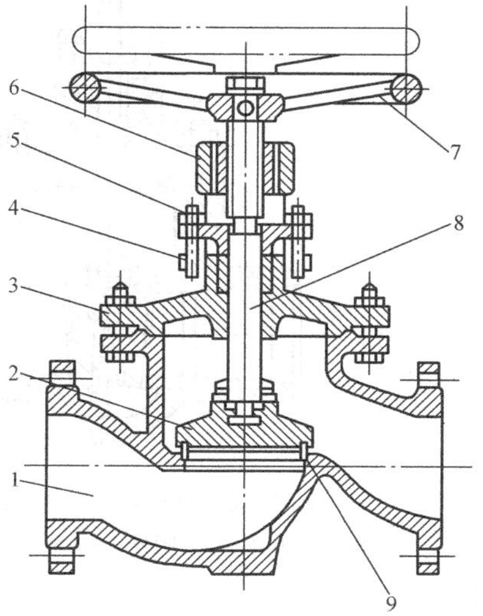

图 5-3　直行程单座截止阀

1—阀体；2—启闭件；3—阀盖；4—填料；5—压盖；6—阀杆螺母；7—驱动装置；8—阀杆；9—阀座

8）阀杆。它与阀杆螺母或驱动装置相接，其中间部位与填料形成密封件，能传递扭矩，起开闭阀门的作用。

9）阀座。用镶嵌等工艺将密封圈固定在阀体上，与阀芯形成密封整体。有的密封圈是用堆焊或阀体本体直接加工而成。

10）支架。支撑阀杆和驱动装置的零件。有的支架与阀盖做成一个整体，有的无支架。

流体通过控制阀时，按其对阀芯的作用来分有两种流向：一种趋于打开阀芯，称为流开状态；另一种趋于关闭阀芯，称为流闭状态。图 5-3 所示就是处于流开状态。这两种不同的工作状态对控制阀工作的稳定性将产生不同的影响，一般来说，在流闭状态下工作的控制阀容易产生振荡，尤以小开度时为甚。

2. 直行程单座闸阀

闸阀是用闸板作为阀芯，阀芯沿阀座密封面做相对运动而达到开闭目的的阀门。闸阀常做为关断阀使用，结构如图5-4 所示。

（1）闸阀的特点。

1）闸阀的优点。流道通畅，流动阻力小，启闭省力，结构长度较短，对管路介质流向不受限制等。

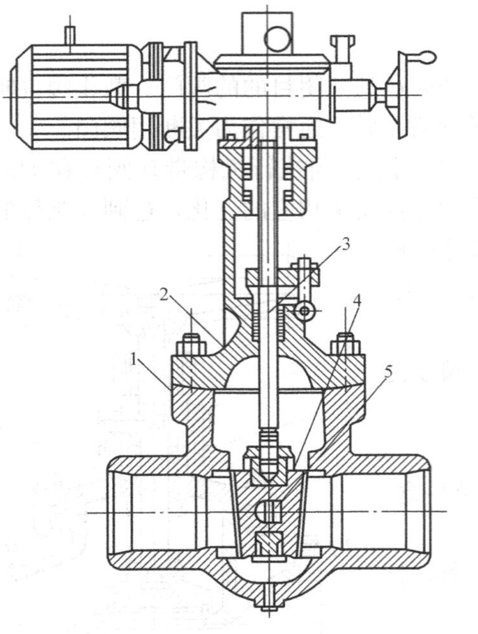

图 5-4　直行程单座闸阀

1—阀体；2—阀盖；3—阀杆；4—闸板；5—万向顶

2）闸阀的缺点。密封套件有两个密封面，加工较复杂，成本高。相对其他阀门体积要大一些，启闭时间相对较长，启闭时密封面相对有摩擦，容易引起擦伤而漏流。

（2）闸阀的分类。

1）根据闸阀阀杆上面螺纹位置的不同分。

a. 明杆闸阀。阀杆的升降是通过装在阀盖或支架上的阀杆螺母旋转来实现。

这种结构对阀杆润滑有利，由于阀杆螺母不和流通介质直接接触，可免遭介质的腐蚀。但该阀门在开启时由于阀芯的上移而需要一定的空间。同时，阀芯升降时螺母旋转会使螺纹暴露在环境空间，容易沾上灰尘，加快螺纹的磨损从而缩短使用寿命。

b. 暗杆闸阀。阀杆的升降是通过旋转阀杆，从而使阀芯上螺母形成相对旋转，使阀芯沿旋转的阀杆上下移动，以启动或关闭阀门。

该结构唯一的优点是开启或关闭阀门时，阀杆高度不发生变化，适用于大口径和操作空间受限制的闸阀。但它的开启程度难以观察，需要额外增加外部的阀门开度指示装置。另外，阀杆和阀芯接触处的螺纹和介质直接接触，容易被介质腐蚀而影响使用寿命。

2）根据闸阀闸板结构形式不同分。

a. 平行闸板式。密封面与通道中心线垂直，且与阀杆的轴平行。它分为平行式单闸板和双闸板两种。前者密封性能较差，用得较少。后者依靠两平行闸板中间的顶锥（或其他机构），撑开平行闸板的两平行面，和阀座密封面充分接触以达到密封的目的。因为后者密封效果良好，所以比较常用。

b. 楔形闸板。两个密封面与阀杆的轴线对称且形成一定角度，两密封面成楔形。密封面的倾斜角度有多种，最常见的倾斜角度为 5°。

楔形闸阀加工和维修比平行式闸阀难度要大，但耐温、耐压性能较好。

楔形闸阀分单闸板和双闸板两种。弹性闸板是单闸板的一种特殊形式，它的中间有一道具有一定弹性的沟槽，补偿制造中密封面的加工误差，密封性能比较好。

楔形双闸板是通过连接件将两个闸板铰接在一起，形成两个能在一定范围内调整倾斜角度的阀芯密封面。因此密封面角度加工精度要求不高，在开启或关闭时不容易被卡死。即使密封面磨损了，也可采取加垫的方法来恢复密封。但它的结构复杂，加工难度比较大。

闸阀可用于多种压力、温度等级和多种口径，应用范围广泛。对要求流体阻力较小或介质需要两个方向流动时，宜选用闸阀。

双闸板闸阀适宜安装在水平管道上，阀杆垂直向上；单闸板闸阀安装位置没有任何限制。

3. 直行程单座节流阀

节流阀是指通过改变阀芯的位置从而改变相对流通面积来控制流体流量的控制阀门。它的主要作用是节流，但因其控制精度不高，不能作为自动控制系统中的控制阀来使用。节流阀的外形结构与截止阀基本相同，只是改变了阀芯结构和采用了小螺距阀杆。节流阀结构如图 5-5 所示。

节流阀阀芯形状主要有三种：①针形，适用于深冷装置做膨胀阀使用；②窗形，适用于大口径结构阀；③柱塞形，适用于小口径结构阀。

阀体结构有直通式和角式。由于介质在节流阀中流通时，介质在阀瓣与阀座之间流速很高，当流通面积很小时极容易冲蚀密封面，因而不宜作切断阀使用。

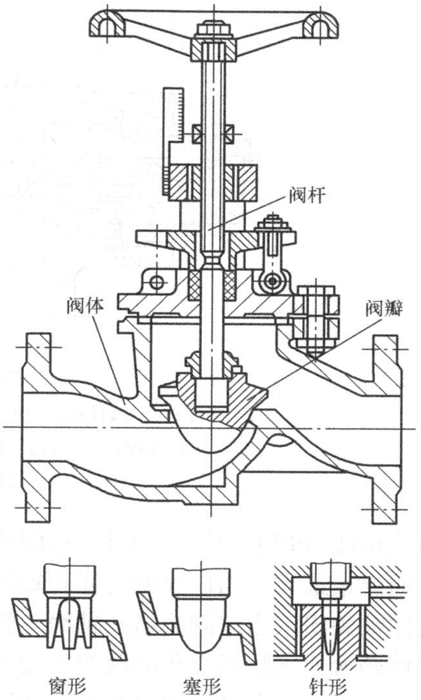

图 5-5 直行程单座节流阀

4. 直行程单级节流控制阀

直行程单级节流控制阀结构如图 5-6 所示。它与截止阀非常相似，只是在阀芯上多出了凸出的曲面部分，通过改变阀杆的轴向位移来改变阀芯处的通流面积，以达到调整流量或压力的目的。单级节流控制阀的特点是流体介质仅经过一次就达到控制目的，因而结构简单、紧凑、重量轻、价格便宜，但仅适用于压降较小的管路。

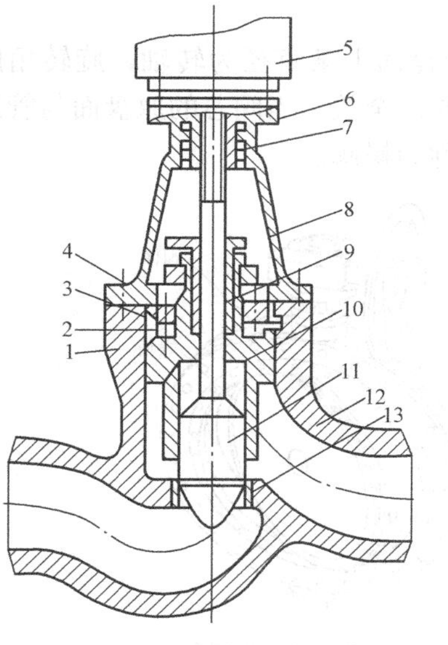

图 5-6 直行程单级节流控制阀

1—密封环；2—垫圈；3—四合环；4—压盖；5—传动装置；6—阀杆螺母；7—止推轴承；8—框架；9—填料；10—阀盖；11—阀杆；12—阀壳；13—阀座

二、直行程多座控制机构

直行程多座控制阀结构如图 5-7 所示。多级节流控制阀的特点是流体介质要经过 2～5 次节流后方能达到控制的目的。在其阀杆上有 2～5 个用于节流的曲线体，控制时阀杆轴向位移，曲线体随阀杆移动以改变其与阀座之间的通流面积，从而达到控制流量的目的。

在管道系统中这种控制阀前后介质的压降比较大，故阀的控制灵敏度较高。该阀适用于大压降的管路，其缺点是结构复杂。

三、角行程控制阀

1. 角行程球阀

球阀也称球心阀，它是在旋塞阀的基础上发展起来的一种控制阀，可以认为球阀是旋塞阀的一种特殊形式。球阀既可以作关断阀使用，也可以作为控制阀使用，其结构如图 5-8 所示。

球阀的阀芯结构是在球体上沿直径方向钻一流通孔，使用时沿与流通孔轴线相垂直的方向旋转。当流

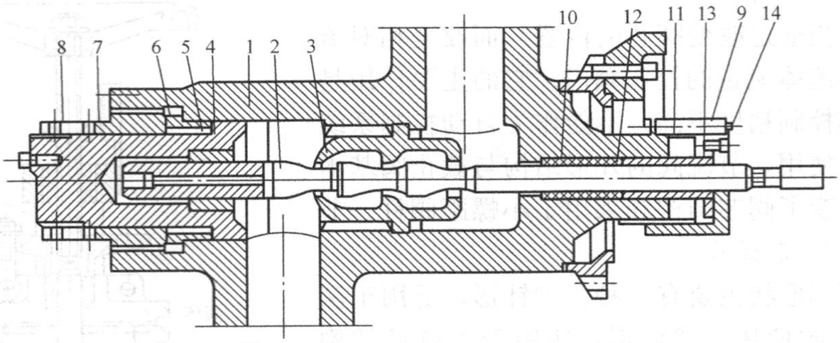

图 5-7 直行程多座控制阀

1—阀体；2—阀杆；3—阀座；4—自密封闷头；5—自密封填料圈；6—填料压盖；7—压紧螺栓；8—自密封螺母；9—格兰螺帽；10—导向垫圈；11—格兰压盖；12—填料；13—附加环；14—锁紧螺钉

通孔轴线与管道轴线平行时，球阀流通孔和管道正好相通，此时管道内流通阻力最小，介质流通流量最大；当球阀的流通孔轴线与管道轴线垂直时，球阀流通孔两侧和阀座密封接触，流体被关闭；当球阀流通孔轴线与管道轴线介于以上两种情况之间时，流体流量随管道轴线和球阀流通孔轴线夹角的改变而变化。

球阀的优点是流动阻力小，球体的通道直径几乎等于管道内径，故局部阻力损失仅等同于同等长度管道的摩擦力；开关迅速且方便，一般情况下球体只需转动 90°就能完成全开或全关动作；密封性能良好。

球阀的缺点是耐高温性能差，使用温度不能过高。

2. 角行程蝶阀

蝶阀的阀芯为圆盘状，如图 5-9 所示。工作时沿圆盘面上某直径为转轴，旋转角度可改变管道流通面积：当阀芯的圆盘面垂直管道轴线时，阀门全关；当阀芯的原盘面与管道轴线平行时，阀门全开。蝶阀安装转轴后形状像蝴蝶，故称为蝶阀。

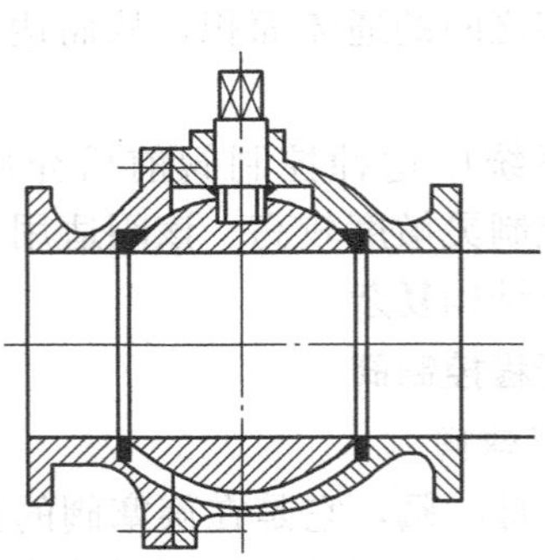

图 5-8 角行程球阀

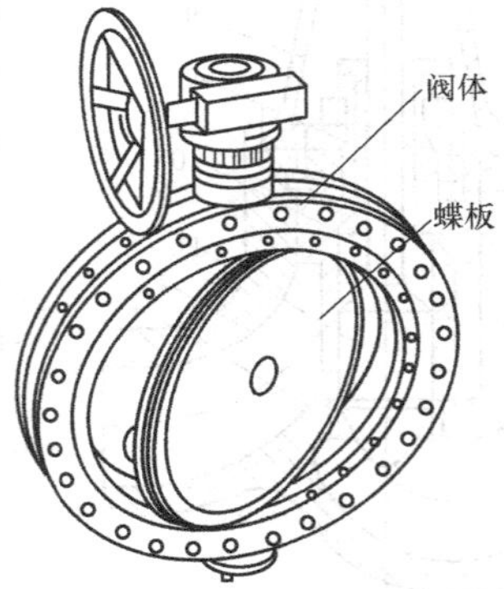

图 5-9 角行程蝶阀

蝶阀的优点是长度短、体积小、质量小，与闸阀相比质量约可减轻一半；蝶板只需转动 90°，因此容易实现快速启闭；因为蝶板两侧均有介质作用，两侧力矩相互抵消，故角行程蝶阀需要的驱动力矩很小；蝶阀的阀体通道与管道相似，蝶板表面又常呈流线型，故流阻较小；蝶板表面形状及其在不同的旋转位置，可以改变流量特性，因而也常用来控制流量。

因为受密封材料的限制，蝶阀多采用软密封结构，故不适用高温和高压的场合；硬密封蝶阀可使用的温度和压力有明显的提高。

蝶阀的阀杆安装位置有水平和垂直之分。对于水平安装的蝶阀，由于蝶板上下的压力不同，故蝶阀全关时有附加的静力矩存在，静力矩使蝶阀的迎流面和阀座密封面处的密封性能变差。蝶阀的密封是靠蝶阀板与阀座之间达到一定的比压来实现的，对于软密封蝶阀，就是使橡胶密封圈具有压缩过盈量，但对于金属硬密封来说就难于实现。为此，将蝶板的转动中心制作成具有不同位置的偏心，即转轴不在蝶板的几何中心上，当蝶杆接近关闭位置时，蝶板对阀座的压力增加以利密封。偏心蝶板可分为单偏、双偏和三偏。对于金属密封蝶阀，必须是三偏心的。所谓三偏心是指转轴与阀体中心线相对偏心；转轴与蝶板平面相对偏心，同时蝶板与阀体相对倾斜；转轴与锥形座中心线的相对偏心。三偏心蝶阀的优点是启闭时密封面间几乎无摩擦，提高了密封面的使用寿命；蝶板与阀座之间可通过自动补偿，容易达到密封比压使关闭严密；蝶板360°圆周上各点密封力均匀，在金属密封圈不变形情况下即可达到密封效果。

控制阀的工作原理

1. 工作原理

从流体力学的观点看，控制阀可看做一个节流式机构，即局部阻力可变的节流元件。对不可压缩流体而言，流体流经控制阀时的局部阻力损失为

$$h = \zeta \frac{\omega^2}{2g} \tag{5-1}$$

式中　ζ——控制阀的阻力系数，与阀门的结构形式和开度有关；

ω——流体的平均流速；

g——重力加速度。

控制阀引起的局部阻力损失 h 和流体的平均流速又可分别表示为

$$h = (p_1 - p_2)/\rho g \tag{5-2}$$

$$\omega = q/A \tag{5-3}$$

式中　p_1、p_2——控制阀前、后压力，kPa；

ρ——流体密度，kg/m^3；

A——控制阀接管的截面积，cm^2；

q——流体的体积流量，m^3/h。

把式（5-2）、式（5-3）代入式（5-1），得

$$q = \frac{A}{\sqrt{\zeta}}\sqrt{\frac{2(p_1 - p_2)}{\rho}} \tag{5-4}$$

$$\Delta p = p_1 - p_2$$

则式（5-4）可改写成

$$q = \frac{A}{\sqrt{\zeta}}\frac{3600}{10^4}\sqrt{2\times10^3\times\frac{\Delta p}{\rho}} = 16.1\frac{A}{\sqrt{\zeta}}\sqrt{\frac{\Delta p}{\rho}} \tag{5-5}$$

从式（5－5）可见，在控制阀口径一定（即 A 一定），Δp、ρ 不变情况下，流量 q 随阻力系数 ζ 而变化，即仅随控制阀开度而变化。所以控制阀是按照输入信号的大小，即执行机构输出位移或转角，来改变阀门的开启程度，从而改变阻力系数 ζ，以达到控制流体流量的目的。

2. 流通能力 C

控制阀的流通能力 C 也称流量系数，即在控制阀前后差压为 100kPa，流体密度为 1000kg/m^3 下，控制阀全开时每小时通过阀门的流体数量。它的大小反映了控制阀流量 q 的大小。

流通能力 C 表示控制阀容量大小，它与控制阀口径的选定主要就是根据在特定的工艺情况下进行 C 值计算，按 C 值选定的控制阀口径，能保证通过工艺设备要求的最大流量，而又不留有过大的裕量。流通能力 C 与流体的种类、温度、压力、强度、阀上压差、阀体、阀芯结构等因素有关。实际测定流通能力时必须按一定的试验条件。

根据 C 值的定义，将差压、密度代入式（5－5），得

$$q = 16.1\frac{A}{\sqrt{\zeta}}\sqrt{\frac{\Delta p}{\rho}} = 5.09\frac{A}{\sqrt{\zeta}}\sqrt{\frac{\Delta p}{\rho}}\sqrt{10} \tag{5-6}$$

则

$$C = 5.09\frac{A}{\sqrt{\zeta}} \tag{5-7}$$

所以，式（5－6）可改写成

$$q = C\sqrt{\frac{10\Delta p}{\rho}} \tag{5-8}$$

控制阀的接管截面积 $A=\frac{\pi}{4}\text{DN}^2$，DN 为控制阀的公称通径，则式（5－7）可写成

$$C = 4.0\frac{\text{DN}^2}{\sqrt{\zeta}} \tag{5-9}$$

从式（5－9）中可以看出，流通能力 C 取决于阻力系数 ζ 和公称通径 DN。当选定了控制阀的形式和结构时，ζ 是一个常数，则 C 值就决定了控制阀的口径，即确定了控制阀的其他尺寸。

根据式（5－8）的流量公式，控制介质为一般液体时，流通能力 C 值按式（5－10）计算

$$C = \frac{q\sqrt{\rho}}{\sqrt{10\Delta p}} \tag{5-10}$$

由式（5－10）可见，流通能力 C 表示控制阀的结构参数。对于不同口径，不同结构形式的控制阀，由于具有的阻力不同，则流通能力 C 也不相同。也就是说 q 一定，Δp 一定，便可根据介质的密度求出 C 值，并从产品目录中查到所需的阀门结构形式及尺寸。

工程设计中，正确计算流通能力 C 值的主要目的是合理地选择控制阀的尺寸。一般要计算最大的流通能力 $C_{\max}$，它是工艺所需的最大流量 $q_{\max}$ 及相应的阀两端差压为 Δp 的流通能力。因此，$q_{\max}$ 及 Δp 的选择正确与否至关重要。C 值的计算还与密度有关，对于气体、蒸汽、高黏度液体、闪蒸液体（饱和流体）和两相流，其 C 值计算可查阅控制阀

手册。

控制阀的流量特性

一、控制阀的可控比

控制阀的可控比是指控制阀所能控制的最大流量 q_{max} 与最小流量 q_{min} 之比值，也称可控范围，若以 R 来表示，则

$$R = q_{max}/q_{min} \tag{5-11}$$

注意：最小流量 q_{min} 和控制阀全关时的泄漏量不同。一般最小的可控流量为最大可控流量的 2%～4%，而泄漏量仅为最大流量的 0.01%～0.1%。由于通过阀门的流量，在实际过程中还受到阀前后差压变化等因素的影响，因此可控比又分为理想可控比和实际可控比。

1. 理想可控比

当控制阀上差压一定时的可控比称为理想可控比，则

$$R = \frac{q_{max}}{q_{min}} = \frac{C_{max}\sqrt{\dfrac{10\Delta p}{\rho}}}{C_{min}\sqrt{\dfrac{10\Delta p}{\rho}}} = \frac{C_{max}}{C_{min}} \tag{5-12}$$

从式（5-12）可知，理想可控比等于控制阀的最大流通能力与最小流通能力之比，它反映了控制阀控制能力的大小。从自动控制角度出发，可控比越大越好，但由于 C_{min} 受到控制阀阀芯结构机械加工的限制，不能太大，因此理想可控比不会大于 50。国内的控制阀理想可控比一般设计 R 取 30。

2. 实际可控比

控制阀在实际工作时总是与管路系统相串联或与旁路阀并联。当控制阀上差压随着串联管道阻力改变或打开控制阀旁路而发生变化时，控制阀的可控比都会发生相应的变化，这时的可控比就称为实际可控比。

（1）串联管道时的可控比。如图 5-10（a）所示的串联管道，由于流量的增加，串联管道阻力损失相应增加，而控制阀上差压被相应减少，这样使控制阀所通过的最大流量减小，所以串联管道时控制阀实际可控比就会降低。若 R_c 代表控制阀的实际可控比，那么

$$R_c = R\sqrt{S} \tag{5-13}$$

其中

$$S = \Delta p_{min}/\Delta p$$

式中 Δp_{min}——控制阀全开时的阀前后差压；

Δp——系统总差压；

S——阀阻比。

由式（5-13）可知，当 S 越小，即串联管道的阻力损失越大时，实际可控比越小。其变化情况如图 5-10（b）所示。

（2）并联管道时的可控比。图 5-11（a）所示的并联管道，当打开控制阀的旁路阀时，可控比变成系统最大流量与控制阀能调节的最小流量加上旁路流量之比，即

$$R_c = \frac{q_{max}}{q_{1min} + q_2} \tag{5-14}$$

令 X 为控制阀全开时的流量与系统最大流量之比，即 $X=q_{1\max}/q_{\max}$，可得

$$R_c \approx \frac{1}{1-X} = \frac{q_{\max}}{q_2} \tag{5-15}$$

式（5-15）表明，X 越小即旁路流量越大，实际可控比越小，如图 5-11（b）所示。如当 $X=0.9$，即旁路流量为最大流量的 1/10 时，实际可控比已降为 10∶1。

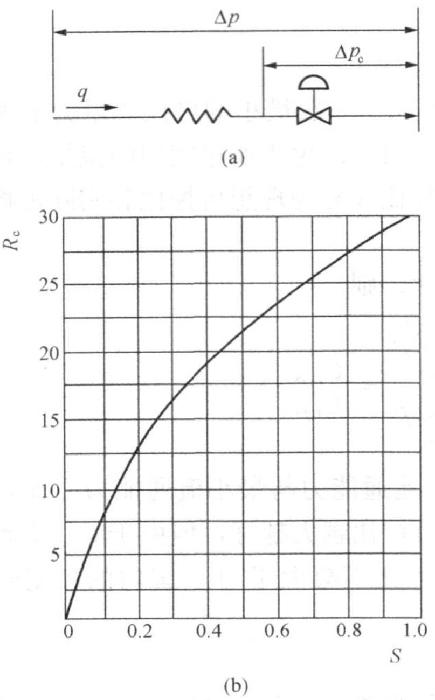

图 5-10　串联管道

（a）串联管道示意；（b）串联管道时的可控比

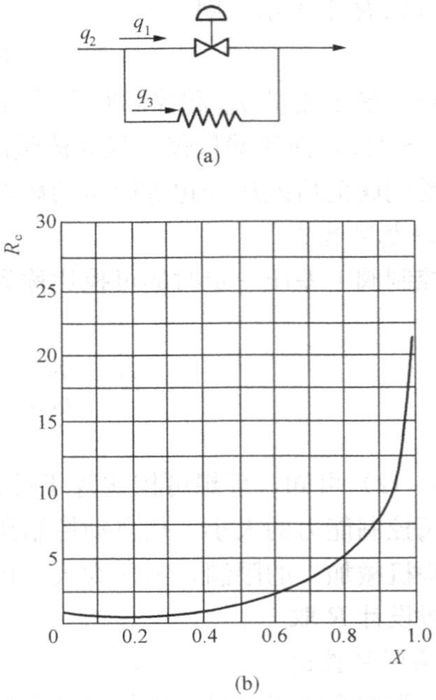

图 5-11　并联管道

（a）并联管道示意；（b）并联管道时的可控比

从上述分析可知，在实际使用中控制阀的可控比都会下降，因此在计算选用控制阀时，在串联管道场合不应使 S 值太小，而控制阀的旁路则应尽量避免打开，以保证控制阀有较大的可控比。另外，还应注意到控制阀长期使用后，由于腐蚀冲刷或汽蚀现象对阀芯、阀座的磨损等也会使可控比减小，影响其工作特性。

二、控制阀的流量特性

控制阀的流量特性，是指介质流过控制阀的相对流量与相对开度之间的关系，也就是控制阀的静态特性。数学表达式为

$$q/q_{\max} = f(l/L) \tag{5-16}$$

式中　$q/q_{\max}$——相对流量，即控制阀在某一开度时，流量 q 与全开流量 $q_{\max}$ 之比；

　　l/L——相对开度，即控制阀某一开度行程与全行程之比。

若令 $q_r=q/q_{\max}$；$\mu=l/L$。则式（5-16）可表示为

$$q_r = f(\mu) \tag{5-17}$$

由于控制阀开度变化的同时，阀前后的差压也会变化，而差压的变化会引起流量的变化。为分析问题方便，先假定阀前后差压固定，然后再引申到实际情况的研究，因而有理想流量特性和工作流量特性两个概念。

1. 理想流量特性

在控制阀前后差压一定的情况下得到的流量特性称为理想流量特性。控制阀的理想流量特性取决于阀芯形状，不同的阀芯曲面可得到不同的理想特性，是控制阀本身所固有的特性。但它又不同于阀的结构特性，阀的结构特性是指阀芯位移与流体通过的截面积之间的关系。

图 5-12 所示为理想流量特性，有直线流量特性、等百分比（对数）流量特性、抛物线流量特性及快开流量特性等四种。比较图 5-12 上的几种理想流量特性可看到，等百分比特性阀在接近关闭时工作缓和平稳，而在大开度时，控制灵敏有效。但是，因为这种阀的阀芯加工困难，以及在相同开度下的相对流量比较小等不足之处，所以通常多选用抛物线或修正抛物线特性阀。

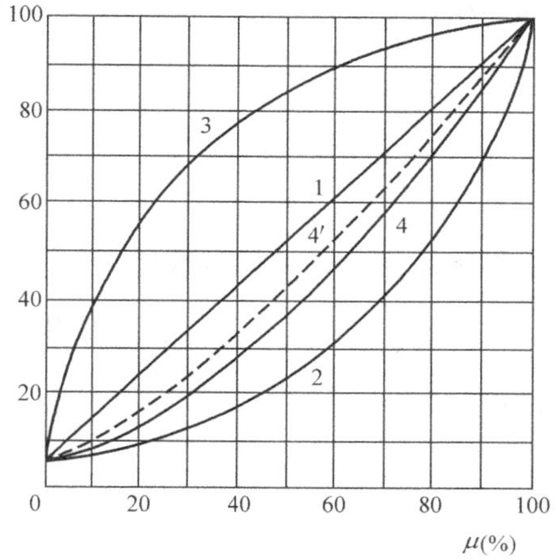

图 5-12　控制阀的理想流量特性

1—直线流量特性；2—等百分比流量特性；3—快开流量特性；4—抛物线流量特性；4′—修正抛物线流量特性

（1）直线流量特性。直线流量特性是指控制阀的相对流量与相对开度呈直线关系。即单位位移变化所引起的流量变化是常数，数学表达式为

$$\frac{dq_r}{d\mu}=K \tag{5-18}$$

式中　K——控制阀的放大系数。

将式（5-18）积分得

$$q_r=K\mu+c \tag{5-19}$$

式中　c——积分常数。

将边界条件（即 $l=0$ 时，$q=q_{min}$；$l=L$ 时，$q=q_{max}$）代入式（5-19），求得各常数项为

$$c=q_{min}/q_{max}=1/R;K=1-c=1-(1/R)$$

推导得

$$q_r=\frac{1}{R}+(1-\frac{1}{R})\mu \tag{5-20}$$

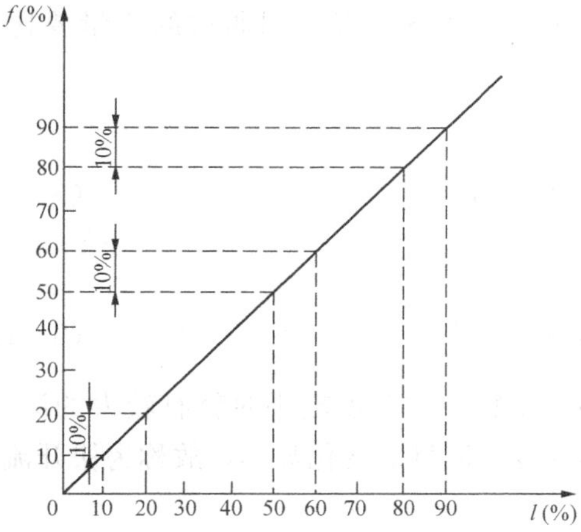

图 5-13　直线流量特性（R=30）

将式（5-20）表示于直角坐标系中，得到一条直线，见图 5-12 中的直线 1。由图 5-12 可知，直线特性的控制阀的单位位移变化所引起的流量变化是相等的，即控制阀的放大系数是一个常数。实际上，对于控制作用有意义的是流量相对变化值（流量变化值与原有流量之比）。从图 5-13中控制阀行程的 10%、50%和 80%三点看，当行程均变化 10%时，它们的流量变化相对值分别为[(20－10)/10]×100%＝100%、[(60—50)/50]×100%＝20%、[(90－80)/80]×100%＝12.5%。

由此可见，直线流量特性控制阀在阀芯变化单位位移时所引起的流量相对变化值不同，在开度小时，流量相对变化值大；而在开度大时，流量相对变化值小。也就是说，直线流量特性阀门在小开度（小负荷）时，控制性能不好，灵敏度高，控制作用强，易产生振荡，不易控制；而在大开度时，灵敏度低，控制作用弱，控制缓慢。

（2）等百分比流量特性。等百分比流量特性是指单位相对位移变化所引起的相对流量与此点的相对流量成正比关系，也称为对数流量特性。数学表达式为

$$\frac{dq_r}{d\mu} = Kq_r \tag{5-21}$$

将式（5-21）积分得

$$\ln q_r = K\mu + c$$

将边界条件代入，求得常数项为

$$c = \ln\frac{q_{min}}{q_{max}} = \ln\frac{1}{R} = -\ln R, K = \ln R$$

最后得

$$q_r = e^{(\mu-1)\ln R} \tag{5-22}$$

或

$$q_r = R^{(\mu-1)} \tag{5-23}$$

从式（5-22）看出，相对位移与相对流量成对数关系，故也称对数流量特性，在半对数坐标上可得到一条直线，而在直角坐标上得到一条对数曲线，如图 5-12 中的曲线 2 所示。

为了和直线流量特性作比较，同样以行程的 10%、50%和 80%三点看，当行程变化 10%时的流量变化分别为 1.91%、7.3%和 20.4%，而它们流量相对变化值却都为 40%。可见，等百分比流量特性在位移的每一点上、单位位移变化所引起的流量变化与此点的原有流量成正比而流量相对变化值是相等的，即流量变化的百分比是相等的。由于它的放大系数 K 随相对开度增加而增加，因此对自动控制系统有利。在小开度时，控制阀放大系数小，控制平稳缓和；在大开度时，放大系数大，控制灵敏有效。从图 5-12 还可以看出，等百分比特性在直线特性下方，因此，在同一位移下，直线阀通过的流量要比等百分比大。

（3）快开流量特性。快开流量特性的数学表达式为

$$\frac{dq_r}{d\mu} = 2(1-\frac{1}{R})(1-\mu) \tag{5-24}$$

积分后代入边界条件再整理得

$$q_r = 1-(1-\frac{1}{R})(1-\mu)^2 \tag{5-25}$$

其特性曲线如图 5-12 中的曲线 3 所示。这种流量特性在开度较小时就有较大的流量，随开度的增大，流量很快就达到最大，此后再增加开度，流量的变化甚小，故称为快开流量特性。

（4）抛物线流量特性。抛物线流量特性是指单位相对位移的变化所引起的相对流量变化与此点的相对流量值的平方根成正比关系，其数学表达式为

$$\frac{dq_r}{d\mu}=K\sqrt{q_r} \tag{5-26}$$

积分后代入边界条件再整理得

$$q_r=[1+(\sqrt{R}-1)\mu]^2/R \tag{5-27}$$

式（5-27）表明相对流量与相对位移之间为抛物线关系，在直角坐标上为一条抛物线，如图5-12中的曲线4所示，它介于直线及对数曲线之间。为了弥补直线流量特性在小开度时控制性能差的缺点，在抛物线基础上派生出一种修正抛物线特性，如图5-12中的曲线4′，它在相对位移30%及相对流量20%这段区间内为抛物线关系，而在此以上的范围是线性关系。

2. 工作流量特性

实际的管道系统中，除控制阀外还串联或并联有其他设备及管道，所以在生产过程中，控制阀前后的差压通常是变化的，在这种情况下，相对流量和相对开度之间的关系称为工作流量特性。

（1）控制阀串联在有其他设备的管道系统中时，阀门前后差压只是系统总差压的一部分。当系统总差压一定时，随着流量的增大，串联设备及管道的阻力也增大，而阀门前后的差压相对减小，理想流量特性改变为工作流量特性。

图5-14为串联管道以q_{100}作为参比值时的控制阀工作特性曲线，q_{100}表示存在管道阻力时控制阀的全开流量。从图5-14中可以看出，当$S=1$，即管道系统总差压全部降落在控制阀上时，实际工作流量特性与理想流量特性是一致的。S减小，即管道阻力增加时，将会带来两个不利后果：一是使控制阀全开时的流量减小和可控范围减小；二是使控制阀的流量特性曲线发生很大的畸变，成为一系列向上拱的曲线。直线特性趋近于快开特性，等百分比特性趋向于直线特性。这样，使小开度时放大系数增大，控制阀过于灵敏，控制不稳定；大开度时放大系数减小，造成控制迟钝，影响控制质量。因此，在实际应用中，一般希望S值最小不低于0.3～0.5。

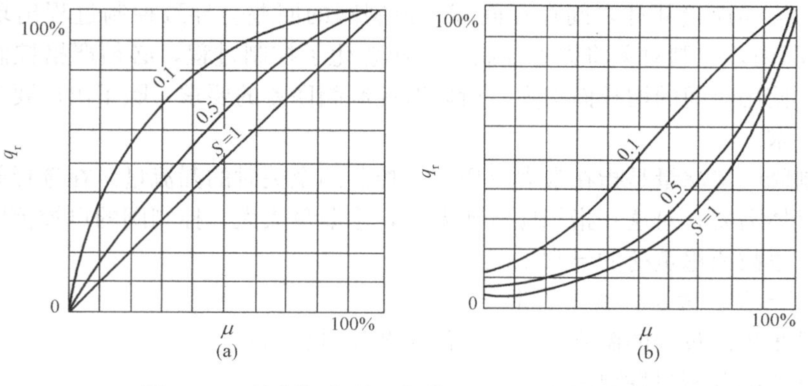

图5-14　控制阀串联于管道上时的工作流量特性

（a）直线阀；（b）等百分比阀

（2）控制阀与管道并联时，设有旁路阀，其目的是：①当控制阀或操作系统故障时，可通过旁路阀手动控制流量；②当控制阀容量选得较小，控制阀的流量满足不了工艺的要求时，可打开旁路阀进行控制，这时控制阀的流量特性就会受到影响，旁路程度X值越小，控制阀的工作流量特性与理想流量特性的差别越大。X 值对控制阀工作流量特性的影响如图 5-15 所示。从图中可以看出，随着 X 的减小，初始流量增大，控制阀的可控比明显减小，因此，采用开启旁路系统的控制方式是不可取的。若必须采用时，则必须对 X 值加以限制，一般 X 值应不小于 0.8。

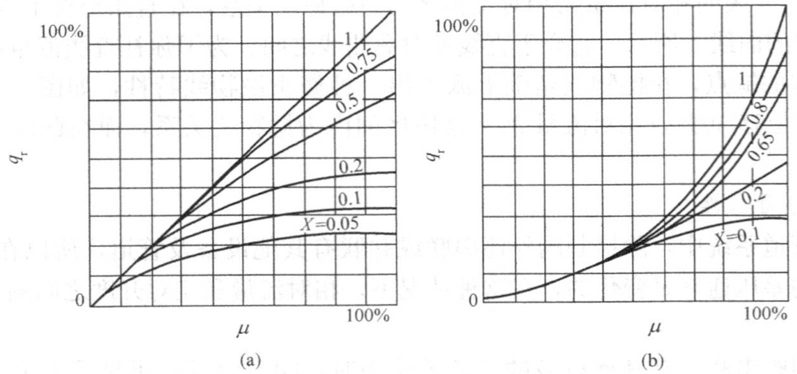

图 5-15 控制阀并联于管道上时的工作流量特性

(a) 直线阀；(b) 等百分比阀

控制机构选型原则

正确选取控制阀的结构形式、流量特性、流通能力及执行机构的输出力矩、推力与行程，对于自动控制系统的安全性、稳定性、经济性和可靠性有着十分重要的作用。如果选择不当，将直接影响控制系统性能，甚至无法实现自动控制，进而影响整台机组的安全经济运行。

1. 控制阀的回差（变差）和渗漏量

（1）控制阀的回差是指在同一流量下的上行、下行过程中的阀门行程差。产生回差的原因是控制阀的活动连接部件之间存在间隙。控制阀的回差会导致控制过程出现死区（呆滞区），在这区间内，控制对象将失去控制，因而恶化了控制过程，必须严格控制。控制阀的回差往往随着使用时间的增长而加大，所以对控制阀回差的要求，除了出厂要求外，还应有使用时间的要求。

（2）控制阀的渗漏量是指在最大差压下，控制阀全关时的漏流量。在选择阀门时，根据工艺过程的具体需要，对这一指标应有所要求，渗漏量太大，控制阀的可控范围缩小，往往不能适应电厂事故或甩负荷的异常工况。

2. 控制阀选型应考虑的主要因素

（1）要满足生产过程的温度、压力、液位及流量要求；

（2）阀的泄漏及密封性要求；

（3）阀的工作压差低于需用压差；

（4）对提高阀使用寿命和可靠性的考虑；

（5）对阀动作速度、流量特性的考虑；

（6）对阀作用方式和流向的考虑；

（7）对执行机构型式、输出力矩、刚度及弹簧范围的考虑；

（8）对材质及阀经济性的考虑（选型不当价格会相差3～4倍）。

3. 控制阀选型应提供的工艺参数及系统要求

（1）工艺参数。温度、压力、正常流量时压差及切断时的压差。

（2）流体特性。腐蚀性、黏度、温度变化对流体特性的影响。

（3）系统要求。泄漏量、可控比、动作速度与频率、线性及噪声。

4. 控制阀结构型式选择原则

（1）当阀前后压差较小，要求泄漏量也较小的场合，应选用直通单座控制阀。

（2）当阀前后压差较大，并且允许有较大泄漏量的场合，应选用直通双座控制阀。

（3）当介质为高黏度，含有悬浮颗粒状物质时，为避免结焦、黏结、堵塞等现象，为便于清洗，应选用角型控制阀。当控制阀要求直角连接时，也必须选用这种阀。

（4）当要求在大口径、大流量、低压差的场合工作时，应选用蝶阀。

（5）当配比调节或热交换器旁路调节时，应选用三通控制阀。

（6）当介质既要求调节，又要求关闭的场合，应选用偏心旋转控制阀。

（7）当介质为高压，或阀两端有高压差，易产生空化作用且噪声较大时，应选用高压控制阀或迷宫式控制阀。

（8）对高温高压流体，阀前后压差大、噪声大，要求阀的线性流通能力大，而执行机构输出力矩相对要求较小，一般应选用套筒控制阀。

（9）对要求只作快速开关动作，调节精度要求不高的场合，应选用二位式控制阀（或球阀）。

5. 控制阀材料的选择

（1）阀体材料选择。

1）阀体耐压等级、使用温度、耐腐蚀性能等方面应不低于工艺连接管道要求，并优先选用定型产品。

2）水蒸气及含水较多的湿气体介质、环境温度低于−20℃时，不宜选用铸铁阀。

（2）阀内件材质选择。

1）非腐蚀性介质一般选用1Cr18Ni9Ti或其他不锈钢。

2）对汽蚀、冲蚀较为严重时，应选用耐磨材料，如钴基合金或表面堆焊史太莱合金等。

3）对硬密封切断阀，为提高密封面可靠性，应选用耐磨合金。当密封要求十分严密时，应选用软密封，如四氟、橡胶。

（3）高低温材料选择。当介质温度低于−60℃时，选用铜或1Cr18Ni9Ti；当介质温度在−60～450℃时，选用普通不锈钢；当介质温度在450～600℃时，选用钛、钼不锈钢；当介质温度高于+600℃时，选用高温高强度合金（如因可耐尔）。

6. 控制阀选用一般原则

（1）高温高压给水和减温水控制阀，宜选用流量稳定性好，许用差压大、寿命长、噪声小、温度敏感小、维修方便的笼式阀（或套筒阀）。

（2）控制除氧器水位的控制阀采用许用差压大、流通能力大、对漏流量要求不严格的双座阀。

（3）冷、热风系统的风挡板可采用低压力、小差压、大流量、大口径、泄漏要求不严的蝶阀（转角小于60°时，流量特性近似等于等百分比特性）。

（4）凝结水再循环控制阀宜选用三通阀。

（5）回热疏水系统的控制阀，可根据具体情况选择许用差压小、流通能力小、漏流量小的单座阀或具有自清洁作用的角阀。

（6）化学水处理顺控系统的控制阀，一般选用隔膜阀，该阀适用于有酸、碱及强腐蚀作用的介质，关闭时无泄漏，可以作为截断阀使用。

7. 定位器的选择

以下情况应选用定位器：

（1）电动仪表控制气动阀，且为慢速响应系统时。

（2）需要提高薄膜执行机构输出力的场合。

（3）缓慢过程需要提高控制阀响应速度的场合，如温度、液位及分析等参数。

（4）需要克服摩擦力，减小过大的回差造成调节品质差的场合，如低温或采用柔性石墨填料的控制阀。

（5）控制器比例带很宽，但又要求阀小信号有响应时，采用无弹簧执行机构调节的系统。

带定位器适用的阀，通常选用20～100kPa的弹簧，但为了提高输出力，可选用气源压力250kPa。对气开阀，可选用60～180kPa的弹簧，以增加起点执行机构输出力性；对气闭阀，可选用20～100kPa的弹簧，以增加关闭时执行机构输出力。

【任务准备】

准备好所需检修工具及常用消耗品，与相关部门做好沟通、开具工作票。

所需检修工具及常用消耗品见表5-1。

表5-1　控制机构检修所需工具及常用消耗品

序号	名称	单位	数量	序号	名称	单位	数量
1	记号笔	支	1	6	12寸活扳手	把	1
2	手锤	把	1	7	手电筒	把	1
3	游标卡尺	把	1	8	研磨膏	盒	1
4	剪刀	把	1	9	研磨纸		
5	梅花扳手	套	1	10	研磨工具	套	1

【任务实施】

一、控制阀检修

1. 控制阀解体

（1）清除阀体外面的污垢。

（2）在阀体与阀盖连接的地方用记号笔做好记号，将阀门处于开启位置。

（3）拆下传动装置，卸下阀体与阀盖上的螺栓（注意对角放松问题），然后取下阀盖、阀芯，把阀芯用布包好放起来，不能让密封面直接接触水泥地面或有可能损坏密封面的地方，修刮阀盖密封面。

(4) 松开填料压盖上的螺栓，退出压盖，清除废旧的填料，可以用钩子把调料从填料函中取出，当心损坏阀杆或填料函。

(5) 从阀盖中推出阀杆。

(6) 所有从阀门上拆下的螺栓应该放好。

2. 控制阀缺陷的检查

(1) 检查阀体有否裂纹、砂眼，阀体与阀盖的结合面是否平整，凹凸面有否伤痕。

(2) 检查阀芯与阀座的密封面之间有否沟痕、麻点。

(3) 检查阀杆是否弯曲，阀杆的弯曲度不应超过 0.1～0.25mm；检查阀杆与填料接触处有没有腐蚀等情况；阀杆的螺纹是否良好。

(4) 检查填料压盖与填料函之间的间隙是否适当（一般间隙是 0.1～0.2mm)。

(5) 检查阀门的螺栓是否良好，检查有无锈蚀、烂丝、裂纹等情况。

(6) 检查传动装置的灵活性，检查手轮是否完整。

3. 密封面的研磨

(1) 阀芯与阀座密封面检修主要采用电动和手工研磨的方法，这是一项复杂繁琐的工作，可用手工方法或借助于机械办法使之达到密封面结合紧密，不产生泄漏。

(2) 用研磨砂进行研磨。整个研磨过程大体分成三个阶段进行，即粗磨、中磨、精磨。

1) 粗磨。一般用于磨屑量较大时，通常要求磨去 0.3mm 左右，把麻点以及沟痕磨去。粗磨采用机械的方法加工，可以顺着转动的方向，将密封面上粗的条纹磨光。如果手工研磨，可以选择压力大一点，顺着一个方向旋转就可以。

2) 中磨。阀门密封面进行粗加工以后，还有一些小的条纹，这时候如果还采用机械的方法加工则容易加工过头，所以从中磨开始全是手工操作。要选择较硬材料做的磨具和较细的磨料。手工加工时可以顺着一个方向进行研磨，但是要经常用红丹粉抹在密封面的表面进行检查，可以看到一条连续的粗细不均匀的曲线。

3) 精磨。阀门密封面检修工作量最大就是精磨，它是密封面检修的最后一道工序。因此，需要小心谨慎，施加的力比较小，两手用力要均匀。磨具可以是直接采用阀芯，在阀芯的表面上涂上一点研磨膏，加润滑油对阀座进行研磨。研磨时，磨具顺时针转动 40°～90°以后，再逆时针转动 40°～90°，轮流交替进行研磨。磨的过程中要不断检查密封面，一直到能在密封面上看到一条又黑又亮且连续不断的曲线为止，这条线就是常说的凡尔线。

4. 传动装置的检修

手轮损坏要进行更换，机械传动装置在使用前要检查是否灵活、有无损坏等情况，操作行程是否在设定的范围内。

5. 控制阀的组装

(1) 阀芯与阀杆的组装。

(2) 将阀杆穿入阀盖填料压盖（填料函）中，把填料装进填料函，压上压盖并拧上螺栓，但螺栓不能拧得太紧。

(3) 把密封垫装到阀体与阀盖的结合面上，齿形垫两面要用少量的渗油黑铅粉加干铅粉抹好。对正拆卸时的记号把阀体与阀盖连起来，并注意螺栓拧紧时要对称慢慢拧紧，防止损坏密封垫。O 形圈的安装除圈和槽符合设计要求外，压缩量也要适当。金属 O 形圈一般最适合的压扁度为 10%～40%，橡胶 O 形圈的压缩变形一般应控制在 15%～20%之间，这样可以延长O形圈的使用寿命。

(4) 调整填料的松紧度，不要过紧，等工作时可以再调节压盖螺栓。

(5) 传动装置的组装。

(6) 控制阀行程的调整。

二、控制阀工作流量特性的修正

在自动控制系统的设计与调试过程中，控制系统的品质好坏，不仅取决于控制系统的结构和控制参数，而且与检测变送仪表的准确度、执行和控制机构的静态特性密切相关。一般自动控制系统在设计、整定和调试过程中，都希望系统具有线性控制特性，因而将控制阀的理想流量特性选择成线性，期望其工作流量特性也为线性，或将控制阀的理想流量特性选择为非线性（如等百分比特性），期望其理想流量特性畸变成线性工作流量特性，尤其是全程控制系统的出现，要求控制机构的线性调整范围应从局部扩大到全程。但是在实际生产过程中，由于流量的变化或介质对阀芯、阀座的长期冲刷和腐蚀，使控制阀的工作流量特性均变成了非线性。流量变化得越大，或阀芯、阀座磨损越厉害，控制阀工作流量特性的非线性就越严重，使控制系统的控制品质变差，甚至无法正常投入。因此，研究和探讨对控制阀工作流量特性的修正（或补偿）问题，对保证自动控制系统顺利投入和正常运行有着十分重要的意义。

目前，对控制阀工作流量特性修正，除了重新设计阀芯形状或改变阀门定位器的反馈凸轮或正确选择控制阀的理想流量特性等方法外，还有采用控制仪表软件编程的方法。比较起来后者具有较大的优势，一是单回路控制、分散控制系统已在火电厂得到广泛的使用；二是用软件编程实现控制阀特性修正简单灵活、快速多变，根据控制系统的运行情况可随时修改，有利于控制系统控制品质的提高和改善。

三、控制阀的选择

（一）控制阀流量特性的选择

1. 根据控制对象特性选择

一个理想的控制回路，希望它的开环放大系数在控制系统的整个操作范围内保持不变。但在实际生产过程中，被控对象的特性往往是非线性的，它们的放大系数会随外部条件的变化而变化。适当地选择控制阀的流量特性，以控制阀的放大系数的变化来补偿控制对象已经变化了的放大系数，从而达到较好的控制效果。多数控制对象，其放大系数是随负荷的增加而变小的，此时，若选用具有放大系数随负荷增加而变大这种特性的控制阀（例如等百分比特性控制阀），便可使二者的特性互相补偿，使总的特性为一近似的线性特性，如图5-16所示。

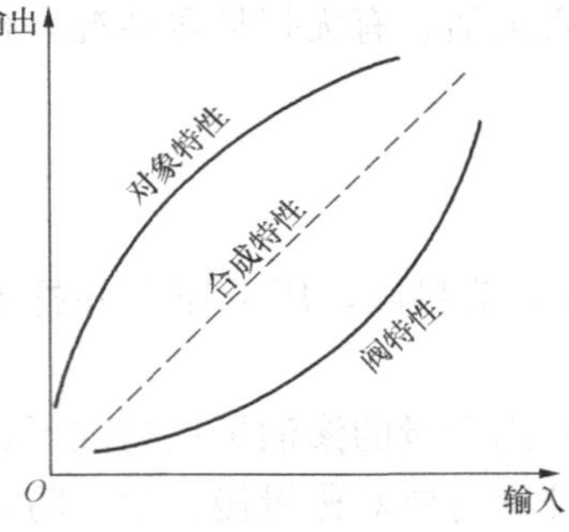

图5-16　控制阀与控制对象放大系数的配合

2. 根据管道工艺结构选择

在工作流量特性中已经分析，控制阀在串联管道中的特性与S值有关，因此选择控制阀流量特性要结合系统的工艺配管情况加以考虑，可参照表5-2，从表中可以看出，当$S=0.6\sim1$时，所选理想特性与工作特性一致，当$S=0.3\sim0.6$时，若要求工作特性是直线的，则理想特性应选等百分比。当要求的工作特性为等百分比时，其理想特性严格讲应使用比等百分比特性更下凹之特性，或通过改变阀门定位器反馈凸轮的外形来达到。当$S<0.3$时，

直线特性已经严重畸变为快开特性，不利于控制；等百分比理想特性已严重畸变，接近于直线特性，控制范围已大大减小，因此，一般不希望 S 值小于 0.3。

表 5-2　　控制阀特性的选择

<table>
<tr><td>配管状况</td><td colspan="2">$S=1\sim0.6$</td><td colspan="2">$S=0.6\sim0.3$</td><td>$S<0.3$</td></tr>
<tr><td>阀的工作特性</td><td>直线</td><td>等百分比</td><td>直线</td><td>等百分比</td><td>不适宜控制</td></tr>
<tr><td>阀的理想特性</td><td>直线</td><td>等百分比</td><td>等百分比</td><td>等百分比</td><td>不适宜控制</td></tr>
</table>

S 值越接近 1，控制阀上的压降越大，损耗越大。从节约能源、降低消耗的角度，采用低 S 值设计正在讨论之中。

值得指出的是，控制阀往往在使用一段时间后，漏流量显著增大，有时甚至可以达到最大流量的 50%。漏流量增加，不仅使可控范围缩小，其流量特性也显著恶化，严重影响系统的控制品质，有时甚至不能控制。

控制阀的最小开度希望不小于 10%，因为小开度时，流体对阀芯、阀座的冲蚀严重，容易损坏阀芯而使特性变坏，甚至控制失灵。

3. 根据负荷变化情况选择

直线阀在小开度时流量相对变化数值较大，控制过于灵敏，易引起控制系统振荡，且阀芯、阀座易受到破坏。因此，在 S 值较小，负荷变化较大的场合，不宜采用。等百分比特性阀的放大系数随阀门行程增加而增大，流量相对变化值是恒定的。因此适合负荷变化幅度大的场合使用。在工艺参数不能精确确定时，选用等百分比控制阀具有较强的适应性。

目前，国内外生产的控制阀主要有直线、等百分比、快开三种基本流量特性。快开特性一般应用于双位控制和程序控制系统。因此，流量特性的选择主要指直线特性和等百分比特性的选择。选择方法主要有理论计算和经验法两种。目前大多采用经验法。表 5-3 为我国目前推荐的控制阀流量特性的选择准则。

表 5-3　　控制阀流量特性的选择准则

<table>
<tr><td>对象示意图（被控量）</td><td>干扰</td><td>选择控制阀特性</td><td>附加条件</td><td>备注</td></tr>
<tr><td rowspan="4">流量控制对象（流量 q）
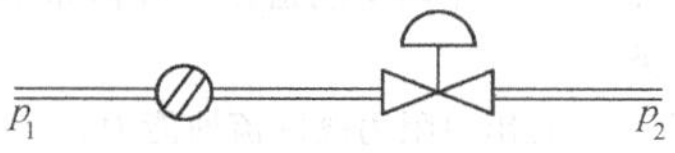
p_1、p_2为控制阀前、后压力</td><td>给定数值</td><td>直线</td><td rowspan="2">变送器带开方器</td><td rowspan="4"></td></tr>
<tr><td>p_1、p_2</td><td>等百分比</td></tr>
<tr><td>给定数值</td><td>抛物线</td><td rowspan="2">变送器不带开方器</td></tr>
<tr><td>p_1、p_2</td><td>等百分比</td></tr>
<tr><td rowspan="6">温度控制对象（T_2）
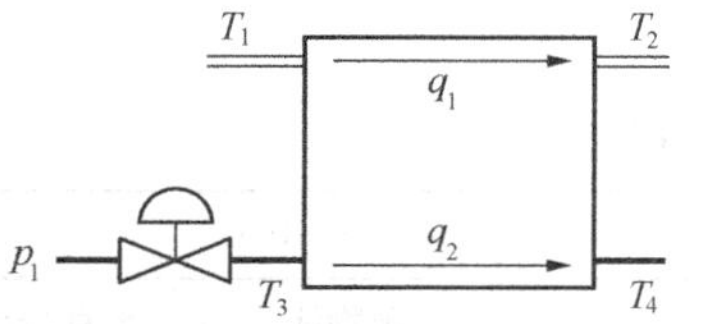
T_1、T_2 为被加热流体进出口温度；T_3、T_4 为加热流体进出口温度；q_1 为被加热流体的流量；q_2 为加热流体的流量；p_1 为控制阀前压力</td><td>p_1、T_3、T_4</td><td>等百分比</td><td></td><td rowspan="6">T_{Oa} 为对象时间常数平均值；T_m 为测量环节时间常数；T_O 为控制阀时间常数</td></tr>
<tr><td>T_1</td><td>直线</td><td></td></tr>
<tr><td>给定数值</td><td>直线</td><td></td></tr>
<tr><td rowspan="3">q_1</td><td>直线</td><td>$T_O>T_m$</td></tr>
<tr><td>等百分比</td><td>$T_{Oa}=T_m$</td></tr>
<tr><td>双曲线</td><td>$T_{Oa}<T_m$</td></tr>
</table>

对象示意图（被控量）	干扰	选择控制阀特性	附加条件	备注
压力调节对象(p_2) 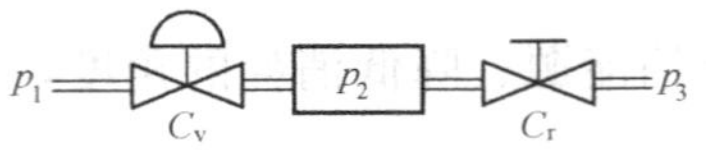 p_2为被控制压力；p_1、p_3为进出口端压力；C_v为控制阀流通能力；C_r为节流阀流通能力	p_1	双曲线	$C_r<\frac{1}{2}C_{v,max}$	液体介质
	p_1	等百分比	$C_r<\frac{1}{2}C_{v,max}$	
	给定数值	等百分比	$C_r<\frac{1}{2}C_{v,max}$	
	给定数值	直线	$C_r<\frac{1}{2}C_{v,max}$	
	p_3	等百分比	$C_r<\frac{1}{2}C_{v,max}$	
	p_3	直线	$C_r<\frac{1}{2}C_{v,max}$	
	C_r	等百分比		
	p_1、C_r 给定数值	等百分比	当对象容积很大时也可以采用直线。容积小时p_1、p_2干扰下采用双曲线	气体介质
	p_3	抛物线		
液位控制对象(h) 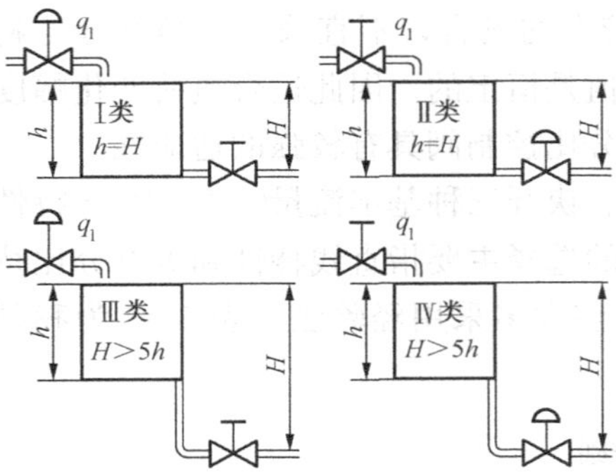	给定数值	抛物线	$T_{Oa}=T_m$	Ⅰ
	给定数值	直线	$T_{Oa}\gg T_m$	
	C_r	等百分比	$T_{Oa}=T_m$	
	C_r	直线	$T_{Oa}\gg T_m$	
	给定数值	双曲线	$T_{Oa}=T_m$	Ⅲ
	给定数值	等百分比	$T_{Oa}\gg T_m$	
	q_1	等百分比	$T_{Oa}=T_m$	
	q_1	直线	$T_{Oa}\gg T_m$	
	给定数值	任意特性		Ⅱ
	给定数值	任意特性		Ⅳ
	C_r	直线		Ⅱ
	q_1	直线		Ⅳ

注 1. 液位控制对象分为四种类型：Ⅰ、Ⅲ类型为入口流量控制；Ⅱ、Ⅳ类型为出口流量控制。Ⅰ、Ⅱ类型的流出口在测量液位的“零”位置上，即实际水位H和测量水位h相等；Ⅲ、Ⅳ两类的流出口在测量液位的“零”位置以下，当$H>5h$且依靠泵抽出液体的情况也属于Ⅲ、Ⅳ类型。

2. 对象简图中，h是液位测量范围；H是实际液位高度；q_1是流入量；C_r是出口阻力阀的流通能力。

当被控对象同时存在几个干扰时，应根据经常起作用的主要干扰来选择控制阀的工作流量特性。此外，考虑控制阀的配管情况，根据已选定的工作流量特性进一步选择理想流量特性，可参考表5-4。

表5-4 考虑配管情况后的控制阀流量特性选择

配管情况	S=0.6～1			S=0.3～0.6		
阀的工作流量特性	直线	抛物线	等百分比	直线	抛物线	等百分比
阀的理想特性	直线	抛物线	等百分比	等百分比	直线	等百分比

（二）控制阀口径的选择

流通能力是选择控制阀口径的主要依据。为了能正确计算流通能力，首先必须合理确定控制阀的流量和压差的数值。通常把代入流通能力计算公式的流量和压差称为计算流量和计算压差。控制阀口径选择的步骤如下。

1. 计算流量的确定

计算流量是指通过控制阀的最大流量。其值应根据工艺设备的生产能力、对象负荷的变化、操作条件变化以及系统的控制品质等因素综合考虑、合理确定。但有两种倾向应避免：一是过多考虑余量，使阀门口径选得过大，这不但造成经济上的浪费，而且将使阀门经常处于小开度工作，从而使可控比减小，控制性能变坏，严重时甚至会引起振荡，从而大大降低了控制阀的寿命；二是只考虑眼前生产，片面强调控制质量，以致当生产力略有提高时，控制阀就不能适应，被迫更换。

计算流量也可以参考泵和压缩机等流体输送机械的能力来确定。有时，综合多种方法来确定。

2. 计算压差的确定

计算压差是指控制阀全开，流量最大时控制阀上的压差。确定计算压差时必须兼顾控制性能和动力消耗两方面。阀上的压差占整个系统压差的比值越大，控制阀流量特性的畸变越小，控制性能就越能得到保证。但阀前后压差越大，所消耗的动力越多。

计算压差主要是根据工艺管路、设备等组成的系统压差大小及变化情况来选择，其步骤如下：

（1）把控制阀前后距离最近的、压力基本稳定的两个设备作为系统的计算范围。

（2）在最大流量条件下，分别计算系统内各项局部阻力（控制阀除外）所引起的压力损失 Δp_F，再求出它们的总和 $\sum\Delta p_F$。

（3）选择 S 值。S 值应为控制阀全开时控制阀上压差 Δp_V 和系统总的压力损失之比，即

$$S=\frac{\Delta p_V}{\Delta p_V+\sum\Delta p_F} \tag{5-28}$$

常选 $S=0.3\sim0.5$。但某些系统，即使 S 值小于 0.3 时仍能满足控制性能的要求。对于高压系统，为了降低动力消耗，也可降低到 $S=0.15$。对于气体介质，因为阻力损失较小，控制阀上的压差所占的分量较大，所以一般 S 值都大于 0.5。但在低压及真空系统中，由于允许压力损失较小，所以 S 仍以 $0.3\sim0.5$ 为宜。

（4）按已求出的 $\sum\Delta p_F$ 及选定的 S 值，利用式（5-28）求取控制阀计算压差 Δp_V。

根据式（5-28）可得

$$\Delta p_V=\frac{S\sum\Delta p_F}{1-S} \tag{5-29}$$

考虑到系统设备中静压经常波动，会影响阀门上压差的变化，使 S 值进一步下降。如锅炉给水控制系统中，计算压差应增加系统设备静压（设锅炉额定静压为 p）的 5%～10%，即

$$\Delta p_V=\frac{S\sum\Delta p_F}{1-S}+(0.05\sim0.1)p \tag{5-30}$$

控制阀上的压差增加固然对控制有利，但是过大的压差有可能使控制阀出现汽蚀现象。在确定计算压差时还应考虑不产生汽蚀。

3. 验算

计算流量、计算压差确定之后，应作调节开度和可控比的验算。

(1) 控制阀开度的验算。一般最大流量下控制阀的开度应在90%左右，最小流量下控制阀的开度不小于10%。开度验算时必须考虑控制阀的理想流量特性和工作条件。下面给出两种常用流量特性的控制阀在工作条件下（串联管道）的开度验算公式

$$\text{直线特性控制阀}\ k=\left[1.03\sqrt{\frac{S}{S+(10C^2\Delta p_V/q_i^2\rho)-1}}-0.03\right]\times 100\% \tag{5-31}$$

$$\text{等百分比控制阀}\ k=\left[\frac{1}{1.48}\lg\sqrt{\frac{S}{S+(10C^2\Delta p_V/q_i^2\rho)-1}}+1\right]\times 100\% \tag{5-32}$$

式中 k——流量 q_i 处的阀门开度；

q_i——被验算开度处的流量，m^3/h；

ρ——介质密度，kg/m^3。

(2) 可控比的验算。目前，我国统一设计的控制阀，其理想可控比 R 一般均为30，但在使用时受最大开度和最小开度的限制，一般会使可控比下降到10左右。在串联管道情况下，实际可控比 $R_c=R\sqrt{S}$。因此，按式(5-33)进行可控比验算

$$R_c=10\sqrt{S} \tag{5-33}$$

若 $R_c>q_{max}/q_{min}$ 时，则所选控制阀符合要求。否则，必须改变控制阀的 S 数值，可采取增加系统压力或采用两个控制阀（降低 S 数值），进行分程控制的方法来满足可控比要求。

综上所述，根据工艺所提供的数据确定控制阀口径的步骤为：

1) 确定计算流量：根据生产能力、设备负荷及介质状况，确定计算流量 q_{max} 和 q_{min}。

2) 确定计算压差：根据所选定的流量特性和系统特性选定 S 值，然后决定计算压差。

3) 计算流通能力：根据已决定的计算流量和计算压差，求最大流量时的流通能力 C_{max}。

4) 选择流通能力 C：根据已求得的 C_{max} 在所选用的产品型式的标准系列中，选取大于 C_{max} 且与其最接近的那一挡 C 值。

5) 验算：验算控制阀开度和可控比。

6) 确定控制阀口径：验算合格后，根据流通能力 C 值决定控制阀的公称直径和阀座直径。

【任务验收】

1. 控制阀解体、缺陷检查操作规范；
2. 控制阀密封面的研磨、传动装置的检修满足要求；
3. 控制阀组装操作正确；
4. 控制阀选用恰当；
5. 控制阀动作灵活，开、关特性符合规程要求。

【知识拓展】

风机的控制机构

送风机、引风机是火力发电厂中的重要辅助设备，对于火电厂的安全、经济生产起着重

要作用。风机有离心式和轴流式之分，由于轴流式风机动叶片安装角度可随锅炉负荷变化而变化，既可控制流量又可保护风机在高效区运行，因此大型火电机组多采用轴流式风机作为锅炉的送、引风机。风机的控制机构现有多种，如控制挡板、入口导流器（俗称及叶窗）、导叶（静叶）控制机构和动叶安装角控制机构。

1. 控制闸板阀

节流控制就是通过改变管路系统控制阀的开度，使管路曲线形状发生变化来实现工作点的改变。控制闸板阀节流控制分出口端节流控制和入口端节流控制。图 5 - 17 所示为风机出口控制闸板阀节流控制系统示意，通过控制风机出口管道中的闸板阀开度来人为地改变管网阻力，以适应管路对流量或压力的特定要求。

图 5 - 18 所示为风机出口节流控制特性曲线，其中曲线 2 为控制阀全开时管路的性能曲线，此时工作点为 s_0。若使流量减小，将控制阀关小，管路局部阻力系数增加，管路曲线变为 3，工作点移到 s_1，以满足流量 $q=q_1$ 的要求。但在 $q=q_1$ 时，管路所需要的能量仅为 p_3 就够了，而此时风机所产生的能量 p_1 大于 p_3，多余的能量 p_1-p_3 完全消耗在控制阀产生额外的节流损失上。可见，这种控制本身是不经济的。尽管如此，这种控制方式毕竟不需要复杂的控制设备，而且控制简单可靠，因而多用于小功率的离心式风机。

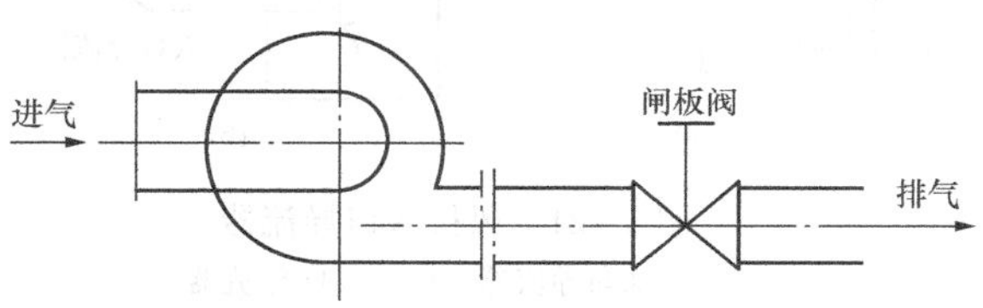

图 5 - 17　风机出口控制闸板阀节流控制系统示意

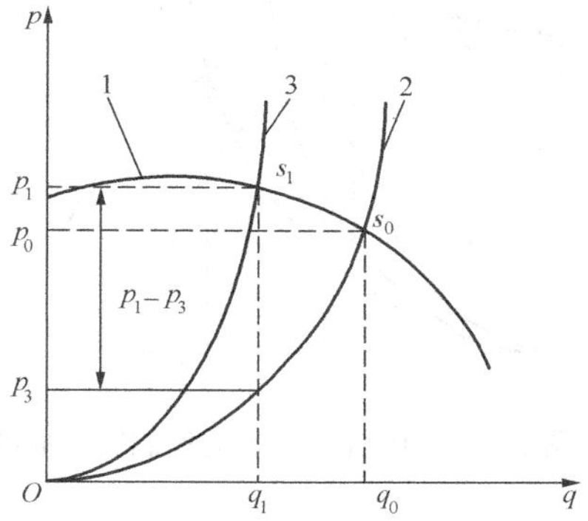

图 5 - 18　风机出口节流控制特性曲线

2. 控制挡板

控制挡板也称调节挡板，它可安装在风机的入口端或出口端，但大多数安装在入口端，这也属于节流控制。

风机入口节流控制是控制风机入口挡板（或蝶阀）的开度，通过改变风机的入口压力来改变风机的性能曲线，以适应管路对流量或压力的特定要求，电厂排粉风机多采用入口节流控制方式。图 5 - 19 所示为风机入口节流控制系统示意，通过改变入口挡板开度来控制流量。

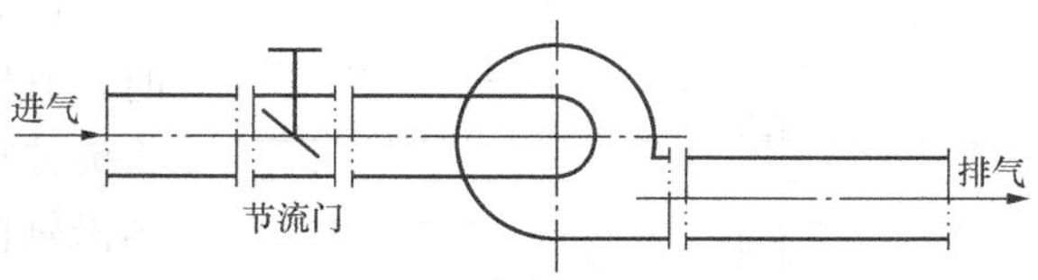

图 5 - 19　风机入口节流控制系统示意

图 5 - 20 所示为风机入口节流控制特性曲线，与出口控制相比，当入口挡板关小时，不仅管路曲线变陡（由曲线 2 变为曲线 4），而且风机性能曲线也变陡（由曲线 1 变为曲线 5），这是因为入口节流后，风机入口前压力降低，风机性能曲线形状当然也要受到影响。为减小流量，用入口控制可将工作点 s_0 移到 s_2，此时节流损失为 p_2-p_3；若用出口控制，则工作点需

要移到 s_1 点，节流损失为 p_1-p_3。比较两者，$p_1-p_3>p_2-p_3$，可见入口节流控制比出口节流控制要经济些，所以离心式风机多采用入口控制挡板控制。但是，对于水泵来说，如果采用入口节流控制会使泵进口压力降低，泵很容易发生汽蚀，所以泵一般不采用入口端节流控制。

3. 入口导流器（俗称百叶窗）

入口导流器是离心式风机中广泛采用的一种控制方法，它通过改变风机入口导流器的装置角使风机性能曲线形状改变来实现调节。入口导流器产生的节流损失较小，而且工作点始终处于风机性能曲线的下降段，使风机能保持稳定运行。

离心式风机最常用的入口导流器有轴向导流器和径向导流器，如图 5-21 所示。轴向导流器由若干个扇形叶片构成，安装在风机进叶口，叶片上有可沿叶片轴线转动的转轴，在控制机构作用下叶片可统一绕叶片轴转动，以改变装置角；径向导流器由导流叶片构成的，导流叶片沿叶轮的径向安装在风机进口，并可绕叶片轴线摆动，以控制风量和风压。这两种导流器控制方便、可靠。

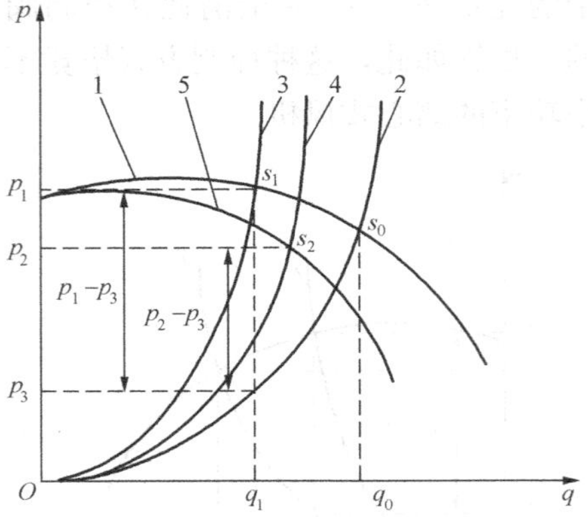

图 5-20 风机入口节流控制特性曲线

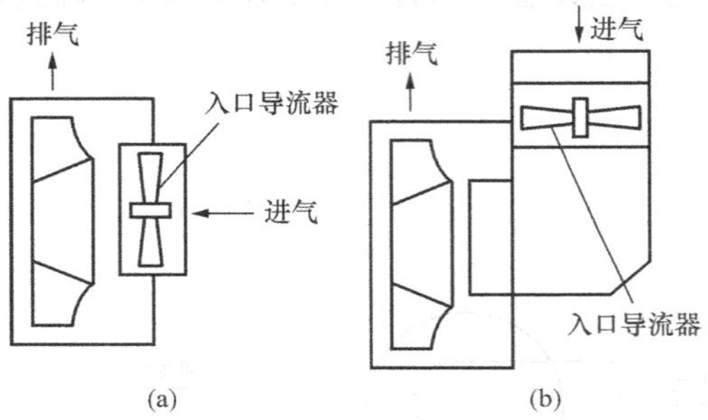

图 5-21 风机入口导流器

(a) 轴向导流器；(b) 径向导流器

4. 导叶（静叶）控制机构

导叶（静叶）控制机构如图 5-22 所示。流体流出叶轮后有圆周分速度，使流体产生旋转运动，对于轴流式风机来说是一种能量损失，为了减少这一损失，可在轴流式风机的叶轮前、后或前后均设置导叶。

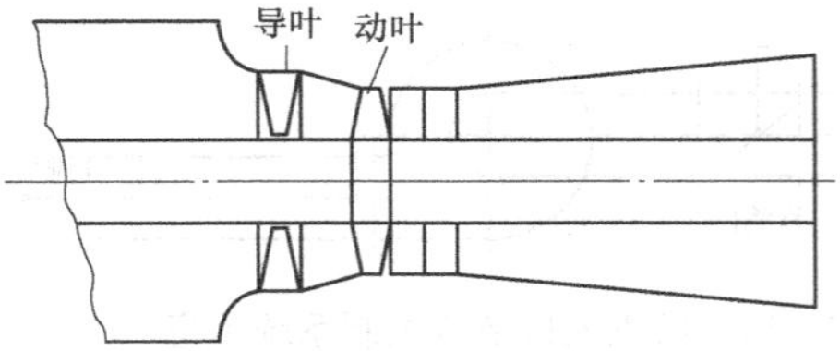

图 5-22 导叶（静叶）控制机构

（1）在叶轮后放置导叶。当流体从叶轮流出时，其圆周分速度经导叶后改变了流动方向，并将流体旋转运动的动能转换为压力能，最后使流体沿轴向流出。

（2）在叶轮前设置导叶。前置导叶使流体在进入叶轮之前先产生反预旋，因而流体通过叶轮时获得能量较高，这样，可使风机的体积相应减小。

（3）叶轮前后均设置导叶。这种型式是单个叶轮后置导叶和前置导叶的综合，工作效果较好。

若前置导叶或后置导叶或前后均置导叶中的前置导叶做成可转动的，则可进行工况控制，这也是轴流式风机风量控制的一种手段。

5. 动叶安装角控制机构

轴流式风机叶轮的叶片安装角若可改变。则可使风机的流量发生较大变化，从而改变了风机的性能曲线形状，而风机的全压变化不大，这就非常适合于流量控制。动叶控制机构有以下两种情况：①在风机停转时，改变动叶安装角；②在风机运行中，随时改变动叶安装角。其传动方式有机械式和液压式。液压式动叶控制机构示意如图5-23所示。

动叶控制机构的基本控制过程是：操纵电动机（伺服机）接受锅炉控制系统来的信号，通过杠杆使错油门活塞偏离中间位置（假设向上），油压装置来的压力油经错油门和油管路进入液压缸活塞下，使液压缸油活塞向上，带动操纵杆和十字头也向上，通过拉臂使动叶片转动。在液压缸活塞向上的同时，通过杠杆传动机构，使错油门活塞回到中间位置，同时也指示了动叶片的旋转角度（或开度）。

德国生产的 TLT 动叶可调轴流式风机液压控制机构如图 5-24 所示。

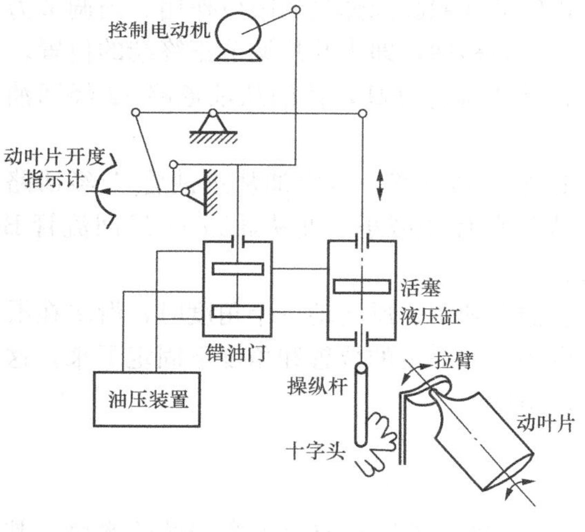

图 5-23　动叶安装角控制机构示意

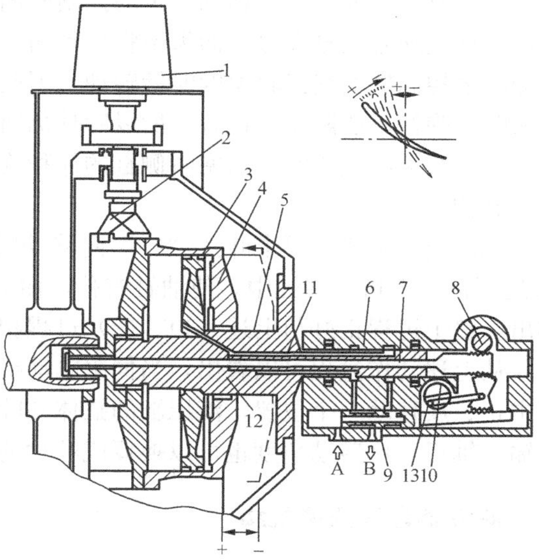

图 5-24　TLT 动叶可调轴流式风机液压控制机构

1—叶片；2—控制杆；3—活塞；4—油缸；5—接收轴；6—控制头；7—位置反馈杆；8—显示输出轴；9—控制滑阀；10—伺服电动机输入轴；11—油通路 2；12—油通路 1；13—滑块
A—压力油口；B—回油口

动叶片在运行时通过液压控制机构可以改变叶片的安装角并保持在一定位置上。液压缸的轴线上钻有一个孔，称为中心孔，它是为了安装位置反馈杆，此反馈杆一端固定于缸体上，另一端通过轴承与反馈齿条连接，这样位置反馈齿条做轴向往返移动，反馈齿条带动输出轴（显示轴），输出轴与一传递杆弹性连接在机壳上显示出叶片角度的大小。同时，又可转换成电信号引到控制室作为叶片角度的开度指示，另外，反馈齿条又带动传动控制滑阀（错油门）齿条的齿轮，使控制滑阀复位。

液压缸轴中心孔的周围钻有4个孔，是使缸体做轴向往返运动的供油回路。叶片装于叶柄的外端，每个叶片可用6个螺栓固定在叶柄上，叶柄由叶柄轴承支承，平衡块用于平衡离心力，使叶片在运转中可调。

液压缸的轴固定在风机转子罩壳上，并插入风机轴孔内同转子一同转动，轴的一端装液压缸缸体和活塞（固定于轴上），另一端装控制头，液压缸的轴和风机轴同步转动，而控制头则不转动，油室的中间和两端同轴间的间隙都是靠齿形密封环密封的，使油不至于大量泄出或由一油室漏入另一油室。

控制滑阀装在控制头的另一侧，压力油和回路管道通过控制滑阀与两个压力油室连接。控制滑阀的阀芯与传动齿条铰接，传动齿条与装配在滑块上的小齿轮啮合，和小齿轮同轴的大齿轮与反馈杆相啮合。在与伺服电动机连接的输入轴（控制轴上）偏心地装有约5mm的金属杆，嵌入到滑块的槽道中。液压控制机构的动作原理如下：

（1）当信号从输入轴（伺服电动机带入）输入要求“＋”向位移时，控制滑阀左移，压力油从进油管A经过油通路11送到活塞左边的油缸中，由于活塞无轴向位移，油缸左侧的油压就上升，使油缸向左移动，带动控制杆偏移，使动叶片向“＋”向位移。与此同时，位置反馈杆也随着油缸左移，而齿条将带动输入轴的扇齿轮逆时针转动，但控制滑阀带动的齿条却要求控制轴的扇齿轮做顺时针转动，因此位置反馈杆就起到弹簧的限位作用。当调节力过大时，弹簧不能限制住位置，所以叶片仍向“＋”向移动，即为叶片调节正终端的位置。

（2）当油缸左移时，活塞右侧缸的体积变小，油压也将升高，使油从油通路12经回油管B排出。

（3）当信号输入要求叶片“－”向移动时，控制滑阀右移，压力油从进油管A经通路12送到活塞右边的油缸中，使油缸右移，而油缸左边的体积减小，油从通路11经回流管B排出。整个过程正好与上述（1）、（2）过程相反。

从上述动作过程可以看出，当伺服电动机带动输入轴正、反转动一个角度时，滑块在滑道中正、反移动一个位置，液压缸的缸体和叶片也相应在一定的位置和角度下固定下来，这样输入轴正、反转动角度也可以换算成叶片的转动角度。

液力耦合器调速机构

目前，200MW以上单元机组的锅炉给水系统广泛采用了具有液力耦合器的给水泵，其主要优点是能提高运行的经济性。

1. 液力耦合器调速系统

液力耦合器是通过液体来传递功率和调节转速。它是接于电动机与负载之间的调速装置，如图5-25所示。

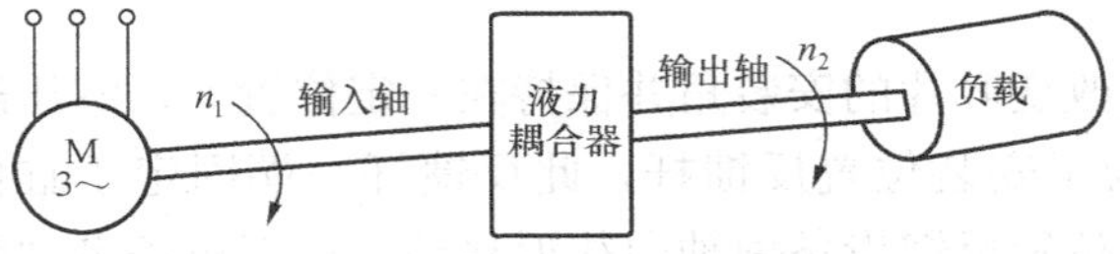

图5-25　液力耦合器调速系统

液力耦合器由离心式泵轮、水轮机式涡轮、液体介质及外壳等部件组成。当电动机以一定速度n_1带动主动轴旋转时，泵轮中的液体因离心力的作用由中心向外周流动，流出的液体进入涡轮，进入涡轮的液体被迫从外周向中心流动，从涡轮中流出的液体又进入泵轮进行下一次循环，实现了从泵轮到涡轮的能量传送。在这个过程中将泵轮旋转机械能转换为液体动能，再将液体动能转换成涡轮旋转的机械能，然后从输出轴输出，带动负载转动。输出转速 n_2 的大小与液力耦合器传递动能（即转矩能力）的大小有关，而传递转矩能力的大小与液力耦合器工作腔内的液体量大小有关。工作腔内的液体量越多传递的转矩能力越大，当工作腔内完全充满液体时，则传递转矩能力最大，使液力耦合器输出轴的转速达到最高。因此，改变液体耦合器工作腔内液体的充满程度，就能改变传递转矩的能力，从而改变负载转速的大小。

2. 液力耦合器

图 5-26 为液力耦合器的结构示意图，主要是由泵轮、涡轮和旋转外套组成。泵轮与涡轮、涡轮与旋转外套之间分别形成两个腔室。泵轮与涡轮之间形成的是环形空腔（循环圆），两轮内分别装有 20～40 片径向叶片，涡轮内叶片比泵轮叶片少 1～4 片，以免共振。泵轮安装在主动轴端部，主动轴与电动机轴连接；而涡轮与从动轴连接，从动轴连接泵的转轴。当泵轮在主动轴驱动下旋转时，循环圆内的工作油在离心力作用下沿径向流道外甩而升压，在出口以径向相对速度与圆周速度的合速度冲入涡轮进口径向流道，工作油在涡轮的径向流道内动量矩降低了，进而对涡轮产生了转动力矩，使涡轮旋转。工作油消耗了能量之后从涡轮出口流出，又流入泵轮入口径向流道，以重新获得能量。就这样，工作油在循环圆内周而复始地自然循环，传递能量。另一空腔由涡轮与旋转外套构成，腔内有从泵轮与涡轮的间隙流出的工作油，随着旋转外套和涡轮旋转，在离心力作用下，工作油在此腔室内沿外圆形成油环。泵轮的转速是固定的，而涡轮的转速则是根据工作油量的多少而改变，工作油越多，泵轮传给涡轮的力矩越大，则涡轮转速越高，反之涡轮转速越低。因而，只要改变工作油量就可以改变涡轮转速。而循环圆内工作油量的控制有三种方法：一是移动旋转内套空腔中勺管端口的位置改变工作油量；二是改变由工作油泵经控制阀进入循环圆内的进油量；三是这两种方法的联合使用。在电厂多采用第一种方法，通过改变勺管的位置从而改变工作油量来控制转速。勺管是一头弯成 90°的短管，弯头部分置于勺管室（排油室），管口迎着油的旋转方向，利用油旋转产生的速度，使工作油进入勺管口内并排出。勺管位置不同，泵轮与涡轮间的充油量不同，泵轮传给涡轮的转矩不同，因而涡轮的转速也不同，这样就实现了涡轮轴的无级变速。

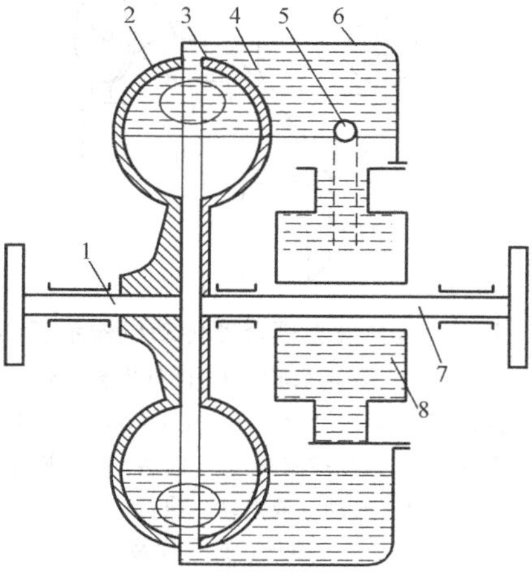

图 5-26　液力耦合器结构示意图

1—主动轴；2—泵轮；3—涡轮；4—勺管室；5—勺管；6—旋转外套；7—涡轮轴 8—固定油室

工作油在泵轮与涡轮之间流动，不可避免地有涡流、流体内部摩擦等能量损失。因此，涡轮的角速度 ω_2 总是小于泵轮的角速度 ω_1，即泵轮与涡轮间必然有一滑差率 s，即

$$s=\frac{\omega_1-\omega_2}{\omega_1}=1-\frac{\omega_2}{\omega_1}=1-i \tag{5-34}$$

式中　i——传动比。

滑差率和传动比的大小表示液力耦合器的调整范围。

3. 传动机构

从气动（或电动）执行机构到勺管的传动机构如图 5-27 所示。当机组减负荷时，执行

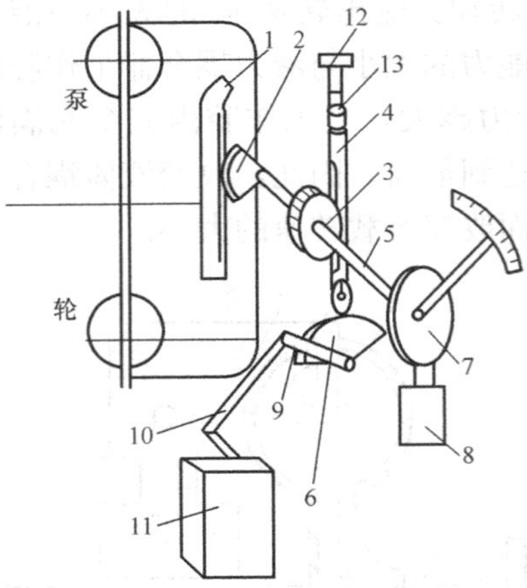

图5-27　液力耦合器传动机构示意图

1—勺管；2—扇形齿轮；3—圆柱齿轮；4—齿条导杆；5—扇形齿轮轴；6—扇形齿轮；7—抱合凸轮；8—进油控制阀；9—曲柄；10—连杆；11—气动（或电动）执行机构；12—顶丝；13—弹簧

机构顺时针方向运动带动扇形齿轮6顺时针转动，从而使齿条导杆4在弹簧13力的作用下作垂直下降运动，带动圆柱齿轮3也作顺时针转动，再经扇形齿轮轴5带动扇形齿轮2使勺管1向上垂直移动，从而使旋转外壳内的工作油泄油量增加，达到减负荷的目的。当机组负荷增加时执行机构各部件的运动方向相反。

4. 液力耦合器调速的特点

（1）可实现宽范围无级调速，调速范围25%～100%。

（2）离合方便。用普通耦合器连接水泵与电动机时，启动时需带负荷启动，因此电动机要克服很大的起动转矩。但在使用液力耦合器时，因为可以操纵勺管在充油量为零的状态下启动，即将泵轮与涡轮解除连接，无负荷启动，所以，启动功率大为减小，能有效地避免原动机过载。

（3）可以隔离振动。泵轮与涡轮之间没有机械联系，靠液力传递扭矩，是一种弹性连接。因此，它能吸收电动机或从动机的振动，有良好的隔振效果，对冲击负荷也有显著缓冲作用。

（4）可实现过载保护。如果从动轴阻力突然增大，则滑差随之增大，甚至达到1（即从动轴停转），而原动机却仍能继续运转，不致损坏。

（5）液力耦合器的缺点是系统较复杂，控制本身存在功率损耗，造价较高。

【考核自查】

1. 控制机构在过程控制中起什么作用？
2. 控制机构为什么是自动控制系统中最薄弱的环节？
3. 控制阀在过程控制中常出现哪些问题？
4. 什么是控制阀的可控比？
5. 什么是控制阀的流量特性？
6. 什么是理想流量特性？理想流量特性有哪几种？各有何特点？
7. 什么是工作流量特性？在串、并联管道中，工作流量特性与理想流量特性有哪些不同（以直线和等百分比特性阀为例说明）？
8. 简述控制阀的检修项目。
9. 控制阀的流量特性如何选择？
10. 选择控制阀口径的步骤有哪些？
11. 风机风量的控制机构有哪几种？它们各有何优缺点？
12. 简述液力耦合器的工作原理及控制特点。

项目六

变 频 器 检 修

自20世纪80年代变频技术引入中国，变频调速正取代着变极调速、滑差调速、整流子电动机调速、液力耦合调速、串级调速及直流调速，逐步成为电气传动的中枢。变频调速在频率范围、动态响应、调速精度、低频转矩、转差补偿、通信功能、智能控制、功率因数、工作效率、使用方便等方面具有强大优势。因具有体积小、质量小、通用性强、拖动领域宽、保护功能完善、可靠性高、操作简便等优点，变频器作为节能应用与速度工艺控制中越来越重要的自动化设备，在钢铁、冶金、矿山、石油、石化、化工、医药、纺织、机械、电力、轻工、建材、造纸、印刷、卷烟、自来水等行业得到了快速发展和广泛的应用。

如在冶金、电力、煤炭、化工等行业中，泵和风机类负载，量大面广，包括水泵、油泵、化工泵、泥浆泵等，有低压中小容量，也有高压大容量，应用普遍。采用变频控制时，电动机或泵的转速下降，轴承等机械部件磨损降低，泵端密封系统不易损坏，机械故障率降低，维修工作量大为减少。高楼的恒压供水变频系统，虽然只是变频器的简单应用，但很好满足了高层用户用水的压力稳定性，大大节约了能源。在给料机类负载中，无论是圆盘给料机，还是振动给料机，采用变频调速，效果均非常显著。如圆盘给料机，原为滑差调速，低频转矩小，故障多，经常卡转。采用变频调速，由于是异步机，可靠性高、节电，更重要的是和温度变送器闭环控制可以保证输送物料的准确，不至于使氧化剂输送过量超温而造成事故，保证了生产的有序性。

【学习目标】

（1）明确变频器的作用；
（2）熟悉变频器技术特性、控制方式；
（3）熟悉常用变频器的工作原理、结构组成；
（4）能安装、检修、调试所学变频器；
（5）能初步分析并处理变频器常见故障及干扰问题；
（6）能看懂各类变频器的说明书及使用手册；
（7）能进行变频器的选型；
（8）会正确填写变频器检修、调校、维护记录和校验报告；
（9）会正确使用、维护和保养常用校验设备、仪器和工具。

【任务描述】

认知变频器及其工作原理，识读变频器铭牌，正确完成变频器接线；熟练进行变频器面板按键操作；根据控制要求合理设置变频器内部参数，能实现单回路控制系统变频器驱动的内部、外部、远程等各种控制方式；按照国家标准规范校验维护变频器；能按照变频器使用说明书对变频器的故障进行诊断与处理。

【知识导航】

变频器技术特性

变频器是交流电气传动系统的一种，是将交流工频电源转换成电压、频率均可变的适合交流电机调速的电力电子变换装置（variable voltage variable frequency，VVVF）。

一、变频器分类

1. 根据变频器的变流环节的不同进行分类

（1）交—直—交变频器。交—直—交变频器是先将频率固定的交流电整流成直流电，再把直流电逆变成频率任意可调的三相交流电，又称为间接式变频器。目前应用广泛的通用型变频器都是交—直—交变频器。

（2）交—交变频器。交—交变频器就是把频率固定的交流电直接转换成频率任意可调的交流电，而且转换前后的相数相同，又称为直接式变频器。

2. 根据直流电路的储能环节（或滤波方式）分类

（1）电压型变频器。电压型变频器的储能元件为电容器，其特点是中间直流环节的储能元件采用大电容，负载的无功功率将由它来缓冲，直流电压比较平稳，直流电源内阻较小，相当于电压源，故称电压型变频器。交—直—交电压型变频器因结构简单、功率因素高，常选用于负载电压变化较大的场合，被广泛使用。常用设计功率为315kW。

（2）电流型变频器。电流型变频器的储能元件为电感线圈，中间直流环节采用大电感作为储能环节，缓冲无功功率，扼制电流的变化，使电压接近正弦波，因为该直流内阻较大，故称电流型变频器。

3. 根据电压的调制方式分类

（1）正弦波脉宽调制（SPWM）变频器。指输出电压的大小是通过调节脉冲占空比来实现的，且载频信号用等腰三角波，而基准信号采用正弦波。中、小容量的通用变频器几乎全都采用此类调制方式。

（2）脉幅调制（PAM）变频器。将变压与变频分开完成，即在把交流电整流为直流电的同时改变直流电压的幅值，而后将直流电压逆变为交流电时改变交流电频率的变压变频控制方式。

4. 根据输入电源的相数分类

（1）三进三出变频器。变频器输入侧和输出侧都是三相交流电。绝大多数变频器都属此类。

（2）单进三出变频器。变频器输入侧为单相交流电，输出侧是三相交流电，俗称单相变频器。该类变频器通常容量较小，且适合在单相电源情况下使用，如家用电器里的变频器均属此类。

5. 根据负载转矩特性分类

（1）P型机变频器。适用于变转矩负载的变频器。变转矩负载（如水泵、砂泵、风机类、搅拌机等螺旋桨类负载）应用十分广泛，总装机容量约占工业电力拖动总量的50%，尤其是在冶金、发电、供水、大型楼宇空调等行业中，变转矩类负载数量多、功率大，已经成为这些企业的通用机械设备，也成了企业的用电大户。变转矩负载的机械特性具有共同的特征，其负载转矩与转速的平方成正比，拖动电动机转轴上的输出功率与转速的立方成正比，即转速的大小变化将引起电动机转矩和输出机械功率的强烈变化。

（2）G型机变频器。适用于恒转矩负载的变频器。恒转矩负载的特点是负载转矩与转速无关，任何转速下转矩总保持恒定或基本恒定。应用的场合如传送带、搅拌机、挤压机等摩擦类负载以及吊车、提升机等位能负载。

（3）P/G合一型变频器。同一种机型既可以适用变转矩负载，又可以适用于恒转矩负载；同时，在变转矩方式下，其标称功率大一挡。

6. 根据应用场合分类

（1）通用变频器。通用变频器的特点是其通用性，可应用在标准异步电动机传动、工业生产及民用、建筑等各个领域。通用变频器的控制方式，已经从最简单的恒压频比控制方式向高性能的矢量控制、直接转矩控制等发展。

（2）专用变频器。专用变频器的特点是其行业专用性，它针对不同的行业特点集成了可编程控制器以及很多硬件外设，可以在不增加外部板件的基础上直接应用于行业中。比如，恒压供水专用变频器就能处理供水中变频与工频切换、一拖多控制等。

二、变频器技术参数

变频器技术参数分输入侧和输出侧。

1. 输入侧的额定数据

（1）输入电压U(IN)。即电源侧的额定工作电压。在我国，低压变频器的输入电压通常为380V（三相）和220V（单相）。此外，变频器还对输入电压的允许波动范围做出规定，如±10%、−15%～+10%等。

（2）相数：单相、三相。

（3）频率f(IN)。即电源频率（常称工频），我国为50Hz。频率的允许波动范围通常规定±5%。

2. 输出侧的额定数据

（1）额定输出电压U(N)。因为变频器的输出电压要随频率而变，所以，U(N)定义为输出的最大电压。由额定工作电压决定，通常和输入电压U(IN)相等。

（2）额定电流I(N)。变频器允许长时间输出的最大电流。

（3）额定容量S(N)。由额定线电压U(N)和额定线电流I(N)的乘积决定，$S(N)=1.732U(N)I(N)$。

（4）容量P(N)。在连续不变负载中，允许配用的最大电动机容量。

注意：在生产机械中，电动机的容量主要是根据发热状况来定的。在变动负载、断续负载及短时负载中，只要温升不超过允许值，电动机是允许短时间（几分钟或几十分钟）过载的，而变频器则不允许。所以，在选用变频器时，应充分考虑负载的工况。

（5）过载能力。指变频器的输出电流允许超过额定值的倍数和时间，由逆变模块决定。大多数变频器的过载能力规定为150%、1min；180%、5s。可见，变频器的允许过载时间与电机的允许过载时间相比是微不足道的。

另外，还有频率精度、频率分辨率、防护等级等性能指标。

三、通用变频器的控制特性

1. 通用变频器的运行控制方式

通用变频器的运行控制方式是指控制变频器输出电压（电流）和频率的方式，一般可分为V/f控制方式、转差频率控制方式、矢量控制方式和直接转矩控制方式。早期产品多数是V/f控制方式，目前已向矢量控制方式发展。

2. 通用变频器的频率设置方式

通用变频器的频率设置方式通常有键盘设定方式和外部信号设定方式2种。外部设定方式又可分为0～5V（10V）电压控制方式、4～20mA电流控制方式和通信接口控制方式。用户可以根据应用的实际情况选择。

3. 通用变频器的转矩特性控制

通用变频器的转矩特性参数主要包括电压、频率特性、转矩提升和启动转矩等。这些特性参数厂商已设有出厂设定值，用户可以根据需要在允许范围内重新设定。

4. 通用变频器的制动转矩特性

变频器的制动转矩特性主要是指变频器在停机制动过程中制动转矩与电动机额定转矩的比值。如施奈德变频器，无制动单元最大为30%电动机额定转矩，带制动单元最大为150%电动机额定转矩。

5. 通用变频器的保护特性

变频器在使用过程中为保护设备安全设计有很多保护功能，其基本保护功能有过电压、欠电压、过电流、短路、过热、输入缺相、输出缺相、制动电阻过热、CPU存储器异常、键盘面板通信异常、失速防止、接地过电流、风机故障、数据保护、模块保护等保护功能。可以通过故障代码提示故障信息。

下面以MICROMASTER 420系列变频器为例，说明通用变频器技术特性。该变频器由微处理器控制，采用具有现代先进技术水平的绝缘栅双极型晶体管（IGBT）作为功率输出器件。因此，它们具有很高的运行可靠性和功能的多样性。其脉冲宽度调制的开关频率是可选的，因而降低了电动机运行的噪声。具有过电压/欠电压、变频器过热、接地故障、短路、I^2t电动机过热、PTC电动机保护等全面而完善的保护功能，为变频器和电动机提供了良好的保护。表6-1为MICROMASTER 420的额定性能参数表。

表6-1 MICROMASTER 420的额定性能参数表

特　性	技术规格
电源电压和功率范围	200～240V ±10%单相，交流0.12～3.0kW（0.16～4.0hp） 200～240V ±10%三相，交流0.12～5.5kW（0.16～7.5hp） 380～480V ±10%三相，交流0.37～11.0kW（0.50～15.0hp）
输入频率	47～63Hz
输出频率	0～650Hz
功率因数	0.98
变频器效率	96%～97%

续表

特性	技术规格
过载能力	在额定电流基础上过载50%，持续时间60s，间隔周期时间5min
合闸冲击电流	小于额定输入电流
控制方法	线性V/f控制；带磁通电流控制（FCC）的线性V/f控制，平方V/f控制；多点V/f控制
脉冲调制频率	2～16kHz（每级调整2kHz）
固定频率	7个，可编程
跳转频率	4个，可编程
设定值的分辨率	0.01Hz数字输入；0.01Hz串行通信输入；10位二进制的模拟输入［电动电位计0.1Hz（0.1%，PID方式）］
数字输入	3个可编程的输入（电气隔离的），可切换为高电平/低电平有效（PNP/NPN）
模拟输入	1个，0～10V，用于频率设定值输入或PI反馈信号，可标定或用作第4个数字输入
继电器输出	1个，可编程，30V DC/5A（电阻性负载），250V AC/2A（电感性负载）
模拟输出	1个，可编程，0～20mA
串行接口	RS-485，选件RS-232
电磁兼容性	可选EMC滤波器，EN55011标准A或B级，也可选内部A级滤波器
制动	直流注入制动，复合制动
防护等级	IP20
温度范围	－10～＋50℃（14～122℉）
存放温度	－40～＋70℃（－40～158℉）
相对湿度	＜95%相对湿度—无结露
工作地区的海拔高度	海拔1000m以下不需要降低额定值运行
保护的特征	欠电压、过电压、过负载、接地、短路、电动机失步、电动机锁定保护、电动机过温、变频器过温、参数联锁
标准	UL，cUL，CE，C-tick
CE标记	符合EC低电压规范73/23/EEC和电磁兼容性规范89/336/EEC的要求

变频器工作原理

变频器以三相交流电动机为控制对象，标准适配电动机极数是2/4极。

一、交流电动机调速方式

交流电动机调速通常从节能角度分为高效调速和低效调速。高效调速指基本上不增加转差损耗的调速方式，在调节电动机转速时转差率基本不变，不增加转差损失，或将转差功率以电能形式回馈电网或以机械能形式回馈机轴；低效调速则存在附加转差损失，在相同调速工况下其节能效果低于不存在转差损耗的调速方式。交流调速方式分类如图6-1所示。

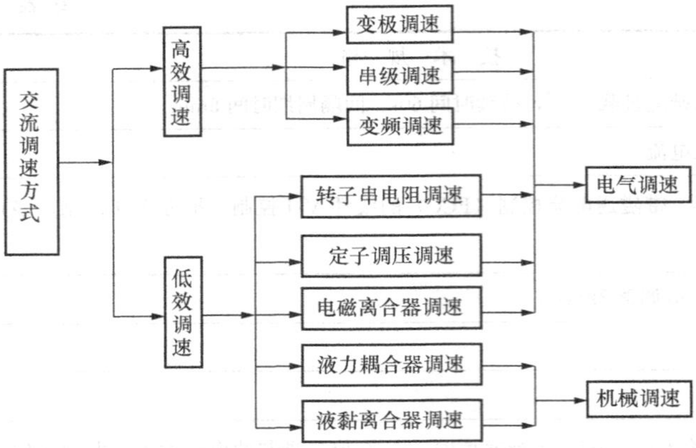

图 6-1 交流调速方式分类

转子回路串电阻调速用于交流绕线式异步电动机，调速范围小，电阻要消耗功率，电动机效率低，一般用于起重机；改变电源电压调速，调速范围小，转矩随电压降大幅度下降，三相电动机一般不用，多用于单相电动机调速，如风扇；串级调速，实质就是转子引入附加电动势，改变其大小来调速，也只用于绕线电动机，但效率得到提高；电磁调速只用于滑差电动机。通过改变励磁线圈的电流无极平滑调速，机构简单，但控制功率较小，不宜长期低速运行。

变频调速与风机水泵调流量相比，没有节流损失，节能效果好；与滑差电动机、液力耦合器调速相比，效率更高，更节能；与挡位调速相比，可实现无级调速，调速精度更高；与普通直流调速相比，整体可靠性更强，维护费用低。

二、交流电动机变频调速原理

1. 交流电动机变频调速原理

感应式交流电动机的旋转速度近似地取决于电动机的极数和频率。交流同步电动机同步转速 n_0 为

$$n_0 = \frac{60f}{p} \tag{6-1}$$

交流异步电动机额定转速 n 为

$$n = \frac{60f}{p}(1-s) \tag{6-2}$$

式中 n——电动机转速；

f——给电动机供电的交流电源频率；

p——电动机极对数；

s——转差率。

转差率 s 用来表示转子转速 n 与同步转速 n_0（磁场转速）相差的程度，是异步电动机的一个重要物理量。转子转速越接近磁场转速，转差率越小。因三相异步电动机的额定转速与同步转速相接近，所以其转差率较小。通常，异步电动机的转差率为 1%～9%。

由式（6-2）可知，交流异步电动机的转速与 f、p、s 这 3 个值有关，改变其中任何一个数值，都可以改变电动机的转速。所以，对电动机进行调速有如下 3 种方法：

（1）改变磁极对数 p 调速。改变磁极对数 p 是以控制旋转磁场的同步速度控制转子转速，转差率 s 不变，转差损耗小，方法简单，但属于有级调速，调速平滑度差，应用场合有限，一般用于金属切削机床。

（2）改变转差率 s 调速。改变转差率 s 的调速方法，是在同步转速 n_0 不变的情况下改变转子回路的激磁电流。该方法无法利用电动机的转差功率，功率因素比较低，全部转差功率

都被转化成热能的形式消耗掉，即以增加转差功率的消耗来换取转速的降低（恒转矩负载时），越向下调速，效率越低，不宜长期低速运行。一般用于起重、纺织、造纸设备和风机水泵的调速，也可应用于电磁调速电动机（即滑差电动机）。

（3）改变电动机电源频率 f 调速。改变电动机电源频率 f 的调速属于转差率不变，转差功率的消耗基本不变的调速。调速范围大，稳定性、平滑性较好，机械特性较硬，属于无级调速。适用于大部分三相鼠笼异步电动机。这是目前交流电动机最节能的调速方法，被广泛应用于各个领域中。

2. 交流电动机转矩特性

设计电动机时，让电动机在额定频率和额定电压下工作时的气隙磁通接近磁饱和值，可以充分利用铁芯材料。因此，在电动机调速时，希望保持每极磁通量为额定值不变。如果过分增大磁通又会使铁芯过分饱和，从而导致励磁电流急剧增加，绕组过分发热，功率因数降低，严重时甚至会因绕组过热而损坏电动机。故而希望在频率变化时仍保持磁通恒定，即实现恒磁通变频调速，变频器在改变频率的同时必须要同时改变电压。这样，调速时才能保持电动机的最大转矩不变。而输出频率在额定频率以上时，电压却不可以继续增加，最高只能是等于电动机的额定电压。

由电动机理论，三相异步电动机每相电势的有效值为

$$E_1 = 4.44 f_1 N_1 \Phi_m \tag{6-3}$$

式中 E_1——定子每相电势有效值，V；

f_1——定子供电电源频率，Hz；

N_1——定子绕组有效匝数；

Φ_m——定子磁通（Wb）。

（1）在频率低于供电的额定电源频率时为恒转矩调速。变频器设计时为维持电动机输出转矩不变，必须维持每极气隙磁通 Φ_m 不变，从式（6-3）可知，也就是要使 E_1/f_1 为常数。如忽略定子漏阻抗压降，可以认为供给电动机的电压 U_1 与频率 f_1 按相同比例变化，即 U_1/f_1＝常数。

但是在频率较低时，定子漏阻抗压降已不能忽略，因此要人为地提高定子电压，以作漏抗压降的补偿，维持 E_1/f_1 为常数。

（2）在频率高于定子供电的额定电源频率时为恒功率调速。在频率高于定子供电的额定电源频率时，变频器的输出频率 f_1 提高，但变频器的电源电压由电网电压决定，不能继续提高。根据式（6-3），E_1 不能变，f_1 提高必然使 Φ_m 下降，由于 Φ_m 与电流或转矩成正比，因此也就使转矩下降，转矩虽然下降了，但因转速升高了，所以它们俩的乘积并未改变。转矩与转速的乘积表征着功率，因此这时电动机处在恒功率输出的状态下运行。

由以上分析可知，通用变频器对异步电动机调速时，输出频率和电压是按一定规律改变的。在额定频率以下，变频器的输出电压随输出频率升高而升高，即所谓变压变频调速（VVVF）；而在额定频率以上，电压并不变，只改变频率。

3. 变频调速性能分析

（1）节能。变频调速节能效益显著，风机、泵类的变频调速，与传统风门、阀门调节相比，平均节能效果在20%～30%，有些甚至达到70%，是节能减排的重要技术手段，被国家列入“十一五”重点推广节能技术。

(2) 启动电流。用变频调速装置后，电动机实现软启动，变频器的输出电压和频率是逐渐加到电动机上的，所以电动机启动电流和冲击要小些。启动时电流不超过电动机额定电流的1.2倍，对电网无任何冲击，电动机使用寿命延长。在整个运行范围内，电动机可保证运行平稳，损耗减小，温升正常。

(3) 降低噪声、管网压力波动。风机启动时的噪声和启动电流非常小，无任何异常振动和噪声。

(4) 保护功能完善。采用变频器具有过电流、短路、过电压、欠电压、缺相、温升等多项保护功能，更完善地保护了电动机。

(5) 操作简单，运行方便。可通过计算机远程给定风量或压力等参数，实现智能控制，无需机械操作，减轻了运行、维护人员工作强度与工作量。

4. 变频调速节能原理

变频调速节能的基本原理是基于流量、压力、转速、转矩之间的关系。即水泵的转速与流量的一次方成正比，压力与流量的二次方成正比，轴功率与流量的三次方成正比。因此，在理想情况下，频率与流量、转速、压力、功率之间关系见表6-2。

表6-2 频率与流量、转速、压力、功率之间关系

频率（Hz）	流量（%）	转速（%）	压力（扬程）（%）	功率（%）
50	100	100	100	100
45	90	90	81	72.9
40	80	80	64	51.2
35	70	70	49	34.3
30	60	60	36	21.6

由表6-2可见，当需求流量下降时，可以通过调节转速节约大量的电能。当流量减少30%，理论上讲仅需额定功率的34.3%，即节约65.7%的电能。

变频器节能最为明显的是在风机水泵行业，因风机水泵的消耗功率与转速的立方成正比，所以当外界用风/水量不高时，使用变频自动将转速降低，则节能效果明显。

其他行业的节能原理也一样，均是通过在不需要全速运行时调低电动机转速来实现节能，但没风机水泵那么明显。

但是，变频器在进行加/减速时的电流会较大，有可能超过额定值，也就是此时的功率消耗比工频还大。而且，变频器本身也有发热等损耗（一般变频器的功率因数大概在0.9～0.95），故变频器节能是一个辩证的理论，并不绝对。

变频器控制方式

在实际调速过程中，一个普通的频率可调的交流电源并不能满足对异步电动机进行调速控制的要求，还必须考虑到有效利用电动机磁场、抑制启动电流和得到理想的转矩特性，如低频转矩特性等方面的问题。

为了得到较为理想的变频调速效果，在变频技术的发展过程中采用了V/f控制方式、转差频率控制方式、矢量控制方式和直接转矩控制方式等。

1. V/f 控制方式

V/f 控制方式就是指在变频调速过程中，为了保持主磁通的恒定而保证电动机出力，电压和频率的比值保持一定，即 V/f=常数的控制方式。如：对于 380V、50Hz 电动机，当运行频率为 40Hz 时，要保持 V/f 恒定，则 40Hz 时电动机的供电电压为 380×(40/50)=304V。

这种变频器的性价比较高，被广泛使用于以节能为目的和对速度精度要求不高的各种场合中，是变频器的基本控制方式。但在速度控制方面不能给出满意的控制性能，并且在输出频率较低时，因输出电压下降，定子绕组电流减小，电动机转矩不足，需将输出电压适当提高，以提高电动机转矩，进行转矩补偿。

2. 转差频率控制方式

这是一种进行速度反馈控制的闭环控制方式，其动、静态性能都优于 V/f 控制方式，因此，可以应用于对速度和精度有较高要求的各种调速系统。但是，因为采用这种控制方式的变频器在控制性能上比矢量控制变频器差，而两者硬件电路的复杂程度又相当，所以目前采用转差频率控制方式的变频器已基本上被矢量控制变频器所取代。

3. 矢量控制方式

矢量控制，也称磁场定向控制。20 世纪 70 年代初由西德 F·Blasschke 等人首先提出，并以直流电动机和交流电动机比较的方法阐述了这一原理。

该方式模仿直流电动机的控制方法，采用矢量坐标变换，将异步电动机的定子电流分为产生磁场的电流分量（励磁电流）和垂直的产生转矩的电流分量（转矩电流），同时控制异步电动机定子电流的幅值和相位，即控制定子电流矢量，故称为矢量控制方式。该控制方式保持了电动机磁通的恒定，进而达到良好的转矩控制性能，实现高性能控制。

矢量控制方法的出现，使异步电动机变频调速在电动机的调速领域里全方位的处于优势地位。它有许多优点，可以从零转速进行控制，调速范围宽，可以对转矩进行精确控制，系统响应速度快，加/减速性能好。因此，该控制方式被广泛应用在调速性能要求较高的调速系统中。但是，矢量控制技术需要对电动机参数进行正确估算，如何提高参数的准确性是一直研究的话题。

4. 直接转矩控制方式

1985 年，德国鲁尔大学的 Depenbrock 教授首次提出了直接转矩控制理论，该技术在很大程度上解决了矢量控制的不足，它不是通过控制电流、磁链等量间接控制转矩，而是把转矩直接作为被控量来控制，强调的是转矩的直接控制与效果。

直接转矩控制技术，是利用空间矢量、定子磁场定向的分析方法，直接在定子坐标系下分析异步电动机的数学模型，计算与控制异步电动机的磁链和转矩，采用离散的两点式调节器（Band-Band 控制），把转矩检测值与转矩给定值作比较，使转矩波动限制在一定的容差范围内，容差的大小由频率调节器来控制，并产生 PWM 脉宽调制信号，直接对逆变器的开关状态进行控制，以获得高动态性能的转矩输出。它的控制效果不取决于异步电动机的数学模型是否能够简化，而是取决于转矩的实际状况。它不需要将交流电动机与直流电动机作比较、等效、转化，即不需要模仿直流电动机的控制。因为它省掉了矢量变换方式的坐标变换与计算和为解耦而简化异步电动机数学模型，没有通常的 PWM 脉宽调制信号发生器，所以它的控制结构简单、控制信号处理的物理概念明确、系统的转矩响应迅速且无超调，是一种具有高静、动态性能的交流调速控制方式。与矢量控制方式比较，直接转矩控制磁场定向所用的是定子磁链，它采用离散的电压状态和六边形磁链轨迹或近似圆形磁链轨迹的概念。只要知道定子电阻就可以把它观测出来。而矢量控制磁场定向所用的是转子磁链，观测转子磁链需要知道电动机转子电阻和电感。因此，直接转矩控制大大减少了矢量控制技术中控制性能易受参数变化影响的问题。

变频器基本结构

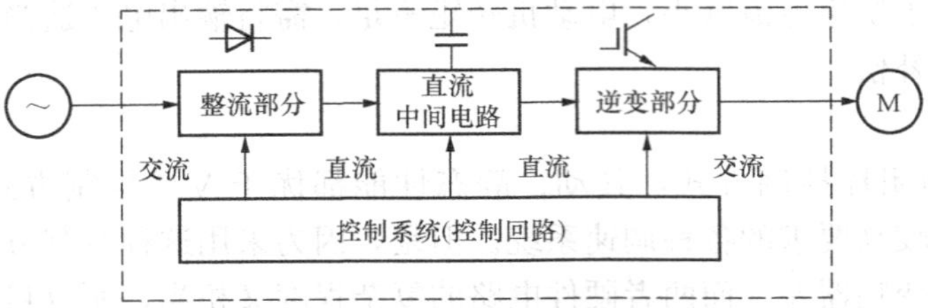

图 6-2 交流低压交—直—交通用变频器系统框图

变频器主要由主回路和控制回路组成。其中主回路包括整流电路、直流中间电路、逆变电路三部分，完成电能和功率转换，要解决与高压大电流有关的技术问题；控制回路属于弱电，解决基于现代控制理论的控制策略和智能控制策略的硬、软件开发问题。交流低压交—直—交通用变频器系统框图如图 6-2 所示。

1. 主回路

变频器主回路基本结构如图 6-3 所示，各部件作用及主要器件说明见表 6-3。

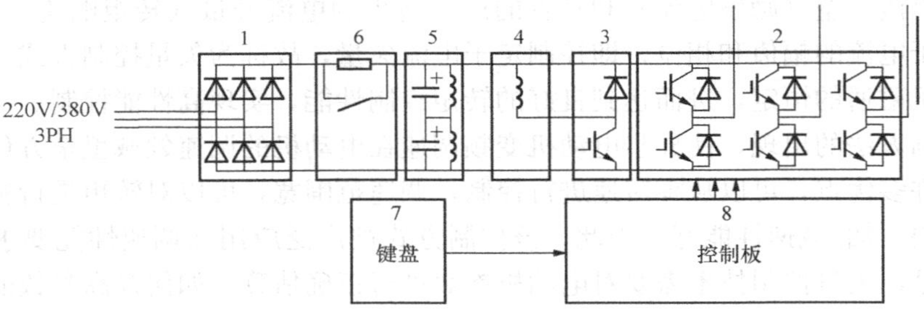

图 6-3 变频器主回路基本结构图

表 6-3 主回路各部件作用及主要器件说明

类别		作用	主要构成器件
主回路	整流部分 1	将工频交流变成直流，输入无相序要求	整流桥
	逆变部分 2	将直流转换为频率电压均可变的交流电，输出无相序要求	IGBT（绝缘栅晶体管）
	制动部分 3/4	消耗过多的回馈能量，保持直流母线电压不超过最大值	单管 IGBT 和制动电阻，大功率制动单元外置
	直流中间电路 5	保持直流母线电压恒定，降低电压脉动	电解电容和均压电阻
	上电缓冲 6	降低上电冲击电流，上电结束后接触器自动吸合，而后变频器允许运行	限流电阻和接触器

整流电路将交流电变换成直流电的电力电子装置，由全波整流桥组成。其输入电压为正弦波，输入电流非正弦，带有丰富的谐波。它对三相或单相的工频电源进行全波整流，并给逆变电路和控制电路提供所需要的直流电源。整流电路按其控制方式划分，可以是直流电压源，也可以是直流电流源。

直流中间电路用于对整流电路的输出进行平滑，以保证逆变电路和控制电路能获得质量较高的直流电源。当整流电路是电压源时，直流中间电路的主要元件是大容量的电解电容；当整流电路是电流源时，直流中间电路的主要元件是大容量的电感。由于电动机制动的需要，在直流中间电路中有时还包括制动电阻及其控制电路。

逆变电路是将直流电转换成交流电的电力电子装置，是变频器的主要组成部分之一。它的主要作用是在控制电路的控制下，将直流中间电路输出的平滑直流电源转换成频率和电压都任意可调的交流电源。逆变电路的输出就是变频器的输出，用它实现对电动机的调速控制。通常采用 SPWM 正弦波脉宽调制，其输出电压为非正弦波，输出电流近似正弦。

2. 控制回路

变频器的控制回路包括主控制电路、信号检测电路、驱动电路、外部接口电路以及保护电路等部分，是变频器的核心部分，如图 6-4 所示。

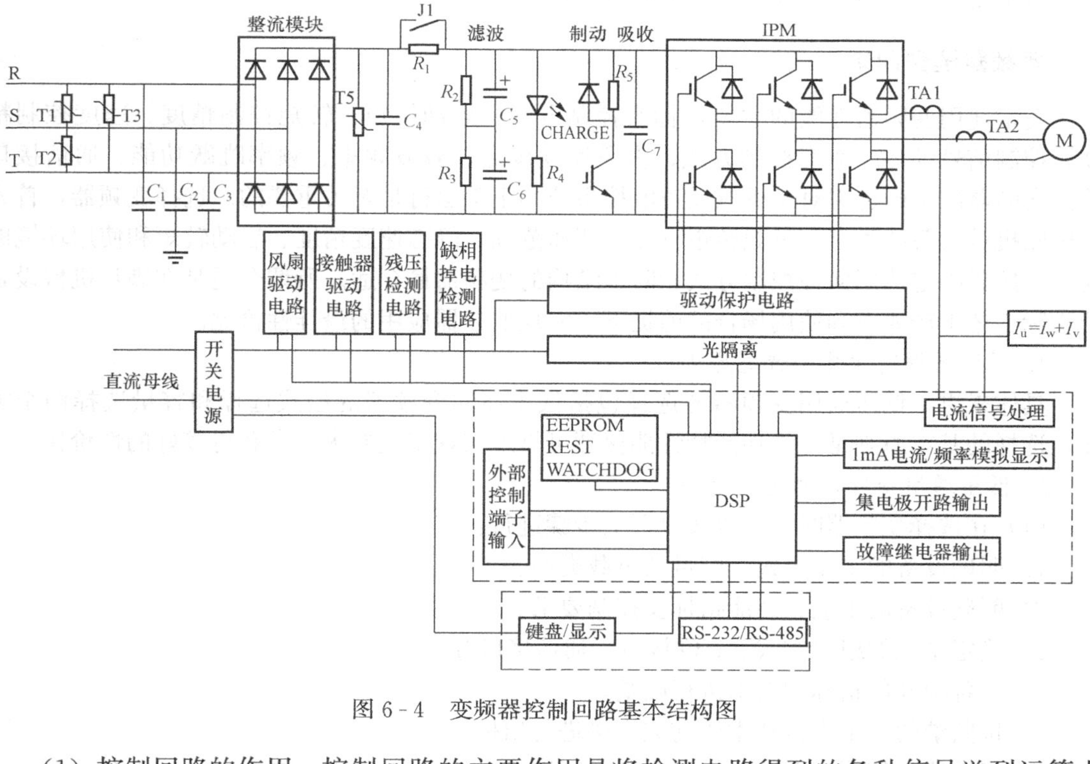

图 6-4　变频器控制回路基本结构图

（1）控制回路的作用。控制回路的主要作用是将检测电路得到的各种信号送到运算电路，根据运算结果为变频器逆变电路提供驱动信号，并对变频器以及电动机提供必要的保护措施。控制电路还通过 A/D、D/A 转换电路等对外部接口接收/发送多种形式的信号和给出系统内部的工作状态，以便使变频器能够与外部设备配套进行各种高性能的控制。控制电路的优劣决定了变频器性能的优劣。

(2) SPWM正弦波脉宽调制。脉冲宽度调制(Pulse Width Modulation，PWM)，即根据面积等效原理，利用一系列等幅不等宽的矩形脉冲序列等效所需要的波形(含形状和幅值)。

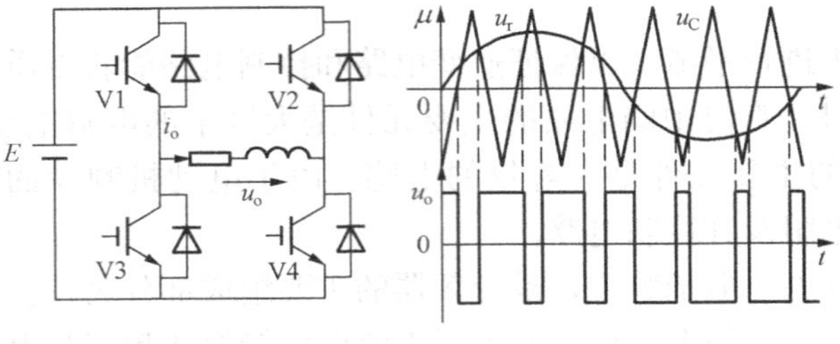

图6-5 SPWM正弦波脉宽调制原理图

SPWM即正弦PWM，在进行脉宽调制时，使脉冲系列的占空比按正弦规律变化。SPWM正弦波脉宽调制原理如图6-5所示。

采用三角波和正弦波相交获得的PWM波形直接控制各个开关，可以得到脉冲宽度和各脉冲间的占空比可变、呈正弦变化的输出脉冲电压。当正弦值为最大值时，脉冲的宽度也最大，而脉冲间的间隔则最小；反之，当正弦值较小时，脉冲的宽度也小，而脉冲间的间隔则较大，这样的电压脉冲系列可以使负载电流中的高次谐波成分大为减小，称为正弦波脉宽调制。SPWM脉冲系列中，各脉冲的宽度以及相互间的间隔宽度是由正弦波(基准波或调制波)和等腰三角波(载波)的交点来决定的。

该调制方式控制效果理想，输出电流近似正弦。

变频器选型原则

衡量通用变频器性能的主要指标有控制方式、启动转矩、转矩控制精度、速度控制精度、控制信号种类、速度控制方式、多段速度设定、载波频率、频率跳跃功能、通信接口等。变频器的正确选用对于机械设备电控系统的正常运行是至关重要的。选择变频器，首先要按照机械设备的类型、负载转矩特性、调速范围、静态速度精度、启动转矩和使用环境的要求，然后决定选用何种控制方式和防护结构的变频器最合适。所谓合适是在满足机械设备的实际工艺生产要求和使用场合的前提下，实现变频器应用的最佳性价比。

1. 低压通用变频器的选型原则

具体来讲，低压通用变频器的选择包括低压通用变频器的型式选择和容量选择两个方面，选择的基本原则是：①功能特性能保证可靠地实现工艺要求；②获得较好的性价比。

2. 低压通用变频器的选型步骤

(1) 在选择变频器时，可以按以下七步骤进行：

1) 明确设备的工作方式、容量及负载类型。

2) 明确设备的工艺、性能指标及控制要求。

3) 确定系统的组建方式、I/O接口、通信接口等。

4) 对各项性能指标和要求进行归纳。

5) 按归纳的结果进行技术咨询或直接进行招标。

6) 对性能、使用寿命、价格、服务进行综合对比。

7) 确定变频器品牌、型号、规格以及供应商。

(2) 选择变频器时，还应充分考虑环境对变频器的影响。

1) 温度对变频器的影响。变频器的使用环境温度一般适用在-10～+40℃，环境温度若高于40℃，每升高1℃，变频器应降额5%使用；环境温度每升10℃，则变频器寿命减半，所以周围环境温度及变频器散热的问题一定要解决好。

2）湿度对变频器的影响。变频器在湿度低于90%的环境中工作，空气的相对湿度小于或等于90%，无结露。湿度太高且湿度变化较大时，变频器内部易出现结露现象，其绝缘性能就会大大降低，甚至可能引发短路事故。必要时，必须在箱中增加干燥剂和加热器。

3）海拔高度的影响。变频器安装在海拔高度1km以下可以输出额定功率。海拔高度超过1km，其输出功率会下降。

4）粉尘对变频器的影响。在有金属导电性粉尘的场合，不宜安装变频器。导电性粉尘侵入变频器内部，会使变频器内部线路短路，严重时会烧毁变频器。

【任务准备】

1. 安全技术措施交底

检修前必须了解检修仪器的使用方法。检修必须开热力机械工作票，工作票上必须注明具体的安全措施。校验仪器必须检定合格，有合格证书。该设备带有危险电压，而且它所控制的是带有危险电压的转动机件。所以检修时注意触电的危险。即使电源已经切断，变频器的直流回路电容器上仍然带有危险电压，因此，在电源关断5min以后才允许打开、检修设备。检修更换备品须采用制造商制定备件，未经授权的改装或使用非设备制造商所出售或推荐的零配件，可能导致火灾、触电和其他伤害。

2. 工艺质量要求

变频器系统控制回路正常，绝缘符合要求；系统控制柜、接线箱卫生清洁，无积尘、孔洞封堵完好；所有元件接插牢固、接触良好，端子接线紧固（包括电缆屏蔽）、正确；设备、接线编号齐备、清晰；回路测试正常试验验收合格。

3. 回路检查及回路绝缘检测要求

在控制回路的端子排将外部的引入回路及电缆全部断开，依次做以下工作：各回路信号线对地的绝缘检查；各回路信号线相互间的绝缘检查；控制电缆绝缘检测（测绝缘前应先核对线路），对不符合项记录；用螺钉旋具拧紧各端子接线，检查接线有无松脱现象；检查线号、端子标记是否清晰，若不清晰则应重新标记。

4. 物资、工器具的确认

根据检修项目编制材料计划；检查并落实备品备件；检修工器具的落实；专用工具、安全用具的检查落实。

所需检修工具见表6-4。

表6-4　　变频器检修所需检修工具

编号	工具名称	型号	数量
1	照明灯具		
2	吹尘器		
3	斜口钳		
4	数字万用表		
5	梅花扳手		1套

续表

编号	工具名称	型号	数量
6	活扳手	8′、10′、12′、15′	各2把
7	螺钉旋具	平口、十字花	各1套
8	绝缘电阻表		1台

【任务实施】

一、安全措施

办理工作票；变频器电源正常；同运行值班人员保持联系。确认隔离措施完善、工作许可制度完整；机务工作票结束；确认变频器已断电且时间超过5min。

二、就地外观检查（规范性检查）

变频器外观清洁、无积灰和污迹，表外涂镀层光洁、完好；变频器安装牢固、不松动、零部件完整无损，紧固螺钉和其他紧固件不得有松动、残缺现象；变频器的电源、控制线正确；变频器电缆接线整齐，包扎良好，电缆牌准确、清晰，出线导管完整、封堵良好；异常情况记录。

三、就地设备清洁维护

断开电源，用刷子和布条清理变频器的灰尘；打开端子板盖，检查接线是否牢固、整齐，白头是否清晰，并与设计安装图纸对应；按变频器检修验收标准对变频器外观和软件参数部分进行检查、验收。

四、电缆绝缘检查

断开变频器电源接线及电源柜接线，用500V绝缘电阻表进行地、线间绝缘检查，其阻值应大于20MΩ；断开PLC机柜端子与变频器接线端子的电缆接线，用500V绝缘电阻表进行地、线间绝缘检查，其阻值应大于20MΩ。记录测试结果。

五、变频器的参数设置

变频器的参数设置对于整个变频系统来说是极其重要的。参数设置的正确与否直接影响到变频调速系统的投运，甚至后期系统的稳定运行。参数设置不当不但不能满足生产工艺流程的需要，而且会导致电动机启动、制动失败，以及正常工作时常跳闸，严重时损坏变频器。

设置调整变频器的参数，必须要确定整个生产工艺流程的需要，以满足生产工艺流程的需要为目的进行设置。比如整个调速系统的范围、精度、快慢、负载的大小等。按照输出功率以及功能，变频器可分为很多种类，不同种类的变频器的参数量也有很大的区别，少则数十，多则上百。但并不是所有的参数都需要重新设置，只要正确地选择了变频器，大多数的参数采用变频器的出厂设定就行了，只要设置修改那些出厂设定与现场实际不相适应的参数，如电动机的一系列参数、端子操作、基底频率、上升时间、下降时间、最高运行频率、最低运行频率、控制方式、转矩补偿、变频器的各种保护定值等，其余参数可在变频器调试时根据实际情况设置修改。

1. 电动机参数

电动机参数包括电动机的额定功率、额定电压、额定电流、额定频率、额定转速。这些参数都能从电动机铭牌上面得到。正确的电动机参数是让变频器和电动机匹配运行的前提。

2. 基底频率

基底频率是变频器对电动机进行恒功率控制和恒转矩控制的分界线。基频以下，变频器的输出电压随输出频率的变化而变化，V/f＝常数，适合恒转矩负载特性；基频以上，变频器的输出电压维持电源额定电压不变，适合恒功率负载特性。基频参数设置应该根据电动机的额定参数设置，而不能根据负载特性设置，否则，容易过电流或过载。

3. 上升/下降时间

上升/下降时间又叫加/减速时间。上升时间就是输出频率从 0 上升到最大频率所需时间，下降时间是指从最大频率下降到 0 所需时间。上升时间不能过快，必须保证变频器不会因为电流过大跳闸，下降时间必须防止平滑电路电压过大，不使再生过电压失速而使变频器跳闸。上升/下降时间的设置需要考虑到系统负载的惯性大小，但在调试中常采取按负载和经验先设定较长上升/下降时间，通过启、停电动机观察有无过电流、过电压报警；然后将上升/下降设定时间逐渐缩短，以运转中不发生报警为原则，重复操作几次，便可确定出最佳上升/下降时间。

4. 最高/最低运行频率

最高运行频率是指电动机的最大运行频率，最低运行频率是指电动机的最小运行频率。电动机达到最高或最低频率后，其运行频率将与频率设定值无关。最高/最低运行频率实际上是为了防止变频器误输出过高或过低频率引起设备损坏的保护功能，在应用中按实际情况设定即可。同时，该功能也能作为限速使用。如有的皮带输送机，由于输送物料不太多，为减少机械和皮带的磨损，可采用变频器驱动，并将变频器上限频率设定为某一频率值，这样就可使皮带输送机运行在一个固定、较低的工作速度上。

5. 控制方式

变频器根据种类不同、控制对象不同，有 V/f 控制、矢量控制、转差频率控制等方式供用户选择。一般通用变频器采用 V/f 控制。通常变频器会提供多条 V/f 曲线供用户选择，可根据控制对象的动态特性以及生产工艺流程需要正确选择所需曲线。

6. 转矩提升

转矩提升也称转矩补偿。对于常规的 V/f 控制，变频器工作在低频区域时，电动机的励磁电压降低，出现了欠励磁。需要通过提高电压，来补偿电动机速度降低而引起的电压降，使电动机获得足够的旋转力。该功能设定为自动时，可使加速时的电压自动提升以补偿启动转矩，使电动机加速顺利进行。如采用手动补偿时，根据负载特性，尤其是负载的启动特性，通过试验可选出较佳曲线。对于变转矩负载，如选择不当会出现低速时的输出电压过高，而浪费电能的现象，甚至还会出现电动机带负载启动时电流大，而转速上不去的现象。且在使用这个功能的时候不可以盲目地将转矩提升功能调得太大，太大会出现保护。

7. 转矩限制

转矩限制可分为驱动转矩限制和制动转矩限制两种。它根据变频器输出电压和电流值，经 CPU 进行转矩计算，可对加减速和恒速运行时的冲击负载恢复特性有显著改善。转矩限制功能可实现自动加速和减速控制。当加减速时间小于负载惯量时间时，也能保证电动机按照转矩设定值自动加速和减速。

驱动转矩功能提供了强大的启动转矩，在稳态运转时，转矩功能将控制电动机转差，而将电动机转矩限制在最大设定值内，当负载转矩突然增大时，甚至在加速时间设定过短时，也不会引起变频器跳闸。在加速时间设定过短时，电动机转矩也不会超过最大设定值。驱动转矩大对启动有利，以设置为80%～100%较好。

制动转矩设定数值越小，其制动力越大，适合急加减速的场合，如制动转矩设定数值设置过大会出现过压报警现象。如制动转矩设定为0，可使加到主电容器的再生容量接近于0，从而使电动机在减速时，不使用制动电阻也能减速至停转而不会跳闸。但在有的负载上，如制动转矩设定为0，减速时会出现短暂空转现象，造成变频器反复启动，电流大幅度波动，严重时会使变频器跳闸，应引起注意。

变频器的参数有很多，要根据现场实际调试进行设置，参数设置的最终目的就是保证系统的稳定良好运行。

MICROMASTER 440快速调试（QC）的流程图如图6-6所示（见文后插页）。

六、变频器的故障诊断及检修

电厂热控人员主要负责低压变频器的维护。变频器的故障分为内部故障和外部故障。内部故障是指变频器自身的硬件问题引起的故障；外部故障是指电动机、线路等外部问题引起的故障。热控人员主要处理变频器的外部故障，以便使变频器能迅速恢复。

变频器属于智能设备，带有故障自诊断功能。针对变频器的外部故障，通过变频器的故障代码能够很快地找到故障产生的大方向，继而找到问题，解决问题。

以MICROMASTER 440为例进行介绍。

1. 故障代码

常见的故障代码F0001，是过电流故障。过电流故障的原因可能是接地、短路或者电动机过载导致过电流，直接检查会引起过电流的问题就行了，其他故障类似解决。在实际生产中，要判断是否外部故障，可解除变频器负载，空转变频器，看变频器能否正常运行。

变频器的故障还分为可复位故障和不可复位故障。可复位故障通常断电重启就行了，不可复位故障时必须找到故障源头解决掉才能重启。

MICROMASTER 440故障代码见表6-5。

表6-5　MICROMASTER 440故障代码

故障	引起故障可能的原因	故障诊断和应采取的措施	反应
F0001 过电流	1. 电动机的功率（P0307）与变频器的功率（P0206）不对应。 2. 电动机电缆太长。 3. 电动机的导线短路。 4. 有接地故障	检查以下各项： 1. 电动机的功率（P0307）必须与变频器的功率（P0206）相对应。 2. 电缆的长度不得超过允许的最大值。 3. 电动机的电缆和电动机内部不得有短路或接地故障。 4. 输入变频器的电动机参数必须与实际使用的电动机参数相对应。 5. 输入变频器的定子电阻值（P0350）必须正确无误。 6. 电动机的冷却风道必须通畅，电动机不得过载： （1）增加斜坡时间； （2）减少“提升”的数值	Off2

续表

故障	引起故障可能的原因	故障诊断和应采取的措施	反应
F0002 过电压	1. 禁止直流回路电压控制器（P1240＝0）。 2. 直流回路的电压（r0026）超过了跳闸电平（P2172）。 3. 由于供电电源电压过高，或者电动机处于再生制动方式下引起过电压。 4. 斜坡下降过快，或者电动机由大惯性负载带动旋转而处于再生制动方式下	检查以下各项： 1. 电源电压（P0210）必须在变频器铭牌规定的范围内。 2. 直流回路电压控制器（P1240）必须有效，而且正确地进行了参数化。 3. 斜坡下降时间必须与负载的惯量相匹配。 4. 要求的制动功率必须在规定的限值以内。 注意：负载的惯量越大需要的斜坡时间越长，外形尺寸为 FX 和 GX 的变频器应接入制动电阻	Off2
F0003 欠电压	1. 供电电源故障。 2. 冲击负载超过了规定的限定值	检查以下各项： 1. 电源电压（P0210）必须在变频器铭牌规定的范围内。 2. 检查电源是否短时掉电或有瞬时的电压降低，使能动态缓冲（P1240＝2）	Off2
F0004 变频器过温	1. 冷却风量不足。 2. 环境温度过高	检查以下各项： 1. 负载的情况必须与工作/停止周期相适应。 2. 变频器运行时冷却风机必须正常运转。 3. 调制脉冲的频率必须设定为缺省值。 4. 环境温度可能高于变频器的允许值。 故障值： （1）P0949＝1，整流器过温； （2）P0949＝2，运行环境过温； （3）P0949＝3，电子控制器过温	Off2
F0005 变频器 I^2t 过热保护	1. 变频器过载。 2. 工作/间隙周期时间不符合要求。 3. 电动机功率（P0307）超过变频器的负载能力（P0206）	检查以下各项： 1. 负载的工作/停止周期时间不得超过指定的允许值。 2. 电动机的功率（P0307）必须与变频器的功率（P0206）相匹配	Off2
F0011 电动机过温	电动机过载	检查以下各项： 1. 负载的工作/间隙周期必须正确。 2. 标准的电动机温度超限值（P0626 - P0628）必须正确。 3. 电动机温度报警电平（P0604）必须匹配。 如果 P0601＝0 或 1，请检查以下各项： （1）检查电动机的铭牌数据是否正确（如果没有进行快速调试）； （2）正确的等值电路数据可以通过电动机数据自动检测（P1910＝1）来得到； （3）检查电动机的重量是否合理，必要时加以修正；	Off1

续表

故障	引起故障可能的原因	故障诊断和应采取的措施	反应
F0011 电动机过温	电动机过载	（4）如果用户实际使用的电动机不是西门子生产的标准电动机，可以通过参数 P0626、P0627、P0628 修改标准过温值。 如果 P0601＝2，请检查以下各项： （1）检查 r0035 中显示的温度值是否正确； （2）检查温度传感器是否是 KTY84（不支持其他型号的传感器）	Off1
F0012 变频器温度信号丢失	变频器（散热器）的温度传感器断线		Off2
F0015 电动机温度信号丢失	电动机的温度传感器开路或短路。如果检测到信号已经丢失，温度监控开关便切换为监控电动机的温度模型		Off2
F0020 电源断相	如果三相输入电源电压中的一相丢失，便出现故障，但变频器的脉冲仍然允许输出，变频器仍然可以带负载	检查输入电源各相的线路	Off2
F0021 接地故障	如果相电流的总和超过变频器额定电流的5%时将引起这一故障		Off2
F0022 功率组件故障	1. 在下列情况下将引起硬件故障（r0947＝22 和 r0949＝1）： （1）直流回路过电流＝IGBT 短路； （2）制动斩波器短路； （3）接地故障； （4）I/O 板插入不正确。 2. 当 r0947＝22 和故障值 r0949＝12，或 13，或 14（根据 UCE 而定）时，检测 UCE 故障	1. 检查 I/O 板，必须完全插入。 2. 一一排查其余组件	Off2
F0023 输出故障	输出的一相断线		Off2
F0024 整流器过温	1. 通风风量不足。 2. 冷却风机没有运行。 3. 环境温度过高	检查以下各项： 1. 变频器运行时冷却风机必须处于运转状态。 2. 脉冲频率必须设定为缺省值。 3. 环境温度可能高于变频器允许的运行温度	Off2
F0030 冷却风机故障	风机不再工作	1. 在装有操作面板选件（AOP 或 BOP）时，故障不能被屏蔽。 2. 需要安装新风机	Off2

续表

故障	引起故障可能的原因	故障诊断和应采取的措施	反应
F0035 在重试再启动后自动再启动故障	试图自动再启动的次数超过 P1211 确定的数值		Off2
F0040 自动校准故障			Off2
F0041 电动机参数自动检测故障	电动机参数自动检测故障： 1. 报警值=0，负载消失； 2. 报警值=1，进行自动检测时已达到电流限制的电平； 3. 报警值=2，自动检测得到的定子电阻小于 0.1%或大于 100%； 4. 报警值=3，自动检测得到的转子电阻小于 0.1%或大于 100%； 5. 报警值=4，自动检测得到的定子电抗小于 50%或大于 500%； 6. 报警值=5，自动检测得到的电源电抗小于 50%或大于 500%； 7. 报警值=6，自动检测得到的转子时间常数小于 10ms 或大于 5s； 8. 报警值=7，自动检测得到的总漏抗小于 5%或大于 50%； 9. 报警值=8，自动检测得到的定子漏抗小于 25%或大于 250%； 10. 报警值=9，自动检测得到的转子漏抗小于 25%或大于 250%； 11. 报警值=20，自动检测得到的 IGBT 通态电压小于 0.5V 或大于 10V； 12. 报警值=30，电控制器达到了电压限制值； 13. 报警值=40，自动检测得出的数据组自相矛盾，至少有一个自动检测数据错误	1. 报警值=0，检查电动机是否与变频器正确连接。 2. 报警值=1～40，检查电动机参数 P304 - 311 是否正确。 3. 检查电动机的接线应该是哪种型式（星形、三角形）	Off2
F0042 速度控制优化功能故障	速度控制优化功能（P1960）故障： 1. 故障值=0，在规定时间内不能达到稳定速度； 2. 故障值=1，读数不合乎逻辑		Off2
F0051 参数 EEPROM 故障	存储更改的参数时出现读/写错误	1. 工厂复位并重新参数化。 2. 与客户支持部门或维修部门联系	Off2
F0052 功率组件故障	读取功率组件的参数时出错，或数据非法	与客户支持部门或维修部门联系	Off2

续表

故障	引起故障可能的原因	故障诊断和应采取的措施	反应
F0053 I/O EEPROM故障	读I/O EEPROM信息时出错，或数据非法	1. 检查数据。 2. 更换I/O模块	Off2
F0054 I/O板错误	1. 连接的I/O板不对。 2. I/O板检测不出识别，检测不到数据	1. 检查数据。 2. 更换I/O模块	Off2
F0452 检测出传动皮带有故障	负载状态表明传动皮带故障或机械有故障	检查以下各项： 1. 驱动链有无断裂、卡死或堵塞现象。 2. 外接速度传感器（如果有的话）是否正确地工作。 检查参数：P2192（与允许偏差相对应的延迟时间）的数值必须正确无误。 3. 如果采用转矩控制，以下参数的数值必须正确无误： （1）P2182（频率门限值f1）； （2）P2183（频率门限值f2）； （3）P2184（频率门限值f3）； （4）P2185（转矩上限值1）； （5）P2186（转矩下限值1）； （6）P2187（转矩上限值2）； （7）P2188（转矩下限值2）； （8）P2189（转矩上限值3）； （9）P2190（转矩下限值3）； （10）P2192（与允许偏差相对应的延迟时间）	Off2

2. 报警信息

报警信息以报警码序号的形式存放在参数r2110中（例如，A0503-503）。相关的报警信息可以在r2110中查到，详细内容见表6-6。

表6-6 MICROMASTER 440报警信息

故障	引起故障可能的原因	故障诊断和应采取的措施
A0501 电流限幅	1. 电动机的功率（P0307）与变频器的功率（P0206）不匹配。 2. 电动机的导线短路。 3. 接地故障	检查以下各项： 1. 电动机的功率（P0307）必须与变频器的功率（P0206）相对应。 2. 电缆的长度不得超过允许的最大值。 3. 电动机的电缆和电动机内部不得有短路或接地故障。 4. 输入变频器的电动机参数必须与实际使用的电动机一致。 5. 定子电阻值（P0350）必须正确无误。 6. 电动机的冷却风道是否堵塞，电动机是否过载： （1）增加斜坡时间； （2）减少“提升”的数值

续表

故障	引起故障可能的原因	故障诊断和应采取的措施
A0502 过电压限幅	1. 达到了过电压限幅值。 2. 斜坡下降时如果直流回路控制器无效（P1240=0）就可能出现这一报警信号	检查以下各项： 1. 电源电压（P0210）必须在变频器铭牌数据限定的数值以内。 2. 禁止直流回路电压控制器 P1240=0，并正确地进行参数化。 3. 斜坡下降时间（P1121）必须与负载的惯量相匹配。 4. 要求的制动功率必须在规定的限值以内
A0503 欠电压限幅	1. 供电电源故障。 2. 供电电源电压（P0210）和与之相应的直流回路电压 r0026 低于规定的限定值（P2172）	检查以下各项： 1. 电源电压（P0210）必须在变频器铭牌数据限定的数值以内。 2. 对于瞬间的掉电或电压下降必须是不敏感的使能动态缓冲（P1240=2）
A0504 变频器过温	变频器散热器的温度（P0614）超过了报警电平，将使调制脉冲的开关频率降低和/或输出频率降低（取决于 P0610 的参数化）	检查以下各项： 1. 环境温度必须在规定的范围内。 2. 负载状态与“工作—停止”周期时间必须适当。 3. 变频器运行时冷却风机必须投入运行。 4. 脉冲频率（P1800）必须设定为缺省值
A0505 变频器 I^2t 过温	如果进行了参数化（P0290），超过报警电平时，输出频率和/或脉冲频率将降低	检查以下各项： 1. 检查“工作—停止”周期的工作时间应在规定范围内。 2. 电动机的功率（P0307）必须与变频器的功率（P0206）相匹配。
A0506 变频器的“工作—停止”周期	散热器温度与 IGBT 的结温之差超过了报警的限定值	检查“工作—停止”周期和冲击负载应在规定范围内
A0704 CB 报警 5，详情请参看 CB 手册	CB（通信板）特有故障	参看 CB 用户手册
A0705 CB 报警 6，详情请参看 CB 手册	CB（通信板）特有故障	参看 CB 用户手册
A0706 CB 报警 7，详情请参看 CB 手册	CB（通信板）特有故障	参看 CB 用户手册
A0707 CB 报警 8，详情请参看 CB 手册	CB（通信板）特有故障	参看 CB 用户手册
A0708 CB 报警 9，详情请参看 CB 手册	CB（通信板）特有故障	参看 CB 用户手册

续表

故障	引起故障可能的原因	故障诊断和应采取的措施
A0709 CB报警10，详情请参看CB手册	CB（通信板）特有故障	参看CB用户手册
A0710 CB通信错误	变频器与CB（通信板）通信中断	检查CB硬件
A0711 CB组态错误	CB（通信板）报告有组态错误	检查CB的参数
A0910 直流回路最大电压 V_{dcmax}控制器未激活	直流回路最大电压Vdc max控制器未激活，因为控制器不能把直流回路电压（r0026）保持在（P2172）规定的范围内。 1. 如果电源电压（P0210）一直太高，就可能出现这一报警信号； 2. 如果电动机由负载带动旋转，使电动机处于再生制动方式下运行，就可能出现这一报警信号； 3. 在斜坡下降时，如果负载的惯量特别大，就可能出现这一报警信号	检查以下各项： 1. 输入电源电压（P0756）必须在允许范围内。 2. 负载必须匹配
A0911 直流回路最大电压 $V_{dc\,max}$控制器已激活	直流回路最大电压 $V_{dc\,max}$控制器已激活，因为斜坡下降时间将自动增加，从而自动将直流回路电压（r0026）保持在限定值（P2172）以内	
A0912 直流回路最小电压 V_{dcmin}控制器已激活	如果直流回路电压（r0026）降低到允许电压（P2172）以下，直流回路最小电压 V_{dcmin}控制器将被激活。 1. 电动机的动能受到直流回路电压缓冲作用的吸收，从而使驱动装置减速； 2. 短时的掉电并不一定会导致欠电压跳闸	
A0920 ADC参数设定不正确	ADC的参数不应设定为相同值，因为这样将产生不合乎逻辑的结果。 1. 标记0，参数设定为输出相同； 2. 标记1，参数设定为输入相同； 3. 标记2，参数设定输入不符合ADC的类型	
A0921 DAC参数设定不正确	DAC的参数不应设定为相同值，因为这样将产生不合乎逻辑的结果。 1. 标记0，参数设定为输出相同； 2. 标记1，参数设定为输入相同； 3. 标记2，参数设定输出不符合DAC的类型	
A0922 变频器没有负载	1. 变频器没有负载。 2. 有些功能不能像正常负载情况下那样工作	
A0923 同时请求正向和反向点动	已有向前点动和向后点动（P1055/P1056）的请求信号，RFG的输出频率稳定在它的当前值	

续表

故障	引起故障可能的原因	故障诊断和应采取的措施
A0952 检测到传动皮带故障	电动机的负载状态表明皮带有故障或机械有故障	检查以下各项： 1. 驱动装置的传动系统有无断裂、卡死或堵塞现象。 2. 外接的速度传感器（如果采用速度反馈的话）工作应正常。 P0409（额定速度下每分钟脉冲数）、P2191（回线频率差）和P2192（与允许偏差相对应的延迟时间）的数值必须正确无误。 3. 如果采用转矩控制功能，请检查以下参数的数值必须正确无误： （1）P2182（频率门限值 f1）； （2）P2183（频率门限值 f2）； （3）P2184（频率门限值 f3）； （4）P2185（转矩上限值 1）； （5）P2186（转矩下限值 1）； （6）P2187（转矩上限值 2）； （7）P2188（转矩下限值 2）； （8）P2189（转矩上限值 3）； （9）P2190（转矩下限值 3）； （10）P2192（与允许偏差相对应的延迟时间）。 4. 必要时加润滑

【任务验收】

按任务要求完成变频器设置，并满足下列要求。

一、一般检查

（1）变频器的各部件应装配牢固，各紧固件无松动。

（2）变频器的安装环境应符合变频器说明书要求。

（3）变频器的控制柜内通风扇应工作正常。

（4）变频器一般适用于三相鼠笼交流电动机的转速调整，其与电动机的连线距离不得超过说明书规定的长度（0.75kW以下300m，1.5kW及以上500m）。

（5）变频器接线、参数设定应按技术说明书要求，控制电缆与动力电缆应注意分开布置，其中控制电缆宜选用屏蔽电缆。

（6）变频器调节电动机转速应平稳，频率与转速基本对应，各项技术指标应符合技术说明书要求。

二、绝缘检查

（1）拆下所有端子上的电线，把变频器主回路R、S、T、u、v、w端全部短接，用500V直流绝缘电阻表测量对地绝缘电阻应大于5MΩ。

（2）用100V直流绝缘电阻表测试控制回路的绝缘电阻，应大于2MΩ。

三、内部操作模式的校验

（1）检查接线正确无误后，将380V电源装置电压调整到380V，基频设置为50Hz，基压设置为380V。

（2）变频器运行方式切换到内部操作模式，通过操作单元设置运行频率为10Hz。

（3）按正转（反转）键，电动机应按一定转速朝正向（反向）旋转，记录此时电动机转速（折算成变频器实际输出频率）及电压。

（4）按上述方法分别将运行频率设置为20、30、35、40、45、50、60Hz，记录电动机转速及电压。

（5）计算变频器频率输出误差，应符合变频器技术要求，输出电压变化应在允许范围内。

四、外部操作模式的检定

1. 基本功能检定

（1）检查接线正确无误后，调整380V电源装置电压至380V，基频设置为50Hz，基压设置为380V；在变频器STF（STR）端和公共端之间连接一试验按钮。

（2）变频器运行方式切换到外部操作模式，通过操作单元设置运行频率为50Hz。

（3）按STF（STR）和公共端之间试验按钮，此时电动机应正（反）转；松开按钮，电动机应停止转动。

（4）按上述试验方法分别试验变频器自保持功能、多段速度选择、点动方式、第二加/减速时间、输出停止、复位、瞬时掉电再启动功能，应无异常。

2. 电流控制功能检定

（1）检查接线正确无误后，调整380V电源装置电压至380V，基频设置为50Hz，基压设置为380V，变频器按电流输入方式接线，STF端和公共端短接。

（2）变频器运行方式切换到外部操作模式，设置上限频率为50Hz、下限频率为0Hz。

（3）信号设定器设置输入电流为4mA，记录此时变频器显示的输出频率及电压。

（4）按上述方法将输入电流分别设置为8、12、16、20mA，并记录相应的变频器显示的输出频率及电压。

（5）计算出变频器频率输出误差，应符合变频器技术要求，输出电压变化应在允许范围内。

【知识拓展】

高压变频器简介

目前，由于异步电动机具有坚固耐用、结构简单、适用性强、价格低廉等特点，在工业生产领域得到广泛应用。当由电网直接供电时，电动机的转速是固定的，对电动机的控制是靠改变其他机械环节的控制方法得到的，使得电动机长期运行在低效率工作区，能源浪费严重；运行时自动控制的品质差，而且维护、检修费用高；同时，直接启动对电动机和电网的电流冲击很大，给机组的安全运行带来隐患。

火力发电厂中，风机和水泵是最主要的耗电设备。这些设备都是长期连续、低负荷及变负荷运行状态，其节能潜力十分巨大。现国内火电机组的平均煤耗为400g/kWh，比发达国家高70～100g/kWh。目前国外火电厂的风机和水泵已纷纷增设调速装置，而国内火电厂中风机和水泵基本上都采用定速驱动，这种定速驱动的设备都存在严重的能源损耗。尤其在机组变负荷运行时，由于风机和水泵的运行偏离高效点，使运行效率大大降低。资料表明：我国 50MW 以上机组锅炉风机运行效率低于 70%的占一半以上，低于 50%的占 20%左右，而水泵的效率就更低，有的甚至不到 30%，都存在浪费大量电能的现象，因此变频器在电厂设备中的使用具有深远的意义。

按国际惯例和我国国家标准对电压等级的划分，供电电压大于或等于 10kV 时称高压，1～10kV 时称中压。习惯上也把额定电压为 6kV 或 3kV 的电动机称为高压电动机。如火电厂所用的轴流式引风机、离心式送风机和凝结水泵等大型设备均为高压电动机。

由于相应额定电压 1～10kV 的变频器有着共同的特征，因此，把驱动 1～10kV 交流电动机的变频器称为高压变频器。

一、高压变频器的组成和工作原理

MLVERT - D 系列高压变频器采用的结构为多单元串联，输出为多电平移相式 PWM 方式。特别适合于风机、泵类工业应用现场，已经被广大工业用户接受和充分认可。

该高压变频器具有运行稳定、调速范围广、输出波形正弦好、输入电流功率因数高、效率高等特点。对电网谐波污染小，总体谐波畸变 THD 小于 4%，直接满足 IEEE 519—1992 的谐波抑制标准；功率因数高，不必采用功率因数补偿装置；输出波形好，不存在谐波引起的电动机附加发热和转矩脉动、噪声、输出 dV/dt、共模电压等问题，不必加输出滤波器，就可以使用普通的异步电动机。

下面以 6kV 系列为例说明其结构和原理。

1. 变频器主电路结构

MLVERT - D 系列无电网污染高压大功率变频器是由多个功率模块串联而成，通过将多个低压功率模块的输出叠加起来得到高压输出。图 6 - 7 所示为 6kV 系列高压变频器的典型电路拓扑图。

电网送来的三相 6kV/50Hz 交流电，经移相变压器，供电给 18 个功率模块，每个功率模块的额定输出电压为 580V，相邻功率模块的输出连接起来，每相 6 个功率模块进行叠加，使得高压变频器的额定输出相电压为 3480V。三相共 18 个功率模块，形成 Y 形连接结构，使得线电压为 6000V，直接供给感应电动机。对于 3kV 高压变频器，每相一般由 3～4 个功率单元串联叠加而成；对于 6kV 高压变频器，每相一般由 5～7 个功率单元串联叠加而成；对于 10kV 高压变频器，每相一般由 8～10 个功率单元串联叠加而成。

每个功率模块承受全部的输出电流，但只提供 1/6 的相电压和 1/18 的输出功率。由于此种结构采用的是整个功率模块串联，而不是传统的功率器件串联，故不存在元器件串联所带来的均压等问题。

对于不同的输出电压等级，串联的模块数目是不一样的，但是其基本原理是一样的。

2. 输入变压器

MLVERT - D06 系列高压变频器的输入侧隔离变压器采用移相式变压器，隔离变压器的每一个次级仅供给一个功率模块，为了降低输入谐波电流，移相变压器实行多重化设计。

变压器原边绕组为 6kV，次级共 18 个绕组分为三相。每个绕组为延边三角形接法，分成 6 个不同的相位组，互差 10°电角度，分别有±5°、±15°、±25°等移相角度，这种移相接法可以有效地消除 35 次以下的谐波，不会对电网造成超过国家标准的谐波干扰，完全符合 IEEE 519—1992 及 GB/T 3681—2011《塑料　自然日光气候老化、玻璃过滤后日光气候老化和菲涅耳镜加速日光气候老化的暴露试验方法》对电压失真和电流失真最严格的要求。如

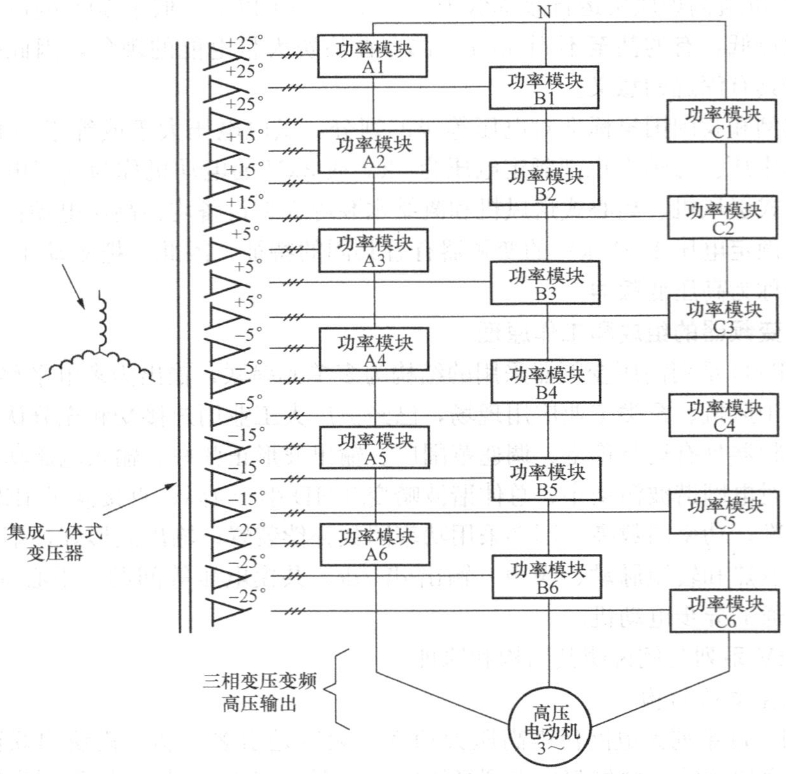

图 6-7　高压变频器主电路原理图

图 6-8 所示的变频器的输入相电压和电流的波形图，MLVERT-D 系列高压变频器的输入电压和电流波形都接近正弦波，对电网的谐波污染小，总体谐波畸变小于 4%。同时，输入侧的功率因数高，不必采用功率因数补偿装置。

高压变频器的输入电压和电流波形如图 6-8 所示。

3. 功率模块

功率模块结构如图 6-9 所示。18 个功率模块均为三相输入、单相输出的交—直—交 PWM 电压源型逆变器结构，每个功率模块包括输入熔断器、整流桥、滤波电容、IGBT 逆变桥以及实现驱动、保护、监测、通信等控制功能的模块控制板件等。

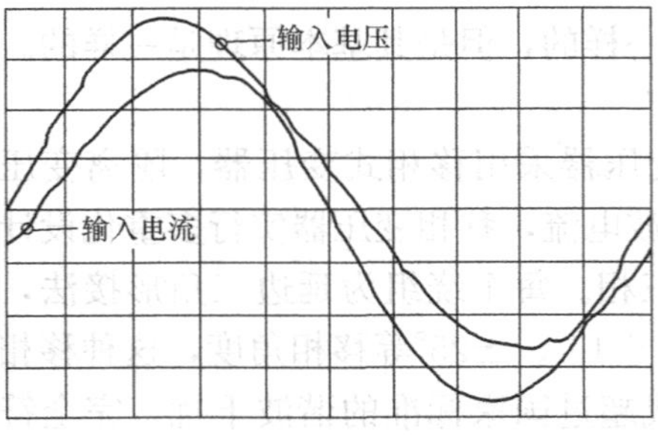

图 6-8　高压变频器的输入电压和电流波形

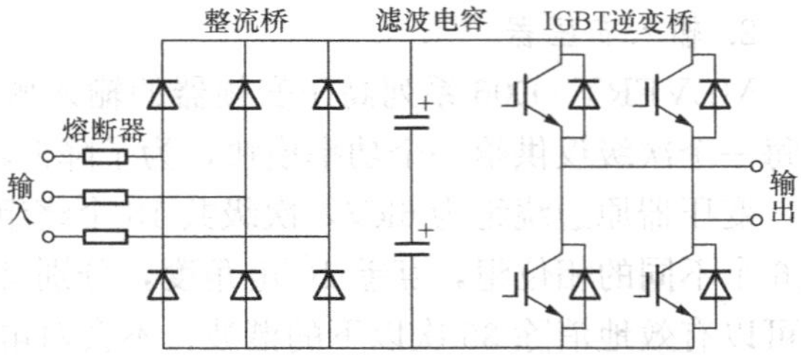

图 6-9　功率模块结构图

每个功率单元通过光纤通信接收主控系统发送的调制信息，以产生负载电动机需要的电压和频率，而功率单元的状态信息也通过光纤反馈给主控系统，由主控系统进行统一控制。该光纤是模块与主控系统之间的唯一连接，因而每个功率单元与主控系统是完全电气隔离的。

功率模块输入为580V三相交流电，经三相二极管整流桥整流后，经滤波电容形成直流母线电压，再经由4个IGBT构成的H型单相逆变桥，实行PWM控制，在其输出端输出电压为0～580V、频率为50Hz/60Hz（此频率可根据电动机的额定频率调整）的单相交流电。

每个模块输出3种不同的电压，即$+U$、0和$-U$。每相6个功率模块串联叠加，产生多重化的相电压波形，共有13种电平即0、$\pm U$、$\pm 2U$、$\pm 3U$、$\pm 4U$、$\pm 5U$、$\pm 6U$。图6-10所示为6个功率模块输出的PWM波形及叠加之后的相电压波形图。对应的线电压有25种电平，图6-11所示为高压变频器输出线电压和线电流的波形图。

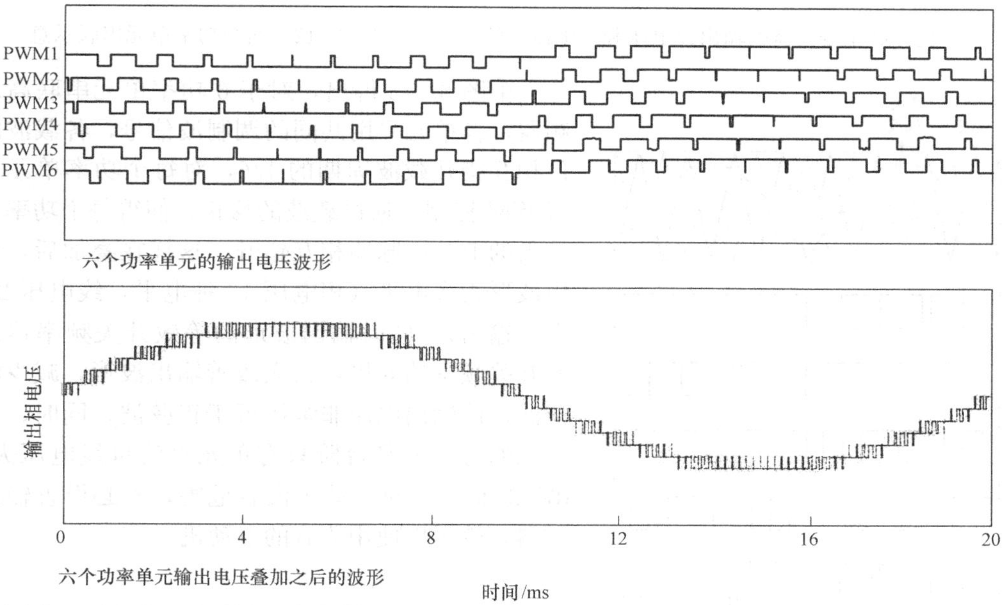

图6-10 高压变频器的模块输出波形及相电压叠加波形

4. 高压变频器PWM技术

高压变频器的PWM技术是变频器研究中一个关键技术，它不仅决定功率变换的实现与否，而且对变频器输出电压波形的质量、电路中有源和无源器件的应力、系统损耗的减少与效率的提高等方面都有直接的影响。

高压变频器采用了移相式多电平PWM技术，它是传统的两电平PWM技术的扩展，其本质是PWM技术与多重化技术的有机结合。这里以2单元串联的高压变频器为例说明其基本原理，图6-12给出了2单元串联高压变频器其中一相的串联示意。

图6-13给出了移相式多电平PWM调制的波形图，图中，两个功率单元的载波互差180°相位角，2个载波调制同一信号波。调制方法是，当信号波大于三角载波时，给出导通控制信号；相反，则给出关断控制信号。图6-13中每个功率单元两个半桥上下桥臂开关管

互补导通和关断，驱动开关器件的驱动信号，由此产生的两个功率单元输出电压波形以及合成电压波形，如图 6-13 所示。

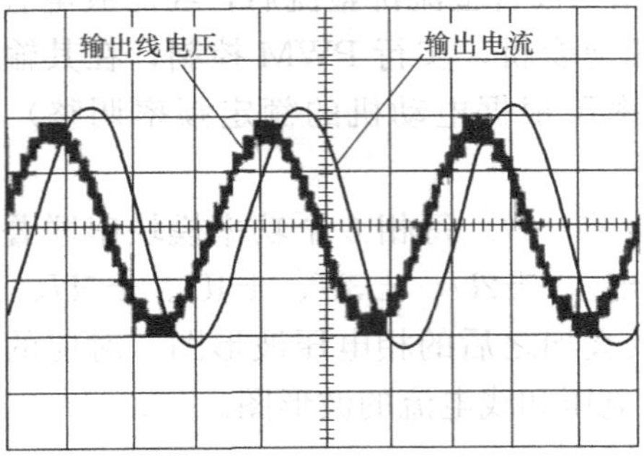

图 6-11 高压变频器的输出线电压和线电流线波形

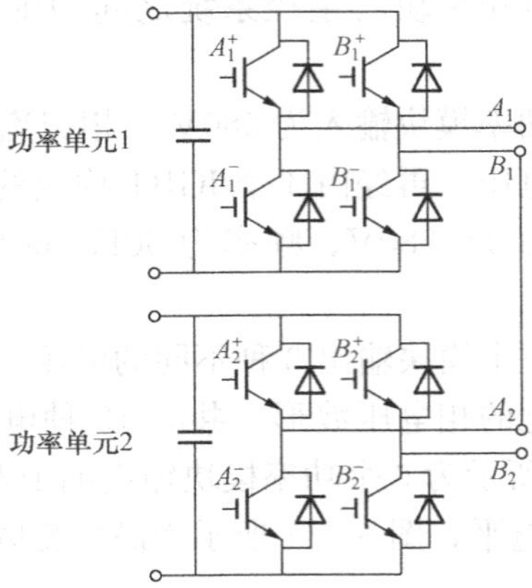

图 6-12 两个功率单元串联示意

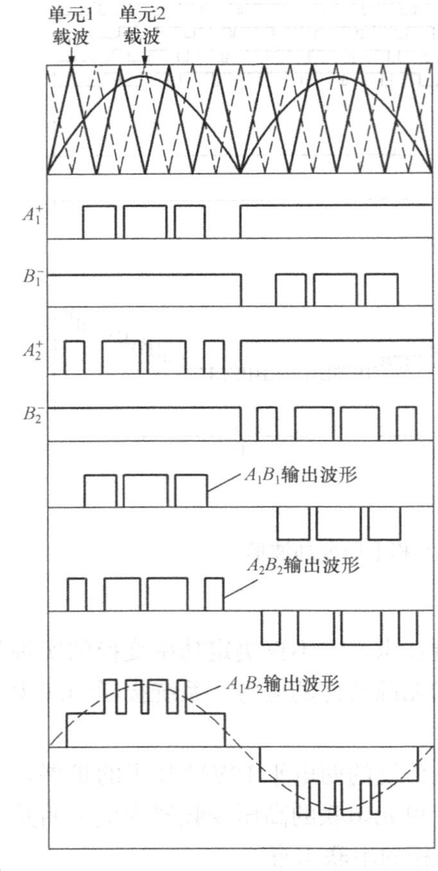

图 6-13 载波移相多电平 PWM 调制

由图 6-13 得出，对于 6 功率单元串联高压变频器，各单元采用共同的调制波信号，各载波的相位相互错开载波周期的 1/6，对每个功率单元进行 SPWM 控制，通过载波的移相，使得每个功率单元输出的 PWM 脉冲相互错开，这样在叠加后，使输出波形为多电平（相电压 13 种电平，线电压 25 种电平输出），同时输出波形的等效开关频率达到单元开关频率的 6 倍，大大改善输出波形，减少输出谐波，使输出电压非常接近于正弦波。同时，输出电压的每个电平台阶只有单元直流母线电压大小，dV/dt 很小，对电动机没有危害，不必设置输出滤波器，就可以使用原有的电动机。

5. 控制系统

控制系统包括主控系统和电气控制系统。图 6-14所示为 MLVERT-D 系列高压变频器控制系统的结构示意图。

（1）主控系统。主控系统包括主控板及光通信子板。主控系统板件采用整体设计，避免大量接插件，主控系统安装在整体屏蔽的机箱内，提高了系统的抗干扰能力。

主控系统主要完成开关量输入/输出，模拟量输入/输出；各功率模块 PWM 控制信号的生成、控制信号的编码和解码，以便于通过光纤来传送和接收控制信号；对系统进行自诊断，发出各种执行指令；综合和处理各种故障，与外部系统进行通信等功能。

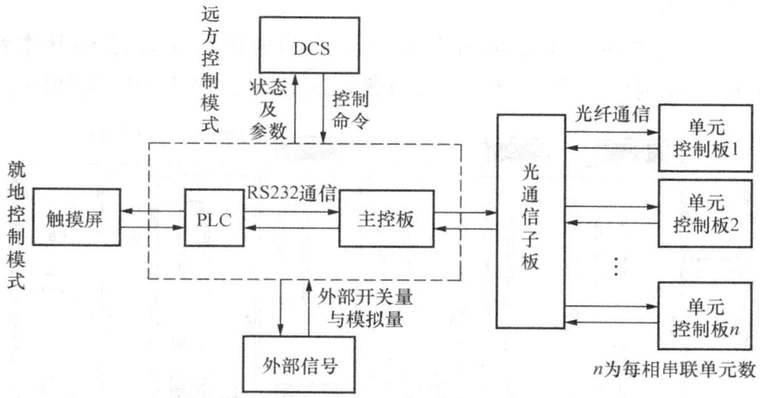

图 6-14　控制系统结构示意

主控板和光通信子板之间通过硬件插座进行数据传输。光通信子板通过光纤与功率模块上的控制板件进行通信和控制，是各个功率模块与主控系统的唯一连接，因而 MLVERT-D 系列高压变频器的主电路与主控系统是完全电气隔离的。

(2) 电气控制系统。电气控制系统包含电源部分、逻辑控制部分（包括 PLC 和电气控制元件）、人机界面。

PLC 采用西门子的 CPU-226，可靠性高，主要完成对变频器输入/输出信号控制，对外围电气的控制、保护、联锁，外部故障检测，与主控系统进行通信，控制人机界面等。PLC 控制触摸屏实现人机界面功能。触摸屏与 PLC 相连，主要完成功能参数的设定，系统状态、运行状态、故障的显示和记录等功能，且操作方便。

主控板和 PLC 之间采用 RS-232 串行通信。DCS 控制系统通过用户 I/O 端子发出控制命令，如控制变频器的运行、停机、复位等，同时接受变频器的反馈状态及工作参数，如运行状态、故障信息、运行频率等。

二、高压变频器控制方案

1. 火电厂送风机变频控制原理

送风机变频器采用一拖一自动旁路，DCS 系统上送风机保留高速部分，其相关的合闸、分闸命令，合位、跳位、控制电源消失、电流反馈仍保留；电气至联锁、FSSS、SOE 等处的风机状态信号在 DCS 内部判断转接。送风机变频器控制原理如图 6-15 所示。

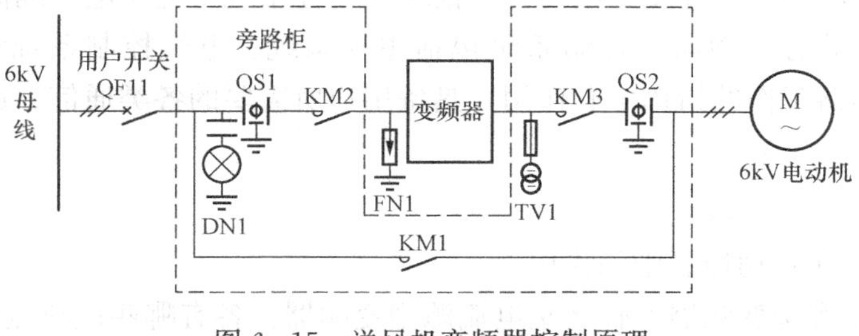

图 6-15　送风机变频器控制原理

QS1、QS2—高压隔离开关；QF11—真空断路器（6kV 电源开关）；TV1—电压互感器；
FN1—避雷器；DN1—高压带电指示器；KM1～KM3—高压真空接触器

2. 柜体构成及作用

MLVERT-D系列变频器通常是由多部分柜体构成的，主体结构基本都包括旁路柜、变压器柜、模块柜、控制柜。图6-16所示为典型的高压变频器柜体排列图。

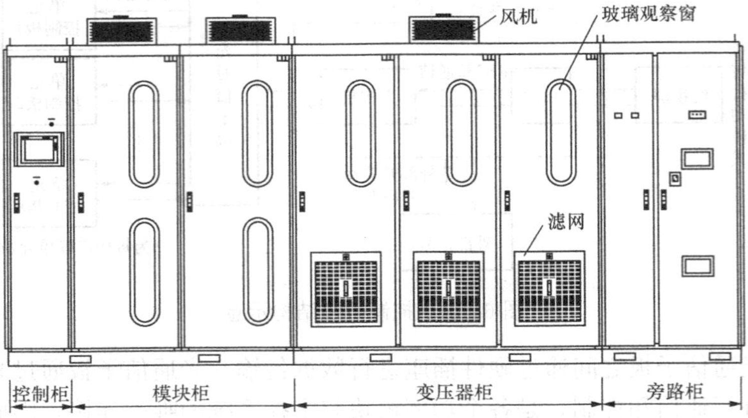

图6-16 典型的高压变频器外形图

（1）旁路柜。用户可以根据需要选用该组件，在故障情况下执行工频旁路功能，输入高压电源线从该柜进入变频器模块柜，到电动机的输出电源线也从该柜引出。并且可以根据用户的现场要求配置手动旁路柜、自动旁路柜和一拖二旁路柜，无旁路柜时电源进线直接进入变压器柜。

（2）变压器柜。装有移相变压器，原边绕组为高压直接输入，副边绕组为各个功率模块提供交流输入电压。副边绕组通过移相技术，对电网谐波污染小，使电网输入侧谐波总量降低到4%以下，直接满足IEEE 519—1992的谐波抑制标准。

（3）模块柜。装有模块化设计的多个功率模块，每个功率模块为三相交流输入、单相逆变输出。输入分别接移相变压器的副边输出，每相功率模块输出串联后构成逆变主回路，输出高压正弦波直接驱动高压电动机。

功率模块采用模块化设计，同一容量等级的所有功率模块的机械和电气参数均相同，可以方便地进行互换。功率模块采用插拔方式、后进线形式，这大大缩短了现场安装、维护时间。每个功率模块包含自己的控制板，用来与主控系统进行光纤通信，该通信是模块与控制柜内的主控部分之间的唯一连接，因而每个模块与主控系统是完全电气隔离的。

（4）控制柜。装有变频器的控制系统包括主控系统、电气控制系统和用户I/O端子。控制柜担负着变频器工作的指挥中心作用，具备用户所需要的各类通信、远控功能。

【考核自查】

1. 说明变频器在自动控制中的作用。
2. 什么是电压源型变频器？什么是电流源型变频器？各有哪些优缺点？
3. 变频器中，什么是交—直—交方式？什么是交—交方式？
4. 为什么变频调速可以节能？
5. 什么是控制方式？变频器有几种控制方式？

6. 什么是 V/f 控制方法？为何要进行转矩补偿？
7. 什么是 PWM？什么是 SPWM？
8. 为什么变频器的电压与频率要呈比例地改变？
9. 采用变频器运转时，电动机的起动电流、启动转矩怎样？
10. 变频调速系统由哪几部分组成？各部分分别起什么作用？
11. 变频调速系统具有哪些优点？它在火电厂中有哪些应用？

项目七

基地式仪表检修

基地式仪表是将测量、显示、控制和执行几部分组合设计成一个整体装置。由于仪表直接安装于被控的生产设备附近，故称为基地式或现场型仪表。基地式仪表的所有部件都装在一个机壳里，具有结构简单、动作可靠、价格便宜、运行稳定、维修方便、安全防爆等优点。一般情况下，用一台气动基地式调节仪表与一个气动调节阀配合使用，就可解决一个简单调节系统的检测、指示、控制和报警的全部问题。

【学习目标】

(1) 熟悉基地式仪表的工作原理、结构组成。
(2) 能检修、调试所学基地式仪表。
(3) 能初步分析并处理基地式仪表的常见故障。
(4) 能看懂各类基地式仪表的说明书及使用手册。
(5) 能进行基地式仪表的选型。
(6) 会正确填写基地式仪表检修、调校、维护记录和校验报告。
(7) 会正确使用、维护和保养常用校验设备、仪器和工具。

【任务描述】

认知基地式仪表的结构与工作原理，按国家标准规范对基地式仪表进行校验与维护；外观检查及清洁，定期检查、清洗仪表内的过滤器、恒节流孔、喷嘴、针型阀等易遭污染、结垢的零部件，处理气源管路漏气；调整变送单元零点、量程；作执行单元动作试验；对有故障的单元解体检查与校验，能进行减压阀检修、调节阀检修、定位器检修、薄膜式执行器检修、位置开关检修、整机调试；更换损坏部件。

【知识导航】

气动仪表 PID 控制规律的实现及系统知识

一、气动仪表 PID 控制规律的实现

1. 比例（P）控制规律的实现

一个假想的气动比例控制器原理如图 7-1 所示。误差的检测由波纹管 A 和 B 来实现，测量值或设定值的任何变化都将导致挡板的移动，经喷嘴挡板机构放大后，至功率放大器再

进行功率放大，其输出 p_0 又经反馈波纹管 E 和驱动杆 F 作用于挡板，最后使控制器输出 p_0 稳定在某一数值，并实现与测量值和设定值之差成比例。控制器的比例增益可通过改变增益调整球的上下位置进行整定，控制器的输出零点可通过调零弹簧进行调整，控制器的正、反作用可通过改变测量信号和设定值信号输入波纹管 A 和 B 的方法来实现。在图中，测量信号进入波纹管 B，设定信号进入波纹管 A，控制器是正作用；如果改为测量信号进入 A，设定信号进入 B，则变为反作用。

2. 比例积分（PI）控制规律的实现

比例控制的主要问题是存在静差。为了减少或消除静差，可以采用高增益比例控制器或开关式控制器，但会引起系统的振荡。为了实现稳定控制，同时实现无静差，可以把图 7-1 所示的比例控制器变为图 7-2 所示的 PI 控制器。对图 7-1 和图 7-2 进行比较可知，两者的区别只是比例控制器的调零弹簧被波纹管 H 和针阀 I 所代替。如果图 7-2 中的针阀 I 在波纹管 H 为某一固定压力时被关闭，则波纹管 H 的作用就相当于图 7-1 的调零弹簧。这时 PI 控制器就相当于 P 控制器。如果针阀 I 全开，波纹管 E 和 H 之间的作用力相平衡，这就等于没有负反馈作用，控制器就成为开关控制器。如果针阀 I 处于全关或全开之间的某一位置，则在测量值与设定值有一偏差时，控制器一方面由喷嘴挡板机构、功率放大器及波纹管 E 等实现比例控制作用，另一方面又通过针阀 I 和波纹管 H 实现积分控制作用。显然，这种 PI 控制器的特点是：开始是比例控制，因为有负反馈，故使比例增益较小；后来是积分作用，由波纹管 H 来实现，因为是正反馈使控制器比例增益增大，其增大的数值是流入波纹管 H 或从波纹管 H 流出的流量之函数。因此，这种控制器能实现初始响应的低增益，然后增大增益以克服静差的问题，即完成低、高增益两种功能作用。

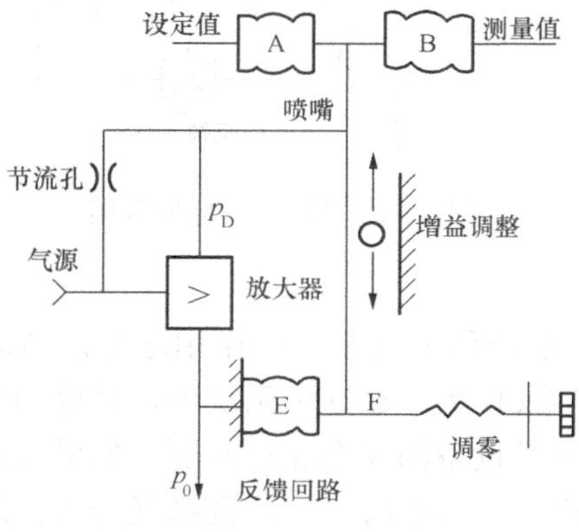

图 7-1　P 控制器原理图

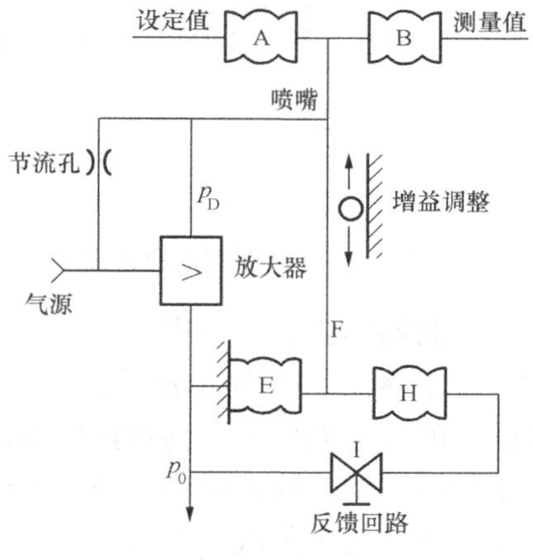

图 7-2　PI 控制器原理图

3. 比例微分（PD）控制规律的实现

控制系统的基本目标是提高稳定性，减少衰减振荡周期和初始超调，减少或消除静差。积分作用虽然能消除静差，但不能解决振荡周期和初始超调的问题。实际上，有了积分作用，振荡周期和初始超调反而增加。为了减少振荡周期和初始超调，控制器应在初始响应时是高增益，然后是减少增益。这一现象与积分作用是相矛盾的，而 PD 控制器可实现上述目的。PD 控制器原理如图 7-3 所示。

图 7-3 中，PD 控制器与图 7-1 所示的控制器基本上是相同的，在波纹管 E 的反馈回路

加入一针阀D，如果针阀D在波纹管E为某一固定压力时关闭，则比例反馈作用就消失，控制器就成为开关控制器；如果针阀D全开，则控制器就是比例控制器。如果针阀D在全开和全关之间的某一开度，即在测量值与设定值之间有一偏差时，由于比例负反馈作用（波纹管E的压力变化）受到抑制，故开始时的比例增益比较大，然后逐渐增大比例负反馈作用，使比例增益减少。因此，PD控制器可实现减少振荡周期和初始超调的控制功能，也能减少静差，但不能消除静差。

4. 比例积分微分（PID）控制规律的实现

开关控制器具有结构简单、可维护性好、成本低等优点，而且能够实现减小静差或无静差控制，但是开关控制器会使控制系统产生振荡。如果采用适当增益的比例控制器，虽然能减小系统振荡，但又会使控制系统产生静差。而采用PI控制器虽然可以消除静差，但又增加了振荡周期和初始超调；PD控制器可以减小振荡周期和初始超调，但不能消除静差。把比例、积分和微分3种作用组合起来的PID控制器综合了上述几种控制器的优点，能使控制系统获得理想的调节性能。气动组合仪表的PID控制器原理如图7-4所示。

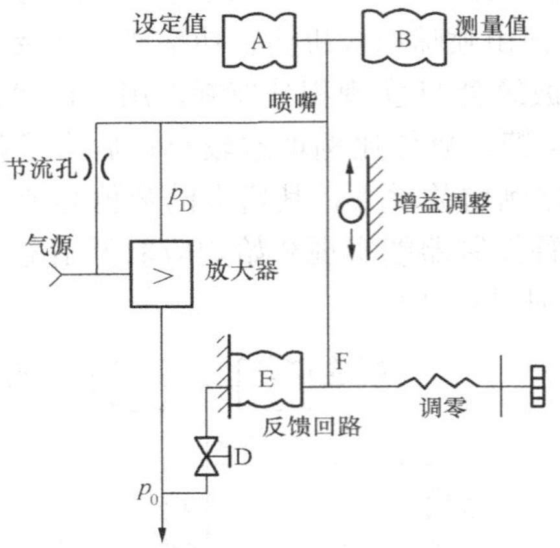

图7-3 PD控制器原理图

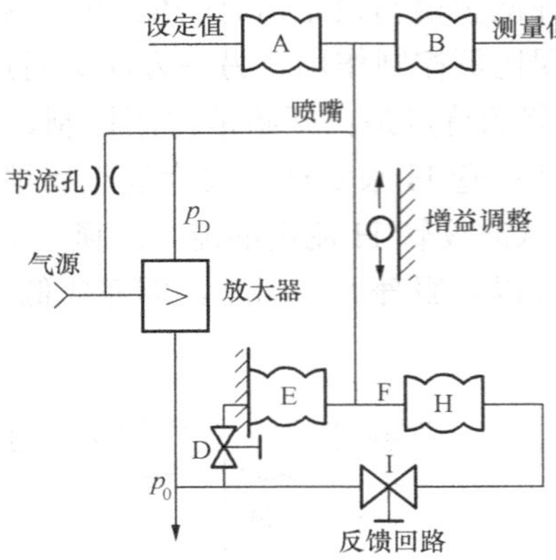

图7-4 PID控制器原理图

二、控制器的正、反作用

图7-5所示是一个简单加热控制系统。系统各组成环节有正、反作用之分。若环节的输出随输入的增大而增大，则称正作用；反之，则称反作用。在这个系统中，对象和测量变送器为正作用。调节阀正反作用的选择则应考虑系统及设备的安全保护问题。如果气源中断使调节阀全开，最大蒸汽量进入管道，会使设备和产品造成危险，就应选择气开阀。因为气开阀是气源中断时阀全关，从而切断蒸汽进入管道，防止了事故的发生。与此相反，如果最大蒸汽量进入管道并不发生危险，而管道冷却会使产品和设备遭到破坏，则应选择气关阀。因为气关阀是气源中断时阀全开，使蒸汽进入管道，使之不因冷却而造成事故，气开阀为正作用，气关阀为反作用。图7-5所示系统采用气开阀。

控制器一般都有正、反作用开关，可根据系统的要求进行选择；在这一系统中，因为对象、测量变送器及控制阀都是正作用的，根据产品温度升高时应减少进入管道蒸汽的控制要求，控制器的输出应随输入的增加而减少，故应选择反作用的控制器（如果控制器是气关阀，则选择正作用控制器）。

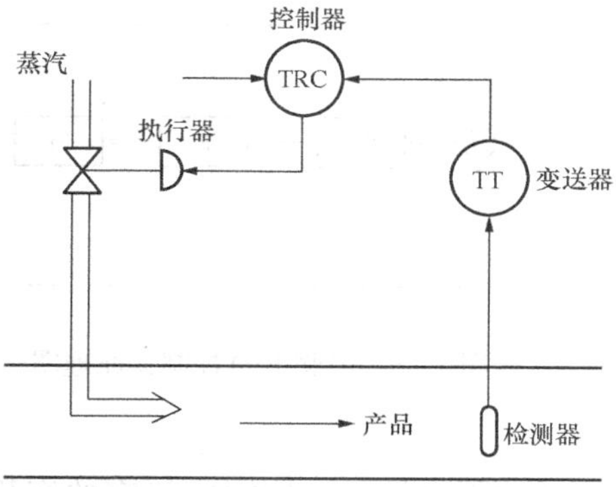

图 7-5　简单加热控制系统

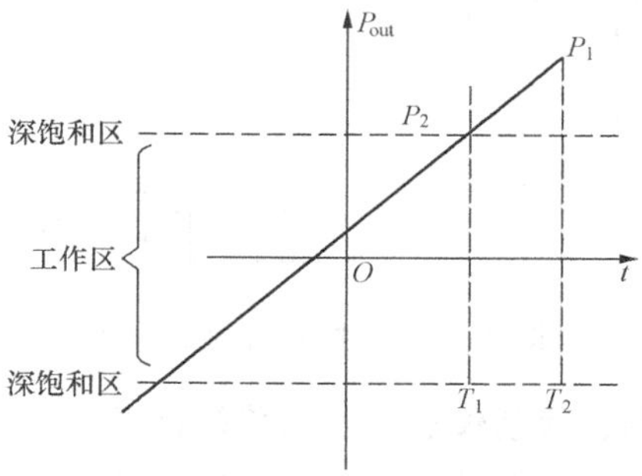

图 7-6　控制器的工作区与深饱和区

三、控制器的积分饱和及防饱和方法

1. 积分饱和的概念

有积分特性的控制器普遍存在积分饱和问题，就是说，这种控制器只要偏差没有消失，其输出就会按偏差的极性向两个极端位置（最大或最小）的方向变化。这样就会出现控制器或执行器损坏，并因克服反向扰动的速度降低而恶化系统的控制品质。对于前者，无需多加说明；对于后者，可用图 7-6 来说明。当控制器输出达到规定的上、下限时，执行器已处于饱和状态，即 P_{out} 继续增加，执行器也不会继续动作。因为控制器做了虚拟的控制动作，故通过控制器的介质不会改变。一旦控制系统出现扰动，使控制偏差的极性变反，控制器的输出要慢慢从深饱和区退出，直到处于信号范围才能改变控制介质的流量。就是说，从 P_1 点退到控制系统开始起作用的 P_2 点，要耽误从 P_1 点到 P_2 点的运动时间，即在 T_1 至 T_2 的时间内，控制系统不起任何作用。

2. 防积分饱和的方法

（1）采用比例控制器。这是防积分饱和的最简单的方法，但会使系统产生静差。因此，该方法作为防积分饱和措施而言是很少采用的，也不值得推荐。

（2）采用限幅装置。采用某种形式的限幅是防积分饱和的另一种方法。工业上应用的气动控制器都配有限幅装置。根据限幅装置的限幅范围，可使控制器的输出不超越控制器所限定的输出范围。严格地说，这种输出限幅并不是真正的防积分饱和，只是限幅装置把送给控制阀的信号限制住而已，并不能改善克服反向扰动的控制品质。

（3）对现有的 PI 控制器进行改进。许多控制器的积分网络与控制器的输出是固定的内部联系。现可用外部接线加以改进，如图 7-7 所示。控制器输出接入低选器的一个输入端，控制器防饱和点的相应信号 P_3 接入低选器的另一端。当控制器的输出还没有达到开始饱和点（$P_2<P_3$），低选器隔断控制器输出与积分网络的联系，选中 P_3 作为积分网络的输入，达到防积分饱和的目的。这种结构改进的关键是如何设计饱和点信号 P_3。

（4）采用 PD 控制器。这是较为实用的方法。采用 PD 控制器能减少超调，与纯比例控制器相比，还能减少系统的静差，但不能消除静差。如允许有较小静差时，则采用 PD 将优先于 PI，即不存在积分饱和问题。

（5）采用串联 PID 控制器。当负荷和设定值可能发生变化，而超调和静差又不允许存在时，解决积分饱和的最好办法是采用串联 PID 控制器，它的简单原理框如图 7-8 所示。

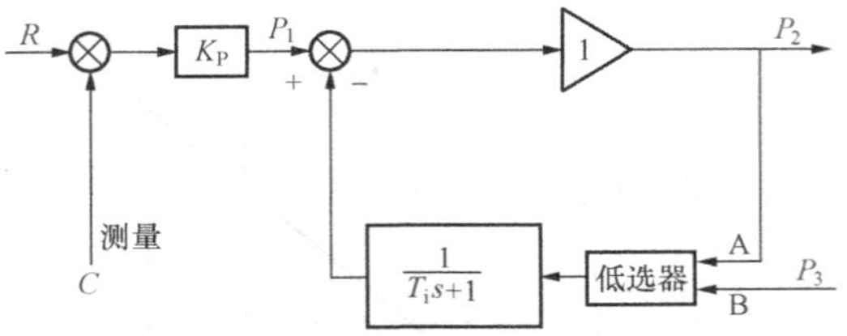

图 7-7　PI控制器的结构改进

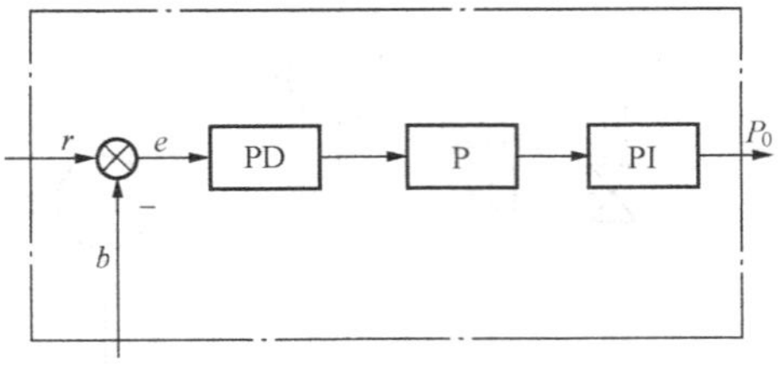

图 7-8　串联PID控制器原理图

四、气动仪表的管路传输问题

在采用气动仪表组成的控制系统中，若信号传输的距离较长，控制阀气室的容积也较大，则管路传输对控制系统的动态影响总是存在的，它将造成信号传输的滞后，因此需要采取妥善的解决办法，主要有如下几种：

（1）控制器现场安装。在许多流量控制系统中，把气动控制器安装于现场靠近测量变送器及控制阀的地方，尽量减短信号传送距离。

（2）采用1∶1继动器。在靠近控制器的输出管道上串接一个1∶1继动器，由于它的接受容积很小，又有足够的流量输出，并靠近控制阀，故可使从控制器到控制阀传输管路及控制阀接受容积的影响减少到可忽略的程度。

（3）采用阀门定位器。阀门定位器与升压放大器在减少传输管路和接受容积影响方面的功能基本相同，但后者充满控制阀气室的能力要强些，而前者有改善系统动态性能的功能，故很多控制系统都采用阀门定位器。

KF系列气动基地式仪表

气动基地式仪表的发展已有几十年的历史，在20世纪60年代以前，它是工业自动化的主要技术工具。目前气动基地式调节仪表仍应用于石油、化工、冶金、轻工、电站等工业部门的辅助设备和辅助参数的就地控制。国内使用较多的气动基地式仪表是KF系列指示调节仪表。

一、KF系列仪表的基本结构

KF系列仪表从量程上看可分为固定量程和可调量程两大类。尽管仪表的品种规格有数十种，但是除了所测量的工艺参数和测量范围外，其构成、原理、技术指标是相同的。

KF系列仪表由几十个标准功能件构成，组合其中的一部分即可构成各种不同用途、不同规格的产品。这些标准功能件有表门箱壳部件、测量单元、转换单元、接收单元、发信单元、指示比较机构、管路板、比例单元、积分单元、手动积分单元、积分限幅单元、微分单元、放大器、切换操作单元以及过滤减压阀等。这些功能件以表门箱壳部件为基础，除了过滤减压阀和可调量程的测量单元固定在箱壳的外侧和背面外，其余均配置在箱壳的管路板上。一个功能件只需两个螺钉便可装拆，要增减一个功能件只需在相应位置上卸去密封件装上功能件，或者卸去功能件装上密封件即可。

仪表标准功能件在管路板上配置如图7-9所示。

KF系列仪表从品种上分有温度测量（KFT固定量程）、压力测量（KFP固定量程和KFK可调量程）、差压测量（KFD可调量程）、液位测量（KFL固定量程）等4种。

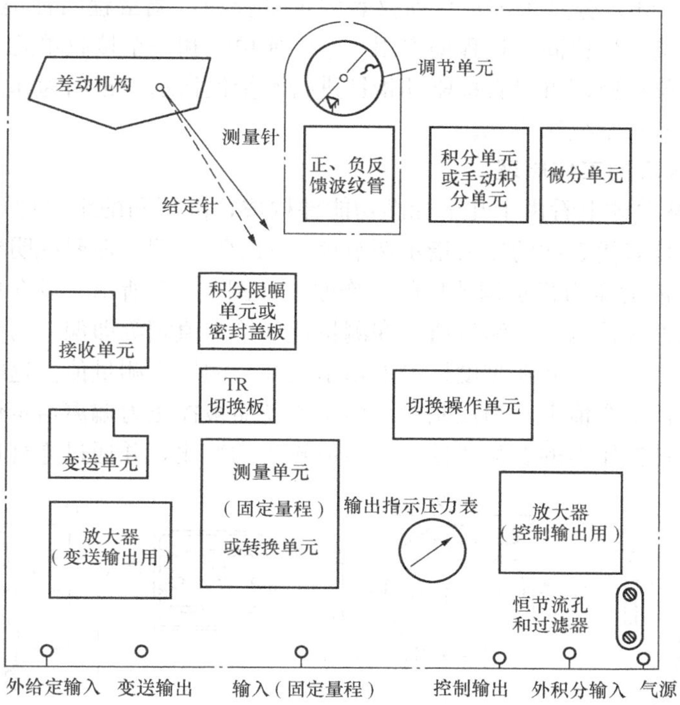

图 7-9　功能件在管路板上的配置

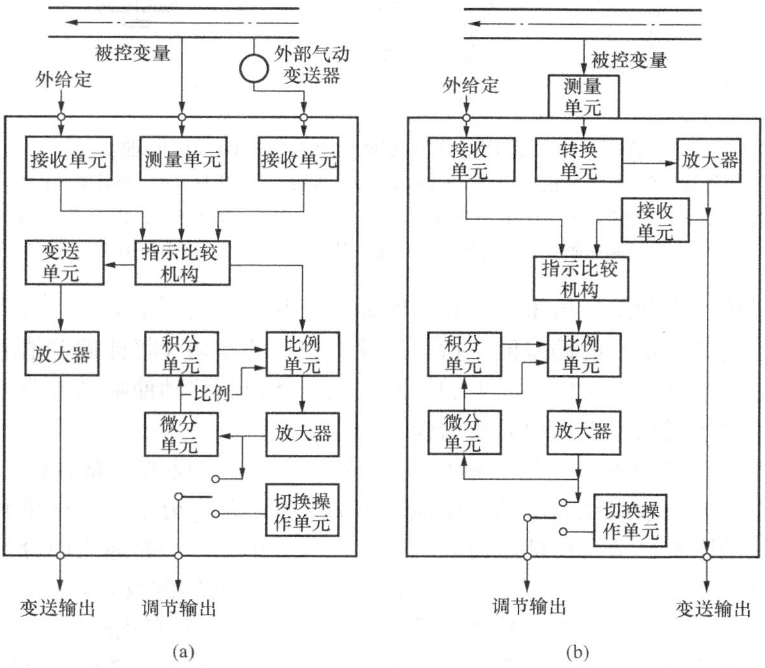

图 7-10　KF 系列仪表原理框图

（a）固定量程原理图；（b）可调量程原理图

图7-10（a）、（b）分别为KF系列仪表固定量程和可调量程两种类型的结构组成图。从图中可见，可调量程型比固定量程型多用一个转换单元和一个接收单元。这是由于固定量程的测量单元采用位移原理可以直接驱动指针进行测量值指示。正因为如此，固定量程型在作气信号远传时要多一个变送单元。

二、KF系列仪表的工作原理

KF系列仪表从总体上看由十几个标准功能件构成，由不同的组合即可形成各种品种规格的产品。这里以具有代表性的压力指示调节仪（KFP）为例，扼要说明整机工作原理。

带PID调节功能的压力指示调节仪的工作原理如图7-11所示。设在仪表箱壳内的盘簧管式压力测量单元直接检测压力测量值。在测量值和给定值相等即偏差为零时，指示比较机构上的测量值和给定值重合并在刻度标尺上指示出即时的压力测量值。这时，仪表处于平衡状态，其输出停留在某个值上，当控制对象由于扰动而被控压力偏离给定值时，盘簧管式压力测量单元立即将被控压力的变化线性地转换成转角的变化，并通过连杆推动测量值转动。

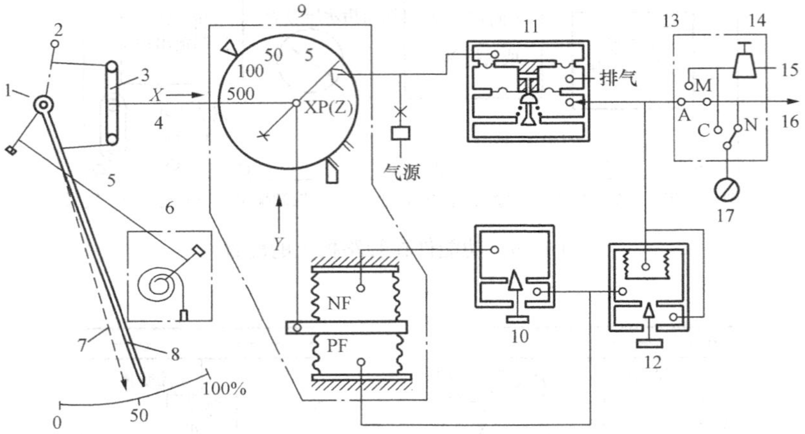

图7-11 带PID调节功能的压力指示调节仪原理

1—指示比较机构；2—给定按钮；3—差动片；4—控制连杆；5—连杆；6—测量单元；7—给定针；8—测量针；9—比例单元；10—积分单元；11—放大器；12—微分单元；13—切换操作单元；14—减压阀；15—气阀；16—输出检查按钮；17—输出压力表

此时，测量值不再和给定值重合，在刻度标尺上既可看出测量值，还可查看出测量值相对给定值（由给定针指示）的偏差值。指示比较机构上的差动片将此偏差值通过偏差连杆按比例地传递出去，推动设在比例单元上的控制挡板。挡板的移动使喷嘴的背压发生变化，经放大器放大后，再经过切换操作单元成为仪表的输出气压。

为了使仪表具有PID调节功能，输出气压被分流并引入反馈回路并作为反馈信号。为便于说明，假设偏差使输出压力增加。反馈回路的第一站是微分单元，该单元是由弹性气容和可变气阻构成的阻容环节。反馈压力分两路进入微分单元，一路通入微分针阀，由于针阀的节流作用而延缓改变气容室的压力；另一路进入气容室内的波纹管，使波纹管产生位移，因而使气容室容积变化，气体受压缩压力升高，约为反馈压力变化的1/20～1/10，且无滞后地反馈到比例波纹管PF中去，从而获得10～20倍的微分放大倍数。随后，反馈压力经由微分针阀使PF波纹管压力增大，负反馈压力逐渐加强，微分作用消失。波纹管PF的压力转换成位移，再通过反馈杆推动控制挡板，使输出压力降低，实现所需的比例微分负反馈以获得比例微分控制作用。从微分单元出来的一路反馈经由气容和可变气阻构成的积分单元阻尼后进入积分波纹管 NF，转换成位移，同样通过反馈杆推动控制挡板，使输出压力增加，实现所需的积分正反馈以获得积分控制作用。正反馈由于受到积分单元的阻尼作用而逐步增加，因而输出压力也是持续不断地升高。显然，只要被控压力与给定值之间还存在偏差，正反馈就不会停止，输出压力将一直上升，直到偏差回零为止。如果偏差长时间不到零，输出压力可能会达到饱和（接近气源压力）。上述正、负反馈是在反馈杆上叠加起来的，因此，形成了完整的气动仪表 PID 控制功能。输入偏差和正负反馈均以位移的形式在控制挡板的 X 轴和 Y 轴方向同时作用在控制挡板上，因此，控制挡板既和喷嘴组成位移—压力转换元件，同时又起着比较元件的作用。偏差位移和正、负反馈位移在控制挡板上不断地反复地进行比较，直到平衡，控制过程结束。

改变比例单元上控制挡板相对 X 轴的偏角可轻易地调整仪表的比例带（5%～500%，正、反作用），调整微分单元的可变气阻可改变微分时间（0.05～30min），调整积分单元的可变气阻可改变积分时间（0.05～30min）。

如果仪表要带积分限幅功能，则积分单元前可设置积分限幅单元，使仪表的输出压力最高只能达到积分限幅设定值，从而达到防止积分饱和的目的。

三、KF 系列仪表各功能单元的信号转换原理

尽管从作用上看组成 KF 系列仪表各功能单元有主、辅功能单元之分，但它们有一个共同的性质，即都有一个输入信号和一个输出信号。一个功能单元接受上一个功能单元的输出信号，同时又将这个信号变成另一种信号传给下一个功能单元。如此便完成了仪表的各种功能作用，多个功能单元的有机组合即构成一个整体的 KF 系列仪表。这些功能部件就其基本工作原理而言，有位移式、力平衡式和位移平衡式 3 种。

1. 位移式原理

位移式工作原理的典型例子是固定量程（KFT、KFP）型的测量单元。这种位移式工作原理与日常生活中的弹簧秤类似，是根据内力与输入力相平衡而完成参数测量的。在这种工作方式中，信号输入后将直接产生一个相加的输出，并没有反馈作用。它适用于将压力转换成位移的场合。当测量元件确定后，测量的量程也就确定了，故可用于 KFT、KFP 固定量程型测量单元。

2. 力平衡式原理

力平衡式原理是利用输出气信号的反馈力与输入的测量力相平衡来取得稳定状态的工作方式。它与位移原理不同之处是力的平衡对象不同，位移式是输入力与弹性元件的变形内力平衡，而力平衡是输入力与输出信号的反馈力平衡；另外，输出信号也不相同，位移式输出是位移，力平衡式输出是气信号。因此，力平衡式工作方式在结构上必须具备能够产生气信号的喷嘴挡板机构和放大器，还要有一个把输出气信号转换成力的转换机构，以便把输出信号以力的形式反馈到输入端。它在结构上要复杂得多，但是，它实现了量程的调整，加大了参数测量的范围。力平衡工作原理的典型例子是 KFK、KFD、KFL 的测量单元。

3. 位移平衡式原理

位移平衡原理是输入位移与反馈位移之间的位移平衡，平衡时有稳定的输出，这种工作方式的功能单元输入是位移，输出是气信号，输出气信号经反馈机构变成位移。因此，采用这种工作原理的功能单元，都要有一个把气压信号变成位移的反馈机构，这个反馈机构常用

波纹管配上一定刚度的弹簧来实现。它既有位移原理的优点，又有力平衡式的优点。在KF系列仪表中，以位移平衡原理工作的有调节机构和固定量程的变送单元。

如上所述，气动仪表的工作原理有3个，气动仪表的常用信号也有3种，即气信号、位移信号和力信号。其中，只有气信号是作为统一的标准信号使用，且传送起来十分方便。而位移信号和力信号没有统一规定，一般是机械方式传送，很不方便。故常作为非标准的内部信号使用。但3种信号的性质不同，作用也不同，因而常常需要做3种信号的相互转换，这种转换一般是有一定规律的，而且转换时所采用的工作原理也有一固定的关系。

(1) 力信号（或气信号）向位移转换采用位移原理。

(2) 力信号向气信号转换采用力平衡原理。

(3) 位移信号向气信号转换采用位移平衡原理。

因为气动仪表的信号主要是3种，所以温度、压力、液位等参数一般是先转换成力，再进一步转换成位移或气信号。两种不同的转换结果即形成了固定量程型和可调量程型两种仪表。

四、KF系列仪表的主要组成部件

由于测量原理的不同，组成不同类型的仪表所使用的各功能单元的选用和组合也不尽相同。

KF系列仪表的基本构成如图7-12所示。测量单元要将位移信号送给指示机构用于指针刻度指示（可调量程型测量单元气信号输出需经过接收单元变成位移信号）。指示机构将位移信号变成指针转角，同时，又将与指针转角成比例的位移输送给控制器的偏差机构。偏差机构将此位移与给定机构给出的位移进行比较，输出一个差值位移至控制机构。此差值位移称偏差位移，控制机构又将这个偏差位移变成一定控制规律的气信号送给控制阀。如果有手操单元，只要将自动/手动切换开关置于手动位置，即可用手操器手动操作阀门。如果需要离现场较远的地方观察参数值时，就需用变送功能的指示变送仪或指示变送调节仪。此时，可调量程型测量单元本身就有气信号输出，故只需把变送输出口打开，即可远传出气信号；而固定量程型则如上面所述，要加一个变送单元。

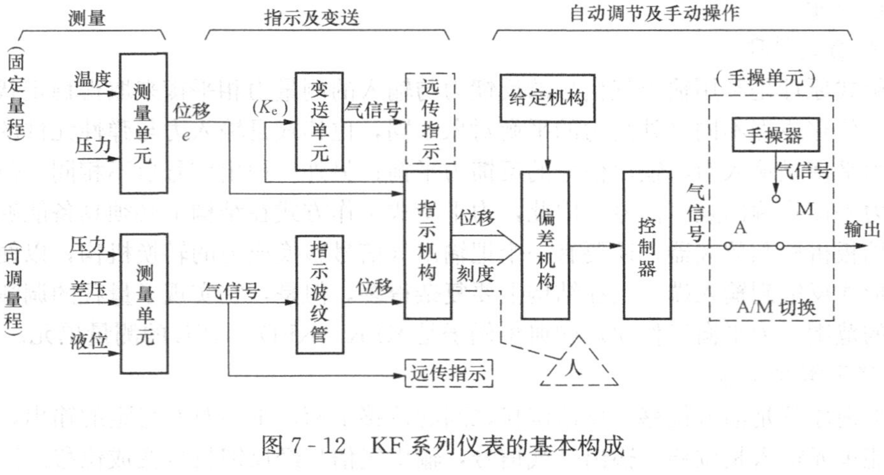

图7-12 KF系列仪表的基本构成

1. 测量部件

测量单元是把工艺参数变成位移或气信号的功能机构。

(1) 温度测量单元（带温度补偿）。由温度测量元件、环境温度补偿元件和用来传送放大与稳定输出端的连杆组件三部分组成，其中测量元件由温包、毛细管和波纹管三部分组成一个密封腔体，温度补偿元件则相当于测温元件切除温包而形成的密封腔体。密封腔体内充有液体煤油或气体氮，充液式温度上限为300℃，充气式温度上限为500℃。

图7-13所示是温度测量单元的结构和工作原理图。当被测介质温度升高时，温包内液体煤油体积膨胀，体积的膨胀量正比于温度的变化量，膨胀的液体沿毛细管流向波纹管的外腔，从而压缩波纹管使其产生位移，位移的大小与温度的变化量成正比。这种正比于温度变化量的位移，通过波纹管内腔的芯杆传递给连杆13，使杆13绕浮动支点转动并带动杆14～16转动，最终在杆16顶端的量程调整的滑架上通过杆17送给指示机构和供控制器用。杆13～16只起放大作用，杆15的输出位移仍旧正比于被测温度的变化量，标志了被测温度的高低，从而完成了温度的测量。

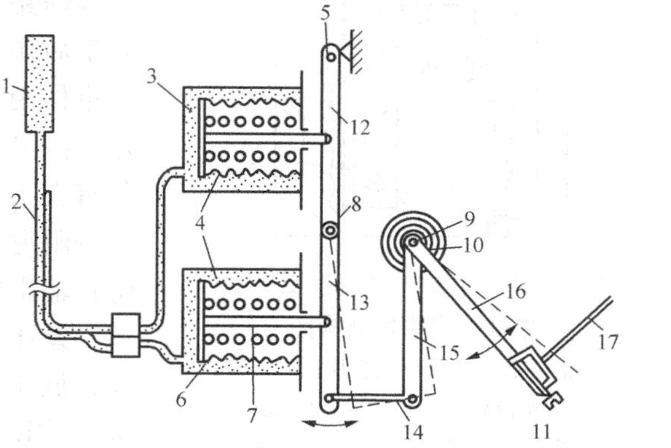

图7-13　温度测量单元的结构原理图

1—温包；2—毛细管；3—环境温度补偿波纹管；4—密封腔室；5—固定支点；6—测量波纹管；7—芯杆；8—浮动支点；9—输出轴；10—盘簧；11—量程调整机构；12～17—连杆组件

充液式温包是利用液体温度升高体积增大的原理进行温度测量的，其转换过程如图7-14所示。充气式温包是利用气体等容特性进行温度测量的，其转换过程如图7-15所示。充气式温包的测量原理和特性与充液式温包有所不同，但其测量工作过程是类似的。当被测温度升高并为温包感受时，温包中气体压力升高，通过毛细管连通，使波纹管外腔压力升高，从而压缩波纹管使其自由端产生位移。此位移经波纹管内侧芯杆传递给连杆组件，最后在杆16自由端输出一个正比于被测温度的位移信号，从而完成测量。充气式温包输出的是压力信号，不是充液式的体积增量。波纹管内芯杆的位移是波纹管外侧压力与波纹管内弹簧力平衡的结果。

图7-14　充液式温包温度测量转换过程

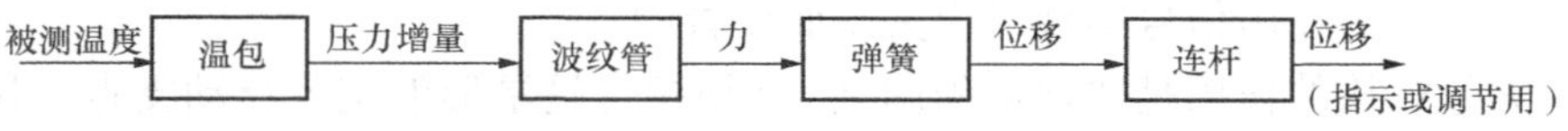

图7-15　充气式温包温度测量转换过程

(2) 差压（KFD）测量机构。KF系列仪表的差压测量机构按其引压方式和测量范围可分为10种结构类型，这里以中差压型测量机构为例介绍，其他类型功能部分基本相似。

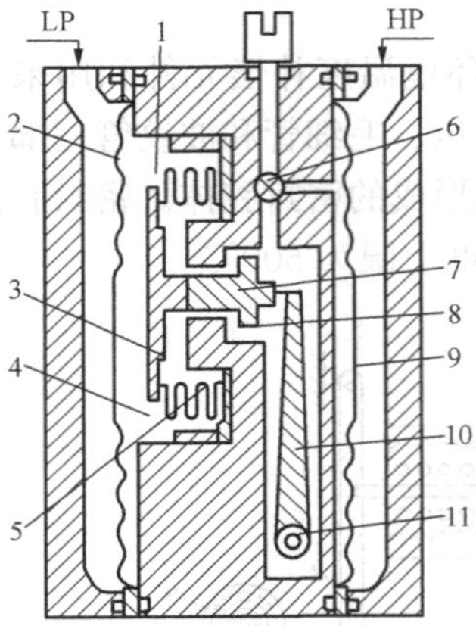

图7-16 中差压（高差压）型测量机构原理结构图

1—高压侧充液；2—低压侧膜片；3—密封环2；4—低压侧充液；5—波纹管；6—阻尼阀；7—硬芯；8—密封环1；9—高压侧膜片；10—扭臂；11—扭管阻件

图7-16为中差压型测量机构原理结构图。图中，差压测量机构的波纹管通过硬芯与扭臂相连，高低压侧两个膜片构成的空腔内充灌有硅油。波纹管把这个空腔分隔成两半，左侧为低压侧，右侧为高压侧，右边的高压侧又被阻尼阀分隔开，中间经阻尼阀作为通路相连。工艺介质的压力引入高、低压两侧的腔室后作用到膜片上，膜片起隔离工质和传递压力的双重作用。波纹管是感测高、低侧压力并进行比较的差压测量元件。在波纹管与扭臂相连的硬芯上，左右各有大小不同的密封环，它们起静压保护作用。通过改变阻尼阀的阻流面积可调整充液左右流动速度，起防止输出振荡等作用。

差压型测量机构的工作原理如图7-17所示。当高、低压侧通入压力时，高压侧膜片受高压侧压力p_H作用向左移动，压迫内部的充灌液将压力传给波纹管，有效面积为A的波纹管接受压力p_H后产生力$F_H=Ap_H$，拉动扭臂向左偏摆。同样，波纹管在低压侧压力p_L作用下也有压迫波纹管的力$F_L=Ap_L$，推动扭臂向右偏摆。这样，波纹管受到的合力为F_H-F_L，即扭臂所受作用力$F=F_H-F_L=A(p_H-p_L)$，其方向使扭臂向左偏摆。若扭臂长为L，则与扭臂相连的扭管芯棒上的扭力矩为$M_0=A(p_H-p_L)L$，即传送给转换机构主杠杆的力矩$M=M_0=A(p_H-p_L)L$。

（3）转换机构。转换机构也称为发信机构或发信单元，是可调量程型测量单元的通用部分，其作用是在参数测量中实现信号的转换和量程调整。除放大器外，主要有主杠杆机构、反馈机构、渐开线矢量机构等3大部分。结构原理如图7-18所示。

主杠杆机构除主杠杆外，还包括其上的喷嘴挡板机构及放大器。主杠杆的作用是接受输入的力矩信号（测量机构送来的力矩），同时也接受反馈的力矩信号。喷嘴挡板主要用于检测主拉杆的不平衡状态，当平衡受到破坏时，喷嘴背压发生变化，从而使放大器输出发生变化。

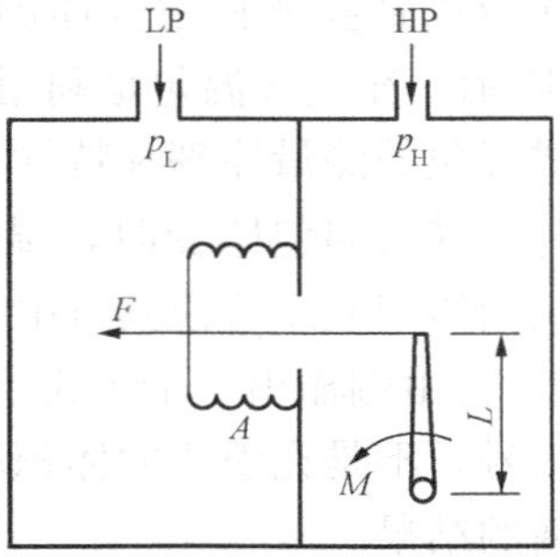

图7-17 差压型测量机构工作原理图

反馈机构是把输出气信号变成反馈力的机构。这个转换是通过反馈波纹管实现的，并经反馈杠杆通过图7-18中矢量机构的拉杆2和1作用到主杠杆上。调零弹簧和量程微调机构是为了使参数测量与输出信号实现对应关系而设置的。

渐开线矢量机构的作用是实现量程调整。3根拉带呈星形汇交于浮动支点，拉带2与反馈杆一端相连，拉带1与主杠杆相连，拉带3的另一端固定在滑块上，通过滑块在渐开线形的滑槽内滑动或改变图7-18中的矢量角θ。从而改变支承作用的方向，进而使F_1、F_2大小的比例关系发生变化，实现量程调整。

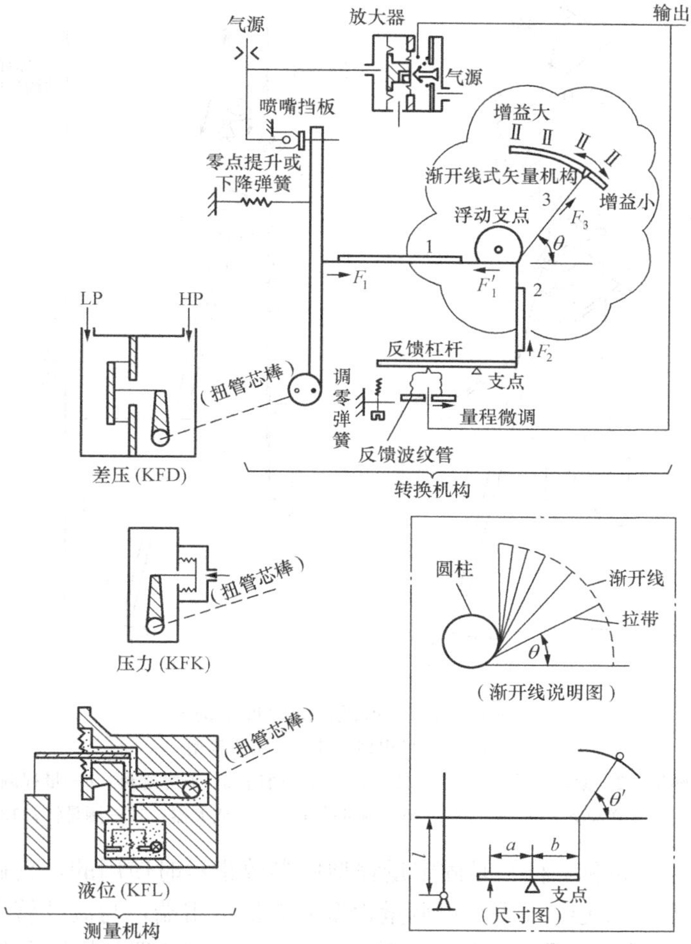

图 7-18　可调量程型测量单元结构原理图

图 7-18 中，当被测压力、差压（流量）或液位变化时，测量机构输出力矩即发生变化。若被测量增大，主杠杆力矩也增大，因其方向为逆时针方向，于是主杠杆逆时针转动，带动挡板盖向喷嘴，使喷嘴背压升高，并经放大器放大后成为输出信号。该信号同时进入反馈波纹管变成力，该力作用在反馈杠杆上，通过杠杆的力变换作用，变成向下的力 F_2 作用到拉带 2 上，F_2 的力通过浮动支点处力的三角关系变成拉伸拉带 1 的作用力 F_1。力 F_1 通过拉带 1 作用到主杠杆上。因为 F_1 力的方向向右，所以作用使主杠杆达到力的平衡状态而稳定在某个位置上。此时喷嘴挡板间隙不再变化，背压稳定，放大器输出稳定，与输入力平衡，完成测量单元的任务。

2. 指示比较机构

指示比较机构包括指示机构、给定机构和偏差机构 3 部分。3 部分在装配调校中总是呈一体结构，故统称指示比较机构。下面分别介绍这 3 个机构。

(1) 指示机构。图 7-19 所示为指示机构的原理结构图，指示机构可以认为就是 1 根测量指针，它包括由指针臂和指针尖构成的指针及与指针同轴的两块（或 1 块）扇形板以及指

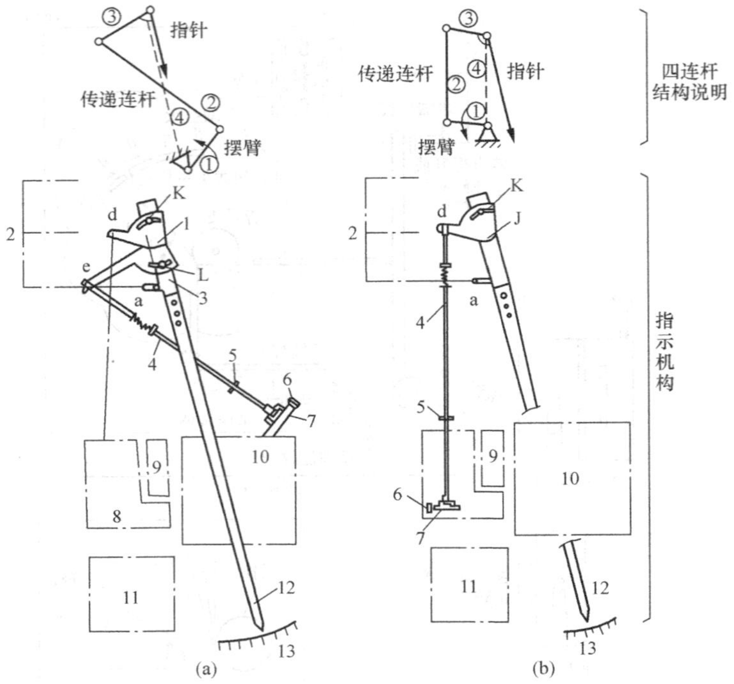

图 7 - 19 指示机构的原理结构图

(a) 固定量程型；(b) 可调量程型

1—指针转轴；2—偏差机构；3—指针杆；4—传递连杆；5—调零螺母；6—量程调整机构；7—摆杆；8—变送单元；9—密封板；10—测量单元；11—放大器；12—测量针；13—刻度盘

针转轴 3 部分。e 端（也称 e 杆）是固定量程型做参数指示时使用的，它通过传递连杆与测量单元输出端（摆臂）相连。d 端是可调量程型参数指示用端，与波纹管上的摆臂相连。固定量程型有变送功能时也是用 d 端与变送单元相连。e 端和 d 端与指针夹角分别可用 L 和 K 两个螺钉调整。图 7 - 19 中 a 也是个传递连杆，它与偏差机构相连，将指针的转动传递给偏差机构。指示机构的作用是将测量单元转换成的位移，经四连杆机构放大到转角 44°，最后由测量指针（红色）指示。动作过程是指针转轴 1 的转动通过偏差机构 2 带动指针杆 3 和指针的转动，刻度盘上指示出被测参数，如指示值与实际值偏差较大，则通过四连杆机构予以调整，调整的项目包括零点、量程及线性 3 个方面。但连杆机构的各调整因素都是相互交织在一起的，调整工作繁琐，往往需反复多次才能调整好。

(2) 给定机构。给定机构用于给定控制定值。控制定值有两种给定方式：一是本机手动给定；二是远程气信号给定。两种方式最后给出的都是位移信号，称给定位移。该位移作用在偏差机构上，与测量位移比较，比较结果送给控制器的喷嘴挡板机构后进行各种控制动作。该给定机构比指示机构多 1 个旋钮和扇形齿轮。气给定机构实际上是本机给定去掉旋钮（齿轮浮空不用）的机构，给定针由给定指示波纹管的摆臂通过传递连杆驱动，也是和指示机构相同的四连杆机构，如图 7 - 20 所示。

(3) 偏差机构。偏差机构是为控制机构产生偏差信号的机构，其结构如图 7 - 21 和图 7 - 22所示，指示机构中的小连杆 a 给出的测量位移信号与给定机构中 f 点给出的位移进行比较，产生一个与偏差成比例的位移信号，故也称比较机构或差动机构。f点与a点间的金属片结构通常称为差动片，差动片上端与给定机构的f点相连，给定针为驱动杆，下端与测量机构中的a小连杆相连，比较后的偏差信号位移即通过连杆送给控制器喷嘴挡板机构。为了正确反映送给控制器的偏差信号位移，调校时，应在没有偏差信号时调整差动片的中心与指针转动小心重合，使差动片的中心做到有差则动，无差不动。

3. 控制器及控制机构

KF系列仪表有9种控制规律，分别由9种类型的执行机构来完成。其中开关作用和差隙作用的控制机构为两位式控制规律，其余7种控制机构均为连续式控制规律的控制机构。

9种控制规律为开关作用、差隙作用、P＋手动积分、PI、PID、PD＋手动积分、PI＋积分限幅、P＋外积分、PD＋外积分。给定范围为比例带5%～500%；积分时间0.05～30min；微分时间0.05～30min；手动积分0～100%满刻度可调（气给定）。

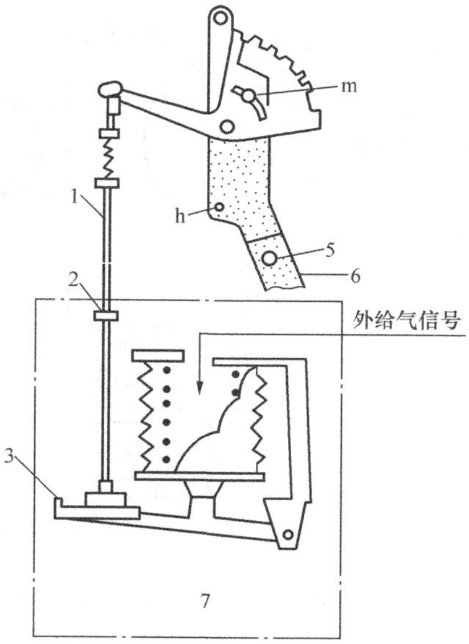

图7-20　给定机构（远程型）

1—行程连杆；2—调零螺母；3—量程调整机构；4—调零螺母；5—固定螺钉；6—给定指针；7—接收单元

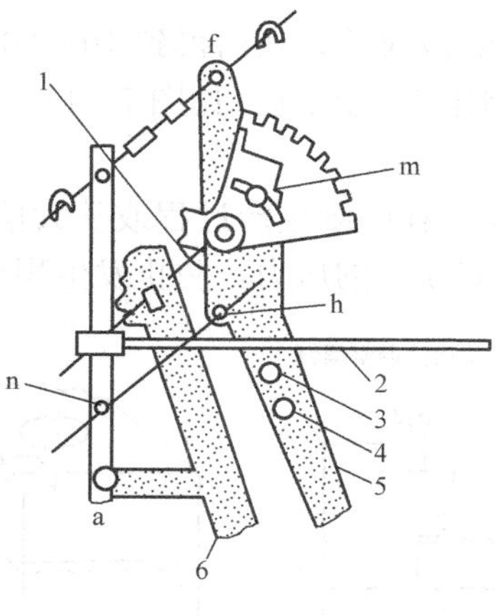

图7-21　偏差机构

1—指针转动中心；2—偏差连杆；3—调整螺钉；4—固定螺钉；5—给定针；6—测量针

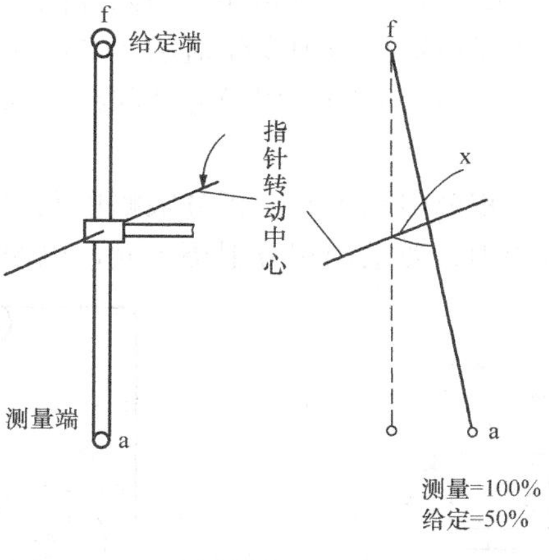

图7-22　差动片的运作（正偏差状态）

图7-23所示为PI控制机构工作原理图。指示机构给出的测量位移信号与给定位移比较后的偏差信号，通过偏差连杆送给控制器的比例单元，推动挡板。挡板的移动使喷嘴的背压发生变化，经放大器放大，输出压力p_0上升至p（假定是正偏差），比例波纹管内压力也升至p，而积分波纹管内压力保持在p_0，这就造成比例室与积分室有一定压差存在，也就是积分阀前后有一定压差存在。由于这一压差的存在，阀前压力便要通过针阀向阀后的积分室充气，使积分室压力从p_0值开始缓慢上升，升高的结果便破坏了比例作用的平衡，使反馈

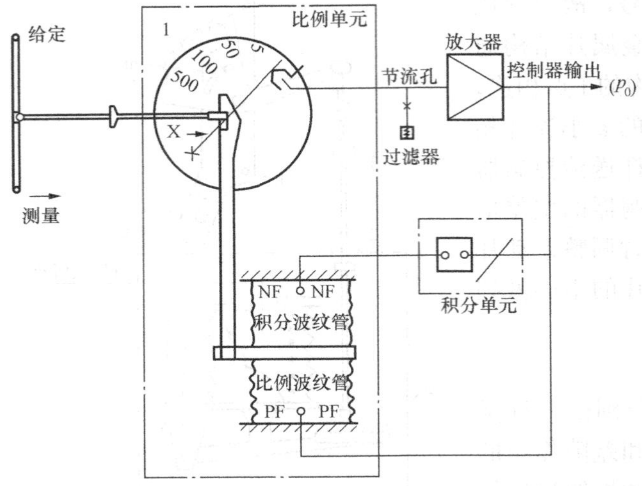

图 7-23　PI 调节机构工作原理图

杆开始下移，挡板进一步盖向喷嘴，放大器输出上升，输出的上升又使积分阀前压力升高，如此一环一环传递下去，输出便与时间呈线性关系上升；负偏差则使输出下降。只要偏差不消失，积分过程就会继续下去。积分阀上刻有积分时间，转动针阀位置即可改变积分时间，使输出压力上升或下降的曲线斜率变化。

各控制单元作用如下：

(1) 开关作用单元。开关作用单元是在比例单元上拆除了反馈波纹管（NF・PF）的单元。在时间常数大、滞后时间小的液位控制等场合使用。

(2) 差隙作用单元。差隙作用单元是在比例单元基础上只用 NF 波纹管加正反馈而不用 PF 波纹管。差隙幅值的调整可在 0～100%范围内通过转动度盘角度进行。由于其可调，因此也称作滞区可调式二位控制器。

(3) 微分单元。如图 7-24 所示，微分单元由为获得微分放大倍数而设的波纹管和气容室、微分时间给定用针阀和手动微分截止开关组成。

该单元取输出压力变化值的 1/20～1/10 反馈到 PF 波纹管，从而得到 10～20 倍的微分放大倍数。微分时间可用微分针阀在 0.05～30min 范围内任意给定（见图 7-11 中的微分单元）。

(4) 积分限幅单元。积分限幅单元如图 7-25 所示。在间歇生产过程或从大偏差开始的过程控制中，要采用积分限幅单元，以便控制积分室（NF）的压力，防止发生积分饱和。

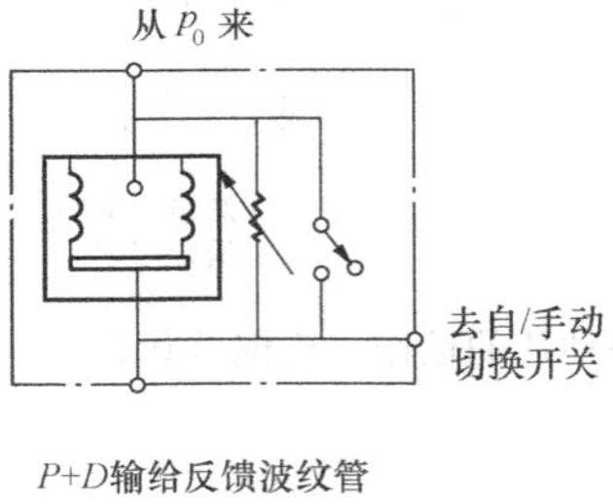

图 7-24　微分单元

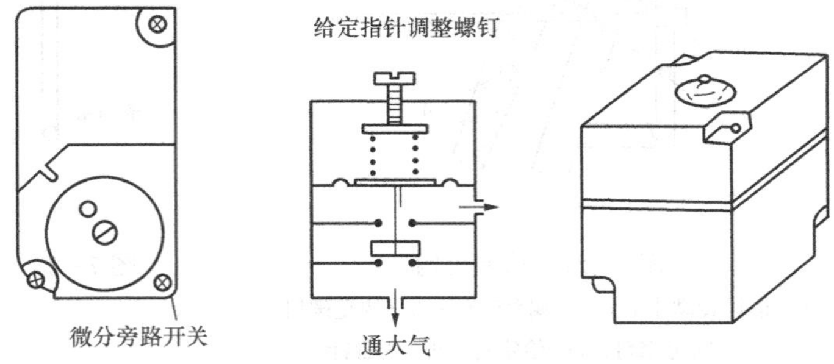

图 7-25　积分限幅单元

积分限幅单元的内部结构由膜片室和弹簧组成。积分限幅压力借助弹簧可在 5.9～10.8N/cm^2 范围内任意给定。当输出压力一超过积分限幅压力，膜片就被往上推，使 NF 室（积分波纹管）连通大气（经 RES 接口），从而使输出压力保持在积分限幅压力上。

积分限幅单元安装在拆去 NOR-EXT 切换板的位置上。

(5) NOR-EXT 切换板。如图 7-26 所示，如果 NOR-EXT 切换板被放在 NOR 位置上，调节仪（放大器输出压力在表内接到积分单元的输入端）便按常规情况工作；如果 NOR - EXT 切换板放在 EXT 位置上，则从外部来的（通过 RES 接口）外积分压力可加到积分单元上，因此，在 EXT 位置仪表可作超驰控制。

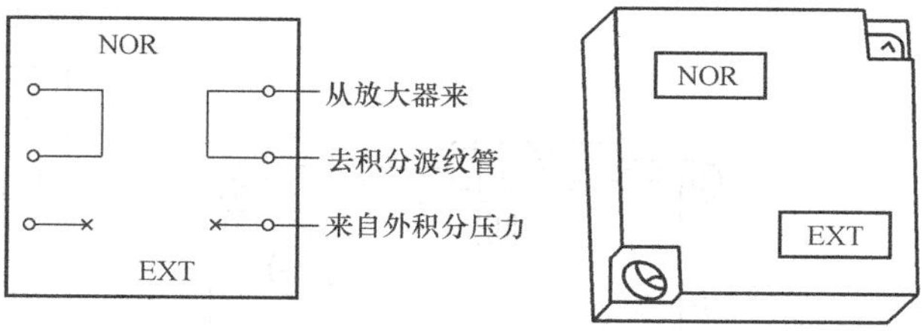

图 7 - 26　NOR - EXT 切换板

(6) 手动积分单元。如图 7 - 27 所示，手动积分单元是一个安装在积分单元位置上使用的单元。由 SEAL - MAN · RES（密封—手动积分）安装板和减压阀组成，用减压阀进行手动积分压力的给定。该手动积分压力由于加在比例作用单元的 NF 波纹管上，所以即使仪表在自动运行情况下也能通过操作手动积分单元的手操旋钮改变输出压力以消除残余偏差。

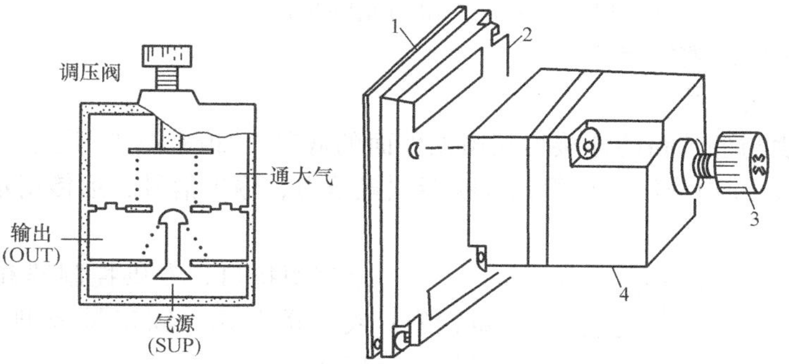

图 7 - 27　手动积分单元

1—密封垫；2—密封—手动积分安装板；3—手动积分给定按钮；4—调压阀

4. 其他单元

(1) A/M 切换操作单元。如图 7 - 28 所示，由 A/M 切换开关、手操阀（调压阀）检查按钮 3 个主要部件组成。不使用时，要安装密封板。

1) A/M 切换操作手柄处于自动位置时，控制部分将经过运算的自动输出压力通过输出接口（OUT）输出。

在手动位置时，将手操压力（调压阀输出压力）接在输出接口。同时，此压力 p_0 绕过积分针阀 R_1，被直接引入比例作用单元的 NF 波纹管，使控制器的输出压力跟踪手操压力（对于带有微分单元的场合也一样）。实现从手动可以即时无扰动切换到自动。

2) 手操阀（调压阀）。手操阀将气源压力（SUP）减压作为手动输出压力。

3) 检查按钮。如图 7 - 28 所示，自动位置不可随便切换到手动位置，须先按住检查按钮，观察输出压力表的指示值，操作手操旋钮。在手操压力和自动输出压力一致以后（自动时的输出压力＝调压阀输出压力），才可以切换到手动位置。

切换手柄在自动位置时，按下检查按钮。这时，手操压力在输出指示压力表上指示出来，所以，可进行上述“对针”工作。

(2) 空气管路板。作为现场型气动仪表，KF 系列首次采用空气管路板，去除了在寿命上成问题的气管，提高了可靠性。另外，由于所有单元都是用螺钉固定在管路板上，使安

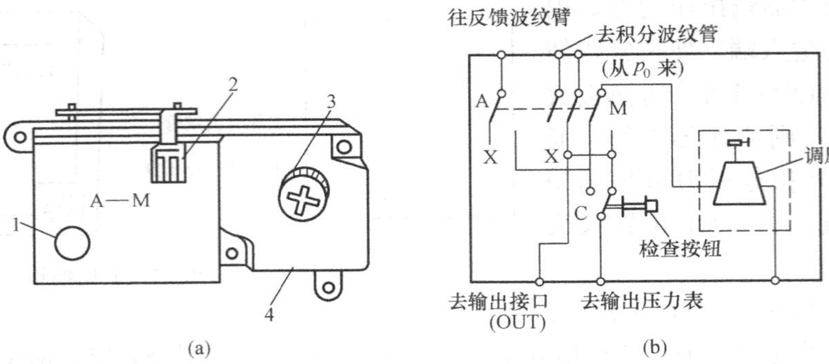

图 7-28　自动/手动切换操作单元

(a) 外形图；(b) 工作原理图

1—检查按钮；2—自动/手动切换手柄；3—手操器；4—切换开关

装、拆卸简化，还方便了控制作用的更改和功能的增减。

五、KF 系列仪表整机综述

1. KF 系列仪表与外气路的连接

KF 系列仪表与外气路的连接均在箱壳外面的底部，如图 7-29 所示。需要连接的信号有外给定气信号、外积分信号、积分限幅器预置压力、输出信号、远传指示（即变送）信号等 5 种。

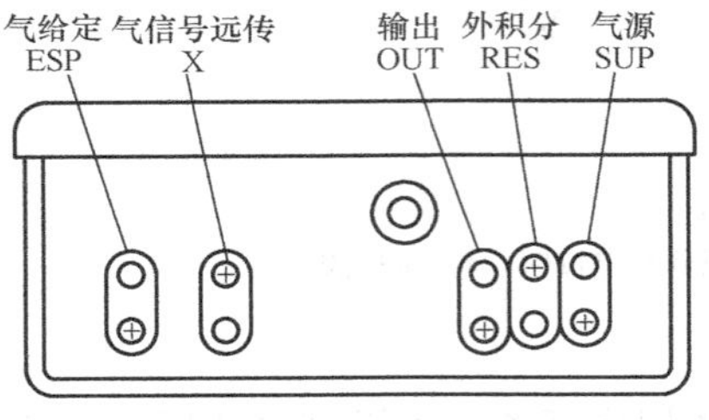

图 7-29　外气路接口图

有一个气源接口，专供控制器和测量单元（可调量程型）或变送单元（固定量程型）及手操器使用。接口的分配如下：

(1) SUP，气源接口。在有空气过滤减压阀时，厂家出厂时已把该接口与减压阀输出口连接好。此时，使用者只需将 300～700kPa 的气源接入减压阀的气源接口，并将减压阀输出调至 140kPa；在不带空气过滤减压阀时，则把该接口接入 140kPa 的气源压力即可。

(2) RES，外积分接口。它也兼做其他接口使用（主要是限幅器预置压力、手动积分定值器气源接口）。手动积分定值器气源是经一金属管从气源的另一种螺纹接口处引到该接口的，故与控制器等的气源是同一个气源。因为外积分、积分限幅、手动积分三个功能不会有 2 个以上在一台表中出现，故三者共用一个接口不会发生矛盾。

(3) OUT。输出接口，即与阀门连接的接口。

(4) X。气信号远传指示接口。对可调量程型仪表，通过该接口的压力是测量单元的输出气信号；对固定量程型仪表，该接口的信号是变送单元的输出气信号。

(5) ESP。气给定信号输入口。它大多是串级控制时主控制器的输出信号；少数情况是从控制室给出的气信号，则不需到现场即可改变给定值。

因为这 5 个接口各有 2 个孔眼，再加上每种功能信号并不一定都具备，故总有一个或两个孔眼都不用的情况。对这些不用的孔都要用盲塞封住，以防灰尘侵入或信号漏泄。

2. 密封板与标准功能件

密封板也称盲板，如图 7-30 中 1、3、5 所示，而 2、4、6 可称为标准功能件。密封板主要是做某个功能单元不存在时的气路密封、连接作用，或专门做气路切换。

3. 整机工作过程

现以图 7 - 30 所示的固定量程型仪表为例说明整机的工作过程。

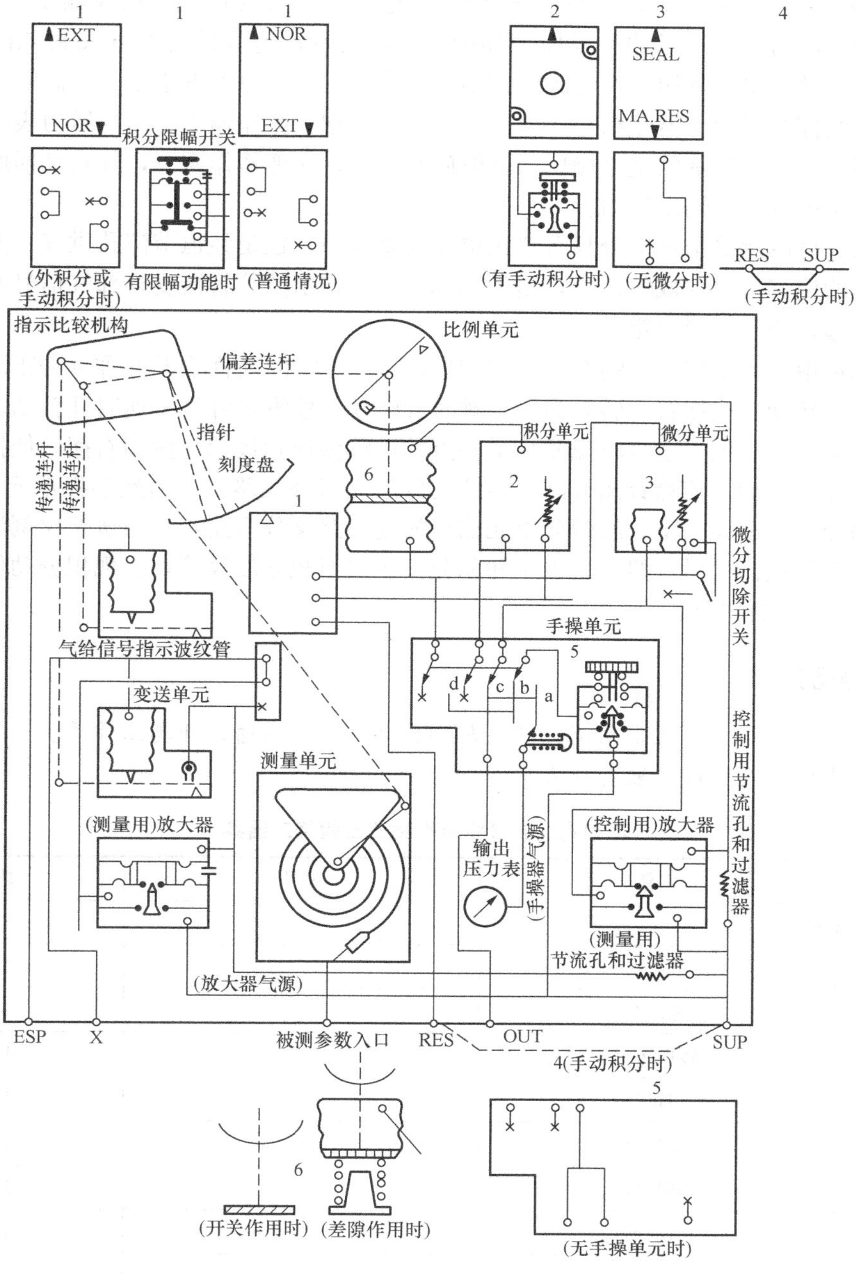

图 7 - 30　固定量程型仪表内部功能单元的排布及气路系统图

气源由 SUP 口进入仪表后即分成两个系统，一是供给控制部分，二是供给测量部分。测量和控制用的放大器直接由气源供气，但喷嘴挡板需要的气源须经恒节流孔，送到测量用放大器的气源中途还要分一路到手操器。节流孔实际是一个带过滤器的有孔螺塞，可以用螺钉旋具十分方便地拆装。

控制用放大器输出分成两路：一路到手操单元的切换开关，另一路到微分阀等进行反馈。前者为输出回路，当切换开关在图 7 - 30 所示的自动状态位置时，该路输出经切换开关与输出口 OUT 相通到控制阀。同时，输出还通过切换开关与检查按钮及输出压力表相通，故可指示输出压力。自动时的手操压力如图 7 - 30 所示，这是被切换开关封死的状态。因此，自动时旋动手操器旋钮，不会改变控制阀压力，压力表也不做指示。但此时按动检查按钮，就会切断控制用放大器输出与压力表的通路，而把手操器输出压力与压力表接通。故按下检查按钮时压力表指示的是手操压力，但放开手后，在弹簧作用下，气路又回原状，压力表指示的又是控制器的输出压力。

固定量程型的测量指示部分只有变送单元需要气源，也是经恒节流孔供气。变送单元是把指示机构的位移信号变成气信号，用于远传指示。指示波纹管接受外部气信号并将其变成给定针的位移，用于外给设定。

对于测量单元为 KFP 型的仪表，盘簧管受压后，它的断面会从扁平形状向圆形变化，造成转轴定点转动。设摆臂以转轴为中心顺时针转动，使测量针发生逆时针转动。测量针与给定针出现偏差。经偏差连杆将偏差片中心点的位移传递到拔销。拔销右摆，使挡板在小弹簧的拉动下盖向喷嘴。喷嘴背压升高，经放大器放大后分二路：一路经手操单元由 OUT 输出，另一路经微分单元输出。经微分单元输出的这一路又分两路：一路送至比例波纹管，实现比例微分动作规律；另一路经盲板 1 和积分单元送至积分波纹管，实现积分动作规律。两路合成即为 PID 动作规律。

【任务准备】

准备好所需检修工具及常用消耗品，与相关部门做好沟通，开具工作票。

检修所需物资及检修工器具见表 7 - 1。

表 7 - 1　基地式仪表检修所需物资及检修工器具

编号	名称	型号	数量
一、物资、备品			
1	减压阀		1个
2	定位器		1个
3	转换接头		1个
4	塑料布		1卷
5	生料带		1卷
6	绑扎带		若干
7	清洁剂		1瓶
8	酒精		1瓶
9	毛刷		1把
10	记号笔		1支
11	压力表		一个

续表

编号	名称	型号	数量
二、工器具			
1	对讲机		1对
2	尖嘴钳		1把
3	斜口钳		1把
4	梅花扳手		1套
5	活扳手	8′、10′、12′、4′	各2把
6	螺钉旋具	平口、十字	各1套
7	平口钳		1把

【任务实施】

一、检修项目与质量要求

（1）检修调整前，记录控制器参数设定、执行机构的工作方式及异常情况。

（2）清洗、检修、校准测量头，不同的测量头检修后应满足以下要求：

1）压力测量头采用波纹管的应使测压波纹管的位移工作区处于允许受压工作范围内。采用弹簧管的应使小轴和支柱同心；在0°～40°转角输出范围内，二者之间的摩擦力应尽可能小。

2）差压测量头敏感部件与本体孔应严格同心，避免位移时产生摩擦。

3）液位测量装置的测量浮筒应无损伤、弯曲等现象，浮筒与浮筒室之间的间隙应匀称。

4）温度测量头，采用热电阻、热电偶的应符合温度元件的相应要求，采用充液式温包的如无异常情况，可不必校准。

（3）气动基地式调节仪表，还应进行以下内容检修：

1）清洗过滤减压阀、定位器、保位阀、控制器各部件；必要时对控制器的部件、毛细管、传压通道进行解体清洗、调整和试验。

2）排放过滤减压阀沉积，检查过滤减压阀气压应设定正确（通常应设定为0.5～0.6MPa）。

3）检查仪表管路应无腐蚀，气源畅通无阻、无漏气，密封性试验及耐压性试验结果应符合要求（或保持输出压力在最大值，用肥皂水涂抹各连接处，应无气泡逸出）。

4）安装位置的环境温度在0℃以下时，检查仪表防冻措施应完好。

（4）绝缘电阻应符合要求。

（5）调校准校验：

1）按制造厂规定的时间进行预热，检查初始位置应正常。

2）以微处理器为核心部件的仪表首先运行检查程序，对基本功能（参数设置、各种操作、显示功能等）进行检查，或启动仪表内部硬件自检程序进行自检，无异常后再进行其他性能的测试。

3）根据控制器输入信号类型，输入相应模拟量信号，进行调校前校验，校验点应包括下限、常用点、上限在内不少于5点；调校前校验的基本误差、变差若不满足要求，应进行仪表的零点和量程校准。

4）调节输入信号至量程的下限和上限时，记录输出气源压力的最小值和最大值。

二、仪表的调校与技术标准

仪表在出厂前已经过严格的校验。但由于各种因素的影响，仪表在安装前和检修后都必须重新校验。仪表的校验是仪表应用的基础，包括测量指示、变送、给定及控制功能等部分的校验。量程固定型和量程可变型两种类型的仪表，除测量指示和变送部分的调校不同外，其他部分的调校都相同。

（一）KFP、KFT型仪表测量指示的调校

1. 调校原则

（1）调整0点。在测量元件输入测量范围的下限位，如果测量指针不在0点刻度，则可通过调节调0螺母以改变连杆的长度，进而实现0点调整。但连杆长度不宜改变太大，否则影响线性。

（2）调整测量范围。当测量值从下限值向上限值变化时，对应的测量指针应从0点指向满刻度。由于测量元件弹件刚度及其安装位置、指针长度等均为不可调因素，因此要想改变仪表的指示范围，只能从4连杆机构的传动放大特性着手。由4连杆机构原理可知，当增加（或缩短）主杠杆（即测量机构杠杆）长度时，可使放大倍数增加（或减少），即达到改变指示范围的目的，其调整手段可通过改变连杆与测量杠杆调整架的连接孔位（粗调）或调节量程螺杆使调整架移动（微调）来实现。

（3）调线性。如果零点和满刻度合格，而指示值的线性超差，则需根据四连杆的特性，对初始位置或连杆长度进行相应调整，满足线性要求。这种调整的原理是改变指针与其连杆的夹角。

2. 校验方法

（1）输入量程的下限值，调节连杆上的调零螺母，使指针在标尺刻度的0%位置。

（2）输入量程的上限值，调节范围调整螺钉使指针指在标尺刻度的100%位置。

（3）重复步骤（1）、步骤（2），直到0%、100%刻度上指针的指示准确为止。

（4）若线性不准，则先松开调整螺钉，改变指针和调整臂之间的角度，然后重新调零和调量程。

（二）变送部分的校验（KFP和KFT型）

测量范围固定型仪表变送部分的校验须在测量指示部分的校验结束后进行，调整步骤如下：

（1）输入为0，如果变送输出信号不为0（20kPa），可用连在变送单元上的行程连杆的调零螺母进行调整。

（2）输入到100%，如果变送输出信号不为100%（100kPa），则用变送单元的量程调整螺钉调整。

（3）重复步骤（1）、步骤（2），直到输出0和100%信号达到要求为止。

（4）当输入50%时，若变送输出超差（±10%以内），需进行线性调整（与测量指示部分类似）。

（三）测量范围可调型变送单元的校验

测量范围可调型变送单元的校验分两步进行。在正常情况下，可跳过步骤1，直接从步

骤2开始进行调整。如果更换了变送单元，则应从步骤1开始进行调整。

1. 变送单元的调整（平衡调整）

首先拆下正/负迁移弹簧（拆去4个内六角螺钉）。

（1）把140kPa的气源接到仪表多通接管板的SUP接口，拆去变送输出接口盲塞，并将标准压力表接在此接口上。

（2）用十字螺钉旋具调整量程粗调齿轮，使矢量臂的红点在底刻度1″～9″之间变化，观察变送器输出变化是否在20kPa±1.2kPa以内。如变送器的输出变化大于20kPa±1.2kPa，可调整平衡弹簧的偏心轴，使变送器输出变化达到20kPa±1.2kPa。

（3）根据（2）项的调整办法，变送器的输出都超过20kPa±1.2kPa时，按下面顺序重新进行平衡调整：

1）拆去拉伸弹簧、平衡弹簧、特厚螺母、六角螺钉。

2）用ϕ10mm、厚3mm、内孔ϕ3mm的垫块，垫在浮动支点下面，再用ϕ2mm、长40mm的销子插入浮动支点垫块及矢量臂的孔内。

3）调整量程齿轮，使矢量臂的红点对准刻度1（离喷嘴远的为1″，近喷嘴的为9″）。

4）用3N的拉力拉住拉条后，旋紧拉条六角螺钉及特厚螺母，拔出ϕ2mm销轴并应能轻轻拔出插入，装上拉伸弹簧及平衡弹簧。

5）调准量程齿轮使红点对准9″刻度。

6）用手指轻轻推动拉条中间两侧，试两侧的推力是否一致，如不一致，重复1）～5）。

7）调整挡板使输出稳定在20kPa。

8）重复（2）项，直到变送单元的输出达到要求为止。

（4）如果带有正/负迁移，则应将正/负迁移弹簧装上。

2. 变送单元的校验

仪表在开始校验之前，应向变送单元加过载压力，进行几次过载试验，目的是消除测量单元的残余应力（它会引起零点漂移）。

（1）不带正迁移/负迁移机构时，按下述步骤进行调整：

1）通过位于变送单元左下方的调零手轮，使输入为0时输出压力为20kPa。

2）量程输入100%，调整量程齿轮（粗调），使输出在100kPa；输入0，调整零位，使输出为20kPa±0.4kPa；再输入量程100%，调整量程齿轮（粗调）及反馈波纹管座的量程微调孔（微调），使输出达到100kPa±0.4kPa。

（2）带有负迁移时的调整按下述步骤进行：

1）按步骤（1）完成后再进行以下操作。

2）计算出相应于所需负迁移量的气动信号压力，然后调整负迁移弹簧组件的六角螺钉，使仪表在没有任何输入压力时，输出相应于计算值的输出压力，最后用锁紧螺母锁紧六角螺钉。

3）按步骤（1）所述交替进行零点和量程调整，但这时的0点是2）项的计算值。

（3）带有正迁移时的调整按下述步骤进行。在步骤（1）完成以后，按下述顺序进行。

1）供给一正迁移输入信号于连接接口（对于差压类型的仪表来说，应接至高压腔室），然后调整正迁移弹簧组件的六角螺钉，使输出压力为20kPa，最后用锁紧螺母锁紧六角螺钉。

2）按步骤（1）交替进行零点和量程调整，但对于输入值，应是加上正迁移量的计算值。

（四）测量范围可调型测量指示部分（接收单元）的校验

测量指示部分的校验应在变送单元的校验结束后进行，校验顺序可参照测量范围固定型仪表。

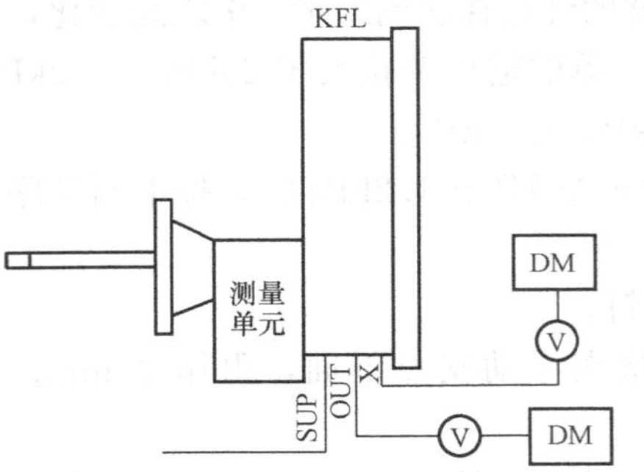

图 7-31 KFL 型仪表校验接线图

（五）KFL 型变送、测量指示部分的校验

KFL 型仪表的校验接线如图 7-31 所示。

1. 准备工作

（1）在 X 和输出接口接上数字式压力表。

（2）在气源接口接上 140kPa 气源管线。

（3）准备好砝码，以便从浮子的质量中减去相当于浮力的砝码质量。相当于浮力的砝码质量按式（7-6）计算

$$F=\frac{\pi}{4}D^2L\rho \tag{7-1}$$

式中 F——相当于浮力的砝码质量，g；

D——浮筒的外径，cm；

L——测量范围，cm；

ρ——液体的密度，g/cm³。

所以，图 7-32 所示的两个砝码和砝码盘等的总质量（W）相当于浮筒的质量（低密度型的浮筒质量为 4.5kg，中密度型的浮筒质量为 3kg）减去测量范围浮筒浮力等效法码的质量。

不同测量范围和不同密度型的浮筒参数见表 7-2。

表 7-2 不同测量范围和不同密度型的浮筒参数

测量范围 H (mm)	被测液体密度 ρ (g/cm)	浮筒外径 D (mm)	测量范围 H (mm)	被测液体密度 ρ (g/cm)	浮筒外径 D (mm)
300	0.6～1.6	55	1500	0.4～1.6	30
	0.2～0.6	95		0.1～0.4	65
500	0.4～1.6	55	2000	0.4～1.6	30
	0.15～0.4	95		0.1～0.4	55
700	0.4～1.6	45	2500	0.4～1.6	23
	0.1～0.4	85		0.1～0.4	45
1000	0.4～1.6	45	3000	0.4～1.6	23
	0.1～0.4	85		0.1～0.4	45

2. 校验顺序

如图 7-32 所示，准备好校验所需的物品和器具，校验可按下述步骤进行。

（1）将量程支点放在所定的密度位置，再将防松螺母锁紧。

（2）将砝码全部放上，转动调零旋钮，使输出为 20kPa。砝码挂法如图 7-33 所示。

(3) 取下相当于浮力的砝码，检查此时的输出是否是 100kPa，否则用微调螺钉进行量程的微调，再将输入降回到 0。

(4) 重复进行第 (2)、(3) 项的调零工作，直到满意为止。

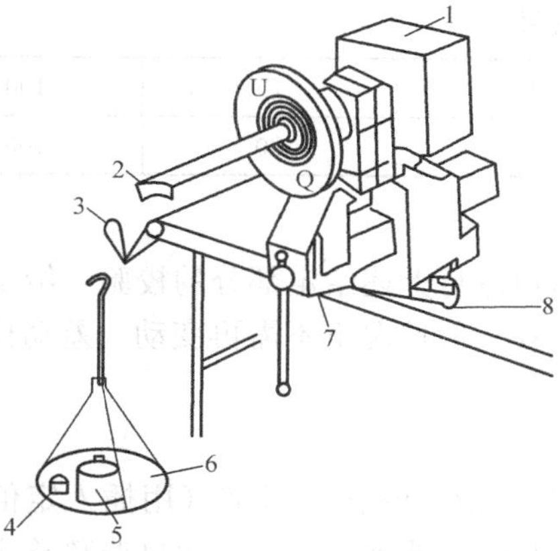

图 7-32　校验台

1—液位仪表；2—销钉；3—线环；4—等于浮力的砝码；5—砝码；6—称盘；7—虎钳；8—工作台

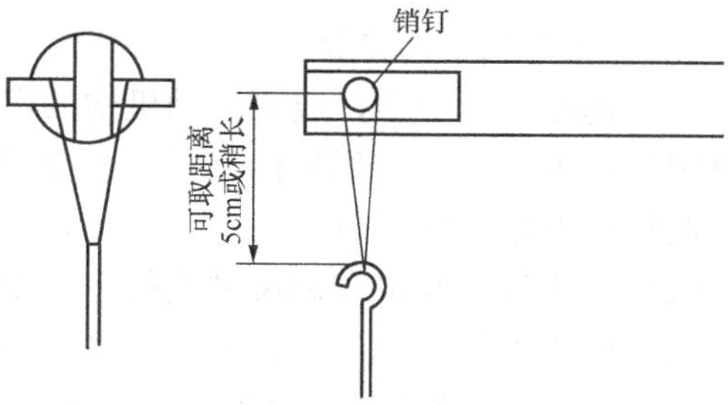

图 7-33　砝码的挂法

(5) 如果需要检查几个重要测试点，重复第 (1) ～ (3) 项的调校工作 (允许误差为满刻度的±1.0%)。

3. 界面测量调节仪的校验

界面测量调节仪的校验顺序和上述 2 相同。另外，还要进行如下计算。

两个砝码和砝码盘的总质量 W 为

$$W = G_F - \frac{\pi}{4} D^2 L \rho_1 \tag{7-2}$$

式中　G_F——浮筒的质量；

ρ_1——上层液体的密度。

相当于浮力的调整质量 F 为

$$F = \frac{\pi}{4} D^2 L (\rho_2 - \rho_1) \tag{7-3}$$

式中　ρ_2——下层液体的密度。

4. 密度测量调节仪的校验

密度测量调节仪的校验顺序同上述 2。此外，还要进行如下计算。

两个砝码和砝码盘的总质量 W 为

$$W = G_F - \frac{\pi}{4} D^2 L \rho_L \tag{7-4}$$

式中　ρ_L——密度范围的最小值。

相当于浮力的调整质量 F 为

$$F = \frac{\pi}{4} D^2 L (\rho_H - \rho_L) \tag{7-5}$$

式中　ρ_H——密度范围的最大值。

5. 校验用液位—输出压力关系

校验用液位—输出压力关系见表 7-3，表中数据是在环境温度为 20℃情况下测量结果。

表 7-3 液位—输出压力关系

输入（mm）	0	25	50	75	100
输出（kPa）	20	40	60	80	100

（六）差动机构的定位

对于远距离给定型，应在差动机构的定位结束后再进行上述给定部分的校验。给定指针调整销钉在生产厂已调到最佳位置（参照图 7-21），在一般情况下不需再变动。差动机构的定位调整按下述步骤进行。

（1）将测量指针定在标尺刻度的 50%位置。

（2）操作手动给定旋钮，使差动片定值孔 n 和给定指针的孔 h 对准（用插入定值销验证），这时，给定指针也应指在标尺刻度的 50%位置上；如果错位，可以通过调整给定指针的偏心调整销钉，使给定值在 50%处。

（七）给定部分（远程型）的校验

远程型给定部分的校验按下述方法进行。

1. 准备工作

各接口按需要进行接线。

2. 校验顺序

在完成差动机械的定位后进行：

（1）输入（ESP 压力）为零（20kPa），调整零点调整螺母，使给定针（绿色）在标尺刻度上指 0%。

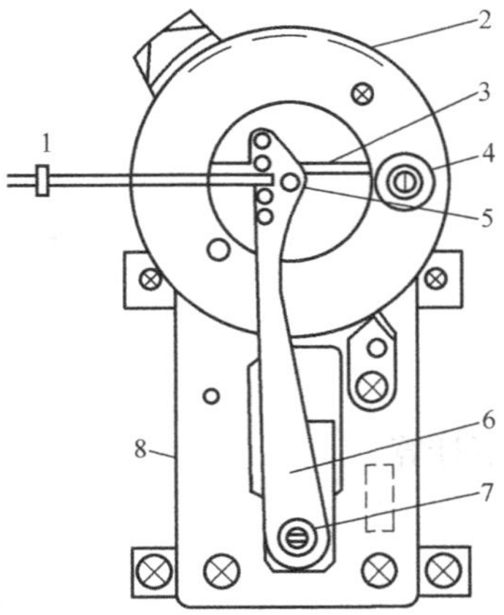

图 7-34 比例作用单元结构示意
1—偏差连杆；2—刻度盘；3—挡板；4—挡板调整；5—拨销；6—摆杆；7—反馈杆调整；8—支撑架

（2）输入加到 100%（100kPa），如果给定指针不指在 100%，则调整接收单元的量程调整螺钉，使给定指针在 100%处。

（3）再进行步骤（1）的零点调整。

（4）若需要检查几个重要测量点，重复进行步骤（1）、步骤（2）的调整。

（5）线性的调整，参照测量指示部分。

（八）调节单元的校验

1. 比例作用单元的校验

比例作用单元的结构示意如图 7-34 所示。这里仅叙述 PI 型的校验，对于 PID 型，要将微分单元的手动微分截止开关打开（向反时针方向转动）。

（1）准备工作。在 X、OUT 接口接上数字式压力表。在 SUP 接口接上 140kPa 的气源（不带变送可省去 X 接口的连接）。

（2）校验顺序。在差动机构的定位结束后再进行此项校验工作，顺序如下：

1）校验前，放松比例带给定度盘挡块的固定螺钉，放下挡块（在校验结束后再恢复到合适的位置）。

2）将比例带定在正作用（白色刻度线）的100%。

3）将测量指针和给定指针定在50%，带有A/M切换操作单元时，应放在自动（A）位置。

4）把积分时间放在最小（反时针方向转到头），移动给定指针，使输出压力在满刻度的50%（60kPa）处平衡。

5）输出压力在60kPa处平衡后，将积分时间放到最大位置（顺时针方向转到头），然后，再次使给定指针和测量指针重合在满刻度的50%。

6）调整偏差连杆的长度，使比例带定在正作用（白色刻度线）的20%时，输出压力的变化在0.8kPa范围内。

7）让比例带从正作用的20%变到正作用的500%时，调整挡板偏心调整销钉，使输出压力的变化在0.8kPa范围内。

8）调整反馈杆的偏心调整销钉，使比例带在500%时，输出压力在60kPa±0.27kPa范围内。

9）重复步骤6）～步骤8），使比例带从正作用的50%～500%到反作用（黄色刻度线）的50%这个范围内变化时，输出压力的变化为60kPa±1.2kPa。在其他比例带范围，输出压力的变化为60kPa±2.4kPa。

注意：因为步骤4）、步骤5）项的操作，控制器积分室（PF）内封入了60kPa的气压，但时间长后往往发生变化，所以要尽可能在短时间内完成上述的操作。

2. 开关作用单元的校验

开关作用单元可按二位式调节仪的校验方法来进行。

（1）准备工作。与比例作用单元的校验步骤中的准备工作要求相同。

（2）校验顺序。在差动机构校验结束后按下列步骤进行校验。

1）将给定度盘向反时针方向转到头（正作用），对准白线。这时，给以偏差使输出压力为60kPa±0.8kPa。该偏差值（测量针示值减去给定针示值）在标尺刻度上读取。

2）将给定度盘顺时针方向转到头，对准黄线，这时，给以偏差使输出压力为60kPa±0.8kPa。该偏差值在标尺刻度上读取。

3）调整偏差连杆的长度，使在步骤1）、步骤2）中读取的偏差值大小相等，方向相反。

如果偏差连杆的调整螺母向上方向转动，则将使偏差连杆缩短。若步骤1）、步骤2）中读取的偏差值方向相同，当测量指针（红色）又比给定指针高时，应将偏差连杆放长；而当测量指针比给定指针低时，则应缩短偏差连杆。

4）将偏差定成零（测量针示值＝给定针示值＝50%），给定度盘对准在白线上，这时调整挡板的偏心调整销钉，使输出压力停留在10～30kPa的任一点上。

5）给定度盘对上黄线，调整偏差连杆的长度，使输出压力停留在10～30kPa的任一点上。

6）重复进行步骤4）、步骤5），使白线、黄线都能对准的情况下，其输出压力都能停留在10～30kPa的任一点上。

3. 差隙作用单元的校验

差隙作用单元的校验可按差隙调节仪的校验方法来进行。

(1) 准备工作。与比例作用单元的校验步骤中的准备工作要求相同。

(2) 粗调。粗调校验通常可以省略。如果需要，则在差动机构的定位校验结束后进行，其步骤如下：

1) 挡板偏心调整钉转动360°，将偏心调整销钉的槽放在和挡板平衡的位置上。但要注意，这时若顺时针方向转动偏心调整销钉，挡板应向上升。

2) 反馈杆偏心调整销钉也转动360°，将偏心调整销钉的槽放在水平方向。但要注意，这时若顺时针方向转动偏心调整销钉，挡板应向下降。

(3) 微调。

1) 使指针对准在满刻度的50%处。将差隙给定度盘反时针方向转到最小位置(0)，让测量指针从0上升，注意将输出压力上升时的动作点(测量值)记录下来。

2) 将差隙给定度盘顺时针方向转到最小位置(黄色的0)，让测量指针从100%处下降，注意将输出压力上升时的动作点(测量值)记录下来。

3) 调整偏差连杆，使步骤1)、步骤2)的输出上升点以给定值为中心分在两边。若两下分开的点都错落在正的一侧(PV>SP)，要将连杆放长。

4) 调整挡板偏心调整销钉，使步骤2)、步骤3)的输出压力上升的动作点(测量值)和给定点一致(根据需要来进行)。

5) 重复进行步骤3)、步骤4)，一直到所有动作点都和给定一致。

6) 将差隙度盘放在白色刻度线的100%位置，让测量指针从0处上调整反馈杆，升高偏心调整销钉，使测量指针上升到给定指针位置时，输出压力也上升(若测量指针在0处，输出压力还降不下来，可用螺钉旋具或手指将挡板轻轻推离喷嘴)。

7) 重复进行步骤4)～步骤6)，使之在差隙度盘的全范围内，输出压力的上升位置在给定值的±1.5%范围内。

4. 积分单元的校验

以PI型调节仪为例叙述积分作用的检查和校验。

如果不接输入源，则从指示机构端脱开从测量单元来的行程连杆，用手指操作测量指针。带有"A/M"切换操作单元时，应放在"A"位置。

(1) 将测量指针对准在标尺刻度的满刻度50%上，比例带给定在正作用(或反作用)的100%。

(2) 将积分时间放在最小位置(反时针转到头)，操作给定指针，使控制器的输出压力平衡在46.7kPa后，再将积分时间放到最大位置(顺时针转到头)。

(3) 操作测量值(指针)，使输出压力(比例作用)变化6.7kPa，即变到53.4kPa。

(4) 将积分时间给定在2min处，输出压力变化6.7kPa(从53.4kPa变到60.1kPa)所需的时间为120s±60s。

(5) 如果在120s±60s时间内，输出压力的变化不是6.7kPa，则要放松固定积分度盘的小螺钉，重新调整度盘的位置，以满足步骤(4)提出的要求。

5. 微分单元的校验

以PID调节仪(带A/M切换操作单元)为例叙述微分度盘刻度值的校验。P+D作用的输出反应特性如图 7-35 所示，校验按下列步骤进行。

（1）将积分时间和微分时间都给定 30min 以上（顺时针方向转到头）。另外，将微分单元的手动微分截止开关关闭（顺时针方向转到头）。

（2）将测量指针和给定指针都对准在标尺刻度的 50%处，比例带给定在正（反）作用的 100%。

（3）将 A/M 切换操作单元放在“M”位置，将输出压力操作到 40kPa 以后，再切换到自动位置。在自动位置读出输出压力，确认其为 40kPa。

（4）操作给定指针（在给定的场合操作给定旋钮）使输出压力稳定在 80kPa。

（5）将微分时间放到最小位置（反时针方向转到头），待输出压力稳定后计算其微分增益。微分增益 $W(n_1/n_2)$ 一般在 13 左右。

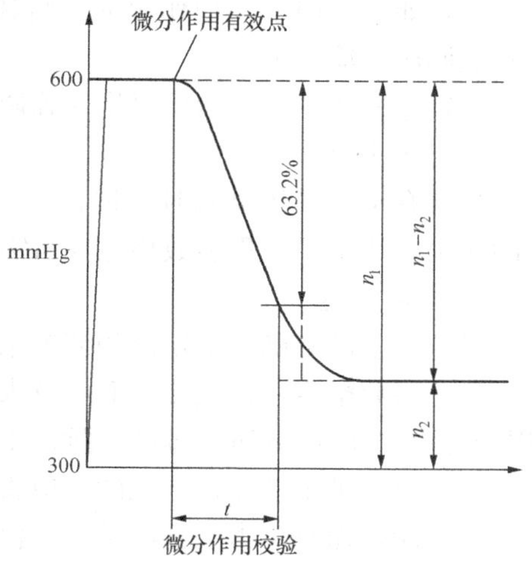

图 7-35 P+D 作用的输出反应特性

（6）重复步骤（2）～步骤（4），使输出压力稳定在 80kPa 处。

（7）将微分度盘快速给定在 2min 处，待输出压力变到（n_1-n_2）值的 63.2%时，测量其变化的时间。将此时间记作 t，则 $W\times t=120\text{s}\pm60\text{s}$。如果时间不在此范围内那就要松开微分度盘的固定小螺钉，重新调整微分度盘位置。

6. 积分限幅单元的调校

积分限幅单元的调校以 PI+积分限幅调节仪为例进行叙述。

（1）准备工作。

1）在输出接口接上数字式压力表。

2）当带有变送单元时，在 X 接口接上数字式压力表（也可用盲塞塞住）。

3）在 SUP 接口接上气源（140kPa）。

4）根据测量范围大小接上适当的输入源。

5）注意 RES 接口要通大气。

（2）积分限幅单元的给定（动作检查）。限幅压力（积分限幅值）的给定如下进行，以检验积分限幅单元的动作。

1）将比例带放在正作用（白线刻度）的 50%，积分度盘反时针转到头（积分时间最小），A/M 切换操作单元放在“A”位置。

2）将给定指针对准 50%，使测量指针比给定指针略高一点（给偏差），让输出上升达到饱和。

3）转动积分限幅单元给定螺钉，把限幅压力（输出压力）调到所需的值上。

4）当不需要积分限幅时，可将给定螺钉向反时针方向转动，使输出压力在 100kPa 以上再饱和。

三、仪表的投运

1. 投运前的准备

（1）检查管路布线是否正确，有无漏气现象。

（2）如果使用手动操作单元，将拨杆放“M”位置，操作调压阀（反时针方向极端位置）使调压阀输出为零。

（3）过滤器排污，然后再将气源调到140kPa。

2. 手动投运

当带有手动操作单元时，把自动/手动（A/M）切换开关设置在M位置，操作手操单元的输出，使工艺过程参数稳定在所需的值上，就实现了手动投运。

3. 自动投运

对于一个没有确定给定值的调节系统，自动投运一般是按下述步序进行。

（1）参数整定。比例带（P）最大（比例带调刻度盘放500%）、积分时间（I）最大（积分度盘放在3.0min）、微分时间（D）最小（微分度盘放在0.05min）。

（2）对于带手动操作单元的，应将自动/手动（A/M）开关设置在“手动（M）”位置，操作调压阀把输出压力调到所希望的值。

（3）转动给定旋钮，使给定指针指到所要求的给定值，如果给定旋钮在仪表箱外时，需一面将给定旋钮揿住，一面转动，即可调整给定值。

（4）在自动/手动（A/M）切换开关处于手动（M）位置时，按下检查按钮，则输出指示压力表指示的是控制器的输出。而切换开关处于自动（A）位置时，按下检查按钮，则压力表指示的是调压阀的输出。

如果要使用手动操作单元将仪表从自动切换到手动，应注意在自动（A）位置时，要根据输出指示压力表的示值操作调压阀，使手操输出压力与控制单元的输出压力一致。当输出压力表的指针即使在检查按钮按下亦稳定不动时，才可将切换开关的拨杆从自动位置切换到手动位置（推动拔杆时要迅速并要完全到达顶端位置）。

（5）在自动运行的情况下，整定P、I、D，使之适应工艺过程特性。

（6）从“手动（M）”位置切换到“自动（A）”位置可不必进行“对针”操作。

4. 微分作用的切除

当装有微分单元而不用微分作用的，只需将微分旁路开关按反时针方向转到头即可取消微分作用。当需要微分作用时，按顺时针方向把微分旁路开关转到头即可。

四、仪表的维护及故障处理

KF系列仪表主要由机械零部件构成，从结构到工艺，从零件到整机都有严密周到的考虑和严格的质量保证，可靠性相当高。所以，平时的维护工作量很小，故障发生的概率是极低的。根据应用经验，需要维护和造成仪表故障的主要因素是用户的气源和对仪表的使用不当。气源中油、水和脏物的含量过多，很容易引起仪表过滤器、恒节流孔、喷嘴、针形阀及放大器等的污染、结垢，严重时造成堵塞，直至仪表不能正常工作。因此，保证仪表用气源的无油、无水、无尘是使仪表长期稳定、可靠运行的根本保证，这方面应建立正常的定期维护制度。

1. 日常维护

（1）经常检查气源管线、输出管线及各种接头处有无由于裂缝、松动等造成的漏气现象。

（2）经常检查、疏通、清洗气源装置和供气管线及测量管线等处所设的排污阀。

（3）根据气源的供气质量，定期检查、清洗仪表内的过滤器、恒节流孔、喷嘴、针形阀等易遭污染、结垢的零部件。过滤器堵塞要及时更换新品，恒节流孔堵塞可用0.12mm钢丝疏通、清洗。

(4) 仪表外表要经常擦洗除尘，平时不要轻易打开表箱门。

(5) 若仪表所处的环境温度会降到0℃以下，要安装仪表保温箱，以免压缩空气因含水结冰堵塞气路而造成仪表失灵。

2. 可能的故障及处理方法

KF系列仪表可能产生的故障、原因及处理方法见表7-4。

表7-4 KF系列仪表常见故障、原因及处理办法

故障	原因	处理方法
放大器产生啸叫	放大器固定螺钉松动	拧紧固定螺钉
	放大器被污染	卸下放大器，清洗阀芯、阀座、膜片等
仪表没有输出或输出很小，上不去	气源没接通或压力没达到140kPa	提供正常气源
	恒节流孔被堵塞	卸下恒节流孔、疏通、清洗
	误将相似的盲塞错认为恒节流孔	正确装上恒节流孔
	过滤器芯片严重污染	更换恒节流孔过滤芯片
	切换手操单元漏气或被堵	检查该单元确认O形圈是否良好
	放大器膜片破损或有漏气	卸下放大器检查，若膜片有损，须更换
放大器输出过大，降不下来	比例单元喷嘴污染、受堵	疏通、清洗喷嘴
	恒节流孔安装不良、不密封	拧紧恒节流孔，便其端面接触密封
	放大器受污、阀芯卡塞	分解清洗放大器
仪表示值偏差过大	测量指针和给定指针松动错位	重新调整指示机构，固紧测量指针和给定指针
	比例单元同心度恶化	重新仔细调整比例单元同心度
有输入信号但测量指示针不动	连杆受强力冲击后脱落	重新接好连杆，如果连杆上的小钢球已脱焊，更换连杆
	转换单元恒节流孔受污被堵	疏通、清洗恒节流孔
手操输出上不去或下不来	没接通气源或压力低于140kPa	正确提供气源
	手操减压阀被堵塞	将手操器分解、清洗、重新调整
积分时间或微分时间误差过大	积分和微分针形阀严重受污染	分解、清洗积分和微分针形阀
	积分和微分刻度盘松动错位	重新调整刻度盘、拧紧螺钉
	针形阀密封圈处漏气	清洗或更换密封圈
仪表压力输出不稳定或有脉动	输出气路有严重漏气	检查各密封圈，消除漏气
	喷嘴挡板装配不良，有松动	重新正确安装喷嘴挡板
	放大器受污染	分解、清洗放大器
仪表示值持续缓慢下降	KFT温包测量单元有微漏	更换测量单元或仪表报废
	KFK、KFD测量单元硅油充灌液有微漏	更换测量单元或仪表报废

表7-4中所列故障及处理方法主要是生产厂家在仪表的装配调试和试验中总结出来的，并不是仪表长期使用中所发生故障的罗列。实际应用中，只要对仪表使用得当，做到气源干净，一般是不会发生故障的。

【任务验收】

1. 准备工作

（1）将所用的工器具、材料准备好，并检查合格。

（2）检修工艺、质量标准、技术措施、记录簿准备齐全。

2. 减压阀检修

（1）外观检查和清洁。指示表完好无损，量程合适，指示准确。

（2）解体设备。无污垢锈蚀、滤网无堵塞；各部件完好无损。

（3）装复。减压阀工作稳定，无泄漏。

3. 控制器检修

（1）外观检查和清洁。无积灰，铭牌标志清晰，压力指示表完好，指示正确；控制器喷嘴及其他部件清洁。

（2）解体。各部件完好；无污垢、无堵塞；活动部件灵活。

（3）装复。控制器工作正常，动作灵活，无机械卡涩及泄漏。

4. 定位器检修

（1）外观检查、清洁。定位器无积灰，铭牌标志清晰。

（2）解体。各部件清洁无堵塞、无变形损伤、活动部件灵活、凸轮标志清晰。

（3）装复。定位器工作正常、管道无泄漏；输出气压按设备铭牌标示调整；反馈杆连接牢固。

5. 薄膜式执行器检修

（1）外观检查、清洁。外观无积灰，铭牌标志清晰。

（2）解体。承压膜盒完好，传动臂及机械连接部分牢靠。

（3）装复。在正常工作压力下，执行器动作灵活、无卡涩，执行器及连接管道无泄漏，在1.25倍工作压力下进行气密性试验，执行器无漏气现象。

6. 位置开关检修

（1）外观检查。反馈杆连接正确、牢固，开关动作灵活。

（2）试验。接点能正常闭合和断开，接线正确、牢固，接点断开时，48V DC存在。

7. 整组调试

（1）回路。处理器、转换卡件、控制站及控制回路均正常。

（2）气源。管道及接头无泄漏，气源压力按电—气转换器、定位器、执行器要求调整。

（3）零位。对气开式调门，控制器输出3PSI时，执行器为0%行程位置；对气关式调门，控制器输出15PSI时，执行器为0%行程位置。

（4）量程。对气开式调门，控制器输出15PSI时，执行器为100%行程位置；对气关式调门，控制器输出3PSI时，执行器为100%行程位置；在整个行程中，执行器动作线性、平滑，动作速度满足控制要求。

（5）状态。执行器在0%行程位置时，反馈传动机构使接点闭合，CRT显示关闭状态；

执行器达到0.5%及以上行程位置时，接点释放，CRT显示开启状态。

【知识拓展】

电动基地式仪表

电动基地式仪表是随着智能变送器和现场总线技术发展而产生的，电动基地式仪表目前指的就是带有PID功能的智能变送控制器，在国内可购到的产品有SMAR公司的LD301、MOOR公司的XCT 340D-B和H&B（哈特曼·布劳恩）公司的AS系列等。

一、电动基地式仪表与气动基地式仪表的比较

1. 准确度

电动基地式仪表把生产过程中的物理量直接编码成数字量或把非电量转换出来的模拟量经A/D转换器立即转换成数字量，然后经高性能微处理器和通信芯片，把控制室主系统所需信息传送过去。数字信号传输准确度一般比模拟信号传输准确度高10倍。气动基地式仪表采用气压信号传输，它属于模拟信号，故电动基地式仪表的准确度比气动基地式仪表的准确度高10倍。但气动基地式仪表不怕电磁干扰，故在强电磁场的环境下，气动基地式仪表的准确度不会受到影响。

2. 可靠性

气动基地式仪表以压缩空气为动力源，具有本质安全防爆特点，在结构上（如KF系列气动基地式仪表）采用了紧固的密封式压铸箱体；测量单元采用了大力矩、平衡锤、温度补偿、可调阻尼等一系列有效措施。因此，气动基地式仪表在多尘、振动、湿热、高温、低温、腐蚀等恶劣环境条件下也能安全、稳定、可靠地运行，这是一般电动仪表难以做到的。但气动基地式仪表对气源质量要求高，往往由于气源净化不好而不能投入自动。

3. 维护

气动基地式仪表主要是机械结构，一般仪表维修人员都能很容易找到故障部位和原因，并及时解决问题。而电动基地式仪表采用微处理器芯片实现，一般要求仪表维修人员有一定的计算机知识和较强的电动仪表维修技能。

4. 其他

电动基地式仪表的发展趋势是全部采用现场总线技术，将一些本属于控制室中控制器的功能下放到现场型仪表中，从而更加拓宽了其使用范围，不但简化了系统，节约了投资，而且利用现场总线的双向通信功能，可由现场向控制室发出测量参数、维修预报以及故障诊断等信号，同时，也可在控制室对电动基地式仪表进行在线组态、设定、维护及调整。这些优点都是气动基地式仪表所无法比拟的。

二、LD301电动基地式仪表

（一）构成原理

LD301是SMAR公司研制的产品，它是一种测量差压、绝压、表压、液位和流量的智能电动基地式仪表。

1. 硬件构成原理

LD301由传感器和主电路板组成，其组成方框图如图7-36所示，传感器采用电容传感器作为压力敏感元件。图7-36中，p_H、p_L 为被测差压。

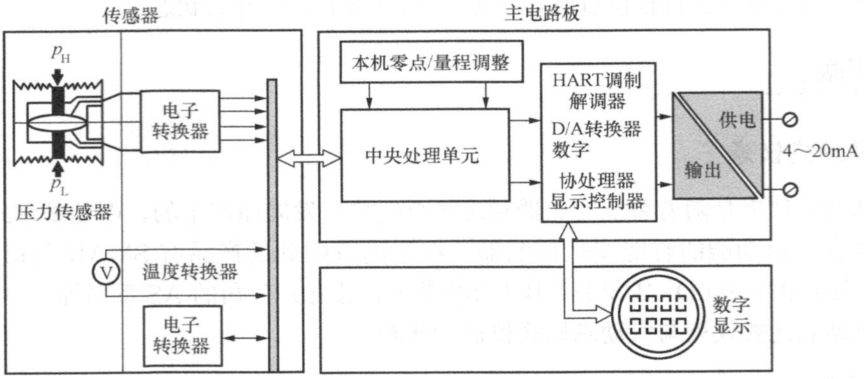

图 7-36 LD301 硬件组成方框图

（1）电子转换器。有两个电子转换器，一个是将电容转换为频率（或数字信号），而电容是被测差压的函数；另一个是将静压（被测介质的工作压力）转换为数字信号。

（2）温度转换器。它将传感器工作温度转换为数字信号，进行工作温度变化的补偿，以提高测量精度。

（3）中央处理单元。它是 LD301 的智能核心，担负着测量范围调整、功能设定、比例积分微分控制、输出控制、模拟传输和 HART 通信等任务。

（4）HART 调制解调器。它负责在主设备和从设备之间进行数据交换。变送器从供电电流中解调信息，并把回应信息调制在电流上。

（5）数字协处理器。

（6）显示控制器。接收 CPU 的数据并使液晶显示器的相应字段变亮，同时，控制器驱动背景光和字段的控制信号。

（7）本机零点/量程调整。两个用于调整的开关，利用磁性激活。该磁性工具无需通过机械的或电气的接触即可激活开关。

2. 软件构成原理

LD301 软件构成方框图如图 7-37 所示。

（1）数字滤波。为了使传感器输出信号平滑，设置了一个时间常数可调的低通滤波器。低通滤波器的时间常数即对应于 100%的阶跃压力（或差压）输入而输出达到 63.2%所需时间。

（2）工厂标定。仪表在出厂前，对敏感部件随压力和温度变化的特性进行了标定，并将标定的特性存储在敏感部件里的 EEPROM 中。

（3）用户标定。用 5 个特性调整点 P1～P5 对仪表的原始特性进行修正。

（4）压力整定。压力整定即通过零点压力和上限压力调整，来校正仪表的零点和上限长期漂移或改变以及安装或超压所带来的读数误差。

（5）量程。仪表作为变送器使用时，应使压力值与输出电流相对应，即下限压力值对应于 4mA，上限压力值对应于 20mA；仪表作为控制器（PID 方式）使用时，应使压力值与输出的百分数值相对应，即下限压力值对应于 0，上限压力值对应于 100%。过程变量的工程单位在 UNIT 中选择。

（6）功能。功能取决于应用，按照压力应用变送器方式时的输出和控制器 PV 具有线性

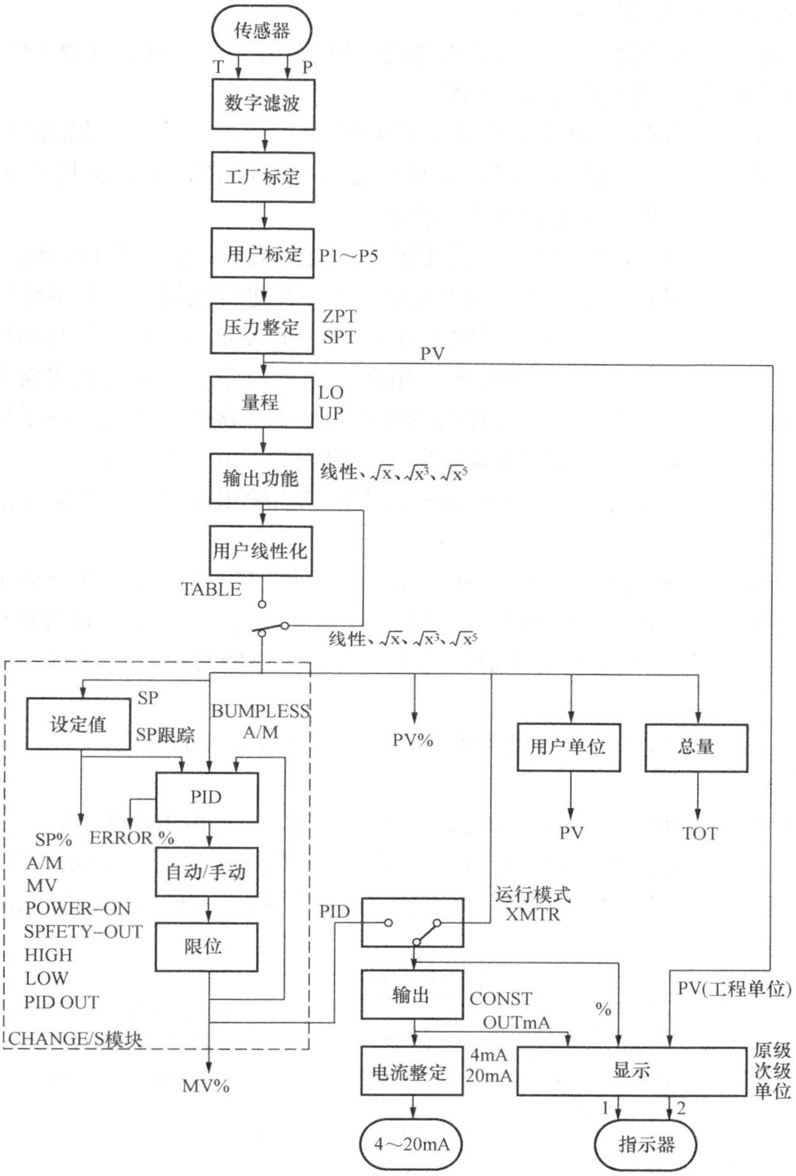

图 7-37 LD301 软件构成方框图

(用于压力、差压或液位的测量)、平方根(用于产生差压的流量测量)、三次或五次幂的平方根(用于堰式或敞口水渠式的流量测量)等特性。功能用 FUNCTION 选择。

(7) 用户线性化。输出(4～20mA 过程变量)对输入(应用压力)按照 2～16 点列表,输出由这些点按插值法计算。在 TABLE POINTS 功能中,这些点以 X_i 范围的百分数和输出 Y_i 的百分数给出,它可用来线性化。例如,通过液位测量来计算体积或质量,在流量测量中对雷诺数的改变进行修正。

(8) 设定值。设定位可以在手持终端的主菜单或称程序树的 INDIC 中调整。当作为控制器使用时,设定位 SP 可以设定为跟踪过程变量 PV 的状态,以便使从手动到自动实现无扰切换。这个程序块在 SP 跟踪中起作用。

(9) PID。首先根据控制器在 ACTION 组态中的作用（正或反）计算 SP - PV 或 PV - SP，然后计算控制变量（或操作变量）MV。

(10) 自动/手动。自动/手动方式选择在 INDIC 中进行，手动状态的输出变量 MV 由用户调整。MV 必须在上、下限值（由用户调整）之间；POWER - ON 被用来决定在电源开关合上时的控制器方式，即确定是否在手动状态。

(11) 限位。对输出的控制变量 MV 设定最高值与最低值，使其在任何情况下都不会超过设定值；此外，还可对输出控制变量的变化率（%/s）进行限制，使其不超过设定值。

(12) 输出。这个程序块是用来选择输出电流 4～20mA 是与过程变量相对应，还是与控制变量相对应，这取决于在 OP - MODE 中的组态。这个程序块还含有输出常量（CONST）电流的功能。有了这个功能不仅可以为控制系统正确检查二次仪表提供调校手段，还可以为控制系统的开环调试带来方便。输出电流实际上被限制为 3.9～21mA。

(13) 电流调整。4mA 调整和 20mA 调整用来使仪表输出电流遵守电流标准，以免偏差出现。

(14) 用户单位。过程变量由 0%～100%的改变可用工程单位读出并为显示和通信所利用。例如，可以从液位或差压的各自测量中得到一个体积或流量指示，也可选择合适的单位。

(15) 总量。重新置位后，可根据液位来累加计算流体的总量，这样可获得被传输流体的体积和质量。

(16) 显示。在 DISPLAY 中可组态成两个示值间交替显示的方式。

(二) 显示器

根据 DISPLAY 中的设置可以交替显示两个指示。可以显示由用户选定的 1～2 个变量。当选择两个变量时，显示变量每 3s 间隔进行一次交替。液晶显示包括一个四位半（因有一位数码管不完整，故称为四位半）数字区，一个五位字母数字区和信息区，如图 7 - 38 所示。

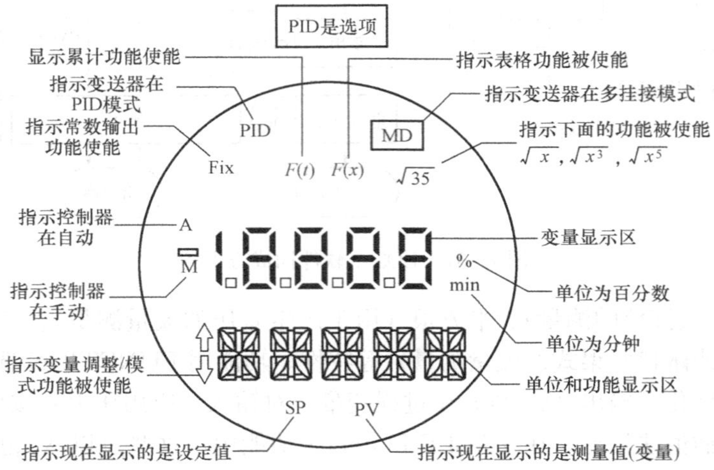

图 7 - 38 液晶显示

正常运行时，LD301 处于监视模式。该模式下，显示在用户设置的主要和次要变量间交替。显示器将指示工程单位、数值和参数，同时还有多个状态指示字符。当用户进行完全本地调整时，监视方式被中断。显示还能指示错误和其他信息，见表 7-5。

（三）组态

LD301 是数字仪表，其数字通信协议（HART）使仪表可以连接到计算机上，以便通过非常简单并完全的方式进行组态。SMAR 为其 HART 设备研发了两种类型的组态器，即 HT2 组态器（旧）和 HPC301 组态器（新）。

表 7-5　显示信息

显示	描述
INIT LD301	正在进行上电初始化
CHAR LD301	处于特性化模式
FAIL SENS	传感器故障
SAT	电流输出超限在 3.6mA 或 21mA

利用 HART 组态器，可以实现仪表标识和制造数据、主变量微调（压力、电流）、变送器调整到工作量程、工程单位选择、流量测量的传递函数、线性化表格、累计组态、PID 控制器组态和 MV%特性化表格、设备组态、装置维护等组态功能。

在组态器和仪表间发生的操作不会中断压力测量，也不会干扰信号输出。组态器可以同时连接在 4～20mA 信号线对上，距仪表最远可达 2km。

1. 上位机组态

在计算机中装入 CONF401 软件并按电气接线图接好线，就可以在控制室内对 LD301 进行组态。

2. HPC301 手持终端组态

图 7-39 所示为 HPC301 组态器的面板。LD301 遵循 HART 协议，可以用 HART 手持通信器组态，它与 3051C 的组态操作相同，这里不再重述。

3. HT2 手持终端组态

图 7-40 所示为 HT2 组态器的面板。手持终端侧面有两个槽可以插入存储器模块或专用程序模块，将存有 LD301 专用程序的模块插入后即可充当 LD301 编程器使用。任意操作 HT2 不会损坏仪表，但有些操作要慎重，如 CONF 中的 LOWER、UPPER 等，因为对其操作失误可能导致重新校验仪表。

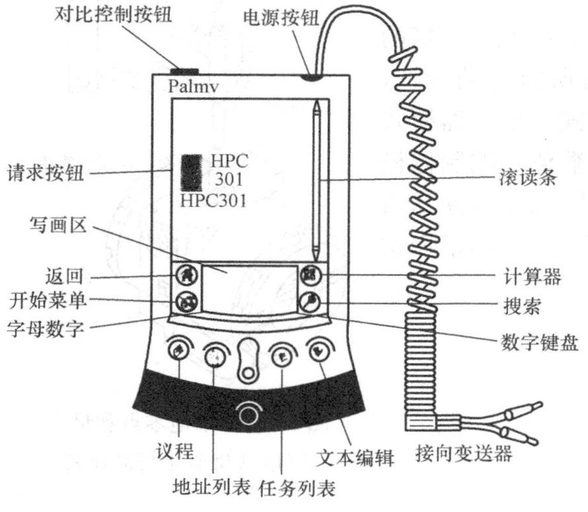

图 7-39　HPC301 组态器的面板

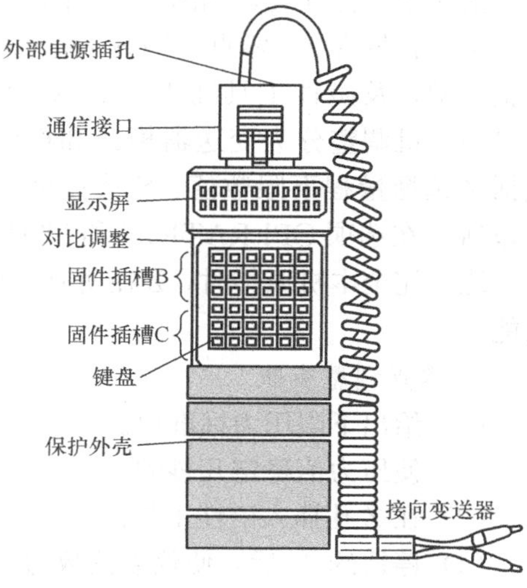

图 7-40　HT2 组态器的面板

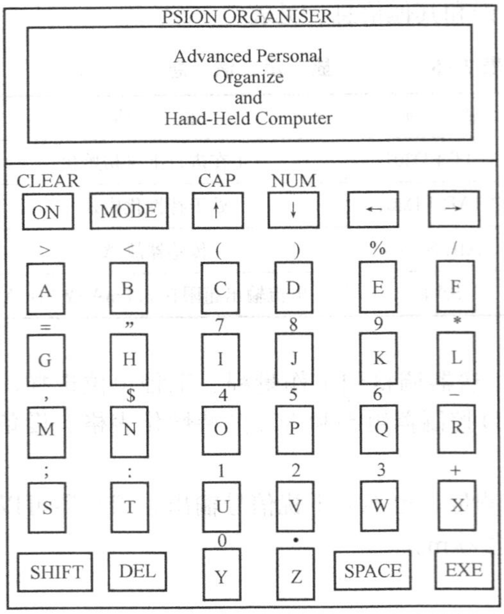

图 7-41 SMAR 手持终端的面板

SMAR 手持终端的面板如图 7-41 所示。键钮有双重含义：①键钮顶部刻有符号；②键钮上方也刻有符号。ON 为开机用，显示 LD301 OFF，如果显示不清楚，则可调侧面的对比度钮，按 ON 键还可使编程在某一步骤时退回到上一步骤；→、←、↑、↓为光标移动键；SHIFT 为上挡键，此时显示屏上的光标不闪动；DEL 为删除打错的字符；SPACE 为空格键；EXE 为确认键，确认一次操作或完成一次输入。

用光标指向 LD301 OFF 中的 OFF，按 EXE 键则关机，或者直接按 O 键也可以关机。如果开机后，在 5min 内没有按任何键，则手持终端将自动关闭。此后如果开机，则将显示自动关机前的状态。标有 LD301 的程序模块应插入手持终端的插槽 B 中，数据模块插入插槽 C 中。它可用于离线编程时存放变送器数据，当然这些数据也可存储在手持终端的 RAM 中，注意在开机状态切勿拔插这一存储块，以免数据丢失。

组态方法参见设备使用说明书。

（四）本机调整

如果仪表配有显示，并被设置为可完全本机调整，那么磁性工具几乎就像 HART 组态一样功能强大。在很多基本应用中，有了它就不再需要组态工具。如果 LD301 没有连接表头，则本机调整模式不可能被使能。

在仪表的标识牌下有两个孔，可以通过其使用磁性工具来激活两个磁性开关，如图7-42所示。

两个孔带有 Z（零点）和 S（量程）标记，按照所选择的调整类型，及磁性工具插入（Z）和（S）时所执行的动作，简单的本机调整分为变送器模式和控制器模式。变送器模式包括 Z 选择量程下限数值、S 选择量程上限数值；控制器模式包括 Z 在选项 OPERATION 和 TOTAL 间移动、S 激活所选功能。完全本机调整时，Z 在所有选项间移动，S 激活所选功能。

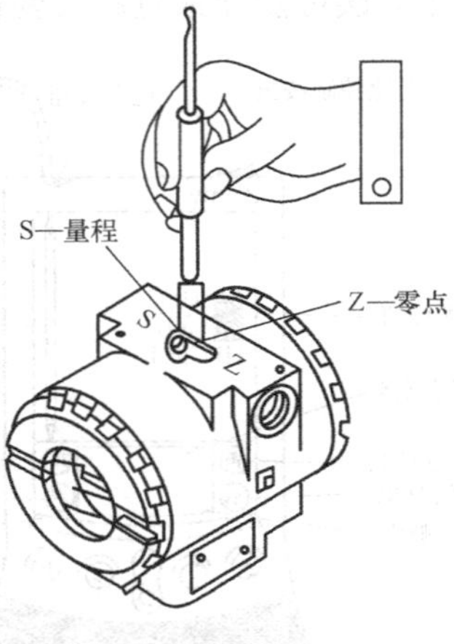

图 7-42 本地零点和量程调整以及本地调整开关

1. 零点调整步骤

（1）给出下限压力标准值。

（2）使压力值稳定几秒钟。

（3）在 Z 孔插入磁性工具。

（4）停留约 2s 后，使仪表读数为 4mA。

（5）移开磁性工具。

2. 上限调整步骤

在零点调整后，进行上限调整，也就是进行量程调整，其步骤如下：

(1) 给出上限压力标准值。

(2) 使压力值稳定几秒钟。

(3) 在S孔插入磁性工具。

(4) 停留约2s后，使仪表读数为20mA。

(5) 移开磁性工具。

【考核自查】

1. 什么是基地式仪表？
2. 气动基地式仪表有哪些特点？电动基地式仪表有哪些特点？
3. 画出KF系列气动基地式仪表的构成方框图并说明各组成部分的作用。
4. KF系列气动基地式仪表固定量程型与可调量程型测量单元的主要区别是什么？
5. KF系列气动基地式仪表与外界的气源、信号等连接接口有几个？是怎样分配的？
6. KF系列气动基地式仪表检查按钮起何作用？
7. 简述KF系列气动基地式仪表整机工作过程。
8. 试对KFL型液位指示调节仪进行分体检修及整组调试。

项目八

AMS 智能设备管理系统使用

随着现场总线技术的迅猛发展，企业选择使用智能仪表设备实现工厂自动化生产已经成为工业自动化领域未来发展的趋势。但是智能仪表在类型、厂商、版本、时间上差异较大，加上每种仪表都需要专用软件进行配置和操作，导致用户在操作、管理、维护和升级等方面多有不便。同时，由于现场环境较差且工况苛刻，现场设备无时无刻不在接受损害（如阀门磨损、导压管阻塞、热电偶断支、电动机振动异常等），诸多的故障会造成生产的波动，甚至停车。

为了提高现有设备的可利用率、降低设备维护的成本、减少由于设备故障导致的生产影响、优化工厂的运行、增加盈利率，设备管理系统应运而生。设备管理系统将信息化设备与现代化管理相结合，用于对现场智能设备及非智能设备进行操作、诊断，对设备的配置及参数的变更进行跟踪，实时资产优化和校准管理，确保实现高效维护，降低意外停机的风险。

目前，国际上已有几家公司推出了设备管理系统，如艾默生公司的 AMS 设备管理系统、西门子的 PDM 设备管理系统、ABB 的 800xA 设备管理系统等，而国内则有北京和利时集团的 HAMS 设备管理系统。下面主要介绍艾默生公司的 AMS 设备管理系统。

【学习目标】

（1）熟悉 AMS 智能设备管理系统的功能。

（2）掌握 AMS 智能设备管理系统的连接方案。

（3）理解 AMS 智能设备管理系统的架构。

（4）熟悉 AMS 智能设备管理系统软件的操作。

（5）能完成创建工厂数据库、重命名设备 AMS 位号、报警监视、现场设备操作、记录审查等操作。

（6）会运用 AMS 智能设备管理系统更换故障设备。

【任务描述】

AMS 智能设备管理系统是针对智能仪表、智能阀门定位器等进行在线组态、调试、校验管理、诊断及数据库事件纪录的一体化方案。它通过利用现场设备的智能自检和通信功能实现预维护和前瞻性维护的先进管理要求，提高了工厂的可利用率和运行效能。运用先进的诊断、流线式校验手段和自动事件归档等方法，AMS 智能设备管理方案优化了现场仪表和控制阀的性能。

本任务的主要内容是完成故障设备的更换工作。通过完成本任务，使学生熟悉AMS智能设备管理系统软件的操作，会完成故障设备的更换，并能完成创建工厂数据库、重命名设备AMS位号、报警监视、组态、记录审查等操作。

【知识导航】

AMS智能设备管理系统的功能

一、基本功能

1. 组态

AMS智能设备管理系统让用户在控制室就能方便地查看、修改、替换现场设备的组态信息，所有的操作都会被记录在数据库中，做到有据可查。

（1）连接并组态智能设备。自动扫描现场智能设备，方便对现场智能设备组态。

（2）自动记录操作信息。执行修改的用户，修改原因、修改之前之后的参数以及其他操作信息都可以从数据库中调出。

（3）设备组态比较。设备当前组态、不同历史组态之间可实现比较，并可选择将历史组态中参数下载到当前设备中，从而避免人为输入的错误。

2. 状态监测及报警

在线、实时对现场智能设备的健康状况进行监测，显示当前激活的设备报警或诊断，如超量程、存储器故障、传感器故障、显示当前激活的PlantWeb设备报警、设备的报警诊断等。

用户可根据智能设备的重要性分组、分级实时监测、诊断设备的健康状况，并可按需组态报警信息；当报警产生时，AMS智能设备管理系统提供声音、颜色报警；同时，数据库自动记录该报警事件和内容。

3. 校验管理

只需输入校验周期、校验点数、仪表精度，系统自动生成校验方案（系统会自动获取该设备的型号、制造商、量程、输入输出信号等等），并当校验周期到时自动提醒。

智能设备管理系统自动生成符合国际标准的校验报告和校验曲线；经过几次标定，设备的误差趋势图就会自动生成，可与带自动记录功能的校验仪（如Fluke 754）配合使用，实现校验方案的自动下载、校验数据的上传，从而完全取消手动校验数据纪录。

4. 文档管理

AMS智能设备管理系统中的数据库自动记录所有与智能设备相关的事件和报警：登入信息、组态记录、校验信息、诊断信息、维修记录和报警信息等。

Drawings/Notes笔记功能让用户显示设备的相关信息也可链接到设备的其他相关文件。

5. 工程助手（EA）

工程助手针对罗斯蒙特3095MV多变量变送器，实现高级组态、维护、诊断和测试计算功能。

6. 阀门高级诊断

针对不同的阀门或阀门定位器（如Fisher Control、Flowserve、Masoneilan、Smar），

实现多种高级诊断。以 Fisher Control FIELDVUE 定位器为例，高级诊断可包括动态误差带、驱动信号、阶跃响应、阀门特征曲线、在线性能诊断等。

7. 流量计校验

流量计校验功能针对高准的科里奥利流量计（MicroMotion），检查流量传感器流量管的钢性。该流量计校验功能采用带指导的多面板对话框形式，为用户检查流量管结构和综合性能，比如能检测到流量管钢性变化。如果流量计的钢性值与工厂出厂指标不一致，可能的原因是被腐蚀了。

二、开车调试功能

AMS 智能设备管理系统显示智能设备的连接位置（如控制器、卡件、通道等），结合 DCS 系统，能实现设备回路检查工作。AMS 智能设备管理系统可命令现场发出指定信号，参照 DCS 系统，仅一个人就能设置和检查回路。通过在 AMS 智能设备管理系统记录审查记录手动事件，做到有案可查。

使用 AMS 智能设备管理系统的组态功能组态设备，设备参数被归类成组显示在若干画面中。当设备组态被改变时记录审查自动记录归档，可供随时察看。

AMS 智能设备管理系统快速检查（Quick Check SNAP-ON）将过程控制回路的多个设备成组，快速实现回路接线以及回路联锁测试，并提供智能设备投运状况报告。大大减少调试时间（据统计可减少 40%～60%的调试时间），从而减少调试成本投入，大幅提高资产投入回报。

三、开放接口功能

AMS 智能设备管理系统提供多个开放的接口，可供第三方存取设备和其他信息。

1. OPC 服务

OPC（OLE for Process Control）服务是一个 AMS 智能设备管理系统的开放接口。它允许 OPC 客户端应用程序读取 HART 设备和 FF 设备的数据。

2. XML Web 服务

AMS 智能设备管理系统提供 XML Web 服务。通过它可存取 HART 设备、FF 设备或第三方应用的常规设备信息，如：用户使用它可得到所有设备清单（含通用信息）、设备工厂结构清单、设备报警清单（含激活报警清单、设备监视清单、监视状态）、系统的记录审查、设备组态清单、校验报告清单、校验排程清单等。所有这些信息，用户可通过 WEB 浏览输入特定的地址，得到 XML 格式的结果，结果可用微软的 Excel 软件打开并编辑。

3. 设备性能管理系统（APM 系统）

AMS 的设备性能管理系统（APM 系统），对 AMS 智能设备管理系统和其他系统进行数据采集和统计，并以友好的界面显示给用户，让工厂的工程师及管理层在办公室即可了解现场设备的运行状况，并作出决策。APM 系统与 ERP 系统或 CMMS 系统相连，可弥补 ERP 系统或 CMMS 系统不能对在线运行设备自动管理的不足。APM 自动记录设备故障或需检验维修的事件，并上传给 ERP 系统或 CMMS 系统，自动生成工作指令；当工作结束时，AMS 智能设备管理系统数据库自动记录该事件，从而避免工作指令手动输入，确保及时进行故障维修。

AMS 智能设备管理系统的连接方案

AMS智能设备管理系统支持所有基金会注册的HART设备和FF设备，均可在同一界面管理。AMS智能设备管理系统不仅可以与多个艾默生过程控制系统实现无缝连接（如DeltaV、OVATION等），也可以与其他第三方系统连接。

图8-1为AMS智能设备管理系统与相关设备连接示意图。

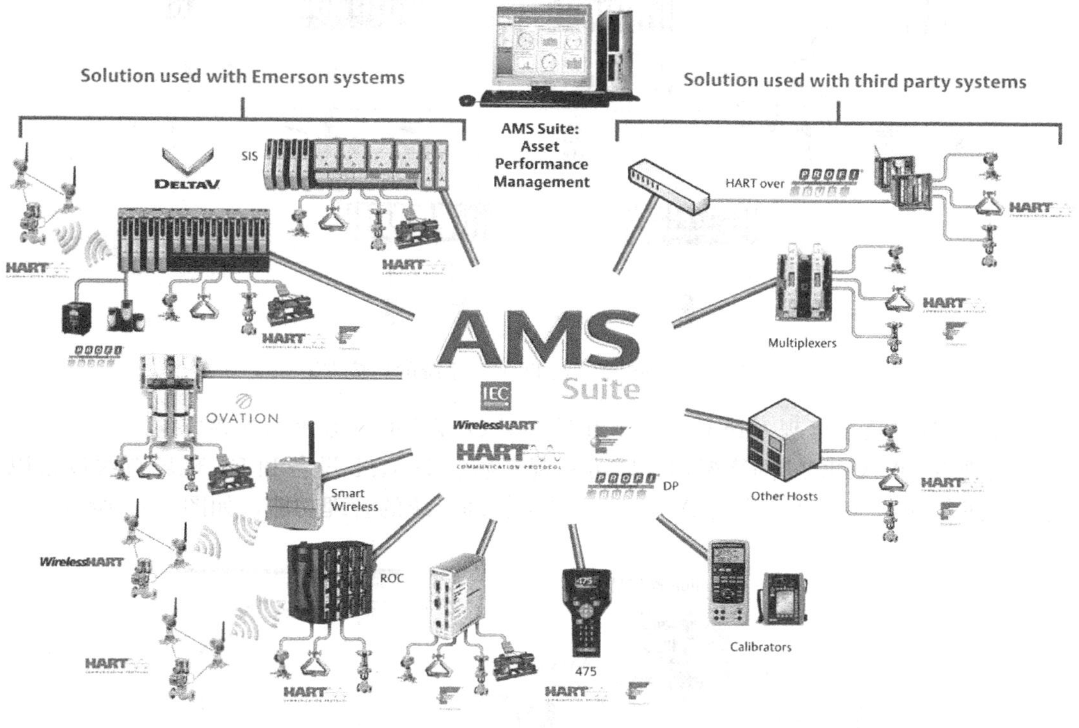

图8-1　AMS系统与相关设备连接示意图

AMS智能设备管理系统常用的设备网络接口包括DeltaV网络接口、Ovation网络接口、Provox网络接口、RS3网络接口、Siemens PCS7系统接口、ABB网络接口、Det-Tronics火气系统接口、HART多路转换器接口、HART modem接口、Rosemount HSE网络接口、HART over Profibus网络接口、ROC网络接口、1420无线网关、Profibus Softing接口等。

需要注意的是，对于不同的AMS版本和系统所含的授权，可得到的系统网络接口类型数量是不同的。下面详细介绍几种AMS系统与相关设备（或系统）的连接方案。

1. AMS智能设备管理系统与艾默生过程控制DeltaV系统的连接方案

AMS智能设备管理系统与DeltaV系统相连，无需其他额外的硬件，直接与现场的HART设备和FF总线设备进行在线通信，如图8-2所示。

运用AMS智能设备管理系统的强大功能，可极大地降低调试费用和维护成本，提高工厂的效率。

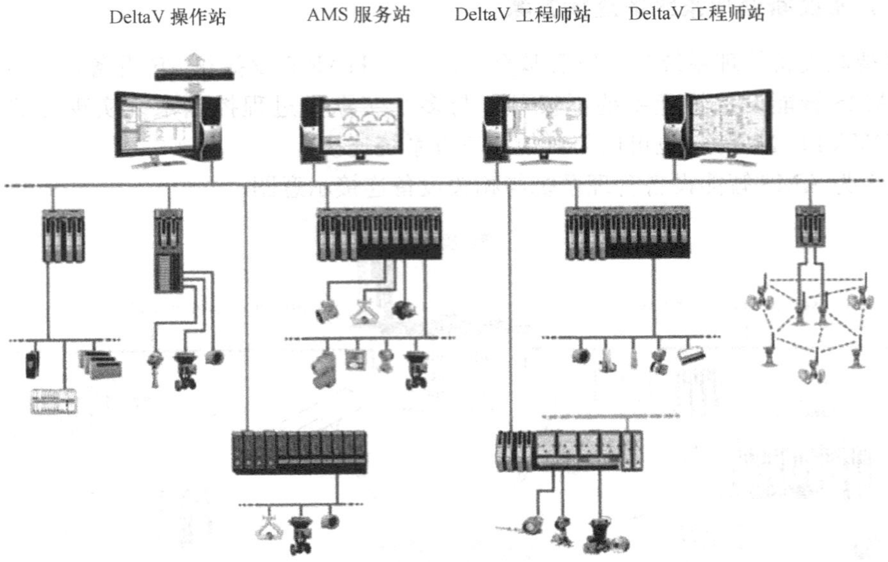

图 8-2　AMS 系统与 DeltaV 系统的连接方案

2. AMS 智能设备管理系统与艾默生过程控制 OVATION 系统的连接方案

利用现有 OVATION 网络架构，即可实现现场的 HART 设备和 FF 现场总线设备以在线的方式进行通信和诊断，实现 AMS 智能设备管理系统的管理功能，如图 8-3 所示。

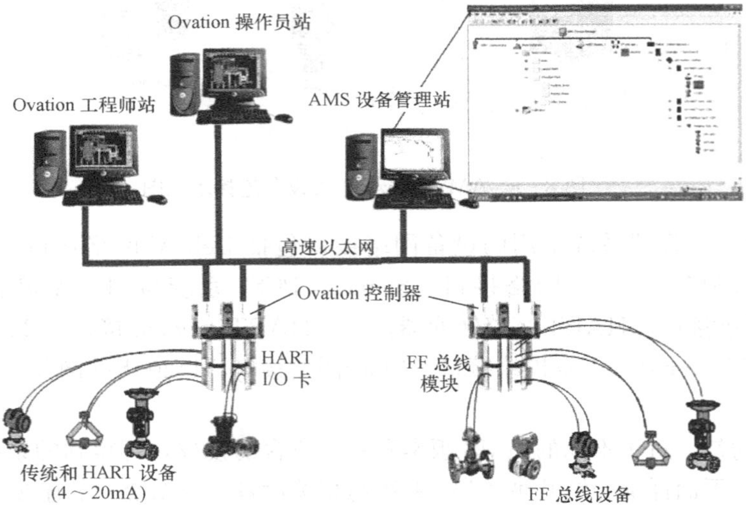

图 8-3　AMS 系统与 OVATION 系统的连接方案

3. AMS 智能设备管理系统与第三方控制系统的连接方案

AMS 智能设备管理系统也可以通过 HART 多路转换器的方式与第三方系统（如 DCS、PLC、ESD、SCADA）相连，实现对 HART 设备的管理，如图 8-4 所示。

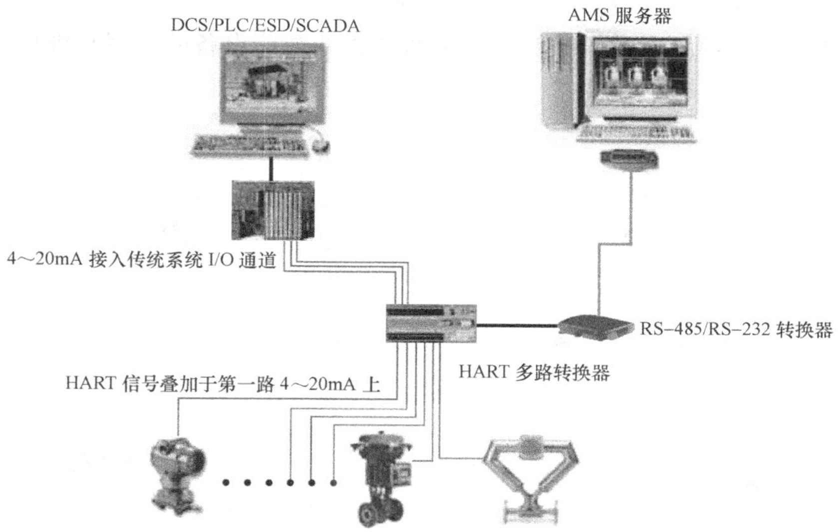

图 8-4　AMS系统与第三方控制系统的连接方案

图 8-5 所示为 AMS 系统与第三方 DCS 系统的连接方案。

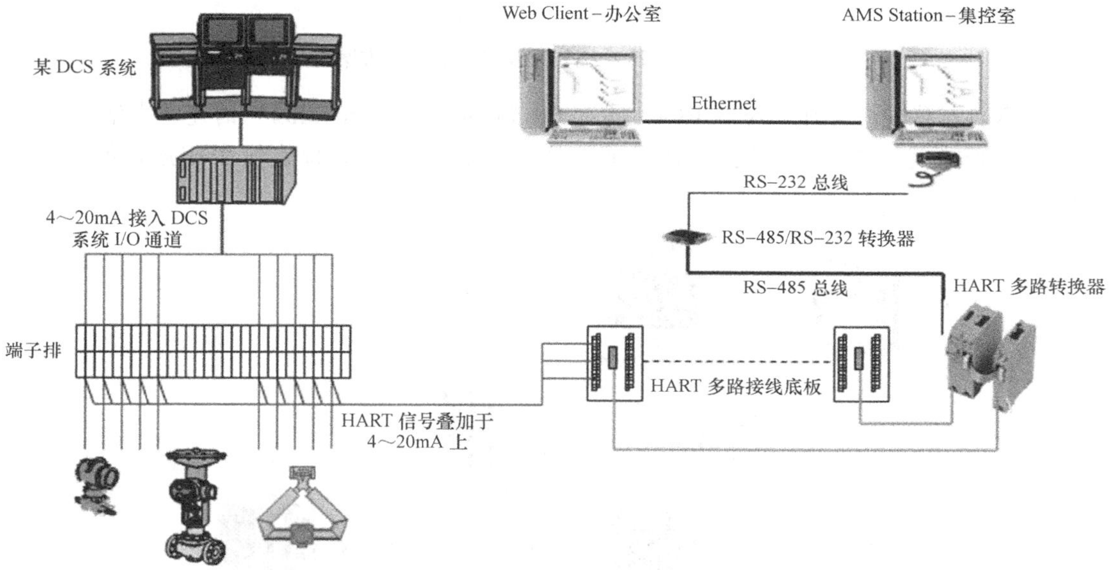

图 8-5　AMS系统与第三方 DCS系统的连接方案

该方案从原有端子排的输入端接线，将仪表的输入信号引到 HART 多路转换器的接线端子模块上，在不影响 4～20mA 信号传输到 DCS 中实现控制功能的同时，将 HART 信息传送到 AMS 设备管理站上综合管理。

通过 HART 多路转换器接口，AMS 可监视和组态连接到多路转换器的仪表阀门。一个 HART 多路转换器接口网络能连接 32 个多路转换器，一个多路转换器支持连接 16～32 个设备，有些类型的多路转换器支持连接多达 256 个设备。

4. AMS智能设备管理系统与无线仪表的连接方案

通过1420网关与无线仪表相连，实现对现场无线智能设备的管理和维护，如图8-6所示。

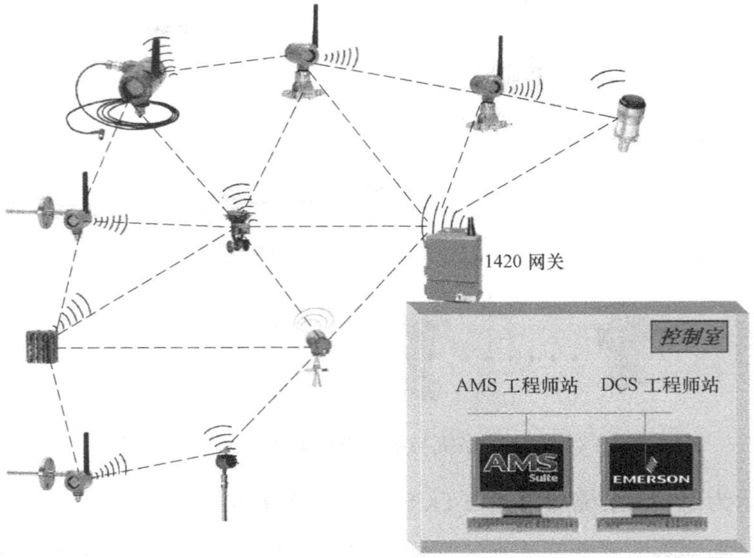

图8-6 AMS系统与无线仪表的连接方案

5. AMS智能设备管理系统与ROC（Remote Operation Controller）的连接方案

AMS智能设备管理系统通过ROC能够实现远距离和现场智能仪表相连，如图8-7所示。

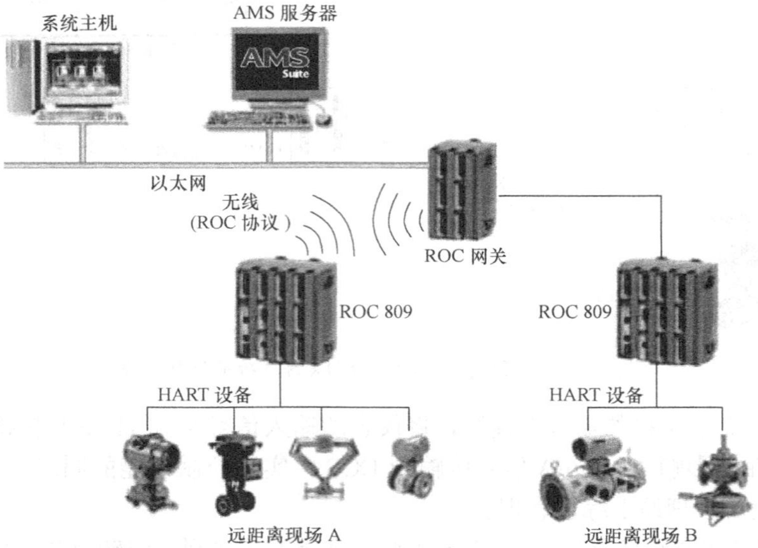

图8-7 AMS系统与ROC的连接方案

6. AMS智能设备管理系统与PROFIBUS系统的连接方案

AMS智能设备管理系统通过以太网和PROFIBUS的转换器，实现对远端的HART设备进行通信和诊断，实现AMS智能设备管理系统的管理功能，如图8-8所示。

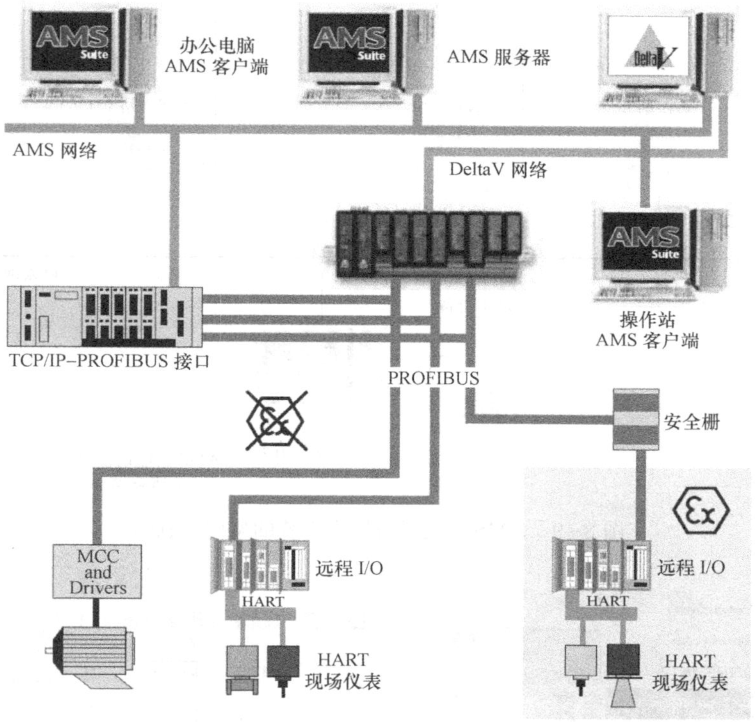

图8-8　AMS系统与PROFIBUS系统的连接方案

AMS智能设备管理系统的架构

AMS智能设备管理系统还可以支持Server/Client架构。一个Server Plus工作站可以最多有131个Client工作站。Client工作站和Server Plus工作站的功能完全相同，均可以对现场仪表进行查看、操作，实现AMS智能设备管理系统的功能。它们的区别是AMS智能设备管理系统的数据库在Server Plus工作站，Client工作站使用Server Plus工作站的数据库。

AMS智能设备管理系统的架构如图8-9所示。

AMS智能设备管理系统软件概览

AMS智能设备管理系统软件（AMS Device Manager）由美国艾默生公司开发，当前最新版本为Ver 12.0，除英文版外，该软件还提供了简体中文版。下面以Ver 11.0中文版为例，介绍其使用情况。

1. 登录AMS Device Manager

AMS Device Manager登录界面如图8-10所示，输入用户名和密码即可进入系统。

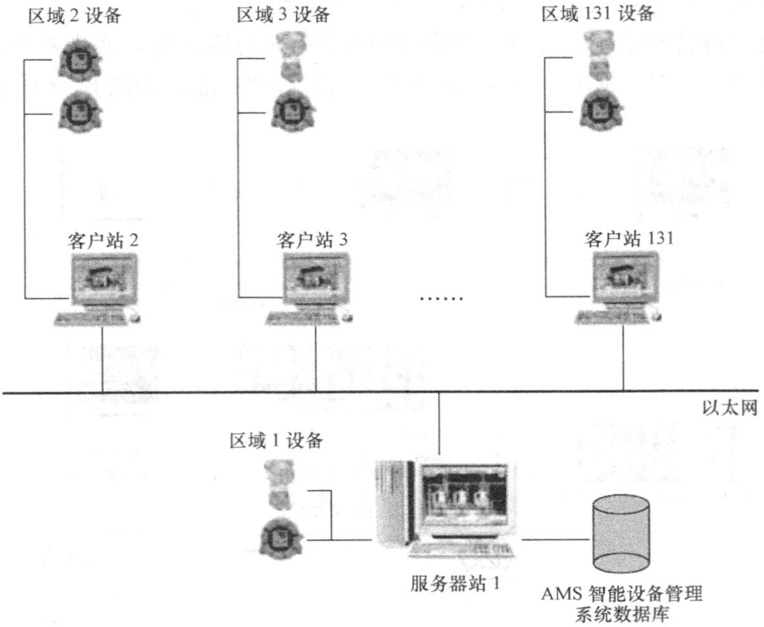

图8-9　AMS智能设备管理系统的架构示意图

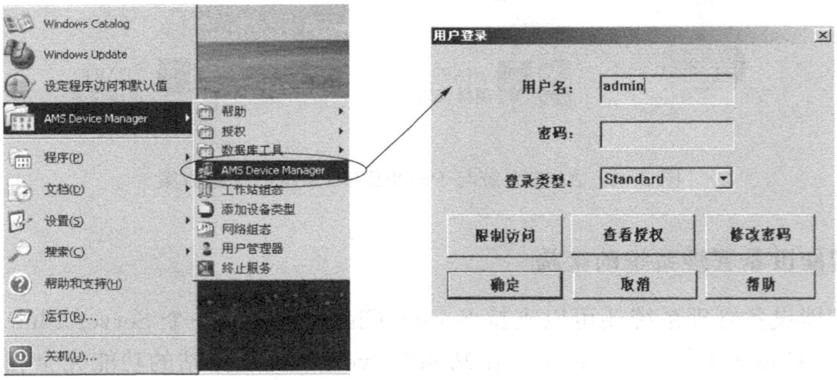

图8-10　AMS Device Manager登录界面

2. AMS应用窗口

AMS系统包含两种类型视图：

(1) 设备连接视图（Device Connection View），如图8-11所示。

(2) 设备浏览视图（Device Explorer View），如图8-12所示。

设备连接视图和设备浏览视图可通过主菜单下的工具条进行选择，也可通过快捷键切换。

3. 物理网络和设备的扫描与更新

对AMS系统而言，不同的设备网络接口，其扫描与更新的方法是类似的，下面以无线网络为例进行介绍。

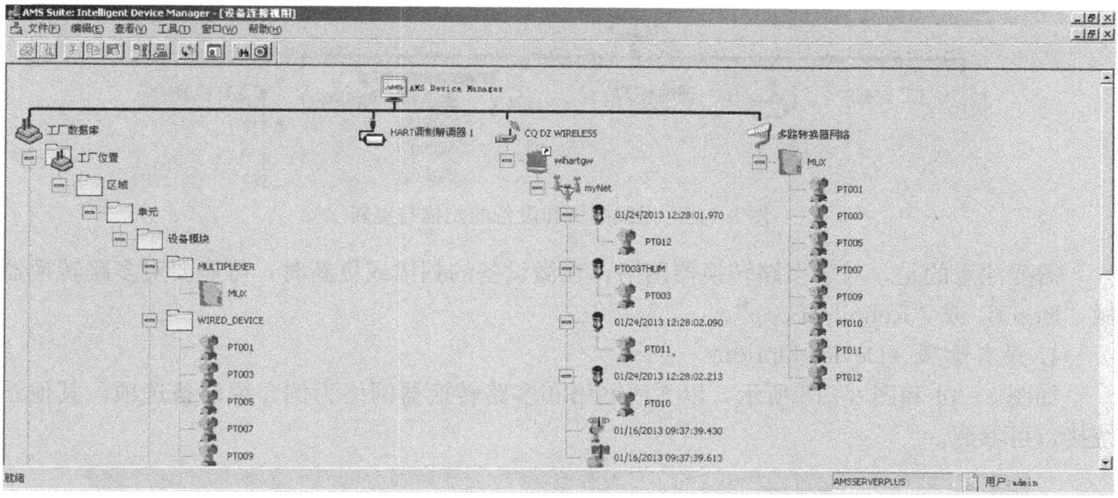

图 8-11　Device Connection 设备连接视图

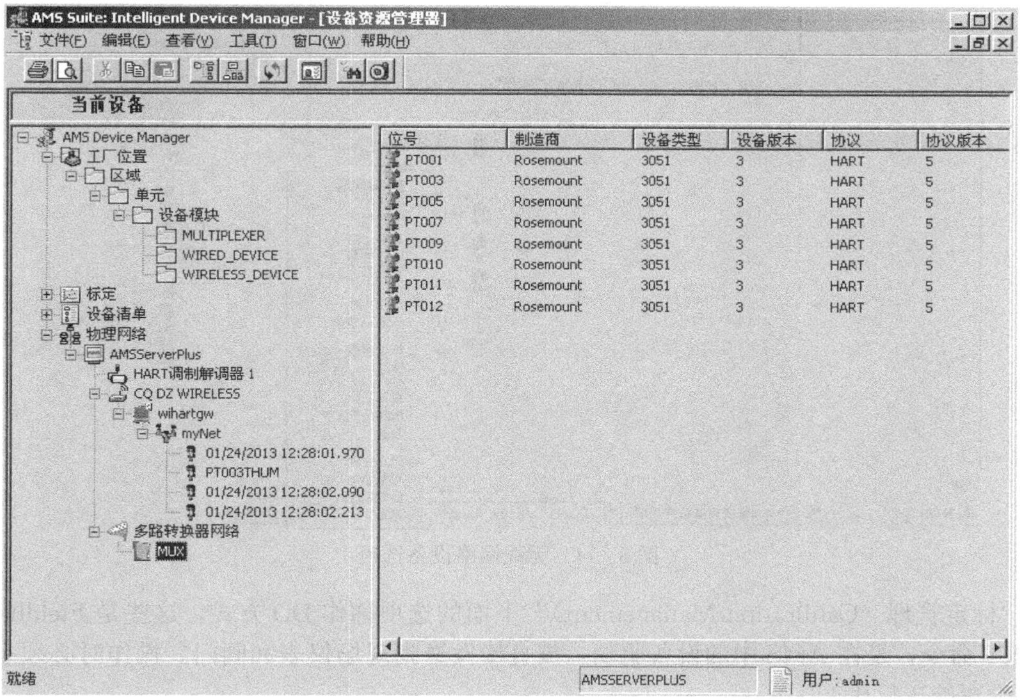

图 8-12　Device Explorer View 设备浏览视图

“CQDZ WIRELESS”是连接到 AMS Station 的无线网关上的实时设备列表，仪表和阀门被自动地扫描进 AMS，通过右键单击“CQDZ WIRELESS”并选择“重建和识别级别”重建网络结构来实现，如图 8-13 所示。

扫描（Scan）操作用于同步数据（现场设备和数据库之间）。当现场设备第一次被 AMS 检测扫描到时，需要执行此项操作，包括第一次重建网络，或新设备被识别。

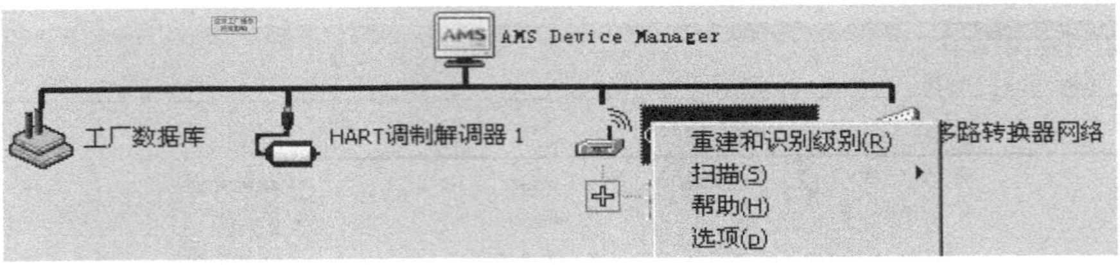

图 8 - 13　无线网络和设备的扫描与更新

需要注意的是，对于多路转换器网络，在做设备的扫描或更新时，可能要对多路转换器做“Reset”或“Rebuild Loop”。

4. 设备选项（Device Options）介绍

如图 8 - 14 和图 8 - 15 所示，以无线网络和多路转换器网络为例介绍设备选项，其他系统接口可参照。

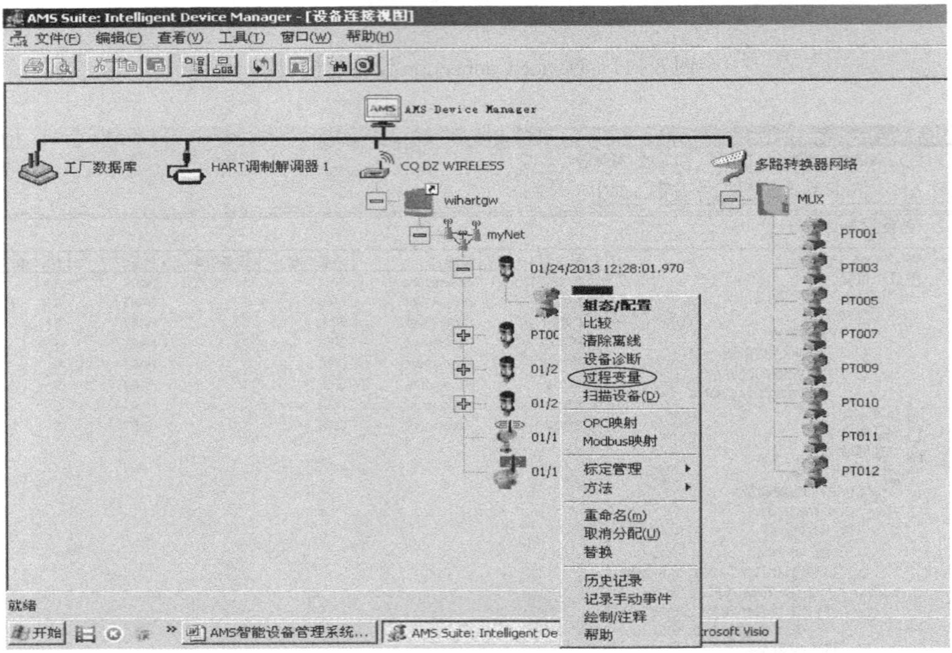

图 8 - 14　无线网络设备选项

“标定管理（Calibration Management）”下面的选项称作 DD 方式，这些是 Fieldbus 或 HART 命令，是在 AMS 中的设备驱动，被直接发送到现场仪表和阀门。操作时必须小心，否则会影响工厂生产。

需要注意的是，对于现场设备来讲，设备的操作及其选项取决于设备本身（厂家、类型和版本等）。

创建工厂数据库

工厂数据库（plant database）是 AMS Device Manager 信息的收集处，包括能代表工厂的结构（plant locations hierarchy）和标定信息的结构（calibration hierarchy）（包括标定路径、测试设备、测试方案）。关于工厂的信息被创建并保存在 AMS 工厂数据库。

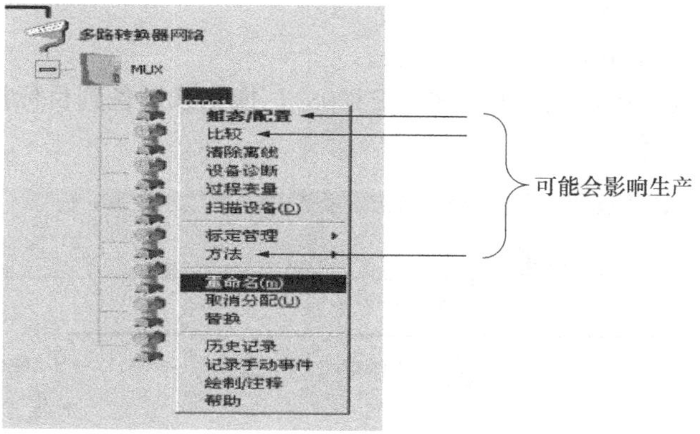

图 8-15　多路转换器网络设备选项

工厂数据库设备连接视图和浏览视图分别如图 8-16 和图 8-17 所示。

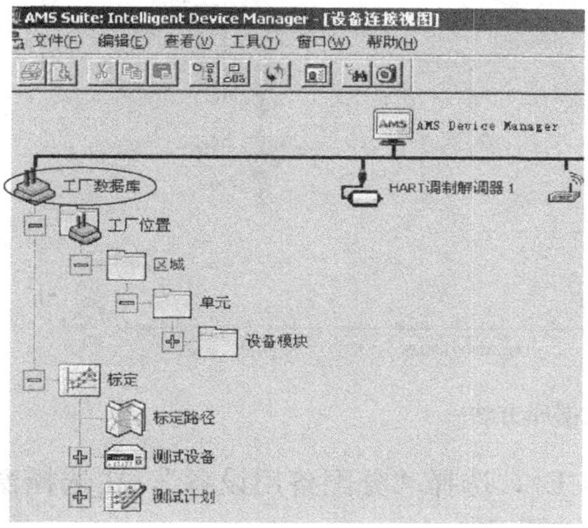

图 8-16　工厂数据库设备连接视图

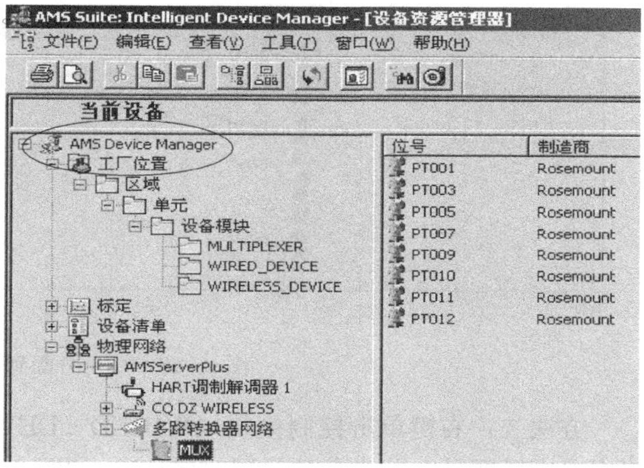

图 8-17　工厂数据库浏览视图

首先创建数据库结构，然后将设备分配到数据库中。

1. 创建工厂数据库结构

(1) 整个 AMS 设备管理结构分为四层：

第一层（最高层）：区域（Area）。用户可自定义，代表工厂中的某一过程、装置等。如公用部分。

第二层：单元（Unit）。用户可自定义，代表工厂生产单元，如工厂中的多个设备组、某车间、某楼层等。

第三层：设备模块（Equipment Module）。如某些控制回路、成套设备等。

第四层：控制模块（Control Module）。如多路转换器、无线设备、有线设备等。

根据上面所述的结构，创建工厂数据库结构。

(2) 设备有三种状态，即 Spare（设备扫描后，没有分配到数据库）、Assigned（设备已被分配到数据库中）和 Retired（设备被替换后，或报废）。

这三个状态可通过右击设备图标，选择分配（assign）或取消分配（unassign），并选定状态改变。

2. 将设备分配到数据库中

将设备分配到数据库中有以下两种方法。

方法一：在物理连接中，选中某设备（PT003），拖曳该设备到目标控制模块（WIRED_DEVICE），如图 8-18 所示。

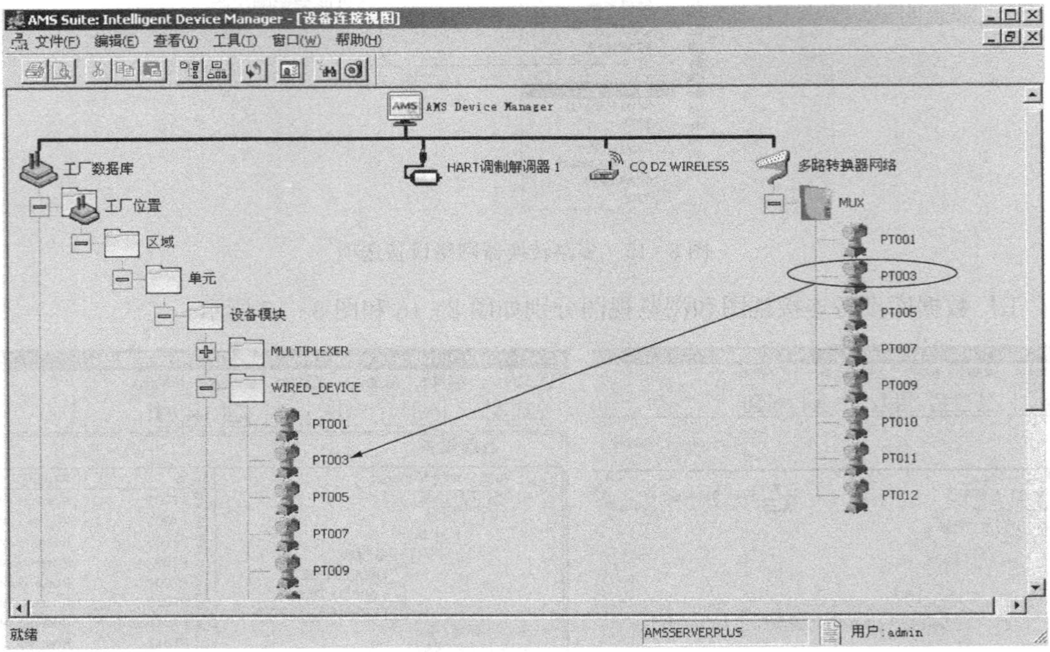

图 8-18 设备分配到数据库方法一

方法二：右键单击控制模块（WIRED_DEVICE），选择“分配备用设备”，在选择窗口中选中所要的一些设备（可同时多选），如图 8-19 所示。

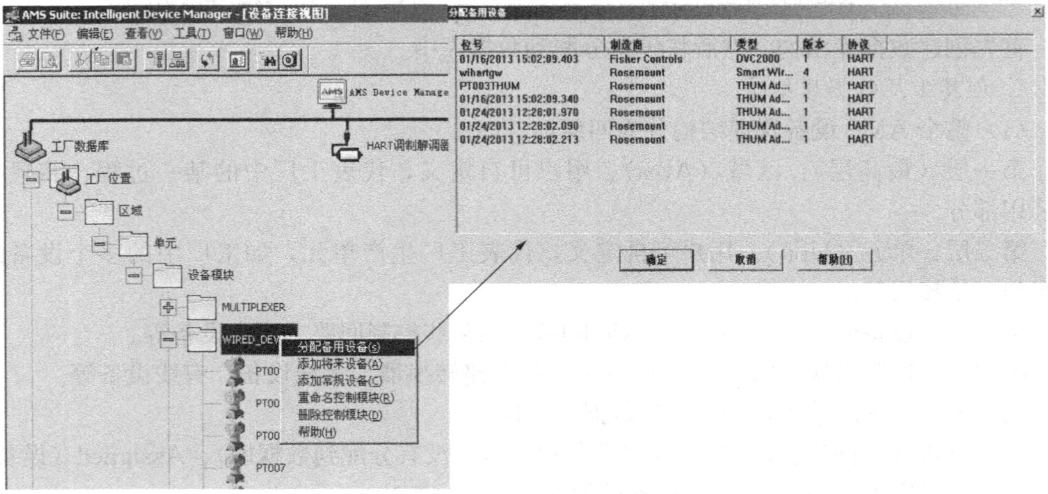

图 8-19 设备分配到数据库方法二

3. 设备的取消分配操作

使用这项操作，可改变设备的分配状态为备件（Spare）或报废（Retired）。

注意：必须有 Device Assignment 设备分配允许权限，才可“unassign”。

点击用户想改变分配的设备，右击设备图标，从下拉菜单中选择“取消分配”。在“取消分配”对话框中，选择作为备件或作为报废，点击确定。

重命名（Rename）设备 AMS 位号

在 AMS Device Manager 中每个设备均有唯一的 AMS 位号，由 32 个字符组成（不允许?'"\ *! |<>&）。对于那些系统默认产生的位号，可运用此操作来修改成符合工厂需要的 AMS 位号。

重命名设备 AMS 位号时，先选中需要修改的设备，点击右键，出现右键菜单，选择“重命名”，即可更改工作，如图 8-20 所示。

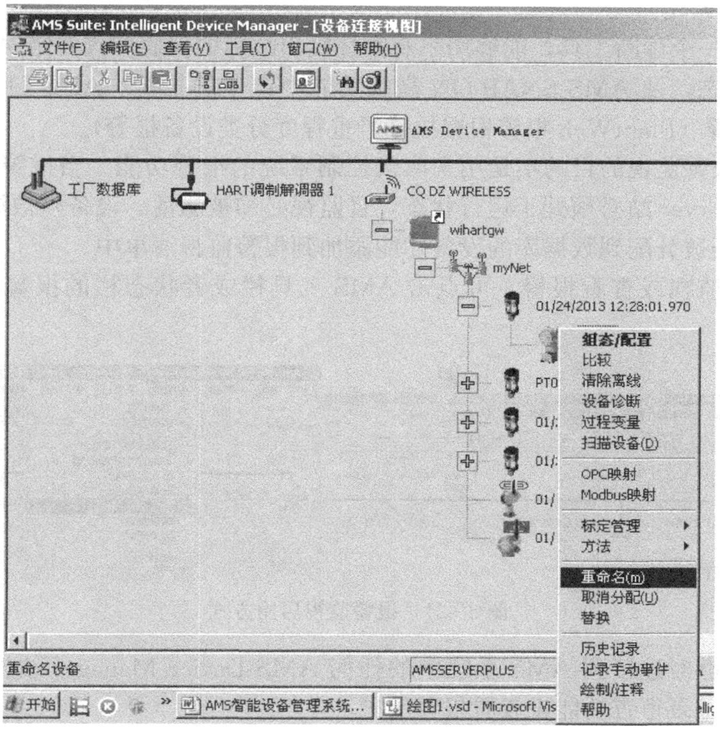

图 8-20　重命名设备 AMS 位号时

（1）为了查看在物理网络中的 AMS 位号，必须设置网络的选项至显示 AMS 位号作为图标号（从网络图标的下拉菜单中可选择该选项）。

（2）当 AMS 位号被修改后，在 Audit Trail 记录审查中可查看到该操作。右键单击该对应的事件，可得知修改前的 AMS 位号。假如设备已被改名多次，同样可以看到任一次的历史记录，只要对此设备的记录审查的“Show By”中选择“Device”即可。

（3）修改 AMS 位号时，如果 Alert Monitor 警报监视打开着，那么可通过“Refresh”刷新，不能在警报监视栏中直接改名。

（4）不能直接在校验路径中修改 AMS 位号；不能修改那些已经校验导出的设备的 AMS 位号。

（5）AMS 位号不区分大小写，因此，AMS 位号 tt-101 和 TT-101 是同一位号。

（6）可使用 Tag Naming Utility 位号命名程序。它可批量化，单步操作即可将 AMS 位号修改成 HART 位号、HART 描述和 HART 信息，即 Start | Programs | AMS Device Manager | Database Utilities | Tag Naming Utility。

注意：1）多路转换器接口上初次扫描到的设备，其 AMS 位号是以日期时间的形式出现的，所以有必要修改成符合工艺生产或要求的位号。

2）当设备中的 HART 位号、HART 描述或 HART 信息是正确的时，可选择 Tag Naming Utility 程序批量修改 AMS 位号。

报警监视（Alert Monitor）

1. 报警监视概述

报警监视是一个诊断工具，能够用来观察怀疑出故障的仪表和查看错误报告，也可用来监测现场设备状态，及 AMS SNAP-ON 高级功能中产生的报警。AMS Device Manager 支持 PlantWeb 报警（PlantWeb 报警根据故障严重程度分类设备报警）。

注意：1）报警监视的目的不是用来取代控制系统的报警功能。当报警监视时，为了接收报警，AMS Server 站必须处于运行状态，且监视必须被激活、设备须被添加进监视列表。

2）只有已经被分配到数据库的设备才能添加到报警监视清单中。

为组态报警监视或查看报警，可点击 AMS 工具栏或者状态栏的报警监视图标，如图 8-21所示。

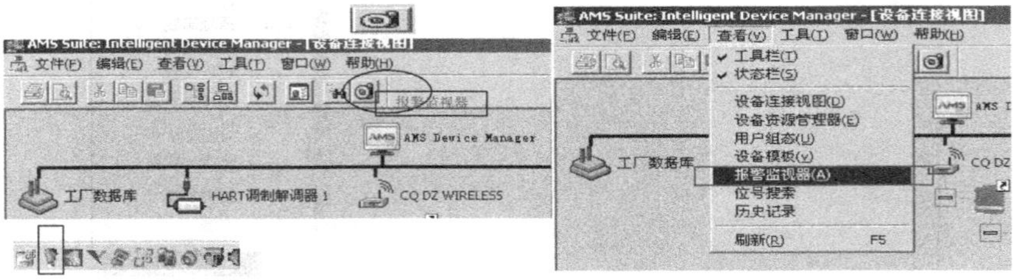

图 8-21 报警监视启用方式

报警监视能够对连接到 AMS 系统中的任何 AMS Device Manager 站设备监视并报警。同时，可以使用记录审查功能来查看报警历史。

当有一个报警出现时，状态栏报警监视图标背景变成橙色。当报警列表中所有的报警被清除，设备正常后，报警图标恢复成常态，背景是灰色的。

2. 报警监视接收报警的途径

报警监视接收报警有以下两种的主要途径。

（1）监测：FF 总线设备和 SNAP-ON 高级功能发送它们的报警到报警监视中。

（2）轮询：HART 设备和 Profibus DP 总线设备通过被轮询来确定是否报警。

3. 查看报警监视窗口

需要监视的设备，必须要在设备监视列表中。各个站有自己的设备监视列表，可以随时从设备列表中增加和移除设备，不需要重新启动 AMS。

参考图 8-21，就能够进入到报警监视的画面。报警监视画面如图 8-22 所示。

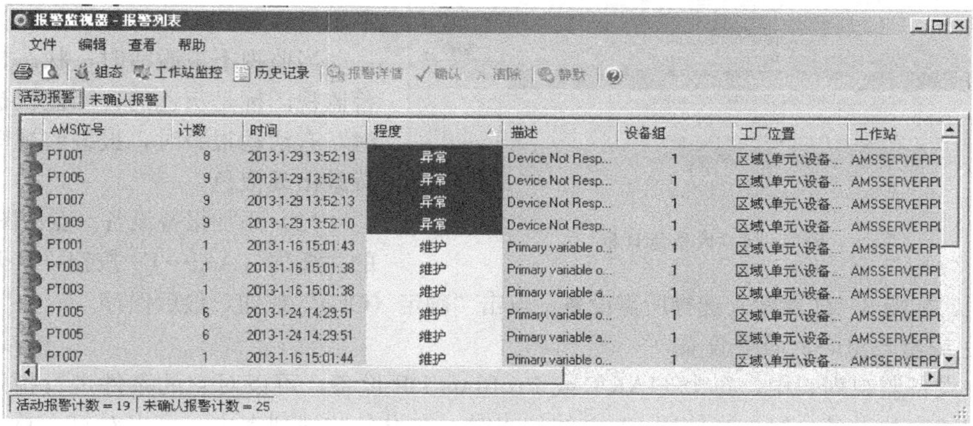

图 8-22　报警监视画面

活动报警显示在活动报警列表窗口中，将被正常更新，显示的报警信息包括设备的 AMS 位号、设备在工厂结构中的位置、报警时间、设备组、报警描述和设备相关的站名。点击报警详情按钮可以看到相关的详细的事件情况。

在 AMS 站上，AMS Device Manager 服务器正在运行时，当引起报警的原因被清除后，报警会自动从活动的报警列表中清掉。SNAP-ON 应用程序报警的产生和清除通过自己来实现。对任一报警，可使用手动的方法清掉。

4. 组态报警设备清单

(1) 使能报警和组态，点击图 8-22 中的“组态（Configure）”按钮，能够打开报警监视列表，如图 8-23 所示。

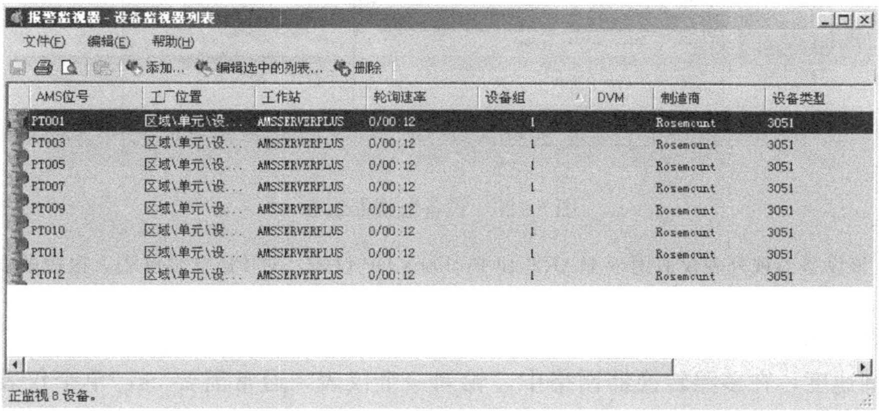

图 8-23　报警监视列表

监视时，对 HART 设备的轮询，或者 SNAP-ON 和总线设备报警的接收，报警监视画面可不打开。可以选择 Enable Monitoring 激活监视，就可以实现关掉和打开警报监视。

如果使能监视的站，当 AMS 服务器开始运行时，能够监测 DCS 系统所有客户端的活动报警。

当监视不被激活时，HART 和总线设备的报警不能够写到记录审查里；SNOP-ON 应

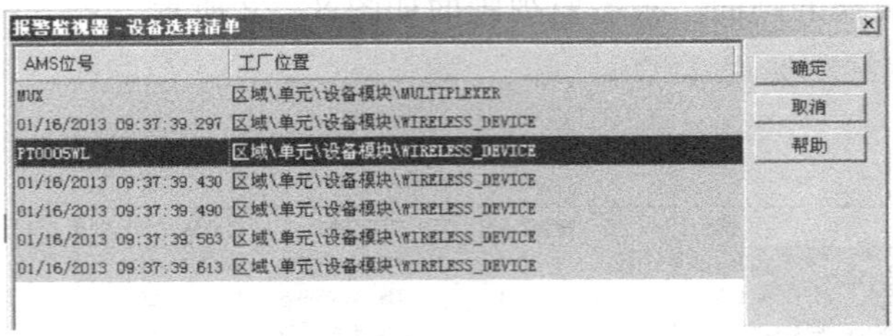

图 8-24 设备选择框

用软件发送的报警能够在记录审查里显示。

当监视不被激活时，状态栏的报警监视图标是灰色的；当监视被激活时，有活动报警时，报警监视图标的背景出现橙色。

（2）添加报警设备。点击图 8-23 的“添加（Add…）”按钮，打开设备选择框，如图 8-24 所示。选择所需设备，点击“确定（OK）”按钮，最后保存。

5. 编辑已组态的报警设备

在设备监视列表中，每个 HART 或 Profibus DP 设备，可以对它的条件进行指定，包括轮询速度和设备分组。当使用 FF 总线仪表时，在设备监视列表中，可以对每个总线设备分组，没有轮询可设定。

在设备列表里，对仪表/阀门进行编辑时，点击“编辑所选中的列表…”按钮，出现图 8-25，选择报警情况，也选择包括轮询速度和设备分组，然后点击“确定”按钮。

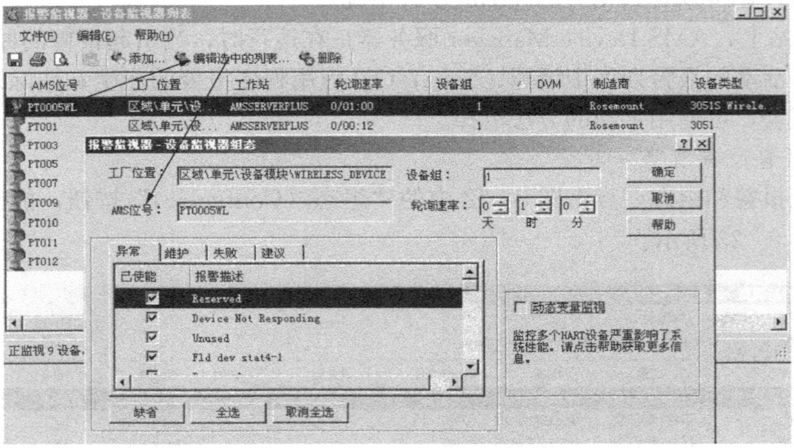

图 8-25 设备监视器组态

注意：该设备监视列表仅适用于 HART 和 Profibus DP 仪表。对 FF 总线仪表，报警的发送不一样，不需要轮询。

6. 设备轮询周期设定

对轮询速度，在多路转换器网络中，轮询一个仪表，通常需要 5s，单个仪表的轮询时间和总的仪表数相乘即为总的轮询时间。为了保险起见，通常每个仪表需要时间为 10s。

针对大量使用 HART 仪表的大厂，可以对仪表的危险程度进行分组，然后为每组分别设定不同的轮询时间。

现场设备操作（AMS Device Operation）

1. 组态（Configuration）

有两种类型的设备组态视图，一种是现场总线组态视图（Fieldbus Configuration

View)，以资源块（Resource Blocks）和传感器块（Transducer Blocks）方式显示，如图 8-26 所示；另一种是 HART 设备视图（Hart Devices View)，是根据“HART”模板方式显示，如图 8-27 所示。

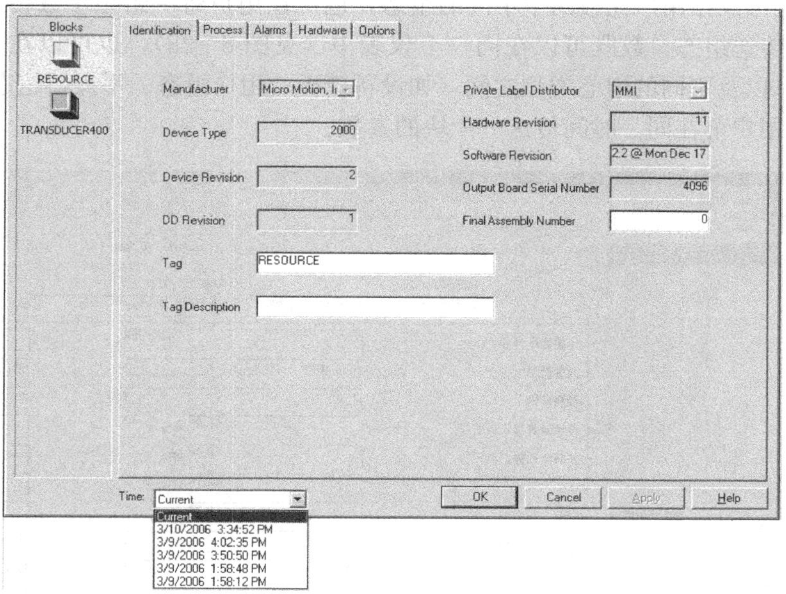

图 8-26　现场总线设备组态视图

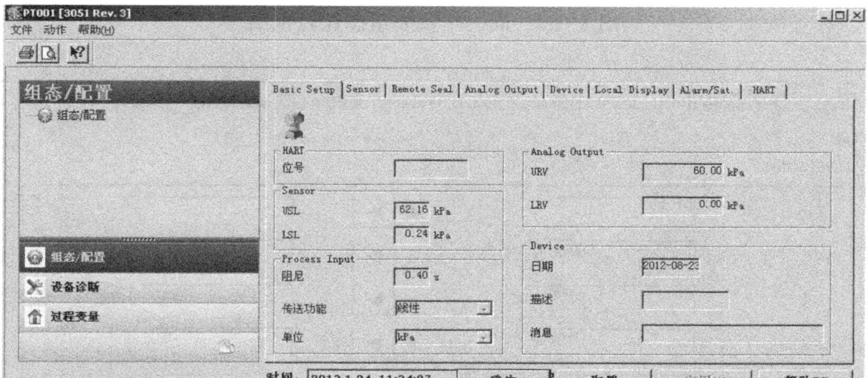

图 8-27　HART 设备组态视图

现场总线组态视图的资源块表明基本的硬件信息；传感器块表明传感器的类型和设置。

修改参数后，按“应用（Apply)”键，修改即完成。任何组态参数的改变会直接体现在仪表上，需小心。

在组态视图（Configuration View）的底部有“时间（Time)”可供选择。当连接到某一设备时，会指示“当前（Current)”，这表明显示的是该设备当前的参数。当选择下面选项中的日期时间时，会显示仪表阀门的历史阐述记录。这允许用户确认过去的操作，也对故障的查找有帮助，也提供设备传感器更换的记录信息。

上述用法对于现场总线设备 Fieldbus 和 HART 设备的组态是类似的。

2. 组态比较（Compare）

AMS 系统可以让用户比较两个不同的组态，也可让用户将一组态参数传送到另一个组态中。比较和传送组态参数既可以在同一个仪表中（见图 8-28），也可以在不同设备之间（见图 8-29），以及不同的组态类型之间（如设备模板、用户组态、手操器组态等）。对于现场总线设备，用户可在同一时间传送一个块的参数。

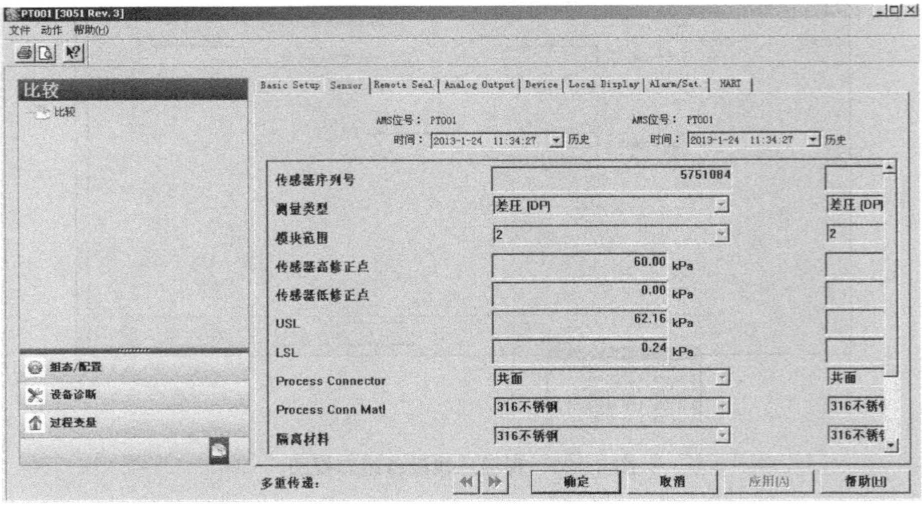

图 8-28 同一个仪表组态比较视图

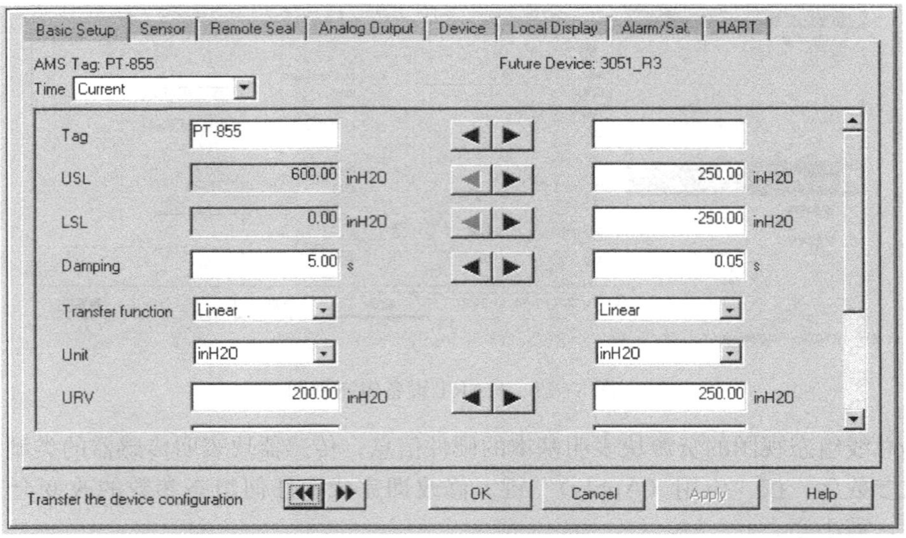

图 8-29 不同设备之间组态比较视图

当组态窗口中的参数组指示绿色时，意味着正比较的两组参数组存在不同，旁边有方向键可用来传送参数。该操作会影响生产，须小心。

3. 现场设备诊断（Device Diagnostics）

选择需要诊断的设备，点击右键，选择“设备诊断”菜单（见图 8-30），即可调出现场设备诊断视图。

现场设备诊断有 3 类典型的视图，即旧的现场总线设备诊断视图、新的现场总线设备诊断视图、HART 设备诊断视图。

图 8-26 中，旧的现场总线设备诊断视图简单地以资源块（Resource Blocks）和传感器块（Transducer Blocks）方式显示。

新的现场总线设备诊断视图以故障块（Fail）、维修块（Maintenance）和建议块（Advisory）方式显示，如图 8-31 所示。

通常，艾默生过程控制的基金会现场总线设备将设备警报根据严重性分成三类。

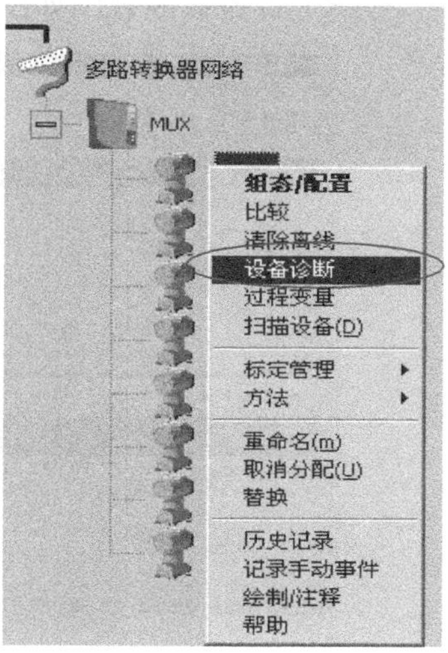

图 8-30　现场设备诊断视图打开过程

（1）故障（Failed）。会影响操作，须立即反应。

（2）维修（Maintenance）。假如被忽视，可能最终会导致大的故障，须及时地反应修理。

（3）建议（Advisory）。设备小问题，此类状态不影响过程控制。

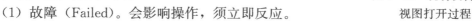

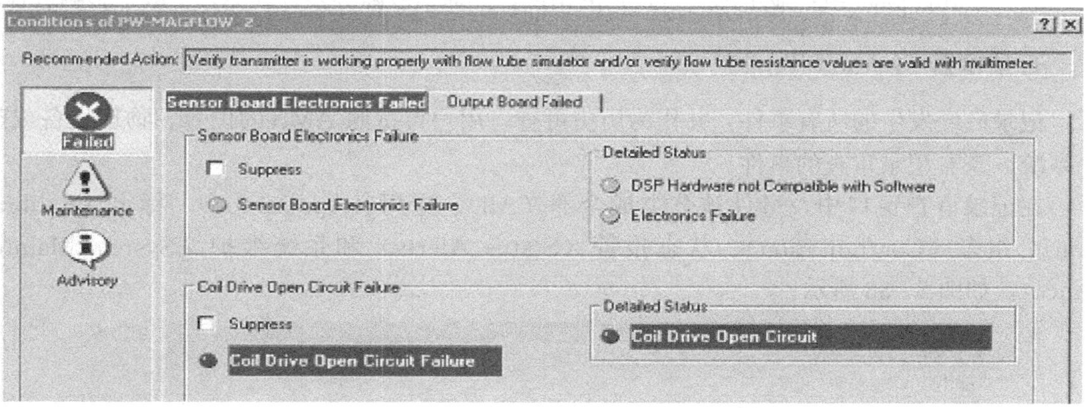

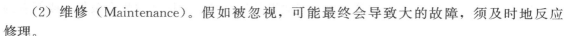

图 8-31　新的现场总线设备诊断视图

以上述类型分类的报警即称为 PlantWeb 报警。

状态窗口表明当前的设备状态条件，状态条件包括硬件和软件故障，或阐述值超出变送器设定。每个类型设备有其特有的状态显示画面。

设备的状态条件和数量有所不同，由设备厂商决定。假如某组中的状态条件是激活的，这组的背景颜色会是红色，可点击该组标显示。每种状态有一个指示和描述。红色背景白色文本表明状态为激活的，灰色背景黑色的文本表明这状态为非激活的。假如是现场总线设备，使用块浏览显示不同的设备块。

窗口的左下角标明设备/数据库的同步状态，告诉用户上次同步设备或设备块的时间日期。现场总线设备是自动地被同步和显示的。

HART 设备诊断视图如图 8-32 所示。

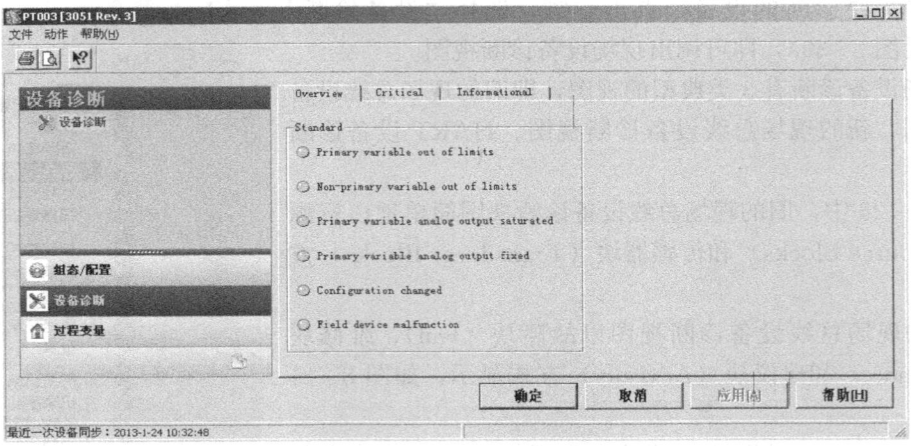

图 8-32　HART 设备诊断视图

状态组显示如下：

1）Overview 组：设备的概览。显示其他组的信息摘要、标准的状态条件，或两者的组合。

2）Critical 组：显示那些影响过程的报警。如 Analog output saturated、Sensor out of range。

3）Informational 组：显示那些可校正的错误，如通信故障等多种故障，一般不影响过程。

记录审查（Audit Trail）

记录已经发生的所有事件，并作为历史可查。用户可按照 AMS 的位号、物理设备或整个系统，查看记录审查的事件。

在记录审查窗口中，事件被分类成全部（All）、应用（Application）、标定（Calibration）、组态（Configuration）、状态报警（Status Alerts）和系统维护（System Maintenance），如图 8-33 所示。

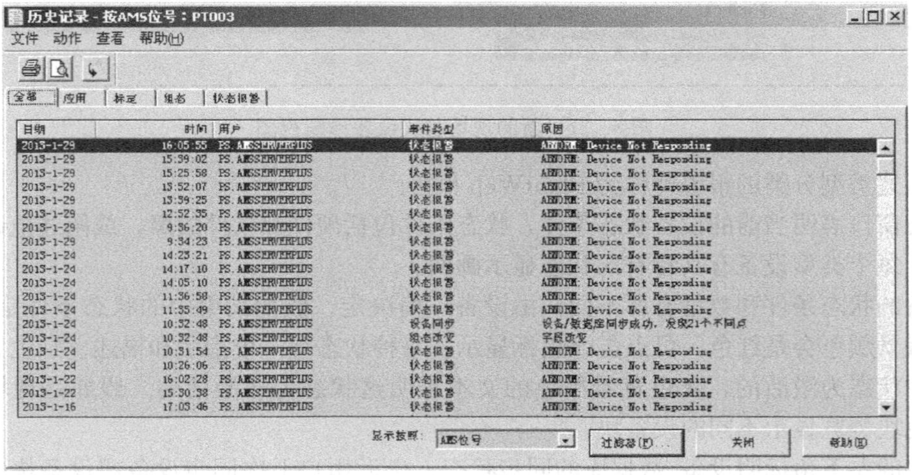

图 8-33　记录审查窗口

1. 查看设备历史

查看设备历史有如下两种方式。

(1) 按照 AMS 位号察看。右键单击设备图标，选择“历史记录（Audit Trail)”，所有关于此 AMS 位号的事件均列出，包括相关的其他物理设备。

(2) 按照物理设备察看。右键单击设备图标，选择“历史记录（Audit Trail)”，在 Show By 中选择物理设备，所有有关该物理设备的事件均列出。

2. 察看整个工厂系统事件

为了察看整个 AMS 系统事件，从图 8 - 33 所示记录审查窗口的主菜单中选择“查看 | 历史记录（View | Audit Trail)”。

为过滤事件的显示，在图 8 - 33 所示记录审查窗口右下角，点击“过滤器”，可指定用户、计算机、类别等。

3. 手动记录事件

从设备的下拉菜单，选择手动记录事件可手动该设备的事件。也可从工厂数据库（Plant Database）图标的下拉菜单中，选择手动记录事件，实现手动记录 AMS 系统的事件。手动记录的事件也会在记录审查中体现。

手动记录事件窗口如图 8 - 34 所示。

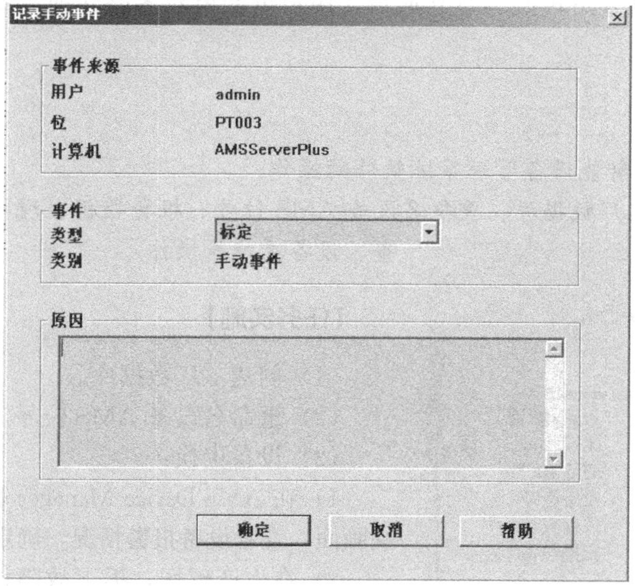

图 8 - 34　手动记录事件窗口

设备更换 (Device Replace)

当现场设备故障或不能工作时，该现场设备会被替换（Replace)。在现场更换新设备后，用户需要在 AMS Device Manager 中使用替换命令。需要注意的是，已被校验导出的或在设备报警清单中的设备不能更换，如果需要更换，则需先将该设备从报警清单中、校验路径中去掉。

向导会引导用户执行替换操作。系统提示用户输入旧的设备 AMS 位号，然后提示将旧设备作为备件（Spare）或报废（Retired）。然后，用户就能选择新旧设备的组态比较，并可将旧设备的部分或全部参数传到新的设备中。

替换操作要求新旧设备具有同样的厂商、同样的类型和同样的协议。用户可以用不同的协议设备替换现有设备，但在 AMS 的替换操作中不支持设备组态的传递。

对于采用多路转换器接口的 AMS 系统，其替换操作有以下两种情况。

（1）同一物理通道位置更换新的设备。对于多路转换器接口中的设备，假如用户在同一物理通道位置更换新的设备时，用户需要做 Rebuild Hierarchy 和 scan new device（在设备最低层，扫描，占用时间少）。

扫描到的新设备的 AMS 位号是初次扫描的日期时间。

对于该物理通道，用户可能要对多路转换器或其通道做 Reset 或 Rebuild Loop。

（2）不同的物理通道位置上的两个设备相互更换。因为 AMS 的设备位号是针对该设备的出厂系列号的，所以当两设备相互更换后，AMS 的位号会跟着设备，这时 AMS 位号会混乱。此时，用户需要记得将这两个设备互相做 Replace 操作，也可将这两个设备的位号删除（注意：移除设备后，设备的历史信息会丢失），并重新扫描，后根据实际工艺及物理位置更改成正确的 AMS 位号。

对于涉及的物理多路转换器及其通道，用户可能要对多路转换器或其通道做 Reset 或 Rebuild Loop。

【任务准备】

（1）熟悉 AMS 智能设备管理系统软件的操作；

（2）熟悉创建工厂数据库、重命名设备 AMS 位号、报警监视、现场设备操作、记录审查、设备更换等操作。

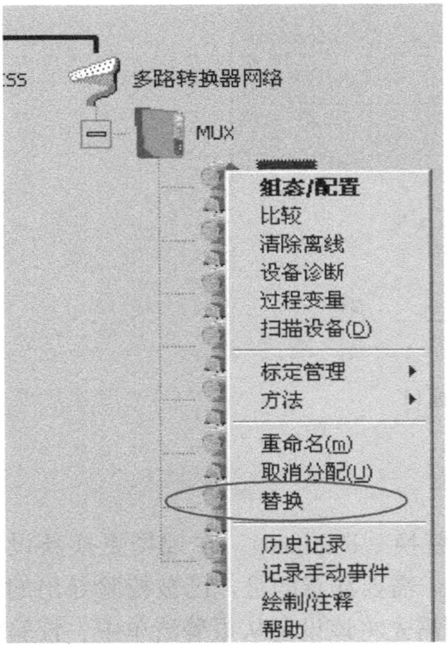

图 8-35 设备替换操作

【任务实施】

（1）创建工厂数据库。

（2）重命名设备 AMS 位号。

（3）设备更换：

1）在 AMS Device Manager 软件中，打开报警监视画面，查看设备报警情况，确定需要替换的设备。

2）在生产现场，拆下故障设备，并新安装同类型设备，注意接线要正确。

3）在 AMS Device Manager 软件中，打开报警监视画面，从报警监视列表中移除故障设备。

4）在数据库目录中，右键单击故障设备，选择“替换”菜单，如图 8-35 所示。

出现设备替换导航窗口（一），如图 8-36 所示。

在设备替换导航窗口（一）中，将原设备名改为：××××××× _ old，并将原设备的状态设定为弃用（Retired）或备用（Spare）。

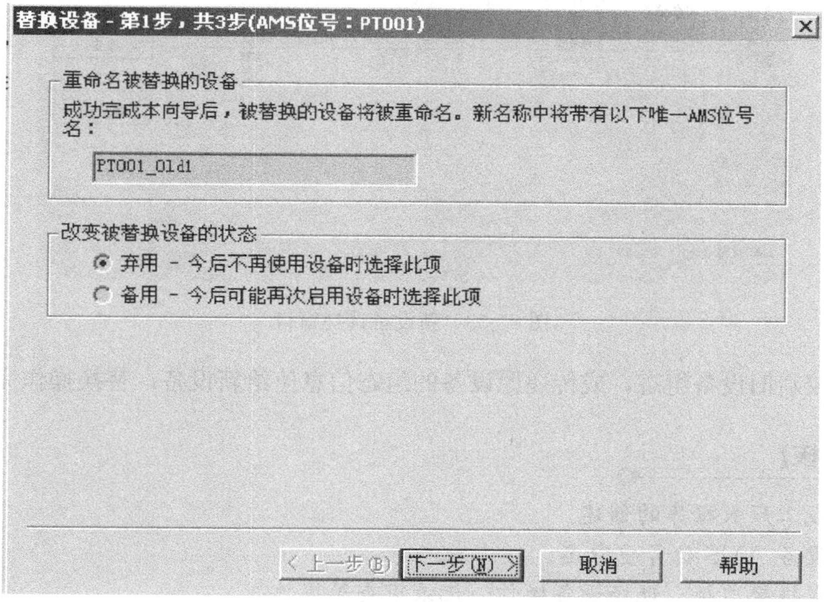

图 8-36　设备替换导航窗口（一）

（4）设备扫描与更新。对多路转换器或其通道做 Rebuild Hierarchy 和 scan new device（在设备最低层，扫描，占用时间少）。扫描到的新设备的 AMS 位号是初次扫描的日期时间，更改设备 AMS 位号。

（5）搜寻新设备，替换原设备。在设备替换导航窗口（一）中，选择“下一步”，进入设备替换导航窗口（二），如图 8-37 所示。

选择“浏览”，出现图 8-38 所示窗口，选择新设备，点击“确定”按钮。

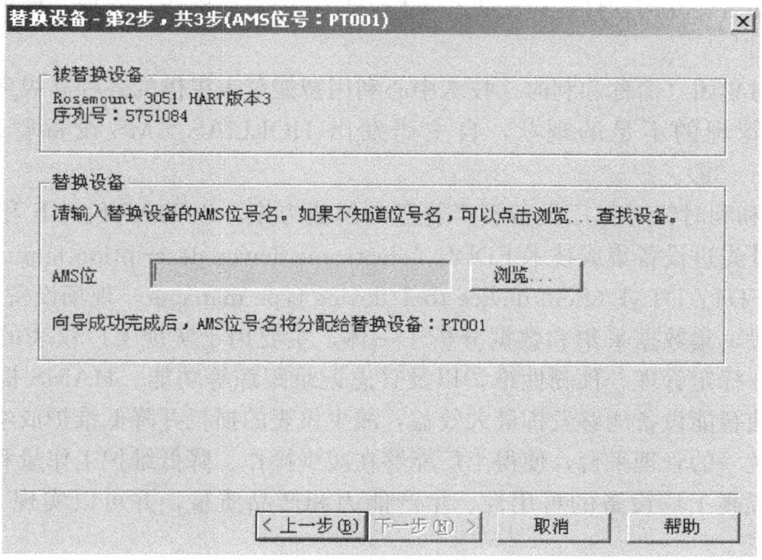

图 8-37　设备替换导航窗口（二）

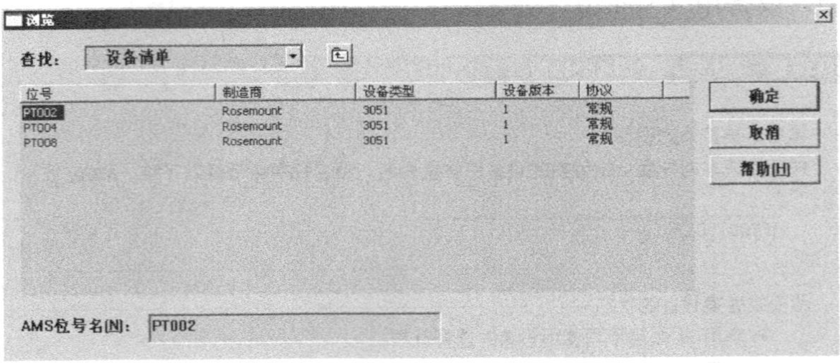

图 8-38　新设备选择窗口

（6）比较新旧设备组态，或传递原设备的组态信息值给新设备，替换操作完成。

【任务考核】

（1）完成工厂数据库的创建。

（2）对设备 AMS 位号重命名。

（3）完成报警监视、现场设备操作、记录审查等操作。

（4）运用 AMS 系统更换故障设备。

【知识拓展】

和利时 HOLLiAS AMS 设备管理系统

随着现场总线技术的迅猛发展，企业选择使用智能仪表设备实现工厂自动化生产已经成为工业自动化领域未来发展的趋势。但是智能仪表在类型、厂商、版本、时间上差异较大，加上每种仪表都需要专用软件进行配置和操作，导致用户在操作、管理、维护和升级等方面多有不便。

北京和利时集团（简称和利时）技术中心利用智能仪表提供的各种高级参数及功能，针对工厂对仪表管理的不足的现状，自主研发出 HOLLiAS AMS 设备管理系统（简称 HAMS，见图 8-39）。

HAMS 是和利时针对工厂设备资产管理的解决方案，以 HART、FF 和 Profibus 协议为基础，以国外先进设备集成技术 EDDL（electronic device description language，电子设备描述语言）和 FDT/ DTM（field device tool/device type manager，现场设备工具/设备类型管理器）为手段，集数据采集和数据分析于一体，主要用于实现工厂仪表的远程配置与诊断、在线调校、标定管理、预测性维护以及日志记录跟踪等功能。HAMS 提供的设备管理与维护功能，使智能设备能够发挥最大效益，减少仪表的损耗并降低维护成本，为用户提供一个快速方便统一的管理平台，使得工厂能够在减少操作、降低维护工作量和减少运营成本的同时，大幅提高工厂设备的可用性、生产能力和产品质量，并可以实现 HAMS 系统与 DCS 的无缝集成。

由于传统维护方式无法实现远程在线配置、无法远程获取仪表内部性能状态信息、无法

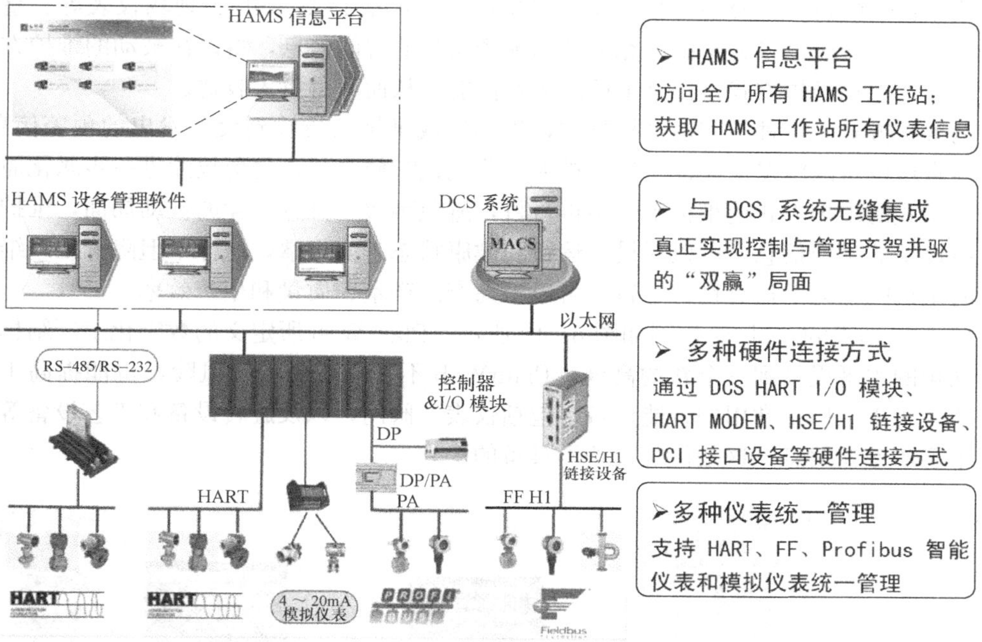

图 8-39　HOLLiAS AMS 设备管理系统

进行自动记录操作变更信息且无法避免危险环境下对仪表的维护操作，而 HAMS 和利时设备管理系统提供的标定管理、预测性维护管理、日志记录程序、在线设备诊断等功能，为解决企业综合自动化提供了可靠的管理保障。HAMS 提供的功能非常丰富，主要功能描述如下：

（1）设备组态。简易智能的设备组态，只需扫描操作就可自动导入现场工程，从而实现和现场不同类型、不同通信协议的仪表通信。

（2）远程管理。可远程获取智能仪表参数，远程设置智能仪表参数，不需进入危险场所进行仪表维护。

（3）预测性维护。可进行仪表的预测性维护，不需要每日进行例行检查维护，降低仪表故障率，延长定期检修所需的时间，从而减少运行和维护成本。

（4）状态检测及维护。可设置周期性诊断、检测仪表状态变化，准确报警及完善的报警管理为现场提供高效的仪表预警机制。

（5）标定管理。可轻松设计标定方案，自动生成标定报告和标定趋势曲线，判断仪表老化程度。

（6）文档管理。自动记录所有组态变化和操作，提供的设备台账和工作票等功能全面提升工厂管理水平。

（7）用户管理。可设置不同用户的权限及密码，避免未授权用户引起的误操作，满足工厂安全管理的需要。

艾默生工厂管控网（PlantWeb）技术

智能仪表问世后，PlantWeb 的概念得到越来越普遍的应用。工厂管控网的精髓就是工厂自动化结构中的每一部分都是数字化、智能化的，包括 DCS、SIS、现场仪表等。整个自动化结构以现场智能设备为基础，充分利用现场设备的智能信息，将以往被动的维护方式转变为前瞻性的主动维护方式，提高工厂的运行性能，从而获得更大收益。

主动维护方式是一种预测性维护方式，当操作或维护人员收到设备发出的预警信息时，主动去检查该设备的状况，在设备故障扩大之前就把它修复好，避免故障进一步恶化而影响生产。主动式的维护方式使维护工作不再盲目，避免事故后排查故障的被动局面，维护人员依靠这些设备的预警信息，可以对设备运行和健康状态了如指掌，这样不但降低工厂维护成本，同时也保障工艺的连续稳定运行，可以提高产品产量、质量和生产效率。

艾默生 PlantWeb 工厂管控网如图 8-40 所示。PlantWeb 所定义的数字化工厂结构，将过程自动化的水平提高到一个新的高度。PlantWeb 不但能降低项目风险，也能提高工厂的运行性能。对于工厂中常用的智能设备，包括仪表、阀门，以及旋转设备和工艺设备等，它们都有丰富的诊断信息，这是传统设备不具备的。

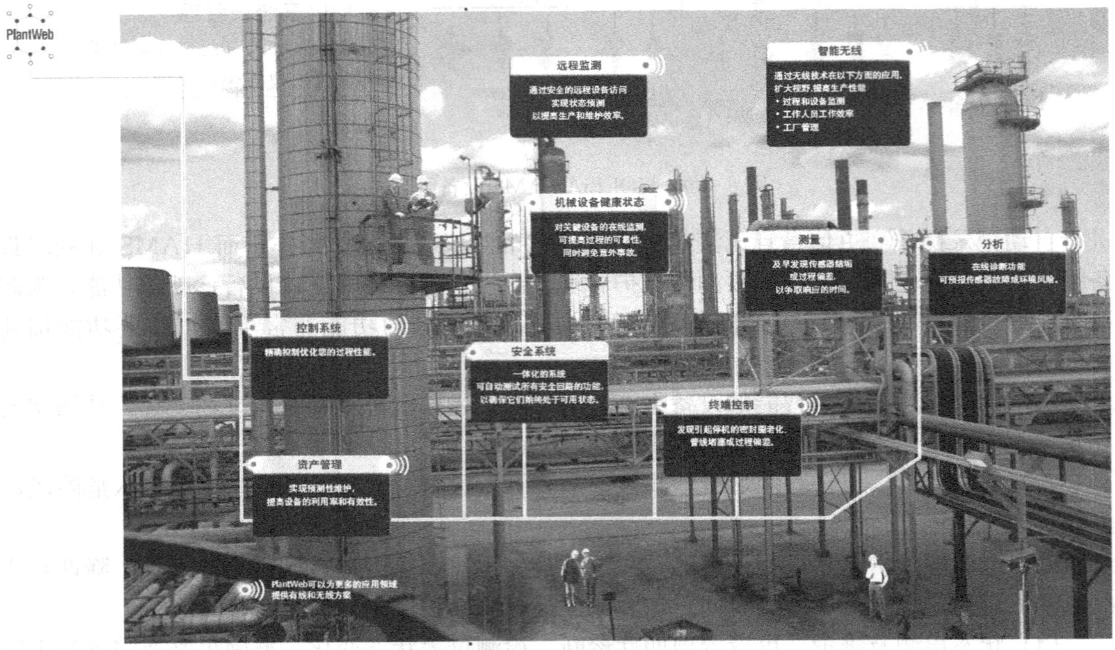

图 8-40　艾默生 PlantWeb 工厂管控网

在无线技术应用于过程工业之前，任何自动化结构都是通过布线的方式来实现的。有些场合布线困难，或者布线成本高，导致测量困难，更不用说用智能仪表。智能无线技术就是将 PlantWeb 的功能延伸到过去无法到达的领域，其应用包括对生产过程和设备的监测、人员工作效率和工厂环境的管理。

无论是通过有线还是无线方式，智能设备和 PlantWeb 自动化结构都改变了工厂的运作模式，维护的方式从被动转为主动。

PlantWeb 与其他自动化结构的不同在于：

(1) 能够高效采集和管理各类新型信息（包括设备健康状况和诊断信息），信息来源可以是智能 HART 和基金会现场总线设备，以及其他各类过程设备。

（2）不仅提供过程控制，而且可以实现设备优化，以及与其他工厂和商务系统的集成。

（3）采用网络结构，而不是中央分布式结构。具备更高的可靠性和规模可变功能。

（4）结构的各层采用标准方案，包括充分利用基金会现场总线。

一、PlantWeb 的组成及工作方式

1. PlantWeb 的结构组成

PlantWeb 基于现场的体系结构提供了设备管理、过程控制和管理执行的自动化解决方案，它包括 3 个关键的组件，即智能化的现场设备、标准化平台、一体化的模块化软件。

（1）设备。现场设备内置的智能功能是 PlantWeb 工厂管控网多样性和功能的关键。

可采用 HART 设备、常规仪表或 FF 现场总线产品（包括电导率变送器、氧量变送器、数字阀门控制器、pH 变送器、风门挡板执行机构、压力变送器、流量和密度计、温度变送器、气相反谱仪、阀门变送器、电磁流量计、涡街流量计、氧分析仪等）。

通过 PlantWeb，用户能在一个单一的平台和相同的用户界面情况下，得到一个完整的方案以集成 FF 现场总线、HART 和常规 I/O。

（2）AMS 设备管理系统。AMS 使得维护人员只需点击数键就可远程检查、组态和标定设备。而在维护车间或控制室的人员能连续监测设备以便能立即了解何处出现问题，因此，可在故障造成工厂停运前发现问题，提高企业效益。

（3）DeltaV。DeltaV 系统使得安装、工程、使用和系统扩展变得容易和直观。

1）DeltaV 是基于 FF 现场总线和现场结构基础上构建的，提供了一个完整的集成方案，其系统也扩展和包括了现场设备。

2）工厂一体化设计极大地减少了开车时间，因其能自动识别设备和连接在总线上的设备标志，只需将设备连到总线，拖、放设备到网络，就使设备在线了。

3）可采用 DeltaV 浏览器拖、放进行复制操作。

4）提供了适用于 HART、FF 现场总线和常规 I/O 的单一用户接口。

5）规格可变结构简化了自动化方案，可用一种方案处理不同规模的项目。

6）提供了预告工程化的控制策略资料库。

7）自动存档满足法规需要。

2. PlantWeb 的工作方式

PlantWeb 上这些联网的组件以开放的通信标准来连接，在现场级采用 FF 现场总线标准，在工厂级采用以太网标准，不同应用平台之间的数据交换则采用 OPC。

在这样的一个方案中，所有的组件犹如网络上的节点，同时收集、发布和使用信息。概括来说，PlantWeb 有三种工作方式：

（1）智能化现场设备收集信息。

（2）DaltaV 自动化系统为过程提供方便的控制、管理和信息。

（3）AMS 软件处理信息以增加设备管理功能。

二、PlantWeb 的功能

PlantWeb 的 3 个关键组件协同工作，为用户提供 3 个关键的功能，即过程控制、设备管理和管理执行。过程控制使用户能以最少的花费提高工厂性能；设备管理帮助用户节省维护费用和全面提高工厂设备可用率；管理执行则改进经理的决策过程并提供有关工厂和过程

的其他新信息。

1. 过程控制

PlantWeb 基于现场的结构提供了紧密、有效的控制以达到更佳的过程性能，通过与地点无关的控制，增加了新层次的灵活性、规模可变性和可承受性。

传统的工厂控制由分散控制系统（DCS）来完成，若用户想增加一些回路或功能，通常必须对 DCS 扩大投资，包括额外的用于控制室、工程实施等所需的费用。

现在，基于现场的结构带来了全新的面貌，若用户采用 FF 现场总线，用户将能实现与地点无关的控制。PID 等功能块可运行在任何有意义的地点，如控制系统、变送器、阀门或其他设备中。将控制功能放到现场设备能释放控制系统的容量，以便其能发挥更高的功能，如高级控制等。

由于艾默生过程管理的现场总线设备采用一组通用的功能块，无论控制功能是在何处完成的，控制策略的执行都将保持不变，即设备拥有异常的灵活性以及规模可变的能力。用户能从一两个回路开始，然后根据需要和费用情况，以可以承受的速度逐步扩展规模，方便增加更多的回路或功能。

2. 设备管理

利用现场智能设备和系统的功能，设备管理帮助用户降低费用和提高生产率。

过程控制涉及对过程内容的监控、测量和管理，而设备管理涉及对过程中运行设备进行同样的工作，这不仅包括用户的阀门、变送器、分析仪和其他现场设备，而且还包括转动设备如泵和电动机等。

PlantWeb 的 AMS 设备管理软件使得用户能更好地管理工厂的设备。例如，AMS 使得维护人员只需按几个键，就可远程检查和组态一台设备，在维护车间或控制室的人员能连续监测设备状态，可立即发现问题所在。

3. 管理执行

PlantWeb 实现了过程控制和业务管理信息之间的无缝集成，覆盖范围从设备级到用于过程优化的工厂和业务系统、维护管理、资源规划和其他企业管理功能。

OPC 提供了沟通工厂底层和业务管理之间的有价值的桥梁，并且，随着互联网和易于使用的浏览器功能的完善，在企业任何地方的人们都能轻易获得所需信息，从而更好地管理过程、工厂和业务。

三、PlantWeb 的效益

PlantWeb 基于现场的结构代表过程自动化的未来，但用户不必去等待其突破性的效益，目前它们就可实现。

1. 减少过程偏差

PlantWeb 可以达到智能与控制级别，处理过程可以更加精确地管理，减少了处理的复杂性，而且偏差被减至最小。

2. 增加工厂的可用率

PlantWeb 帮助用户减少了非计划停车时间，缩短了过程转变时间，并保持用户的过程状态和运行工况良好。

3. 减少投资和工程费用

随着过程的建立，PlantWeb 在设计、安装、布线、测试、校准、调试、文件编制等方面均能节省开支，实践表明仪表项目的节省能达到30%或更多。

4. 减少操作和维护费用

PlantWeb配备了更有效的管理过程及设备工具，减少了不必要的维护，并对必要的维护进行了精简。

5. 更好地满足安全和环境要求

通过方便的信息访问和自我存档、工程、控制和维护工具，PlantWeb使用户更容易达到法规要求。

【考核自查】

1. AMS智能设备管理系统的功能有哪些？
2. AMS智能设备管理系统有哪几种连接方案？
3. 完成工厂数据库的创建。
4. 对设备AMS位号重命名。
5. 完成报警监视、现场设备操作、记录审查等操作。
6. 简述运用AMS系统更换故障设备的步骤。

附录A 工作票的内容及填写说明

工作票，是指在电力生产的设备检（维）修、安装、试验等工作中，为确保工作范围与运行设备的可靠隔离，保证工作过程人身安全和设备安全，明确运行方与作业方各自的安全责任，双方共同签订的书面安全协议。

在生产现场进行检修、改造、试验和安装等工作时，必须严格执行工作票制度。工作票是准许在电气设备上工作的书面命令，也是执行保证安全技术措施的书面依据。

一、工作票内容

工作票包括（热力）机械工作票、电气第一种工作票、电气第二种工作票、电气线路第一种工作票、电气线路第二种工作票、热控工作票、一级动火工作票、二级动火工作票、继电保护安全措施票、热控保护安全措施票。

在工作过程中负安全责任的有工作票签发人、工作负责人和工作许可人，俗称“三种人”，这是安全生产过程中经常听到的。三种人及其工作职责见表A.1。

表A.1 三种人及其工作职责

三种人	工作职责
工作票签发人	工作必要性
	工作是否安全
	工作票上所填安全措施是否正确完备
	所派工作负责人和工作班成员是否适当和足够，精神状态是否良好
	经常到现场检查工作是否安全地进行
工作负责人	正确安全地组织工作
	结合实际进行安全思想教育
	监督、监护工作人员遵守《电业安全工作规程》
	检查工作票中所列安全措施是否正确完备和值班人员所做的安全措施是否符合现场实际条件
	工作前对工作人员交代安全措施、危险点分析及注意事项。工作中及时制止工作人员的任何违章行为
	工作班人员变动是否合适
工作许可人	负责接收工作票、审查工作票中所列安全措施是否正确完备，是否符合现场条件
	工作现场布置的安全措施是否完善
	负责检查停电设备有无突然来电的危险；对工作负责人正确说明哪些设备带有压力、高温和有爆炸危险
	对工作票中所列内容发生疑问，必须向工作票签发人询问清楚，必要时应要求做详细补充

二、工作票的填写

工作票签发人、工作负责人、工作许可人必须符合《电业安全工作规程》所要求具备的条件，并按规定考试合格，安全监察部审核、生产副总经理（总工程师、副总工程师）批准，书面公布。工作票签发人、工作负责人、工作许可人应按《电业安全工作规程》规定认真履行职责、落实安全责任和现场安全措施，确保检修工作过程中的人身和设备安全。

工作票要用蓝/黑色圆珠笔或钢笔填写，一式两份［使用复写纸，黑（字）票在上，红（字）票在下］。红票必须经常保存在工作地点，由工作负责人保管；黑票由现场运行值班人员保管，按值移交。使用微机管理的工作票，应打印一份经常保存在工作地点，由工作负责人保管。

手写工作票关键字不得涂改，字体端正，非关键字最多可改两处，但必须有工作票签发人盖章；微机打印工作票不得涂改；填写完的工作票在最后一项安全措施项目后空白行左侧处盖“以下空白”章。

工作票一般由工作票签发人填写，工作票签发人不得兼任工作负责人。工作票签发时工作票签发人应将工作票全部内容向工作负责人交代清楚。工作票也可由工作负责人填写，填写后交工作票签发人审核，工作票签发人对工作票的全部内容确认无误后签发。

如果几个工作班按规定填用一张总的工作票，则总的工作负责人应由部门指定的专人担任。

进行危险点分析预控工作，对人员、设备、环境、管理中可能引发事故的危险因素进行分析控制。

三、工作票的填写说明

1. 热控工作票的填写

（1）“№：　　　　”一栏，填写工作票序号（工作票的序号编写位数可企业自行制定）；“部门（分场）　　　班组　　　”一栏，填写所在部门和班组；“附页：　　　张”一栏，填写附页的张数或无（包括安全措施附页和热控、继电保护安全措施票）。

（2）“工作负责人：　　　　工作人员：　　　　　共　　人”一栏，填写该项工作的工作负责人、主要工作人员的姓名和参加该项工作的总人数。

（3）“工作内容及工作地点：　　　”一栏，填写工作的详细内容和具体地点，且只能填写一项工作内容。

（4）“计划工作时间：　　　”一栏，填写该项工作计划的开始和结束时间。

（5）“必须解除的热控装置”一栏的填写：必须有序号，且按顺序填写被解除的保护或自动装置，当解除的保护危及到发电机组的安全稳定运行时，须填写“热控、继电保护安全措施票”。

（6）工作票中“安全措施”一栏的填写：在填写过程中每条措施均应有序号，且应按安全操作顺序填写，若措施较多可使用附页，若安全措施比较少，出现空行，要紧顶第一空白行盖“以下空白”章，安全措施应包括以下几方面内容：

1）要求运行人员所做的安全措施，“措施执行人”和“措施检查人”一栏，均由运行人员签名。

2）要求热控人员所做的安全措施，“措施执行人”一栏由热控人员签名，“措施检查人”一栏由工作负责人签名。

（7）“运行人员补充措施”一栏，由运行人员填写。若无补充，则在该栏目最开头填写“无补充”；若有补充的安全措施，应逐条填写并注明序号；补充措施较多时原工作票收回作废，重新填写新工作票。“措施执行人”和“措施检查人”一栏，填写要求与上一条中相同。

(8)“批准工作结束时间”一栏，由值长根据设备的运行状况和检修工作的具体内容，填写批准工作结束时间。

(9)“上述安全措施已全部执行”一栏，当所有的安全措施全部执行后，由工作许可人填写允许开工时间后，工作许可人、工作负责人共同签名。

(10)“工作负责人变更”一栏，因工作需要变更工作负责人时，应由工作票签发人将变动情况记录在工作票上，并进行签名、填写变更时间。被变更的工作负责人向新的工作负责人交代清楚工作内容、安全措施和工作人员情况后方可离开，新的工作负责人在开始工作前，须经工作许可人同意并签名。

(11)“工作票延期”一栏，工作在预定时间尚未完成，经工作票签发人同意延期后，由工作负责人向值长申请延期，值长同意后，填写延期结束时间并签名。

(12)“工作终结”一栏，当所有的检修工作终结后，填写具体的工作终结时间，工作负责人应全面检查热控措施是否已恢复，组织清扫施工现场，工作负责人与工作许可人共同办理工作票终结手续并签名。

(13)“备注”一栏的填写：与工作有关但票面中未涉及的内容；需要交代的事项。

2. 热控保护（信号）安全措施票填写

(1) 热控保护安全措施票使用要求：对于一些重要设备，特别是复杂保护装置或有联跳回路的保护装置，在进行检修、维护、试验工作前，应随工作票办理热控保护安全措施票。热控保护投停运必须经过总工及以上领导审核通知方可执行。

(2) 热控保护安全措施票的填写说明：

1)“编号”一栏的填写：按部门自行规定的统一编号填写，并作为班组内部档案资料。

2)“对应的工作票号”一栏的填写：应填写相对应的工作票编号。

3)“被试设备及保护名称”一栏的填写：填写具体设备及保护名称。

4)“工作负责人”一栏的填写：该项工作的负责人姓名。

5)“签发人”一栏的填写：该工作票的签发人姓名。

6)“工作内容”一栏的填写：具体工作任务。

7)“工作时间”一栏的填写：由工作单位根据工作的需要填写具体需要工作的时间，以××年××月××日××时××分的格式填写。

8)“安全措施内容”一栏的填写：由工作负责人，按照安全、准确、可靠的原则填写具体安全措施内容，包括应打开及恢复压板、直流线、交流线、信号线、联锁线和联锁开关等，按工作顺序填写安全措施。

9)“执行”一栏的填写：安全措施内容的具体执行过程，已执行，在“执行”栏打“√”。

10)“恢复”一栏的填写：安全措施内容的具体恢复过程，已恢复在恢复栏打“√”。

11)“填票人”一栏的填写：继电保护安全措施票内容填写者签名，一般为工作负责人。

12)“操作人”一栏的填写：安全措施执行人在保护装置恢复后签名。

13)“监护人”一栏的填写：监护人应进行全过程安全措施执行监护并签名。

14)“审批人”一栏的填写：对热控保护安全措施票的内容进行审核、批准执行该项工作并签名。

3. 对工作票中“危险因素控制措施”的填写

（1）对工作票中“危险因素控制措施”的填写，应针对工作特点、作业方法、应用的工器具、工作环境、设备状况、气候条件、工作时间等，结合事故教训，分析可能引发事故的危险点并制定相应的安全措施，由工作负责人填写，工作票签发人审核。

（2）填写“危险因素控制措施”应在危险点分析的基础上进行，按照“四个方面、三个层次”来开展（四个方面是指人员、环境、设备、管理；三个层次是指工作前、工作过程、工作结束）。

（3）重大、复杂作业项目，应制定安全、组织、技术措施方案，并在工作前下发到部门、班组，便于提前组织作业人员学习和进行危险点分析，并填写“危险因素控制措施”。

4. 工作票的使用规定

一个班组在同一个设备系统上依次进行同类型的设备检修工作，如全部安全措施不能在工作开始前一次完成，应分别办理工作票。

若一个电气连接部分或一个配电装置全部停电，且属于同一电压、位于同一楼层、同时停送电，则所有不同地点的工作，可以发给一张工作票，但要详细填明主要工作内容。几个班组同时进行工作时，可办理一张工作票，工作票发给一个总的工作负责人，在工作班人员栏内只填明各班负责人及工作总人数，不必填写全部工作人员名单。

在未办理工作票终结手续前，不准将设备合闸送电，如有紧急需要，需执行安规中有关规定。

工作票的编号，原则上便于工作票的统一管理和统计，同时分别设立（热力）机械、电气、热控工作票登记本备查。

一个工作负责人同一时间只能承担一项工作任务。因工作需要，工作负责人需离开该工作现场，进行别的检修任务时，必须履行工作负责人变更手续。

工作票应提前送交工作许可人处，由工作许可人对工作票全部内容进行审查，必要时填写补充安全措施。

电气、热控设备进行检修、试验等工作时，若需解除机组的主保护，在填写工作票时，应同时办理热控、继电保护安全措施票，并同工作票一并执行。

5. 重新签发工作票

工作结束前如遇下列情况，应重新签发工作票，并重新进行许可工作的审查程序：

（1）部分检修的设备将加入运行时；

（2）值班人员发现检修人员严重违反安全工作规程或工作票内所填写的安全措施，制止检修人员工作并将工作票收回时；

（3）必须改变检修与运行设备的隔断方式或改变工作条件时。

6. 不合格工作票

工作票的下列情况之一者为不合格：

（1）工作任务、内容填写不明确或遗漏；未填写设备名称和编号。

（2）不是用蓝/黑色圆珠笔或钢笔填写，字迹潦草或票面模糊不清，工作内容和安全措施有涂改；微机打印工作票有错、漏字或被涂改。

（3）安全措施不正确、不具体、不完善；对设备名称、编号、时间、动词等关键词有涂改；手写工作票非关键字涂改超过两处；手写工作票涂改处签发人未盖章；微机打印工作票有涂改。

（4）公用系统与单元系统（设备）共用一张工作票。

（5）安全措施比安全规程的要求降低；扩大工作票使用范围；工作地点与工作票内容不符。

（6）工作许可手续未完备，检修人员已开始工作；工作终结时，未按要求检查设备状况；工作票遗失。

（7）检修设备需要送电试转、水压试验等，未将工作票押回。

（8）签名人员不具备资格、代签名、没有签名或未签全名。

（9）一个工作负责人手中办有两张及以上工作票，或一个工作班成员在同一时间参加两张及以上工作票的工作。

（10）工作负责人变更，未经原工作票签发人和工作许可人办理变更手续。

（11）检修工作延期，未在工作票上按规定履行延期手续；提前开工；终结时间超期。

（12）工作票有重号、缺号或没有编号；没有填写日期或其他不符合安规要求的。

（13）未盖“以下空白”、“已终结”或“作废”印章；未按要求盖章、盖错章。

（14）工作票中所填工作班成员与现场工作人员不符。

附录B 热控工作票（票样）

热控工作票（票样）见表B.1。

表 B.1 **热控工作票（票样）**

1. 工作负责人（监护人）：________班组：________编号：________

2. 工作班成员：________

3. 工作地点及内容：________

4. 工作时间：自____年____月____日____时____分至____年____月____日____时____分

5. 需要热工保护或自动装置名称：________________________________

6. 必须采取的安全措施：________________________________

7. 措施执行情况：

具体安全措施：	执行情况（ ）
（1）由运行人员执行的有：	
（2）运行值班人员补充的安全措施（工作许可人填写）	
（3）由工作负责人执行的有：	

8. 工作票签发人：________年____月____日____时____分

9. 工作票接收人：________年____月____日____时____分

10. 批准工作时间：自____年____月____日____时____分至____年____月____日____时____分值长（或单元长）：________

11. 由运行人员负责的安全措施已全部执行，核对无误。从许可开始工作。
运行值班负责人：________ 工作负责人：________ 工作许可人：________

12. 工作负责人变更：自原工作负责人离去，变更为________担任工作负责人。
工作票签发人：________ 运行值班负责人：________

13. 工作票延期：
值长（或单元长）：________ 运行值班负责人：________ 工作负责人：________

<table>
<tr><td colspan="3">14. 检修设备需试运（工作票交回，所列安全措施已拆除，可以试运）</td><td colspan="3">15. 检修设备试运后，工作票所列安全措施已全部执行，可以开始工作：</td></tr>
<tr><td>允许试运时间</td><td>工作许可人</td><td>工作负责人</td><td>允许恢复工作时间</td><td>工作许可人</td><td>工作负责人</td></tr>
<tr><td>月日时分</td><td></td><td></td><td>月日时分</td><td></td><td></td></tr>
</table>

16. 工作结束：工作人员已全部撤离，现场已清理完毕。
全部工作于____年____月____日____时____分结束。工作负责人：____工作许可人：________
备注：

参 考 文 献

1. 杨庆柏. 热工控制仪表. 北京：中国电力出版社，2008.
2. 程蔚萍. 热工自动控制设备. 北京：中国电力出版社，2007.
3. 望亭发电厂. 300MW 火力发电机组运行与检修技术培训教材·仪控分册. 北京：中国电力出版社，2002.
4. 杨庆柏. 热工过程控制仪表. 北京：中国电力出版社，1998.
5. 孔元发. 热工自动控制设备. 3 版. 北京：水利电力出版社，1994.
6. 中国电子学会敏感技术分会. 2009/2010 传感器与执行器大全（年卷）. 北京：机械工业出版社，2011.
7. 王锡寿. 浅谈压力（差压）变送器的应用与选型. 装备制造技术，2010.
8. 方原柏. 变送器量程设置的合理性研究. 自动化仪表，2007.
9. 王树青，乐嘉谦. 自动化与仪表工程师手册. 北京：化学工业出版社，2010.
10. 陆德民，张振基，黄步余. 石油化工自动控制设计手册. 3 版. 北京：化学工业出版社，2001.
11. 乐嘉谦. 仪表工手册. 2 版. 北京：化学工业出版社，2007.
12. 明赐东. 调节阀计算、选型、使用. 成都：成都科技大学出版社，1999.
13. 张燕宾. 常用变频器功能手册. 北京：机械工业出版社，2004.
14. 吴忠智，吴加林. 变频器应用手册. 2 版. 北京：机械工业出版社，2004.
15. 任致程. 电动机变频器实用手册. 北京：中国电力出版社，2004.
16. 李自先. 变频器实用技术与维修精要. 北京：人民邮电出版社，2009.
17. 王英涛，张道农，谢晓东，等. 电力系统实时动态监测系统传输规约. 电网技术，2007（13）.
18. 陈德桂. 监控与提高电力质量的新型智能化电器. 电气时代，2002（05）.
19. 夏光武. 智能变送控制器作基地式调节器的应用. 中国电力，1996（04）.